空间微电子（第一卷）
现代航天器分类、失效和电子元器件需求

Space Microelectronics Volume 1
Modern Spacecraft Classification，Failure，and Electrical Component Requirements

［白俄］阿纳托利·贝卢斯（Anatoly Belous）

［白俄］维塔利·萨拉杜哈（Vitali Saladukha）　著

［白俄］西亚尔·史维道（Siarhei Shvedau）

李京苑　等 译

中国宇航出版社

·北京·

本书中文简体字版由著作权人授权中国宇航出版社独家出版发行，未经出版社书面许可，不得以任何方式抄袭、复制或节录本书中的任何部分。

著作权合同登记号：图字：01－2023－0404 号

版权所有　侵权必究

图书在版编目（ＣＩＰ）数据

空间微电子. 第一卷，现代航天器分类、失效和电子元器件需求 /（白俄）阿纳托利·贝卢斯（Anatoly Belous），（白俄）维塔利·萨拉杜哈（Vitali Saladukha），（白俄）西亚尔·史维道（Siarhei Shvedau）著；李京苑等译 . –– 北京：中国宇航出版社，2024. 1

书名原文：Space Microelectronics Volume 1 Modern Spacecraft Classification，Failure，and Electrical Component Requirements

ISBN 978 - 7 - 5159 - 2300 - 0

Ⅰ. ①空⋯　Ⅱ. ①阿⋯　②维⋯　③西⋯　④李⋯　Ⅲ. ①航天工业－微电子技术　Ⅳ. ①V443

中国国家版本馆 CIP 数据核字（2023）第 201825 号

责任编辑 张丹丹	**封面设计** 王晓武			

出 版 发 行 中国宇航出版社

社　址	北京市阜成路 8 号　**邮　编** 100830	**版　次**	2024 年 1 月第 1 版
	（010）68768548		2024 年 1 月第 1 次印刷
网　址	www.caphbook.com	**规　格**	787 × 1092
经　销	新华书店	**开　本**	1/16
发行部	（010）68767386　（010）68371900	**印　张**	20
	（010）68767382　（010）88100613（传真）	**字　数**	499 千字
零售店	读者服务部　（010）68371105	**书　号**	978 - 7 - 5159 - 2300 - 0
承　印	北京中科印刷有限公司	**定　价**	158.00 元

本书如有印装质量问题，可与发行部联系调换

译 者 序

以运载火箭、卫星等飞行器为代表的航天工程系统是高复杂度的系统，具有高风险性，要求高质量、高可靠性和高安全性。传统航天质量保证的基本思路是逐级验证的，需要在微电子或元器件级基本解决空间环境下的可靠应用问题，特别是空间辐射环境的影响，并留有足够的裕度。当前，成本的优化、研发周期的缩短、技术的发展和系统工程手段的进步要求我们改变过去线性的思维模式，把微电子等基础问题与系统在多个维度下一并考虑。火箭专家谢光选院士曾归纳运载火箭技术涉及 70 多个主要的技术领域和学科，作为总体研制单位需要关心这些技术或专业的具体应用，才能更好地解决分系统、单机的技术协调和可靠性问题，才能更好地把握系统工程规律，解决产品质量要素的保证以及技术风险的控制问题，实现系统的最优。

航天微电子技术是空间飞行器的基本构成和基础技术，几乎渗透到了系统的各个方面。随着航天系统小型化、信息化、集成化和智能化的发展，航天微电子技术的研究与应用发挥的作用和影响也日益彰显，特别是在国产化元器件的应用、微电子器件的工艺制程和质量控制，以及大规模集成电路抗辐射等特殊环境应用方面。

阿纳托利·贝卢斯、维塔利·萨拉杜哈、西亚尔·史维道三位专家基于俄罗斯和白俄罗斯航天工业微电子技术应用和发展实践，撰写了《空间微电子》，结合微电子技术和工艺制程的新发展，介绍了俄罗斯和白俄罗斯航天工业在微电子器件选用、设计、工艺制程、降耗、抗辐射、缺陷控制等方面的实践与思考，可为国内相关行业提供参考和借鉴。本书为《空间微电子》第一卷，共五章，介绍了现代航天器电子元器件分类、应用中的故障、应用空间环境分析等方面的内容。

第 1 章对现代航天器进行了概述。首先，综述了空间工业的发展，主要聚焦于人类空间工业的发展历程及其重点里程碑项目，并讨论了元器件的标准化、功能、性能以及质量对于现代通用和专用航天设备的基础作用。其次，梳理了现代航天器的分类，介绍了航天器的设计与结构、航天器系统、地球遥感航天器、地球遥感雷达站等领域的发展情况，为后续讨论打下了基础。最后，探讨了关于空间辐射对航天器的影响、微流星体对航天器的影响、地球轨道上的空间碎片问题、微电子技术在空间微型火箭发动机开发中的应用，以及航天器在军事方面的应用等。

第 2 章对历史上运载火箭与航天器的失效和事故进行了统计分析，列举了质量事故典型案例，对运载火箭和航天器的一系列常见失效原因进行了综合分析，指出了导致产品故障高发的薄弱环节，提出了保证航天器可靠性的方法与关注点。

第 3 章主要介绍宇航用微波元器件半导体材料及工艺结构等基础知识，讲述了微电子学的基础知识；围绕 GaAs 器件，从材料结构、工艺构造、新型器件、微波单片集成电路（MMIC）及其在部分代表项目中的应用等方面，较为细致地描述了该类元器件的技术和发展全貌。这一章还介绍了第三代 GaN 半导体器件技术发展以及典型应用。

　　第 4 章介绍了运载火箭与航天技术的微电子元器件基础知识，主要内容包括现代微处理器的分类、微处理器和微控制器代表企业和典型产品、微处理器和微控制器开发与调试工具、现代微控制器发展趋势、使用无晶圆厂模式设计航天微电子产品的特点、选用国外基础电子元器件的特殊考虑、航天器电源系统国产元器件的特点、机载电子设备对空间电离辐射的耐受力，以及用于航天器电子系统的功率半导体器件等。

　　第 5 章介绍了工艺设计套件（PDK）的开发流程及标准 PDK 的整体结构和基本组件元素，并对 PDK 及其开发过程中使用的标准术语进行了解释。同时描述了 PDK 标准化给集成电路制造商、设计人员和 PDK 开发人员带来的优势及 PDK 标准化的流程和步骤。本章还分析了 PDK 在数模混合集成电路设计过程中的应用，并详细阐述了亚微米集成电路设计中 PDK 包的库文件各模块的数据文件、相关特性及设计原理，并列举了 90nm、65nm、45nm 设计规则下设计微电路的方法和示例。

　　本书的翻译工作由李京苑策划，组织研讨解决翻译过程中出现的问题，并参与了部分章节的译稿、校对和审核工作。航天一院质量与体系运营部胡云副部长和十九所杨秋皓副所长组织实施，航天一院十九所卢兆勇、高鲲等和电子元器件可靠性中心熊盛阳、张伟等先期开展了大量基础工作，由于涉及微电子设计和工艺，北京微电子技术研究所王勇所长及其研究人员给予了大力支持。本书第 1 章由龙雪丹、王铮、李京苑翻译，第 2 章由许春来、李京苑翻译，第 3 章由张伟、周军翻译，第 4 章由杜俊鹏、李京苑翻译，第 5 章由吕曼翻译。全书由李京苑、胡云、范隆、蒋安平审校、统稿。

　　本书翻译时力求忠于原文，表达简练，针对原文中部分理解有歧义的部分以译者注的形式进行了注释，同时按照中文习惯，对原文中有些省略掉的指代内容，进行了适当补充，对于原文中一些不影响阅读理解但是描述不够清晰的内容也进行了适当删减。中国宇航出版社的编辑们又进一步对译稿进行了全面细致的审读和校对，提出了许多宝贵意见，在此表示感谢。由于我们才疏学浅，书中难免存在一些疏漏，请读者批评指正。

序

2015 年年初，本书原版出版于莫斯科，并在俄罗斯的书店出售。俄文版本中，全书的结构、各章节的内容和材料形式均来源于几位作者在以下两个方面的经验。

一方面，本书反映了作者的科学研究实践经验，以及多年来举办讲座及研讨会的主要成果，参与这些研讨的人包括空间工程专家，俄罗斯和白俄罗斯顶尖技术大学的教授和学生，来自中国、印度、德国、以色列的研究人员，以及俄罗斯航天局（相当于俄罗斯的NASA）中致力于为火箭和空间工业研究设计和生产航天器和微电路产品的相关实验室、研究所和企业的技术管理人员。

另一方面，本书集合了几位作者在半导体工业领域的大量实践，他们在管理大型团队、开展空间微电子器件（Microelectronic Device）设计和制造方面具有超过 40 年的经验。他们在俄罗斯众多航天项目中做出了卓越的贡献，在太空探索的奋斗中，曾与火箭和卫星的建造者们一同经历过失败的伤心和成功的喜悦。除了几位作者之前未出版的原创材料，本书还引用了 1200 余份参考资料，包括 600 余份俄文资料（其中作者自己的著作有150 余份），500 余份英文资料，以及 100 份左右的网络资料。

读者的反馈证明，作者们的努力并没有白费，至少在他们的妻子眼中确实如此，之前她们总是埋怨在三年多的时间里，丈夫并没有履行对子女或孙辈的养育责任，却把这些"空闲"时间用在了写字台前。在 2015 年，该书荣登莫斯科、圣彼得堡和新西伯利亚等城市最畅销技术类书籍排行榜。此外，读者的范围也远超出了预期：除最初预期的空间电子领域的专家以及军用无线电设计开发人员外，它同时吸引了高性能计算设备和节能技术方面的专家，无人机、导航仪器（Navigation Device）、汽车电子等许多其他领域的开发人员。俄罗斯国内开设无线电及其应用的几所顶尖大学为他们的图书馆购买了多套该书，并推荐教授们把它作为多个微电子器件和航天器专业的教学材料；从事火箭和空间工业的主流企业的领导者则建议其管理层和设计师学习该书，并在日常工程实践中加以应用。

当 Artech House 出版商主动提出出版英文版本时，作者以为无须投入太多的精力，因此很高兴地采纳了这个提议。然而，作者很快被拉回到现实，与出版专家们一起重新开始繁重的工作。并不是出版专家认为该书内容贫乏或数据不可信，而是他们有很多疑问、批评性的评论以及在改善材料质量和表述方面的细节建议，必须承认，多数建议被作者所采纳。

结果是，不同于俄文版两卷的版本，该书现在包含三卷内容，每一卷针对的是不同的空间微电子关键问题。

第一卷，集中研究现代航天器。主要包括：航天器的分类，不同的设计版本，失效和事故的原因和后果，并分析了其对电子元器件的主要需求。

第二卷，解决最具挑战的操作层面的问题：如何设计空间用集成电路。

第三卷，对航天器上高速微粒子（或宇宙尘埃）导致的问题进行了具体分析，包括它们对器件和微电路产生影响的机理，以及如何开展防护工作。

俄文版序言主要描述了编撰的背景和历史，而不是对全书内容的总结。因此，作者决定为英文版本准备一个更为详细的序言。

虽然，现代微电子和半导体器件的设计开发工作本身就已经相当复杂，但因为特殊的工作条件和生产条件，使空间和军用电子设备（如火箭和卫星）设计产品和电气控制系统必须满足额外的特殊要求，因此，相比于商用电子，空间和军用电子对产品开发者的经验和技术水平要求更高。

简单地讲，如果家用电器（如电视机、电话或者微波炉）存在潜在的设计失误，最坏情况下（微电路失效），只需要对内部的集成电路或对整个产品进行更换即可。但如果此类潜在失效发生在航天器工作过程中的任意一个环节，比如发射过程、在轨运行或在其他星球上执行任务时，那么修复就变得不再可能，问题也就相当严重了。

有时，这些失效会导致技术、环境以及经济后果，比如发生在战略导弹系统上，即便不提对航天大国地位的打击，此类事件的影响也是灾难性的。

因此，该书的主要部分集中于火箭和卫星控制系统基础元件（如微电路和半导体器件）的设计特点上，以及保护它们免受外太空特殊因素影响的方法，主要包括辐射、电磁干扰、高能微粒子（宇宙尘埃）、极端温度和机械过载等，特别提出如何选择合适的防护和吸收材料、是否需要增加额外或特殊的测试方法，以及如何更好地进行控制系统设计。

另外，由于该书提出的很多问题并不被大多数人认知或并未被大众所考虑过，且未曾通过正规学习了解过，研发工程师经常将这些问题视为神秘的甚至称之为"黑魔法"。这就是为什么作者试图展示一些基础的知识，进而揭露隐藏在现象背后的物理原理，由此可以理解那些在外太空出现的离奇的和不期望发生的微电路问题，也就可以在设计微电路、电路板、电气系统时规避这些问题。本书将对相关机理及其应用方法进行介绍。

本书将引导读者完成以下目标：

1）对运载火箭和航天器所发生的事故和失效的统计数据进行学习和思考。这些数据来源于已公开数据或是作者本人（与来自俄、欧、中、印的工程师和管理人员共同）参加过的多次会议和研讨，作者对这些数据进行了总结和分析。本书同时提供了在设计火箭和空间设备时所有可能采取的减少这些意外和失效的方法。

2）了解外太空不稳定因素对无线电设备、航天器结构以及设计要素、微电路和半导体器件产生影响的主要物理机制。基于这些知识，了解如何采取相应的方法、技术、材料、手段以及途径来防止民用、特殊用途和空间应用无线电产品遭受这些负面影响。

3）该书可让从事控制系统设计的学生和工程师学习到如何构建和优化星载数据处理电子系统的结构和性能，及其在日常实践中的应用，以达到降低意外和失效风险的目的。

4）致力于空间微电路学习和开发的学生和工程师将会发现学习本书更有利于他们设计先进的航天级微电路产品（如存储电路、微处理器、接口和逻辑电路以及功率控制电路）。

5）该书可向管理者、空间企业及半导体工业部门的领导以及负责建设和实施新一代空间设备的官员提供指导和帮助，同样可帮助工程师解决选用进口微电路时的一系列问题，比如采用航天器用系统级封装和片上系统。

最后，本书对专业人士和普通读者也具有一定的吸引力，因为其中包含了大量不被广泛知悉的案例与事实,描述了宇航员艰辛的职业历程,并讲述了太空俱乐部中三个领先国家(美国、俄罗斯和中国)之间关于太空竞赛的一些故事。

作者在此表达对 Artech House 专家们的衷心感谢,他们的批评和要求毫无疑问促进了本书内容的提升,特别感谢 Aileen Storry,在准备该版本时,她表现出了天使般的耐心。

目　　录

第 1 章　现代航天器

1.1　空间工业发展

空间技术是人类文明发展的重要标志之一，已经成为现代生活中极其重要的一部分。现代工业社会中许多常见的问题，以及国家独立自主和工业化的问题只能在空间技术的帮助下得到解决。

现代国家空间工业政策的终极目标都是使科学、技术和工业发展迈上新的台阶，重点包括以下内容：在空间活动领域保护自身国家的科学和经济利益；巩固国防和安全；提高劳动力素质；发展现代及未来的国家空间系统、装备、战略物资、通信和控制手段；积累和发展关于地球、外太空和宇宙的科学知识；在联合科学研究以及空间探索领域增强国际合作等。

航天大国的地位的确能够带来切实的利益，为社会和经济发展做出贡献。

除了众所周知的国防与安全任务（如空间侦察、空间通信与控制、弹道导弹预警系统）和技术自主之外，空间技术还能够为以下领域的众多经济和工程问题提供解决方案：

1）全球多路通信；

2）多频道无线电和电视广播；

3）运输和其他物体的高精度在线导航；

4）可靠的气象保障；

5）应急报警；

6）环境监控；

7）全球应急救援；

8）自然资源研究——矿产资源遥感勘测；

9）尖端技术和材料；

10）扩展对宇宙的认知；

11）医学和生物学研究。

目前，为满足上述这些领域的需求，各国通过以建设未来空间系统和技术为目标的国家空间计划框架来执行。

同时，来自不同国家的空间系统和技术趋向于联合，以保证最有效地利用国家配置的空间项目建设经费促进建设，联合利用空间能力解决国家面临的社会经济学、国防和科学问题。这些联合行动的必要性和意义基于国家如下需求：

1）质优价廉的地球遥感数据，包括在轨空间站；

2）在联合利用空间能力领域开展国际合作；

3）在未来空间系统和技术（包括微纳技术）的开发方面建立稳定的公司和机构间的

合作。

俄罗斯与白俄罗斯之间成功的空间合作项目可以视为后苏联时代科学技术和产业融合的典范。1998 年，针对空间信息的接收、处理和分发（Distribution）的空间系统与技术开发和应用联合项目（Cosmos - BR）启动，其目的之一是重新激活苏联解体后两国的空间工业企业和机构间的科学与产业联系。

该项目之后，第二个联合项目启动，即建设和研究未来空间系统和技术，以促进俄罗斯和白俄罗斯的社会和经济发展项目（Cosmos - SG）。它形成了基于地球遥感系统接收空间数据的现代技术的融合体，一系列用来处理和解释空间图像的现代软件和硬件、一个高精度定位控制和校正站的移动样本，以及很多其他成果。

2011 年，俄罗斯与白俄罗斯第三个联合项目开始实施，项目名称为"2008—2011 年多用途空间系统的在轨与地面设施的建设与应用的基础要素与技术开发（Cosmos - NT）"。在该项目的框架内，根据白俄罗斯和俄罗斯空间工业需求，形成了超过 25 个试验性空间系统和 18 项试验性高新技术。

与此同时，联合项目 Nanotechnology - SG 开始实施，该项目全称为"2009—2012 年材料、器件和空间工程系统用纳米技术的发展及其在其他技术领域及大批量生产的适应性"。

这些项目成果对于改善外太空环境的空间系统的稳定性，减小它们的质量和尺寸，使空间和其他工业用基础产品更为低价，都具有重要意义。

俄罗斯与白俄罗斯在空间技术及其应用方面进一步合作的两个主要方向如下：

首先，为了向两国提供地球遥感数据，建立地基基础设施，建设相关空间服务中心。这是双方在空间系统和技术联合方面合作的最重要目标，将为广大用户、系统建设、技术和软件提供高质量空间数据，改善对地遥感空间系统的可靠性、工作效率和工作寿命。

第二个方向是在空间系统的材料、设备和关键元件方面的技术开发联合，目标是大幅度减小航天器的质量和尺寸，改善火箭和空间设备用元件、组件和系统的可靠性，延长工作寿命，减少开发和运营费用。

特别值得一提的是，这可以为具有增强性能的各种火箭和空间设备元件创建和使用标准化技术，包括：

1）温控和供电电源系统；

2）航天器星载控制系统；

3）各种统一元件和组件的电压比较器；

4）微小航天器用特殊单元和部件；

5）推进系统高可靠高温单元；

6）纳米电子低功耗设备；

7）可增强空间系统在发射和运行期间的功能特性与可靠性的具有不同功能的纳米级传感器及其他零部件。

在过去的十年间，俄罗斯的空间和火箭设备制造发生了相当大的变化。产量显著减少，许多老型号停产，但同时又推出了很多高新技术产品。然而，火箭与空间工业仍然保留了其组织和技术体系、厂房与设备以及预生产工程原则。

俄罗斯火箭与空间工业的发展和技术现代化的国家政策按照《火箭和空间工业至

2015 年发展战略》及其他后续针对性的计划实施，包括[4-6]：

   1）俄罗斯联邦 2006—2015 年联邦空间计划（FSP - 2015）；

   2）2002—2011 年全球导航系统联邦专项（FTP GLONASS）；

   3）俄罗斯联邦 2007—2011 年及至 2015 年军工复合体（MIC - 2015）FTP 开发；

   4）俄罗斯联邦 2007—2011 年 FTP 国家基础技术开发以及随后计划；

   5）俄罗斯联邦 2007—2010 年纳米工业基础设施的专项开发；

   6）FTP 2008—2015 年基础电子元件和无线电电子学发展。

需要注意的是，任何空间和军事计划的成果直接依托于基础元器件的标准化、功能、性能以及质量，它们是所有现代通用设备和专用设备的基础。

空间微电子是一个独立的科学技术领域，包含一套完整的相互依赖的体系，范围涉及新材料研究、微芯片空间应用物理机理研究以及发展新技术和新方法来设计微芯片，以增强其噪声容限、可靠性和抗电离效应，减小静态和动态功耗，提高芯片集成度和工作（时钟）频率。

俄罗斯联邦政策在该范围内的优先领域包括：

1）建设新一代空间组合体（Space Complexes）和系统，其技术特点是在国际市场上保证竞争优势：

a）开发现代运载火箭和对已有运载火箭的现代化升级，开发新的火箭运载器和上面级火箭；

b）增强运载器运载能力，用于新一代载人飞船；

c）在空间技术和空间探索方面，准备实施一系列尖端项目。

2）完善和发展格洛纳斯系统，特别是在以下几个方面：

a）在新一代长工作寿命（至少 12 年）和高性能航天器的基础上部署卫星星座；

b）为终端用户建造地面控制基站和设备，在国际市场上推广应用，保证格洛纳斯与 GPS 的兼容性。

3）开发卫星星座，包括建造一个通信卫星网络，可用来服务日益增长的固定电话、个人移动通信（覆盖俄罗斯联邦全域）用户；建造可以实时传递信息的气象卫星星座。从长远来看，数据传输市场的竞争将会推动通信卫星工作寿命的跨越发展。可以通过建造可复用卫星来实现上述目标。这种卫星具有可在轨维护、重新加注推进剂、维修和升级的属性。上述技术发展计划预计可在 2025 年建设形成大规模在轨平台，来支持各类可维护或替换的设备（包括发电系统）的开发。

4）增强俄罗斯在空间市场的表现，包括：

a）保持在传统空间服务市场的领先地位（商用发射超 30%）；

b）加强在商用航天器市场的表现；

c）加强在国外空间和火箭基础设备组件及相关技术的市场表现；

d）进入世界高科技市场行列（如通信卫星和地面导航、地球遥感相关产品研发生产）；

e）对国际空间站俄罗斯舱段进行系统建造和现代化改造。

5）火箭和空间工业地面基础设施和技术水平的现代化改造，特别是：

a）行业领域的工艺和技术革新，如采用新技术，优化现场工艺结构；

b）建造一个发射场系统，配置地面控制系统、通信系统、空间和火箭工业试验和生产基地。

"2025 年俄罗斯联邦空间和火箭综合体发展项目"包括以下高优先技术领域：

a）星载导航系统；

b）空间数据中继系统；

c）星载水文气象系统；

d）星载地球遥感系统；

e）卫星通信和广播；

f）星载地面测量和制图支持；

g）星载通信和作战管理；

h）星载导弹预警系统；

i）星载电子侦察系统；

j）星载电-光监视；

k）多用途无线电定位监视的空间系统；

l）星载海上监视系统。

在推进空间和火箭设备发展过程中，现代抗辐射基础电子元器件是需要攻克的难点之一。该难点（在俄罗斯联邦工业和贸易部的协调下）将在俄罗斯联邦针对性发展微电子工业的框架内解决。

通过建造和使用普列谢茨克航天发射场、租用拜科努尔航天发射场、建造新的国家东方航天发射场（根据 2007 年 11 月 6 日关于东方航天发射场的总统令），可保证俄罗斯独立进入空间的能力。

该计划预期获得如下成果：

1）建造并验证安加拉-A5 火箭；现代化改造并有效运行普列谢茨克和拜科努尔发射场。

2）推进东方航天发射场一期（2015 年）和二期（2018 年）设施的建设。

3）按照国家需要部署在轨航天器，数量如下：分别在 2015 年和 2020 年，部署 95 个和 113 个航天器，包括在国际空间站俄罗斯舱段部署 6 个和 7 个模块（分别在 2015 年和 2018 年）。

4）向已在轨格洛纳斯系统提供必要的元器件，部署功能和性能升级的格洛纳斯-K 航天器。到 2015 年，该系统定位精度将达到 1.4m，到 2020 年约为 0.6m。

5）为未来火箭和空间设备原型机积累技术能力，包括为计划在 2018 年进行试飞的未来推进系统准备运输和动力模块。

6）构建有竞争能力的生产制造技术，卫星通信和地球遥感技术，导航、搜寻和救援技术，紧急情况监控技术，基于天基自动识别系统和个人无线电信标（Personal Radio Beacon）追踪和监控移动目标的技术。

在基础空间研究领域进行专项研究，使俄罗斯能够紧跟领先的航天强国，在主要空间科学领域达到顶尖地位，并从长远来看成为世界宇宙研究的引领者之一，更为具体的计划如下：

1）建造三个空间天文台，即 Spektr-UV、Spektr-M（太空望远镜）和 Gamma-400，在不同的电磁频段和高能伽马辐射范围内研究天体物理；

2）为深入研究月球制定计划，发射月球-全球人造卫星和月球-资源登陆探测器（第1、2 阶段），对带回的月壤进行深入的研究；

3）为星际飞行和行星人类活动开发全套的新技术；

4）建设未来载人运输系统，可将人类运送至月球。

到 2020 年扩展服务范围的国家项目成果如下：

1）空间通信、广播和中继系统：

a）建造全面的多功能空间数据中继系统，以加强国家低轨地球遥测航天器以及运载火箭和国际空间站俄罗斯舱段的功能；

b）将在轨固网拨号（Fixed - line Telephony）、移动个人通信、广播、电视广播系统在轨卫星星座中卫星的数量增加到 39 颗，有能力向俄罗斯联邦整个疆域以及北极地区提供通信服务。

2）地球遥感和水文气象勘测：

将在轨卫星数量增加到 24 颗。

通过部署新的空间系统，解决制图、环境检测、动态监控突发事件、自然资源勘测、农业和水资源有效使用及北极地区监测等问题。

国家项目的成功实施将促进国家空间硬件的发展及其在众多领域的应用，包括：保护国家在社会和经济领域的利益，提升俄罗斯在国际空间市场的表现，实现研究和开发外太空的雄心，保证从俄罗斯本土进入空间的能力，保持在载人飞行方面的领先地位[7]。

1.2　现代航天器分类

航天器（SC）通常指的是一类硬件，在太空中可以实现不同的功能，包括接近天体表面或在天体表面开展研究和其他类型的工作。运载火箭的作用是将航天器送入轨道。

向高层大气、临近空间或之上的高度运输人员或设备的航天器也被称作宇宙飞船（Spaceship，SS）或空间飞行器（Space Vehicles，SV）。

根据航天器应用领域的不同，可将其划分为：

1）亚轨道航天器；

2）近地轨道航天器；

3）行星际航天器；

4）行星车（月球车和火星车等）。

在自动化卫星（Automated Satellite，AES）和载人航天器之间，存在一个明显的区别。载人航天器包括所有类型的载人飞船（Manned Spaceship，SS）和在轨空间站（Space Station，OS）。虽然现代在轨空间站在近太空围绕地球运转，可称之为空间飞行器，但它们通常被认为是航天器。

空间飞行器的概念经常被用来指主动的（机动的）自动化卫星，以区别于被动卫星（Passive Satellite）。然而，在许多场合，空间飞行器和航天器是可互换的同义概念。

目前，在建造轨道高超声速飞行器［作为航空航天系统（ASS）的一部分］的项目中，ASS 航天飞机或飞行器的概念被提出。这些运载工具被设计用来实现在太空真空环境和稠密地球大气层中的载人飞行。

现在有众多国家拥有自动化卫星。然而，只有为数不多的几个国家（苏联/俄罗斯联邦、美国、中国、日本、印度以及欧洲/欧洲空间局）能够利用复杂的技术建造自动可复用的行星际航天器。只有前三个国家拥有载人飞船，日本和欧洲所拥有的航天器被认为是国际空间站模块和太空运输工具。前三个国家同时拥有自动化卫星在轨拦截技术（日本和欧洲非常接近该目标，因为他们实现过对接）。

航天器也可根据其工作模式、功能、重返地球的能力、质量、控制方式、推进系统类型和目的地进行分类（见图 1-1）。

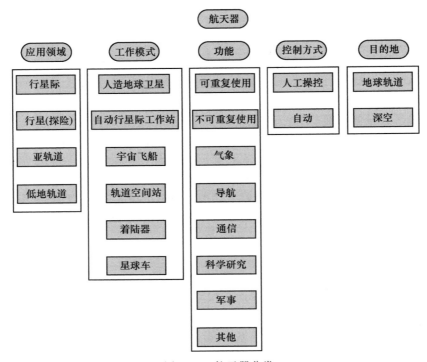

图 1-1　航天器分类

根据工作模式不同，航天器可分为：

1）人造地球卫星——通常指所有地球轨道航天器（围绕地球运行）；

2）自动行星际工作站（空间探测器，Space Probes）——通过环绕或飞掠的方式飞到天体进行探测，部分飞离太阳系；

3）宇宙飞船——用于运送货物和人类到地球轨道，也有的项目设计用于飞到其他行星轨道；

4）轨道空间站——在地球轨道进行长期驻留和工作的航天器；

5）着陆器（Descent Vehicle）——用于从轨道或行星际轨道运载人类或货物到行星的表面；

6）星球车（Rovers）——自动试验设备或运输工具，用于在行星表面或其他天体表面移动。

根据返回地球的能力不同，航天器可分为以下两类：

1）可重复使用航天器（Recoverable Spacecraft）——用于通过软着陆或硬着陆的方

式，运送人类或货物到达地球表面；

2）不可重复使用航天器——通常在服务寿命到期后，脱离轨道并在大气层中燃烧。

根据功能不同，航天器可分为：

1）气象卫星；

2）导航卫星；

3）通信（Communication）、电视广播以及电信卫星（Telecommunication Satel-lites）；

4）科学研究卫星；

5）地球物理学（Geophysical）卫星；

6）大地测量卫星；

7）天文学卫星；

8）地球遥感卫星；

9）军事卫星；

10）其他。

需要注意的是，许多现代航天器具备多种功能。

根据质量不同，航天器可分为：

1）飞卫星（Femto）：100g 以内；

2）皮卫星（Pico）：1kg 以内；

3）纳卫星（Nano）：1～10kg；

4）微卫星（Micro）：10～100kg；

5）小卫星（Mini）：100～500kg；

6）中型卫星（Medium‐sized）：500～1000kg；

7）大卫星（Large）：大于 1000kg。

因此，质量大于 10kg 且小于 100kg 的航天器，被称为微小航天器。如果某个航天器的质量大于 500kg 但小于 1000kg，则被称为中型航天器。

根据控制方式不同，航天器可分为人工操控航天器和自动航天器。根据推进系统类型不同，航天器可分为：配备大推力发动机（High‐thrust Engine‐equipped）的航天器、核动力航天器、化学推进（液体推进或固体推进）航天器。

航天器还可以分为地球轨道航天器和深空航天器。地球轨道航天器包括近地轨道航天器〔EAS、气象卫星、载人轨道飞行器（Manned Orbital Vehicle）〕，深空航天器包括行星际航天器（行星轨道器、着陆器和飞掠航天器）。

1.3　航天器设计与结构

世界上第一颗人造卫星于 1957 年 10 月 4 日在苏联发射。第一艘载人飞船东方一号，搭载苏联宇航员加加林，于 1961 年 4 月 12 日发射。在第一次发射之后的数十年间（未计入此前研究测试的 20 年），航天器设计被持续改进。测试航天器（Test Spacecraft）为航天器的设计发展做出了重要贡献，它专门设计用于测试和调试在实际应用状态下的基础元件（Element）、系统、物品（Item）、组件（Component）和单元（Unit），同时探索研究它们之间的有效应用和统一的方法。

苏联主要使用宇宙（Kosmos）系列的不同改进型（Modification）作为测试航天器，美国则有更多类型的测试航天器，包括 ATS、GGTS、OV、DODGE、TTS、SERT、RW 等。

虽然不同航天器在设计上均不尽相同，但它们通常都用一个主体（Main Body）搭配一系列不同的结构单元（称为支持设备）以及特殊用途电气设备[7]。

航天器的主体为所有航天器基础元件和设备提供安装空间。一个典型的自动航天器包括以下分系统（Subsystem）：定向和稳定分系统、热控制分系统、电源分系统、遥测跟踪分系统、导航和控制分系统、命令和数据处理分系统以及不同的作动器等。

载人航天器还包含生命保障和紧急回收分系统。

航天器特殊用途设备包括光学（光电）、摄影、电视、红外、雷达、无线电技术、光谱测定、X 光、无线电中继、辐射测量、测热（Calorimetric）及其他设备。在下面章节将详细介绍这些系统，需要注意的是，所有这些系统（含结构、功能和配置）均选用了最新的基础电子元件（ECB）。

因用途不同，需要不同构型的航天器，包括用来将航天器送入轨道的运载火箭；配备主推进单元和矢量推进单元的上面级和反推火箭单元；集成燃料电池以及支持系统单元〔保证航天器从低（高）轨到更高（低）的轨道或行星际轨道，以及轨道参数修正等〕。

术语"布置"与航天器构型密切相关，意思是最为有效和紧凑的航天器系统布局，有航天器内部布置和外部（空气动力学）布置之分[7]。

航天器设计的发展是一个复杂的过程，因为有众多因素（经常相互矛盾）需要被考虑。比如，需要确保与地面支持系统间的最小联系（特别是运载火箭），人员安全和舒适性（对于载人航天器），在发射和飞行中的安全操作和维护，合适的参数稳定性，控制、热控制以及空气动力学特性等。

开发人员的工作更是难上加难，不单是因为航天器的重量，还因为在降低成本、缩短生产周期的同时，要保证航天器的可靠性、多功能等。以下图中给出了航天器设计的发展过程。图 1-2 所示为世界上第一艘将人类带入近地轨道的航天器——东方一号。该航天器从拜科努尔发射，绕地球运行一圈（为人类首次）。东方一号采用全自动模式飞行，所以第一位宇航员是可以在任意时刻接管控制的乘客。虽然按照我们的分类，这次飞行应该被视为二次载人飞行，而不是一次全自动模式的飞行，但这一分类不能反映过程（现象或事件）的本质。

图 1-3 展示的是旅行者（Voyager）系列航天器（最著名的是旅行者 1 号和旅行者 2 号）中第一个航天器总体视图，该系列航天器设计用于探测远距离目标（太空探索）。根据一些文献资料，这个质量达 723kg 的太空探测器于 1977 年 9 月 5 日发射，用于探索太阳系及其附近区域，目前仍然处于工作状态（大大超出设计者的预期）。虽然其最初的任务是探索木星和土星两个行星，后来又有了新的（额外的）任务——界定太阳系的边界，包括柯伊伯带（小行星带）。

图 1-2　载人航天器东方一号

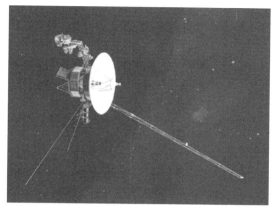

图 1-3　旅行者系列太空探测器

航天器能有如此长的寿命周期是因为有效的工程解决方案以及优化选用的基础电子元件。

图 1-4 展示了 NASA 用于探索冥王星及其天然卫星卡戎（Charon）而设计的自动行星际探测器。该探测器于 2015 年到达冥王星，并将探索小行星带——柯伊伯带。

对比图 1-3 和图 1-4 会发现，两者外形非常相似，然而，由于功能不同，其内部基本单元和结构组成存在差异。虽然结构的统一存在局限性，但通过电子组件和技术规格的标准化实现航天器系统技术解决方案的统一至关重要。不幸的是，国家火箭和空间设备的设计者还未能完全实现该目标。

图 1-5 展示了以土星光环为背景的卡西尼-惠更斯，这是另一个用于探索太阳系的两个目标——土星（包含其光环和卫星）和土卫六而设计的行星际探测器。

图 1-4　NASA 新视野
（New Horizons）自动行星际卫星

图 1-5　星际探索者卡西尼-惠更斯

该航天器是航天工业全球化的产物，因为它是由几个航天大国和组织联合努力的结果，包括 NASA、欧空局和意大利航天局。

该航天器包含两个独立部分——卡西尼轨道飞行器和惠更斯着陆器（Descent Module），后者用于在土卫六上实现自动着陆和自主工作。

该案例展示了不同国家和大学的开发者联合执行研究计划的效果。该行星际航天器于 1997 年发射，2004 年成功到达土星，执行了完整的研究计划，并继续开展工作。在 2004 年 12 月 25 日，惠更斯探测器从主航天器分离，到达土卫六附近。在完成所有计划机动后，在严酷的大气层覆盖的表面着陆。最终，卡西尼轨道飞行器成为第一个围绕土星的人造卫星。

图 1-6 展示了美国的可重复使用航天飞机。可以看出，它是一个复杂的混合设计结构——运载火箭加航天器，完全不同于图 1-2～图 1-5 展示的航天器。该航天飞机的主要目标是运送货物到轨道空间站并返回。美国共建造了五架该型航天飞机，其中有两架失事坠落，还有一架原型机（根据我们的分类原则将其定义为测试航天器）。该项目持续了 30 年[①]（1981—2011），但由于效率低下而被取消。

按照计划，每架航天飞机每月应实施两次发射（每年 24 次），每架执行 100 次飞行。但事实上，由于多种原因，发射的频率远低于预期（总计完成 135 次发射）。其中创下最高发射次数记录的航天飞机是验证最为充分的发现号，共发射了 39 次。

最后介绍最为复杂的行星际宇宙飞船（Interplanetary Spacecraft）——载人行星际宇宙飞船，配备可回收着陆模块，其建设需要分析和应用当前所有的知识、经验，以及在微电子、空间设备建设、材料科学、太空心理学（Space Psychology）和其他领域的成果。

图 1-7 展示的是阿波罗行星际航天器中的阿波罗 11 号，该航天器在 1969 年制造，随后实现了月球登陆。由于其特殊的目标和功能，阿波罗 11 号的设计和内部构造不同于我们之前提到的所有航天器。

图 1-6　美国航天飞机

图 1-7　阿波罗 11 号登陆月球

以下是一些已经成为历史的事实：传奇的指令长尼尔·阿姆斯特朗和飞行员埃德温·

---

① 原著为 20 年，应为笔误。——译者注

奥尔德林在月球表面一个特殊的月球舱（Lunar Module）内经历了 21 小时 36 分钟 21 秒。指令舱驾驶员迈克尔·柯林斯当时停留在近月轨道上，同时与两个宇航员以及地面支持中心保持不间断的语音视频通信。两位宇航员（很遗憾不是苏联宇航员）踏上了月球表面并探索了 2 小时 31 分钟 40 秒后成功返回月球舱，离开月球后，按计划与指令舱成功对接，最后返回地球。

为避免诸如指令舱和月球舱的航天器机载电气系统失效，正确选用作为设计基础的集成电路至关重要。如何采用适合的规则和技术来选用这些基础元件将在后面详细介绍。

虽然本书只针对特定的技术领域，但是为说明微电路在航天器件工程中的作用，在此讲一个只有一小部分专家知道的令人不愉快的插曲，上述探月任务险些因此将巨大成就变成灾难。

我们知道载人航天器（包括指令舱和月球舱）的体积严格受限。完成在月球表面历史性的任务后，宇航员身着沉重的宇航服接近舱门，一个宇航员不小心损坏了门边的一个塑料开关。这个开关只有两种位置："上"和"下"，其主要功能是控制月球舱的上升引擎，在"下"表示休眠模式，在"上"表示启动（开启离开月球的自动系统）。

由于开关损坏时处于"下"位置，宇航员和飞行支持专家不得不花费接近半个小时，将机械金属触点接到上方位置。

这个看起来可笑的插曲背后的情况却是当月球舱指令长向指令舱宇航员报告该情况，并由后者向 NASA 地面支持中心报告该情况后，引发了 5 分钟的骚乱，之后第一个有价值的建议出现了：拿一支圆珠笔插到开关内，利用笔尖将开关向上拨。这在地球上看起来是很合理的一个建议，但是，在月球上怎样才能找到一支圆珠笔？然而，非标准的思考是俄罗斯的宇航员（Cosmonaut）和美国宇航员（Astronaut）必备的心理素质（俄罗斯宇航员/美国宇航员候选人要通过非标准思考测试，此过程中约有 10％～15％ 的申请者被淘汰，即便他们符合其他所有要求）。

"搁浅"的月球舱上的宇航员发现并利用了一个尖锐的东西替代了圆珠笔，然后上升发动机开始工作，月球舱与指令舱对接后成功返回地球。

由此，我们可以得出一个结论：虽然航天器的设计取决于其特殊的目的，但航天器上电气系统的基础是能够满足所有特殊要求的现代电子基础元件，这将在后续章节中详细讨论。

图 1－8 展示了电子元器件在航天器中的主要应用。在图的右侧，标识出航天器上各系统的主要功能，包括：数据收集和存储、数据处理并产生相应的指令、机组成员的地面支持界面、不同作动器的控制、电源供应管理、所测量参数转换为模拟电信号并对其进行处理等。

图的左侧展示的是特定种类（分类）的、可实现前面提到的不同功能的电子元器件，包括：传感器、运算放大器、接口电路、驱动器、功率电子器件、标准逻辑电路、数字和模拟电路、电压比较器、太阳能电池板等。

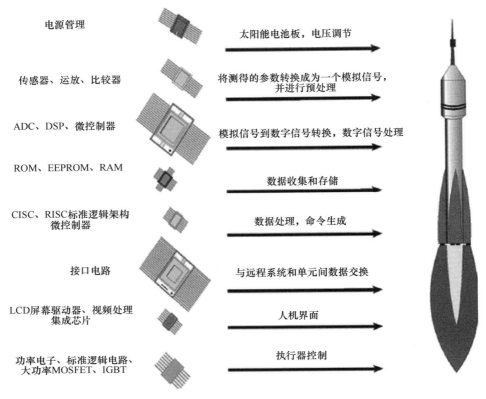

电源管理　太阳能电池板，电压调节

传感器、运放、比较器　将测得的参数转换成为一个模拟信号，并进行预处理

ADC、DSP、微控制器　模拟信号到数字信号转换，数字信号处理

ROM、EEPROM、RAM　数据收集和存储

CISC、RISC标准逻辑架构微控制器　数据处理，命令生成

接口电路　与远程系统和单元间数据交换

LCD屏幕驱动器、视频处理集成芯片　人机界面

功率电子、标准逻辑电路、大功率MOSFET、IGBT　执行器控制

图 1-8　航天器中微电子基础元件的主要应用

1.4　航天器星载系统

1.4.1　航天器星载系统分类

为保证航天器在操作、设计以及执行特殊任务中的可行性和生存能力，必须完成大量通用任务，这些任务适用于各类航天器，主要包括：

1）保证与地面控制中心（Ground Control Center，GCC）之间的数据交互；

2）确保电源供应；

3）在航天器内部负载之间的电源分配；

4）收集、存储、处理和传输遥测信息；

5）根据航天器飞行计划及其实际状态控制航天器系统和设备；

6）保证航天器热控制设计；

7）检测和控制航天器姿态感应；

8）保证航天器在太空中的移动（质心移动）；

9）保证航天器角运动（围绕质心运动）；

10）确定和预测航天器在轨道中的位置；

11）控制太阳能电池板的转动（如有太阳能电池板）。

在设计第一个航天器时，每项工作需要在独立的专业领域内来解决，配备独立专业领域内的传感设备（Sensing Equipment）、执行机构（Actuator）以及预设自动控制（Preset Automatic Control）等。当航天器内部变得越来越复杂时，应用目标日益增长，对控制和监控器件的集成化需求开始出现，主要是在能源的有效利用和补给、优先级（Priorities）、飞行时间和常规操作、基于在线诊断（Online Diagnostic）的紧急情况的自主响应，以及星载设备测试等。得益于航天器上软件的帮助，通过发展和应用计算方法，该问题被解决。类似于地面控制综合体（Ground Control Complex，GCC）、星载控制综合体（Onboard Control Complex，OCC）的概念出现了，这个概念包含航天器主要星载系统：星载计算机系统，制导、导航和控制系统，星载设备控制系统，星载指令通道设备，星载状态测量系统，以及作为关键集成元素的相关星载控制综合软件。

为研究自动化特定用途航天器（包括通信卫星、恒星探测器、地球遥感航天器）的OCC 设计理念的原则（Principle of OCC Design Concept），我们列出主要的星载系统（见图 1 - 9）：

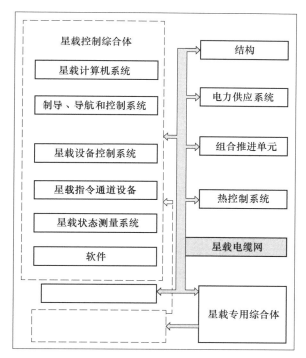

图 1 - 9　航天器星载系统（Onboard System）

1）星载计算机系统（Onboard Computer System）包括一系列计算方法和接口器件（通信接口电路和适配器），用以保证主板上元器件间的信息交互，并为控制和监控航天器各系统提供计算能力；

2）制导、导航和控制系统（姿态和位移控制），设计用于控制航天器位置（质心平移运动）和角速度（围绕质心旋转运动）；

3）星载设备控制系统（Onboard Equipment Control System），用于根据时间和逻辑

状态，保证电源切换、信号放大、电信号转换以及向航天器系统和设备发出命令；

4）星载状态测量系统（Status Measuring System），保证收集、处理和向 GCC 传输遥测信息（描述航天器系统状态和当前操作的测量结果）；

5）星载指令通道设备或命令无线通信链路（Command Channel or Command Radio Link），这是一个无线电技术综合设施，用于确保信息从 GCC 及时传递到 OCC；

6）组合推进单元（Combined Propulsion Unit），包含了一组发动机，保证航天器相对于轨道的运动以及航天器自身的角运动；

7）用于航天器内部的热控制系统；

8）电力供应系统（Electric Power Supply System，EPSS），将初级能源（太阳能）转化为电能源。

在某些航天器上，星载电缆网也被当作一个结构单元。

计算与新的设计和技术解决方案的应用、现代基础元件（Element Base）以及软件集成技术已经成为建造集成化 OCC 的基础。根据外部条件、星载系统的状态和可用资源实现在线系统控制（Online System Control）和航天器飞行程序的智能执行（Smart Execution），允许将众多的控制和检测功能移植到 OCS 上（或者更确切地说是它的软件上）。这些功能倾向于在软件和硬件发展过程中，越来越多地集成在计算机系统上。软件已经发展成为一个独立的 OCC 部件（也是最重要的部件之一）。OCC 软件有其自身的层次：

1）第一层或最底层由驱动程序代表，用于计算过程组织中与设备和程序交换信息；

2）第二层由用于星载器件和设备的控制和监控程序构成；

3）第三层包含了星载系统的飞行模式程序和计算程序；

4）第四层或者是最高层包含用来计划和组织 OCC 的操作模式，以及监控航天器各系统状态的程序。

根据 OCC 软件的架构（见图 1 - 10），这里有服务程序（调度、交换、控制 OCS 配置、定时等）、功能程序（开启/关断器件、预备和实施信息、控制指定器件行为产生的程序等）。每一个程序（程序模块）都设置了参数以及与其他程序的逻辑信息链路。OCC 软件设计要求确定与其他所有层级的程序的信息流通，包括来源于从上层程序到下层程序的控制数据以及来源于上行的监控和诊断数据（Diagnostic Information）。为确保 OCC 软件的实时控制，每个程序都有访问星载计算机的顺序和特定时间。

OCC 软件综合特性不但要完成控制和监控功能，同时要具有如下的重要功能与任务：

1）航天器轨道飞行规划；

2）优化资源消耗；

3）自主航天器功能；

4）对偶发情况的在线响应。

从星载系统（直接或通过 OMS）获取数字信息、与 GCC 交换信息（通过 OEOWC）、在软件计算工作中处理和使用搜集的数据等功能，使得 OCS 和 OCC 软件成为星载控制综合体（Onboard Control Complex）的一个必要组成部分。指令通道（Command Channel）和 OSM 作为 OCC 不可或缺的一部分，成为流动信息的一个源头，也是支持航天器逻辑和信息接口的要素。需要注意的是，OCS、指令通道和 OMS 之间的链接同时存在于现实（通过星载电缆网络和接口仲裁器件的，有线连接的）和虚拟中（通过数据交换

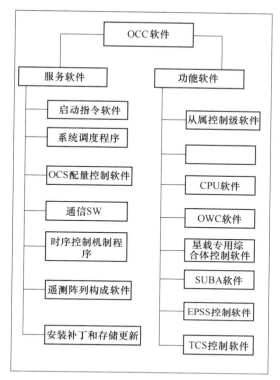

图 1 - 10　软件架构[8]

通道的信息化）。

　　星载设备控制系统（SUBA）是 OCC 中的一个完整部分。SUBA 具备的两个重要的功能拥有整合性（Integrative Nature），表现为 OCC 的一个特权：

　　1）确保与航天器各系统和设备之间的物理（有线）联系，并通过相关指令和信号实现对它们的控制；

　　2）向星上负载提供能源。

　　所有之前提到的其他系统执行指定的任务，这些任务对航天器来讲是十分必要的，但是它们都未被纳入 OCC 结构范畴内。需要注意的是，制导和导航分系统（GNS）经常被航天器设计者看作 OCS 的一部分，原因如下：

　　1）GNS 的任务至关重要（定向、稳定、制导航天器执行其任务）；

　　2）该系统（与 SUBA 一起）是为第一个航天器设计和建造的星上系统中的一个；

　　3）GNS 控制程序与其他系统和 OCC 软件上层控制程序密切联系。

　　GNS 包含光学传感器和角速度传感器、转换器单元和控制信号形成器（Former）以及动力陀螺作动器（比如飞轮或旋翼机）。推进系统发动机同时作为 GNS 的执行单元。GNS 同样能够得到各种导航器件和卫星导航设备的辅助。

　　比如基于可调捷联式惯性导航系统建造的 GNS，通过集成化绝对角速度部组件（图 1 - 11），能够确定航天器坐标轴相对于惯性坐标系的当前位置。

　　GNS 的运行包括三个控制回路：

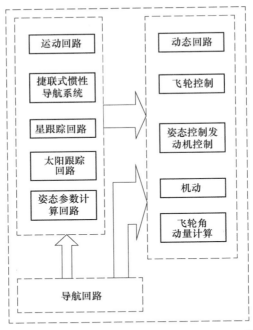

图 1-11　基于双回路捷联式惯性导航系统的 GNS 结构[8]

1）导航回路（Navigation Loop）在地球重力和磁场预测模型以及来自航天器机械导航传感器的信息帮助下，基于 GCC 或者星上导航设备确定的初始条件，以给定的精度确定（预测）航天器在轨道中的实时位置；

2）运动姿态控制回路（Kinematic Attitude Control Loop）测量 GNS 设备基准与姿态模式中设置的某些参考基准之间的误差角，此外，运动回路还调整（校正）给定的参考基准；

3）动态姿态控制回路（Dynamic Attitude Control Loop）以给定精度对准（Align）航天器基准和参考基准。另外，它能够在轨道调整和其他动态操作中保证航天器的稳定性。

自动航天器的支持系统有取决于支持系统的有效载荷［或者星上专用综合体（Onboard Special Complex），BSC］的类似要求。一流的航天企业目前倾向于建造通用空间平台（Universal Space Platform，USP），适用于不同类型的自动航天器。通过 USP 设备联接的方法将已有的 USP 与新的 BSC 结合起来，能够极大缩短设计和地面测试的周期，同时显著减少航天器建造的时间与经费投入，并保持其质量和可靠性。

航天器上已有的空间平台与行动特殊设备的可联接性取决于该设备的参数特性以及对 USP 的需求。BSC 的主要参数包括功耗、质量、供电馈线数量（Supply Feeder）、接口类型等等。由 BSC 工作条件确定的工作内容包括：

1）保证航天器在 BSC 工作时的方位和稳定的精度；

2）保证并预测制导精度；

3）在轨运行期间和航天器生命周期内保持参数的符合性；

4）执行一系列 BSC 操作模式等。

　　在这种框架下，OCC 被看作 USP 的核心[8]。换句话说，OCC 包含了主要支持系统和支持 USP 系统集成化的星载软件，以保证航天器通过相关接口，依照程序逻辑和物理层正确执行任务。

　　OCC 的主要任务包括：

　　1）收集、运算处理、存储、在线监测信息及相关信息在 USP 控制工作的应用。

　　2）组织信息并与 BSC 命令交互（Command Interaction）。

　　3）在地面测试和日常飞行中，根据 GCC 信息，在自动模式下协调 USP 和 SC 的工作。

　　4）诊断 USP 及其系统状态；在自动模式下对偶发情况进行探测、定位和处理。

　　在处理这些工作时，星上控制综合体（Control Complex）需拥有如下质量特性：

　　1）高度集成（在实时执行所有飞行模式和操作时，组织集成的 USP 系统工作和界面支持）。

　　2）严格参照 OCC 的层次结构，确定信息流（命令和控制信息向下流动，从 OCC 核心流向各元件；监控和诊断信息向上流动，从外围元件流向核心）。

　　3）先进控制灵活性，在 OCC SW 控制算法中实现，这将保证有效的资源利用以及对故障的适应性，同时基于 GCC 命令和来自传感设备的分析诊断信息处理突发情况。

　　广泛适用于系列航天器的经验证的平台更容易受到先进航天企业的青睐。OCC 被计划用来在如下领域进行建造和改进：

　　1）增强部组件和 OCC 的可靠性和保证其工作稳定期限，通常通过应用现代电子组件以及在硬件和软件层面进行功能备份实现；

　　2）基于数量和成本考虑，依托接口一致性、星上电缆网设计优化，在保持其专用功能和参数指标稳定的前提下将通过 OCC 硬件资源从三重冗余降低到双重冗余等方法，降低 OCC 总重量和接口资源的成本。

1.4.2　采用可编程逻辑电路设计星载信息控制综合体的特性

　　现代星载设备要求结构部件高度集成。如前所述，保证对复杂设备控制的要素是星上信息控制综合体（Onboard Information Control Complex，OICC）。这些工作需要利用许多资源，并通过星上计算机综合体实现。可能同时需要对允许的计算能力有最小和最大的范围要求，从而实现高效的性能，这取决于航天器特定目标和参数。比如，许多现代高轨通信卫星系统需要基于直接中继（Direct Relay）和变频（Frequency Translation）模式的中继卫星来工作，这将通过开关一系列发送/接收设备来实现，不需要复杂的计算工作。另一个例子是将在下面章节中提到的用来观测和遥感的低轨光电卫星（Electro - optical），这些卫星运行时，需要持续地接收地面图像，进行复杂的计算，同时监控航天器的位置和方向，从而保证所接收数据的精度。基于为每个特定情况和目的设计生产的芯片来建造星载设备将是非常昂贵和耗时的。另外，由于快速发展的微电路产业，现有的技术将会很快过时。如前所述，现代星载设备发展的一个主要的趋势是部组件的通用化。这就是为什么通常会采用通过验证的标准化技术进行设计，并按照以下原则实施：

　　1）基于标准的微控制器和微处理器建造多模结构 OICC（Multimodule Structure of OICC）；

2）配备中央元件（星载微计算机）的多层次结构 OICC 拥有主要的计算能力，并使用附加单元执行子任务；

3）根据片上系统的原则进行建造（比如：在一个单片超大规模集成芯片上集成所有 OICC 功能）。

第一个设计方案是基于使用标准的模块和微芯片（Microchips）。PC 104 标准可作为一个案例，依据该标准可设计一种星上设备的可堆叠结构，每个模块有一个标准尺寸（即形状参数）以及用以信息交互的可切换单元。保证控制的中央模块是中央处理器模块。

第二个设计方案是基于一个模块化原则，采用几个拥有简化底层结构的微控制器，比如基于 PIC 控制器。

OICC 的层次结构要求配备一个高性能的星载计算机。然而，这些计算机通常尺寸、质量及功耗过大。这就是为何这种设计方案只适用于中型和大型航天器。

第二卷第 8 章详细介绍的片上系统的概念非常适用于先进航天器的星载设备。因为它能够在保证极高的集成度的同时确保尺寸和功耗相对较小，采用这种元器件可能要求为特定航天器定制专用的集成芯片。然而，单独设计和生产这类元器件将消耗大量的时间和经费，因此只适用于系列航天器和平台的项目中。另外，升级（Modernization）和改造（Modification）这些元器件也会变得愈加复杂。

通常，片上系统包含了不同类型的模块：可编程处理器内核、专用的集成芯片模块、可编程逻辑模块、存储器模块、外围器件、模拟组件以及不同的接口电路。并非所有模块都必须物理集成于一个芯片上，如处理器和存储器模块可以是独立的部件。

基于片上系统技术的高集成 OICC 的效率可以通过使用可编程逻辑器件（PLD）进行提升。PLD 是一种被广泛知悉和使用的技术。对集成度和速度的需求使 PLD 技术在航天器机载设备中得到广泛的应用。PLD 的使用让数字器件的设计效率得到了提升，允许将整个开发流程转移到一台计算机上。直白地讲，基本上所有的数字电路都可以基于 PLD 实现，只需要开发者拥有一台计算机及相关的编程装置。

可编程逻辑器件种类包括基于以下技术的集成芯片：

1）现场可编程门阵列（FPGA）；

2）基于 EEPROM 技术的复杂可编程逻辑器件（EPLD）；

3）CMOS 快速闪存复杂可编程逻辑器件（CPLD）；

4）掩膜可编程逻辑器件（MPLD）。

EPLD、CPLD 和 MPLD 技术是完全可编程门阵列（Fully Programmable Gate Array）和宏单元库（Macrocell Bank）的集合。宏单元构成了执行不同组合或有序逻辑功能的基本功能单元。FPGA 是一种更为复杂的技术，因为其允许通过对底层阵列（Underlying Array）的编程来实现底层结构（Underlying Fabric）。

Quick Logic、Actel、Xilinx 和 Altera 公司是可编程逻辑器件的主要设计和制造商。Actel 公司在航天系统用 PLD 方面十分突出。Actel 公司产品的特点是在编程过程中形成金属跳线（Metal Jumper）。这种技术使走线（Tracking）具备高可靠性和资源灵活性，且不需要配置存储器。该公司的产品有商业、工业和抗辐照版本，能够满足不同应用场景对可靠性和稳定性的需求。基于 PLD 设计芯片包含以下操作：

1）输入由多种高级语言描述的逻辑电路设计说明（基于标准化的中型集成芯片或基于标准元器件库，依靠图形输入描述器件的功能行为）；

2）基于所需的可编程单元（Cell）的数量以及组件功能实现的条件，熟练选择 PLD 模型用来实现所描述的电路；

3）将逻辑电路描述转换为 PLD 模型，并进行优化［转换、优化、定位（Location）］；

4）对所涉及元器件的功能和时序进行模拟，检查是否符合要求；

5）验证所设计元器件，并对模型进行修正；

6）使用 PC 通过适当的端口，对 PLD 上传完善的模型或对 FPGA 的 ROM 进行编程，当上电时下载配置数据。

在掉电以后，CPLD 芯片内部 FLASH 存储单元将保持配置数据。PLD 器件经常用描述数字器件的逻辑结构的 VHDL 设计语言描述。此外，PLD 制造商免费提供为主要应用设计的基础元件库（Component Library）。

图 1-12 展示某设计先进航天器 OICC 的方案。在该方案中，PLD 作为核心单元控制和处理特定的信息，同时控制和监控所有星载设备单元的状态。基于 PLD 的 OICC 结构需要内部总线来实现不同器件间的信息交换。ProAsic 系列可编程逻辑集成芯片中近似的逻辑门数量大概为 100 万～150 万。图 1-13 展示其 PLD 制造商采用 ProAsic Plus 集成芯片制作的电路板，包括了保证与外部器件交互的外围电路。

基于建设良好的软件模型和标准元件库（Library of Standard Components），对星载设备的进一步现代化升级并不会产生额外成本，且在大规模采用该技术时，将更有利于生产系列化的先进航天器。

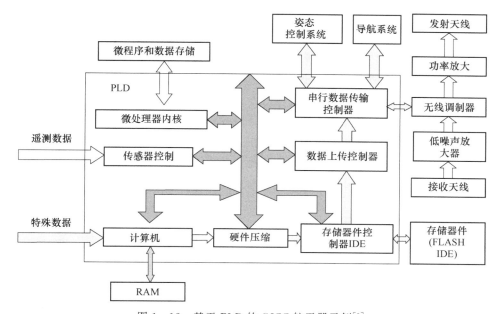

图 1-12　基于 PLD 的 OICC 航天器示例[9]

图 1 - 13　可编程逻辑电路的评估板

1.5　地球遥感航天器

在 21 世纪初期建立起来的技术已经取得了非凡的成就[10-15]，如在地球遥感领域（Earth Remote Sensing，ERS）能够产生超高空间分辨率（Geo EYE - 1 拥有的空间分辨率高达 41cm）图像的新一代航天器成像系统研发成功。该成像系统已经具备高光谱和多光谱工作模式（World view - 2 卫星拥有 8 个波段）。最新的趋势包括新一代先进高清分辨率卫星的出现（法国 Pleiades 系统），为高分辨率操作和地表全球遥感（Operational and Global Sensing of Earth Surface）而建设的小卫星星座等，如德国卫星星座 RapidEye，在 DMC 卫星星座中的新一代高分辨率卫星，先进卫星 Skysat、NovaSAR 等。传统的 ERS 技术领域之外，同样出现了从太空操作对地球表面物体进行视频成像（如美国的 SkyBox 成像公司的项目）的新技术。

本节中，我们将对最感兴趣的高分辨率和超高分辨率 ERS 航天器的特征进行比较。这些航天器有些已经完成发射，有些则计划在未来的 3～4 年内进行发射[6]。

太空活动普遍被认为是关于开发和使用外太空的所有活动。目前，已有超过 60 个国家参与其中。几乎所有发达国家均在其通信与广播、远程探测地球表面（如气象测量、制图、大地测量学等）、导航以及科学研究方面应用了太空技术。21 世纪，太空已经成为相关国家寻求近地太空环境探索的矛盾焦点。

距离苏联 1957 年发射第一个航天器已有 50 多年，在这期间，全球已经成功发射了 6800 多颗人造卫星、载人航天器、载人长期在轨平台以及自动行星际平台。美国在 1958 年 1 月 31 日发射其首颗卫星 Explorer - 1，中国第一颗人造卫星"东方红一号"在 1970 年 4 月 24 日发射。

关于美国、中国、印度、俄罗斯太空活动的统计数据，在图 1 - 14 及表 1 - 1 中展示。

图 1-14 展示了美国、俄罗斯、中国和印度在 1957—2010 年间成功发射卫星的时间轴。表 1-1 提供了在过去十年以及整个人类太空活动中发射卫星的总量，以及航天器成功部署情况和在轨运行情况。

从图 1-14 可以看出，苏联太空活动的高峰期出现在 1970—1991 年间。在这期间，苏联每年发射航天器百余次。之后，俄罗斯太空活动急剧下降，在 21 世纪前 10 年，俄罗斯只成功发射航天器 214 次，平均每年 21 次。

截至 2010 年，俄罗斯发射了 3479 个航天器，其中 3250 个成功入轨，发射成功率为93.4%。截至 2010 年 12 月 31 日，俄罗斯民用、军民两用、军用卫星实际在轨航天器数量为 74 颗。从第一次发射起，俄罗斯航天器的平均有效存在期（Active Existence Period）持续提升，直到 20 世纪 90 年代达到历史极值。但是，目前俄罗斯卫星的有效存在期平均值一直处于下降状态，尽管制造方一直在保证自身的持续进步，但也难以阻止近十年间俄罗斯在轨力量的实质性削减。

以时间为序，在 20 世纪 60 年代，美国平均每年发射 70 颗卫星，在这期间，美国的科学家和工程师熟练掌握了卫星制造技术，使其有效存在期从 10 年递增至 15 年，因此到20 世纪 70 年代，美国成倍地减少发射次数，降低至每年 30 次。在过去 30 年间，美国一直保持该发射频率。由于低轨通信卫星的需求，美国卫星发射的高峰期在 20 世纪 90 年代末期。

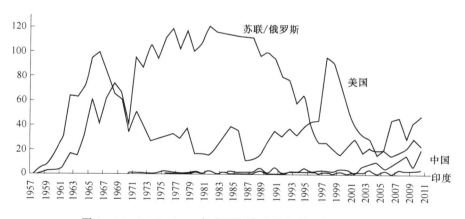

图 1-14　1957—2010 年主要国家成功发射入轨卫星数量

在整个人类太空活动中（1958—2010 年），美国基于自身需求共发射 2402 颗卫星，其中 2147 颗成功入轨。因此，其发射的成功率为 89.4%。截至 2010 年 12 月 31 日，美国实际在轨卫星星座（含军用、民用以及军民两用）包含了 440 颗有各自特定任务的卫星。需要注意的是，美国公司同时还为其他国家制造了超过 300 颗卫星。

在 20 世纪 70 年代，中国加入了世界太空俱乐部。从表 1-1 中可见，在 21 世纪前十年，中国的太空活动引人注目。在这些年里，中国成功发射了 87 颗卫星，其中有 20颗是在 2010 年发射的。发射单颗卫星的成功率接近 100%，这是美国及俄罗斯都未曾实现的。

表 1-1　苏联/俄罗斯、美国、中国和印度制造

并被送入轨道的航天器的数量统计

国家	全世界	苏联/俄罗斯		美国		中国		印度	
时间	1957—2010	1957—2010	2001—2010	1958—2010	2001—2010	1970—2010	2001—2010	1975—2010	2001—2010
成功生产并入轨的航天器数量	6853/6264	3479/3250	222/214	2402/2147	372/344	147/138	87/87	58/53	31/27
截至 2010 年 12 月 31 日在轨航天器数量	958	74		440		69		29	

从 1970 年至 2010 年，中国为本国制造了 147 颗卫星，为其他国家制造了 6 颗。在 147 颗卫星中，138 颗成功入轨。整个期间，发射成功率为 93.9%，成功超越了俄罗斯和美国。此外，中国从欧洲和美国的生产商处购买了 9 颗卫星。截至 2010 年 12 月 31 日，中国在轨航天器数量为 69 颗。

中国建立并制造了自己的电视直播空间系统以及教育节目播送卫星，建立了多个地球表面遥感系统，包括地球同步和低轨气象卫星网络，还成功实现了月球探测计划，发射了可返回航天器并带回月球探测样品。此外中国约在 20 年前开始进入国际空间发射服务市场，并提供了更为高端的服务，包括设计制造卫星、发射入轨以及融资（Financing），这使得中国获得为近 10 个国家建造卫星的授权。

中国领导层采取必要的措施保证其空间工业稳步发展，包括完善立法基础（Legislation Base）和生产管理方法，以保证空间活动遵循明确的标准。该国支持在空间技术领域的创新，积极建立激励机制，使得技术革新的潜力得到发挥。国家支持与市场原则相结合，共同促进了其空间工业的发展。1999 年，根据中国国务院的决议，中国火箭-空间工业进行了重组。当时唯一的火箭-空间工业国有公司（即中国航天工业总公司）被转变成两个独立的国有商业公司，并成为竞争对手，分别是中国航天科技集团公司（CASC）和中国航天科工集团公司（CASIC，早期被称为中国航天机电集团 CAMEC）[4,5]。

因此，目前在中国，所有火箭-空间工业（军用和民用）的科学研究和生产都集中在这两个主要的国有企业。正因两者均为国有企业，使得实现全过程科学研究和设计制造军用和民用空间产品成为可能。目前，中国火箭-空间工业的人才实力（Personnel Strength）和销售额在亚洲乃至在整个世界都是亮点。

同一时期，美国的主要航空航天公司洛克希德·马丁和波音公司雇佣了 14000~16000 人。目前，美国卫星和运载火箭的生产集中在四家公司：洛克希德·马丁、波音、劳拉太空系统公司和轨道科学公司。

在俄罗斯，火箭-空间工业包含了 100 家公司，共计约 32 万名员工。卫星制造公司不超过 10 家。

1975 年，印度出现在国际空间力量的名单中。从表 1-1 的时间行中可见，印度空间活动的高峰期在 21 世纪前 10 年。这些年中，印度共发射了 31 颗卫星，其中 27 颗成功入轨。而在 1975 年至 2010 年整个人类航天活动史中，印度共发射 62 颗卫星（其中 58 颗为本土产品），其中 57 颗成功入轨，因此其单颗卫星的发射成功率为 91.96%，超过了美国，但低于中国和俄罗斯。截至 2011 年 1 月，印度在轨卫星数量（包括军用、民用及军民两用）为 29 颗。

此外，印度建立了用来实现电视直播的空间系统，这是一个长期持续动态建设的过程。全国还可通过专用卫星 EdUSt 接收教育节目。地球同步轨道与低轨气象卫星网络也已建立。

1.5.1　俄罗斯联邦和白俄罗斯共和国地球遥感航天器

根据俄联邦 2012 年太空计划，发射了 Kanopus - V 小卫星（技术参数见表 1 - 2），它用于向相关机构提供数据，这些部门包括：俄罗斯航天局、俄罗斯紧急情况部、俄罗斯自然资源和环境部、俄罗斯联邦水文气象和环境监测局、俄罗斯科学院以及其他相关机构。该卫星的任务包括：

1）探测森林火源以及大规模环境污染物排放；

2）监测人为和自然的突发状况，包括自然灾害和水文气象现象；

3）监测农业和自然（包括水和沿海）资源；

4）土地利用（Land Use）；

5）地球表面的特定区域的运营观测。

除 Kanopus - V 卫星之外，俄罗斯地球遥测卫星星座包括 Resurs - DK1（发射于 2006 年）以及 Monitor - E（发射于 2005 年）。Resurs - DK1 对图像的操作模式和精度特性进行了改善（全色模式下 1m 分辨率及多谱段模式下 2～3m 分辨率）。卫星数据被充分用于地形和专题制图、自然资源有效利用和经济活动的数据支持，以及森林存量和农业用地核查等方面。

光电（Electro - optical）卫星 Resurs - P 于 2013 年 6 月 25 日完成发射，该卫星继续执行俄罗斯高光谱环境卫星的任务，Resurs - DK1 的技术方案也可用作设计制造 Resurs - P 的基础（见表 1 - 3）。将该卫星置于 475km 高度的圆形太阳同步轨道，使得观测条件得以改善，再访问时间（Revisit Time）间隔由 6 天缩短为 3 天。

此外，该卫星有全色和 5 波段多光谱两种模式。在光电高光谱设备的基础上，该卫星配备高光谱分光仪（GSA）以及高/中分辨率宽范围捕捉多光谱探测器（SHMS - VR 和 SHMS - SR）。

俄罗斯还计划扩大其地球遥测卫星星座并发射 Obzor 系列卫星。Obzor 卫星星座包括 4 颗光电卫星，这些卫星被设计用于提供俄罗斯及其周边邻近国家以及特定地面区域的多光谱图像。其中，两颗卫星计划于第一阶段发射（2017 年），其余两颗卫星则计划在第二阶段发射（2018—2019 年）。Obzor - O 系统将向各有关部门提供空间图像，包括俄罗斯紧急情况部，联邦注册/地籍以及制图服务部门以及俄罗斯其他部门、机构和地方。俄罗斯计划在 Obzor - O 1 号和 2 号上安装高光谱设备原型机。

根据 Obzor - O 系统的技术参数（见表 1 - 4），其将包含 4 颗卫星，能够在 8 个光谱波段提供图像，包括可见光波段和红外波段。可见光波段的分辨率为 5m，红外波段的分辨率至少为 20m。在该项目实施的第一阶段，即 2 颗星在轨阶段，Obzor - O 将在 30 天内覆盖俄罗斯全境。当 4 颗星全部入轨后，该周期将缩短至 7 天以内。

表 1 - 2　Kanopus - V 成像系统主要技术参数

成像模式	全色	多光谱
光谱范围/μm	0.52～0.85	0.54～0.60（绿） 0.63～0.69；0.6～0.72（红） 0.75～0.86（近红外）
空间分辨率/m（近地点）	2.1	10.5
幅宽/km	超过 20（510km 轨道高度）	
获取能力/(10⁶ km²/天)	大于 2	
重访时间/天	5	
数据传输速率/Mbps（X 波段）	2×122.8	

Obzor - R 雷达卫星（见表 1 - 5）将根据俄罗斯联邦社会和经济建设需要进行 X 波段成像。Obzor - R 将向俄罗斯紧急情况部、农业部、联邦注册/地籍及制图服务部门以及其他机构、组织和区域提供雷达图像。

Belarusian Space Vehicle（BKA）卫星和 Kanopus - V 卫星将覆盖俄罗斯全境。根据国际卫星分类，BKA 属于微小卫星（与 Kanopus - V 卫星完全相同）。BKA 的载荷包括全色（Panchromatic）和多光谱相机，扫描幅宽为 20km。地球表面物体的全色和多光谱图像的分辨率分别为 2.1m 和 10.5m。这样的分辨率可应用于多个与监测相关的领域，比如火源定位等。然而，未来国家可能需要更高分辨率的卫星。这就是白俄罗斯科学家已经开始设计 0.5m 分辨率的航天器并计划在 2017 年发射的原因。

表 1 - 3　Resurs - P 成像系统主要参数

成像模式	高分辨率电光设备		SHMS		
	全色	多光谱	SHMS - VR	SHMS - SR	GSA
光谱范围/μm	0.58～0.80	0.45～0.52（蓝） 0.52～0.60（绿） 0.61～0.68（红） 0.72～0.80 0.67～0.70 0.70～0.73 （红+近红外）	全色模式 0.43～0.70 多光谱模式 0.43～0.51（蓝） 0.51～0.58（绿） 0.60～0.70 （近 IR - 1） 0.80～0.90 （近 IR - 2）		0.4～0.11 （96～255 光谱带）
空间分辨率/m （近地点）	1	3～4	12（全色） 24（多光谱）	60（全色） 120（多光谱）	25
定位精度/m	CE90 mono=3.1～21				
幅宽/km	38		96	480	25
视场/km	950		1300		950
获取能力/ (10⁶ km²/天)	1				
重访时间/天	3				

表 1-4　Obzor-O 成像系统主要技术参数

成像模式	多光谱	
	第一阶段	第二阶段
光谱范围/μm	7 个同时工作频段范围： 0.50～0.85 0.44～0.51 0.52～0.59 0.63～0.68 0.69～0.73 0.76～0.85 0.85～1.00	8 个同时工作频段范围： 0.50～0.85 0.44～0.51 0.52～0.59 0.63～0.68 0.69～0.73 0.76～0.85 0.85～1.00 1.55～1.70
空间分辨率/m（近地点）	最大 7（0.50～0.85） 最大 14（其他频段）	最大 5（0.50～0.85） 最大 20（0.55～1.70） 最大 14（其他频段）
辐射度测量分辨率/bpp*	12	
定位精度/m	30～45	20～40
幅宽/km	最小 85	最小 120
每颗卫星获取能力/(10^6km²/天)	6	8
重访时间/天	30	7
数据传输速率/Mbps	600	

* bpp —— bits per pixel。

表 1-5　Obzor-R 成像系统主要技术参数

光谱范围	X 波段（3.1cm）			
重访时间/天	2（在 35°N～60°N）			
模式	标称空间分辨率/m	视场/km	幅宽/km	极化
高精细	1	2×470	10	单一（可选-H/H，V/V、H/V、V/H）
精细	3	2×600	50	单一（可选-H/H，V/V、H/V、V/H）
窄条带	5 3	2×600 2×470	30	双〔V/（V+H）和 H/（V+H）〕
条带	20 40	2×600	130 230	
宽条带	200 300 500	2×600 2×700	400 600 750	

　　2013 年 7 月，在拜科努尔发射基地，联盟-FT 火箭采用弗雷盖特上面级将多个航天器送入轨道，这些航天器包括：Kanopus-V、MKA-FKI（Zond-pp）、白俄罗斯 BKA、

德国 TET - 1 以及加拿大 ADS - 1B（ExactView - 1）。

（1）Kanopus - V

Kanopus - V 1 号卫星是按照俄罗斯航天局的要求，用于监测人为和自然突发情况的太空系统的一部分，由 ASRIEM（All - Russian Scientific and Research Institute of Electromechanics）设计，并在以 A. G. Iosifian 命名的工厂制造（联邦国家单一制企业 NPP VNIIEM）。

Kanopus - V 还被用于提供水文气象数据，以完成以下主要工作（见表 1 - 6）：

1）监测人为和自然突发情况，包括自然的水文气象现象；

2）制图；

3）监测森林火源、大规模环境污染物排放；

4）监测异常物理现象，以预测地震；

5）监测农业、水、沿海资源；

6）土地利用（Land Use）；

7）地表特定区域的运营观测。

表 1 - 6　Kanopus - V 卫星主要技术参数

用　　途	地球遥测
卫星质量	400kg
载荷质量	110kg
卫星尺寸	0.9m×0.75m
寿命	5 年
工作轨道	太阳同步轨道
高度	510km
轨道倾角	98°
轨道周期	94.75min
方位精度	5 ang. min
稳定度	0.001（°）/s
重新定向速率（±40°）	2min
日均功耗	300W
成像系统参数	
全色相机	
幅宽	23km
分辨率（像素投影）	2.1m
光谱范围	0.52～0.85μm
多光谱相机	
幅宽	20km
分辨率（像素投影）	10.5m
光谱范围	0.54～0.6μm；0.63～0.69μm；0.69～0.72μm；0.75～0.86μm
无线电通信链路参数	

续表

存储容量	24GB
工作频率范围	8084~8381.5MHz
发送波段数量	2
数据传输速率	61.4Mbps

（2）MKA-FKI（Zond-PP）

MKA-FKI 1 号（见表 1-7）是小卫星群的一部分，该卫星群设计用于天基研究（MKA-FKI）。该科学卫星平台由联邦国家单一制企业 FSUP NPO Lavochkin 根据俄罗斯航天局的要求设计制造。

MKA-FKI 允许开展以下科学任务：

1）研究森林和沼泽系统的温度和水汽状态；

2）研究植被的生物参数（Biometric Parameter）；

3）研究水的盐度；

4）研究冰川和低温地区；

5）研究海洋-陆地-大气系统的能量交换；

6）研究地热活动；

7）绘制土壤水分分布。

表 1-7 MKA-FKI 1 号主要技术参数

用途		地球遥感科学研究
卫星质量		110kg
工作寿命		3 年
工作轨道		太阳同步
高度		约 817km
轨道倾角		约 97.4°
方位精度		6ang. min
稳定精度		0.0015（°）/s
日均功耗		220W
工作频率	发送	2268.946~2271.054MHz
	接收	2289.238~2091.346MHz
存储容量		8GB
数据传输速率		最高 3Mbps
有效载荷		小型双束 L 波段全景 UHF 辐射仪 Zond-PP
质量		13kg
视场宽度		800km
主天线波束宽度		22°×15°

（3）BKA

白俄罗斯太空飞行器（BKA）是白俄罗斯地球遥测太空系统的一部分，该系统根据白俄罗斯国家科学院与 FSUP NPP VNIIEM 之间的协议设计，系统任务包括：

1）向白俄罗斯提供日常和动态的高分辨率地球遥测数据；

2）保证地面站动态接收太空数据；

3）实现生命周期全程的 BKA 控制；

4）为未来多星地球观测系统的发展创建基础。

由白俄罗斯太空系统提供的数据可应用于以下领域：

1）监测土地利用及农业；

2）监测自然和可再生资源；

3）突发情况监测；

4）地图更新；

5）环境监测。

（4）ExactView - 1（ADS - 1B）

ExactView - 1（EV - 1）（见表 1 - 8），即 ADS - 1B，是由小卫星制造业的领先企业 Surrey Satellite Technology Ltd.（SSTL）为加拿大太空设备制造商 COM DEV 设计制造的，用于船只跟踪。

该卫星在 SSTL - 100 平台的基础上制造，是 COM DEV 公司 ExactEarth AIS 卫星星座的一部分，服务于政府机构，通过海上航运带和港口的繁忙程度监测海上交通，同时提供全球海上交通信息。

该航天器搭载甚高频接收机，依靠数据处理分系统（OBDH）以及一个 C 波段发射器向地面传送数据。

OBDH 的工作不仅仅是数据处理，同时提供在数据传送至地面前的数据存储功能。另外，该航天器预留两个大功率 S 波段发射机。该航天器通过 S 波段无线链路进行控制。

（5）TET - 1

TET - 1 是一个由德国 Kayser - Threde GmbH 公司为德国宇航中心（DLR）制造的微卫星（见表 1 - 9）。

TET 是 DLR 在轨验证项目（OOV）的核心，该项目向工业和研究机构提供在轨验证太空技术的手段。

TET - 1 航天器基于 2001 年发射的 BIRD 卫星平台设计。BIRD 的设计理念则是基于当时最新出现的元器件进行了调整，以改善航天器的特性、有效载荷尺寸与质量以及系统的可靠性。

表 1 - 8　EV - 1 卫星参数

用　　途	通信、导航
工作轨道	太阳同步
轨道高度	817km
轨道倾角	98.88°
需求方	加拿大 COM DEV

续表

承制方		SSTL
平台		SSTL - 100
卫星质量		95kg
寿命		5 年
方位精度	滚转角和俯仰角	<3°
	偏航角	<5°
日均功耗		66W
负载		
C 波段发射器		1
工作频率		5183MHz
VHF 波段接收机		1
工作频率		162MHz
命令 S 波段无线电链路		
存储容量		16GB
发送波段数量		3
数据传输		
低速		38.4kbps
高速		高达 8Mbps
发送频率		
低速		2230MHz
高速		2233.333MHz
中继		2275.11MHz

该新型卫星平台在机载数据控制方面也进行了创新。

另外，针对卫星传感器和执行机构（Actuators）进行了调整，并增加了新的载荷。

TET-1 搭载了 11 个有效载荷，包括锂聚合物电池、柔性太阳能电池、皮星和纳星推进系统、红外和可见光地球成像相机以及其他经验证的电气和结构单元。其中，9 个有效载荷位于有效载荷部段，其余 3 个则安装于太阳能电池板和 PL 板。

表 1-9　TET-1 参数

用　途	技术演示
工作轨道	太阳同步
高度	539～560km
轨道倾角	97.6°
需求提出方	德国宇航中心（DLR）
合同承包商	Kayser - Threde GmbH

续表

卫星质量	117.3kg
寿命	1 年
载荷功耗	
持续功耗	20W
峰值功耗	160W
接收频率	
GPS 信号	1575.42MHz
控制指令频率	2032.5MHz
发射频率	2203.707MHz

（6）联盟-FG 运载火箭

联盟-FG 运载火箭（见表 1-10）是联盟号系列火箭的改进版，与后者相比，联盟-FG 的芯级和助推级发动机进行了升级。

表 1-10 联盟-FG 运载火箭不同子级主要参数

	一级 Lateral Block	二级 Central Block	三级 Block I
block 数量	4	1	1
长度/m	19.6	27.1	6.7
直径/m	2.68	2.95	2.66
总重/t	43.4	99.5	25.3
净重/t	3.8	6.55	2.41
发动机	RD-107A	RD-108A	RD-0110
数量	1	1	1
推进剂（氧化剂/燃料）	液氧/煤油	液氧/煤油	液氧/煤油
（海平面推力/kN）/（真空推力/kN）	838.5/1021.3	792.48/990.18	—/297.93
燃烧时间/s	118	280	230

联盟-FG 运载火箭由进步国家航天科研生产中心根据俄罗斯航天局的要求（TsSKB项目），于萨马拉设计制造。联盟-FG 一级为并联捆绑的助推级，在一级完成工作后，转为串联结构。在一级工作阶段，四个助推级和芯级发动机同时点火，在二级工作阶段只有芯级发动机工作。与联盟号火箭相比，联盟-FG 火箭在第一、二级主要推进系统的能效方面进行了改善。喷注器组件中的单组元喷注器能够使氧化剂与燃料进行更充分的混合。同时，联盟-FG 运载火箭保证入轨能力能够覆盖联盟号火箭。至于其控制系统则借鉴了联盟号火箭并进行了些许改进，以提高入轨精度。联盟-FG 火箭的第一、第二以及第三级均配备了无线电遥测系统，用来监测火箭发射阶段的各系统、装配件以及结构的状态。

火箭第一级包含了四个圆锥形的助推级（Lateral Block），通过球形接头与芯级连接。火箭第二级（芯级）包含一个配备了单次启动发动机 RD-108A 的尾段部分（发动机的构成包括 4 个推力室、4 个转向喷管）、内嵌液氮罐的过氧化氢贮箱、燃料贮箱、箱间段（Intertank Bay）、氧化剂贮箱以及设备段。火箭第三级包含了一个适配器模块、燃料贮箱、氧化剂贮箱、尾段以及发动机；它装配在芯级之上，通过一个桁架结构连接。

可以说，Kanopus - V 和 BKA 卫星的照片就可以证明该国家工业跨越了一个重要的里程碑。俄罗斯和白俄罗斯拥有了强大有效的系统，进而具备了在太空进行地球监测的能力。

NPP VNIIEM 已经展示了由 Kanopus - V 和 BKA（白俄罗斯太空飞行器，BelKa）在飞行测试和验证任务载荷时拍摄的全新的太空图像（包含有色、多光谱图像）。当时，也向公众展示了位于希腊、阿拉伯联合酋长国以及巴林的物体的图像。但即便首次测试的图像拥有极高的几何和辐射度质量，当卫星入轨进入正常工作状态后，这些指标仍会有显著的提升。空间分辨率约为 2m/像素，足以满足性能指标要求，并且容易能够分辨出杰拜勒·阿里港机场中运输机的典型外形轮廓。然而，这并不是关键。

上述图像空间分辨率虽然没有创纪录，但关键是地球遥测卫星对于国家工业是一个新的航天器，从概念上不同于之前的航天器，以下将列出其不同点。

1）卫星的轨道布置以及太阳同步轨道保证系统的有效性，能够覆盖地球上任何区域。

2）有保障地进入和使用标准光谱范围，能够向众多经济体提供解决方案，比如植被分类。不能低估其重要性，因为就在不久前，在短波蓝光波段进行成像还是一个国家高分辨卫星未能解决的难题。

3）该卫星有一个密封加压的平台，且其重量得到显著降低。该特征减少了调试费用以及将来的维护费用。

4）与白俄罗斯在卫星研制方面的联合，向航天设备生产制造单位引进了白俄罗斯在精密光学设备制造方面强大的工业基础。白俄罗斯工业保持了其材料供应能力并继承了之前的专业技术。

以下特点体现了白俄罗斯在微电子器件制造方面的一些创新，而这些创新的基础电子元器件（ECB）在地球遥测卫星的电光系统中均得以应用。

电荷耦合器件（Charge - Coupled Devices，CCD），物理上基于电荷在单个半导体芯片上紧密排列的 MOS 电容间的交换。通过操控 MOS 电容上的偏置，电荷不仅能够聚集，也能够实现传输、分配和合并（也就是说基础信息可以在这些分立元件中被处理）。大约 45 年前，贝尔实验室制造了第一个拥有 8 个分立元件的 CCD 结构，然而现代器件已经拥有 100 万个元件（像素）。而 CCD 的发展得益于不同光电器件和相机对多元（Multielement）光接收器和光探测器的需求，需求之一就是高分辨率地球遥测卫星。

在 1981—1984 年，航天飞机（STS - 7 和 STS - 11）配备有两个行阵列为 1728 像素（总长度 6912 像素）的 CCD，其参数如下：

a）图像采集区（Photo Area）格式 2048×128；

b）单元尺寸 $8\mu m \times 8\mu m$；

c）扫描频率 2×20MHz；

d）分区 8、16、32、64、128；

e）图像采集区 4 相位（Four - Phase）控制；

f）动态范围 2000；

g）装载容量（Charge Capacity）≥150Ke；

h）直接和镜像拓扑集成装配。

图 1-15 展示了第一个用于地球遥感航天器的集成微组装 PCCD 阵列，拥有位于硅片上的 6 个 CCD 阵列。图 1-16 和图 1-17 展示了他们的后续发展型号。

图 1-15　Integral JSC 第一款光敏 CCD 阵列

图 1-16　BAI 2093M6 型 CCD 微组件

图 1-17　BAI 2093M4 型 CCD 微组件

地球遥感卫星 Kanopus-V 和 BKA 面向区域用户的实际需求以及在全球范围内收集

准确的事实和数据资源，这是历史上的一个主要目标（见图 1 - 18）。

图 1 - 18　迪拜（阿拉伯联合酋长国）棕榈岛全色图像

而在俄罗斯，实际可用的光学系统也终于有了一个公开的有理多项式系数（Rational Polynomial Coefficients，RPC）模型，这是一个能够便于数据处理的数学模型。

本次地球遥感系统的设计考虑了技术以及与地理范式转变（Shift of Geographical Paradigm）相联系的一般科学的变化。该系统同时嵌入了新地理学（Neogeography）和态势感知（Situational Awareness）相关内容，这将保证满足客户对特定性能的高要求，以及在未来发展和现代化升级方面有很强的适应能力。特别需要指出的是，在 NPP VNI-IEM 公司 Neogeographic Geointerface Neoglobus 的帮助下，飞行任务被重新定义，允许基于一系列因素对飞行任务进行优化，这些因素包括存在或缺失回顾影像（Retrospective Imaging）、地势（Terrain relief）、卫星位置、气象条件、一般背景（General Context）等。

建设优化平衡（Optimally Balanced）、有效和界面友好的遥感系统至关重要，因为一个产生如很多的不能处理的输出的非系统化（Nonsystematic）的遥感系统将会瓦解状态控制（State Control）。美国已经开始面对这个难题，俄罗斯应当吸取教训。

Kanopus - V 和 BKA 卫星星座对俄联邦的价值体现在哪？为回答该问题，应当回顾俄罗斯不久之前的状况。

在尤里·加加林飞行的半个世纪之后，俄罗斯在地球遥感方面不仅落后于印度和加拿大，甚至不如尼日利亚。太空成像不是出口而是需要进口。像 Resurs - DK 这样有时图像分辨率能够达到亚米级的卫星也只是个例外。这个世界上最大的国家缺乏关于本国的信息，而不得不通过国外市场获取，这打开了受制于人的市场。自此，太空图像制作和关键轨道资源的垄断开始了。

然而，Kanopus 和 BKA 的发射改变了这一格局，俄罗斯和白俄罗斯现在拥有了属于自己的运行良好的地球遥感系统。两国积累经验、等待机会，并将重启精密仪器设备制造工业放在重要的战略位置上。

总之，应当注意这样一个明显的事实——国家对航天工业发展的投资越大，基础设施建设也就愈加完善。

1.5.2　乌克兰地球遥感卫星

乌克兰在国家航天项目计划的框架下，发射了用于太空监测以及向国家经济建设提供地理信息（Geo-Information）的 Sich-2 卫星（见表1-11）。该卫星配备了三个光谱和一个全色波段光电传感器，同时拥有中红外扫描仪以及一系列被命名为 Potential 的科学设备。该卫星主要的工作包括监测农业和土地资源、水体、森林植被，同时监测紧急区域。该卫星于 2013 年 5 月退役。另外，乌克兰国家航天局还计划发射分辨率高于 1m 的 Sich-3-O 卫星，该卫星计划由南方设计局负责实施。

表 1-11　Sich-2 成像系统主要技术参数

成像模式	全色	多光谱
光谱范围/μm	0.51~0.90	0.51~0.59（绿） 0.61~0.68（红） 0.80~0.89（近红外）
空间分辨率/m（近地点）	8.2	
幅宽/km	48.8	

1.5.3　美国地球遥感卫星

在美国，地球遥感工业主要向超高分辨率方向发展。2013 年 2 月 1 日，美国两个顶尖的超高分辨率数据服务公司——Digital Globe 和 Geo Eye 成功合并。新公司保留了 Digital Globe 的名字。

得益于此次合并，Digital Globe 公司在太空图像和地球信息服务领域占据了垄断地位。尽管该公司形成了高利润的市场垄断，但其主要业务收入的大部分（75%~80%）来源于一个国防订单，该订单支持一个周期为 10 年、总金额为 73.5 亿美元的项目——EnhancedView（EV）。该项目基于美国国家地理空间情报局（NGA）的需求，由政府负责采购所需的商用卫星服务。

当前，Digital Globe 公司在轨运行如下超高分辨率地球遥感卫星：WorldView-1（50cm 分辨率）、WorldView-2（46cm 分辨率）、QuickBird（61cm 分辨率）、GeoEye-1（41cm 分辨率）以及 IKONOS（1m 分辨率）。该系统每天能够对 30 亿平方千米的区域进行覆盖。

2010 年，Digital Globe 公司与鲍尔航空航天公司签署合同，开展 WorldView-3 卫星的研制生产，合同总金额为 18060 万美元。Exelis VIS 收到总价为 12050 万美元的星上成像系统订单。WorldView-3 的成像系统将与 WorldView-2（见表 1-12）类似。另外，成像模式将包括短波红外模式（8 波段，3.7m 分辨率）和卡维斯（CAVIS）模式（12 波段，30m 分辨率）。

GeoEye-2 卫星的制造于 2007 年启动。该卫星计划是在全色模式下拥有 0.25~0.3m 分辨率，并在光谱特性方面有所改善。Exelis VIS 是一个传感器生产厂家。最初，该卫星计划于 2013 年发射。然而，在 Digital Globe 和 Geo Eye 合并之后，决定将该卫星封存，直到在轨的某一颗卫星需要被替代或者客户需求使得该星发射能够盈利时才会发射。

表 1 - 12　WorldView - 3 航天器成像系统主要技术参数

成像模式	全色	多光谱
光谱范围/μm	0.50～0.90	0.40～0.45（海岸蓝） 0.45～0.51（蓝） 0.51～0.58（绿） 0.585～0.625（黄） 0.63～0.69（红） 0.63～0.69（红边缘） 0.77～0.895（近 IR - 1） 0.86～1.04（近 IR - 2）
空间分辨率/m(近地点)	0.31	1.24
最大近地点离开角度/(°)		40
辐射测量分辨率/bpp		11
定位精度/m		CE90 mono＝3.5
幅宽/km		13.1
重访时间/天		1
立体成像		是
文件格式		GeoTIFF，NITF

2013 年 2 月 11 日，Landsat - 8 卫星（见表 1 - 13）（Landsat Data Continuity Mission，LDCM）成功发射。该卫星将继续丰富 Landsat 影像数据库，该数据库已存在了 40 余年，数据范围覆盖全球表面。Landsat - 8 卫星搭载了两个传感器：光电传感器（陆地成像仪，OLI）和热传感器（热红外传感器，TIRS）。

1.5.4　法国地球遥感卫星

阿斯特利姆地球信息服务公司是法国主要的地球遥感卫星服务商。该公司成立于 2008 年，是在法国 SpotImage 和法国地球环境集团公司（Infoterra Group of Company）合并的基础上建立的。阿斯特利姆地球信息服务公司拥有 SPOT 和 Pleiades 高/超高分辨率光学卫星、新一代雷达卫星 TerraSAR - X 和 TanDEM - X。该公司的总部位于图卢兹，在全球有 20 个办公室和 100 多个分销商。

表 1 - 13　Landsat - 8 卫星成像系统主要技术参数

成像模式	近红外	远红外	PAN	TIR
光谱范围/μm	0.43～0.45（海岸蓝） 0.45～0.52（蓝） 0.53～0.60（绿） 0.63～0.68（红） 0.85～0.89（近红外）	1.36～1.39（卷云） 1.56～1.66(SWIR - 1) 2.10～2.30(SWIR - 2)	0.50～0.68	10.40～12.50
空间分辨率/m（近地点）	30	30	15	100
辐射测量分辨率/bpp	12			

该公司是欧洲宇航防务和空间公司（European Aeronautic Defense and Space，EADS）的一部分。

地球观测卫星系统 SPOT（Satellite Pour L'Observation）是由法国国家太空研究中心（CNES）与比利时和瑞典一起设计。SPOT 包含了一系列太空和地面系统。当前，SPOT - 5（2002 年发射）、SPOT - 6（2012 年发射）和 SPOT - 7（2014 年发射，见表 1 - 14）在轨运行。

SPOT - 4 于 2013 年 1 月退役。SPOT - 6 和 SPOT - 7 的特性相同。

在 2011—2012 年发射的 Pleiades - 1A 和 Pleiades - 1B 标志着法国正式启动超高分辨率地球影像系统项目，并与美国商用地球遥感系统展开竞争。

Pleiades 高分辨率项目是欧洲地球遥感卫星系统的一部分，由 CNES 于 2001 年开始运行。

Pleiades - 1A 和 Pleiades - 1B 卫星（见表 1 - 15）同步在一个轨道，因此，它们能够提供相同区域的日常影像。新一代太空技术，比如光纤陀螺仪，使卫星具备了空前的操控能力。卫星能够在 25s 内对 800km 幅宽内的任何区域进行成像，在缺乏地面参照点情况下的定位精度小于 3m（CE90），在使用地面参考点的情况下定位精度小于 1m。在全色和多光谱模式下，日常获取能力超过 100 万平方公里/天。

表 1 - 14　SPOT - 6 和 SPOT - 7 卫星成像系统主要技术参数

成像模式	全色	多光谱
光谱范围/μm	0.48～0.71	0.50～0.59（绿） 0.61～0.68（红） 0.78～0.89（近红外）
空间分辨率/m（近地点）	2	8
定位精度/m	CE90＝10	
幅宽/km	60	
立体成像	是	
获取能力（Acquisition Capacity）（10^6 km²/天）	3	

表 1 - 15　KA 昴宿星测量设备基本技术参数

摄影模式	全色	多光谱
光谱范围/μm	0.48～0.83	0.43～0.55（蓝） 0.49～0.61（绿） 0.6～0.72（红） 0.79～0.95（近红外）
空间分辨率/m（近地点）	0.7	2.8
定位精度/m	CE90＝4.5	
拍摄幅宽/km	20	
立体画面选项	是	
拍摄能力（百万平方公里/航海日）	1.5	

1.5.5　日本地球遥感卫星

ALOS 是日本最著名的地球遥感卫星（全色模式下光学成像分辨率像 2.5m，多光谱模式下 10m 以及 L 波段雷达成像为分辨率 12.5m）。ALOS 卫星是在日本太空计划框架下制造，由日本宇宙航空研究开发机构（JAXA）资助。

ALOS 于 2006 年发射。2011 年 4 月 22 日，卫星控制系统发生故障。在试图修复故障的工作持续 3 周后，该卫星于 2011 年 5 月 12 日按指令切断电源。当时，只有存档的信息可用。

ALOS 将被后续的两颗卫星替代：一颗光学卫星和一颗雷达卫星。为此，JAXA 专家从之前的联合光学和雷达的平台研究项目上被分流。

ALOS - 2 雷达卫星于 2014 年发射（见表 1 - 16）。ALOS - 3 光学卫星计划于 2016 年发射（见表 1 - 17）。该卫星将具备在全色、多光谱和高光谱模式下成像的能力。

需要注意的是，日本还确立了用于观测的新系统架构先进卫星（ASNARO）项目（见表 1 - 18），该项目由日本无人太空实验自由飞行器研究所（USEF）于 2008 年发起。用于建造小卫星（100～500kg）平台的新技术将用于制造新一代超高分辨率小卫星，又因其数据成本的降低和制造价格的下降，该卫星可以与同时代其他国家的卫星同台竞争。ASNARO 是为感兴趣的日本政府机构设计的地表成像卫星。

表 1 - 16　ALOS 成像系统主要技术参数

光谱范围/μm	L 波段	
重访时间/天	14	
数据传输速率/Mbps	800	
模式	标称空间分辨率/m	幅宽/km
聚束	1～3	25
条带	3～10	50～70
扫描	100	350

表 1 - 17　ALOS - 3 成像系统主要技术参数

成像模式	全色	多光谱	高光谱
空间分辨率/m（近地点）	0.8	5	30
幅宽/km	50	90	30

表 1 - 18　ASNARO 卫星成像系统主要技术参数

成像模式	全色	多光谱
成像频段数量	1	6
空间分辨率/m（近地点）	0.5	2
辐射测量分辨率/bpp	12	
幅宽/km	10	

1.5.6　印度地球遥感卫星

基于国家系统对航天工业的支持，该国已经开发了最有效的地球遥感项目之一。印度研制了一系列不同用途的卫星，包括 RESOURCESAT 以及 CARTOSAT 系列。

2011 年 4 月，RESOURCESAT - 2 入轨（见表 1 - 19），该卫星设计用于预防自然灾害以及水资源和土地资源控制。

RISAT - 1 卫星（见表 1 - 20）于 2012 年 4 月 26 日发射，该卫星配备了多功能 C 波段（5.35GHz）雷达。该卫星设计用于 24 小时全天候下采用多种模式进行地球成像。该卫星可在 C 波段范围内通过多种极化方式（HH、VH、HV、VV）成像。

用于制图的 CARTOSAT 系列光学卫星现已在轨。CARTOSAT - 2c 卫星于 2016 年发射，该卫星配备了创纪录的 25cm 空间分辨率的光学设备。

1.5.7　中国地球遥感卫星

在过去的 8 年间，中国已经建立了多用途的地球遥感卫星星座，包含了数个空间系统：图像情报卫星以及设计用于海洋、制图、自然资源和突发情况监测的系统。

2011 年，中国发射的地球遥感卫星比其他国家都要多，包括两颗图像情报卫星遥感（YG）- 12（配备了亚米级分辨率的光电系统）和遥感（YG）- 13（配备了合成孔径雷达）；海洋 - 2A 卫星（配备微波辐射计，用于海洋遥测）；多功能卫星资源（ZY）- 1 - 02C，用于国土资源部监测自然资源（全色模式下 2.3m 分辨率，多光谱模式下 0.5m 分辨率，54～60km 幅宽）；分辨率为 30m 的光学微卫星（35kg）天巡（TX）。

2012 年，中国的发射次数又是全球领先。国家地球遥感卫星座又增添了 5 名成员（不包含气象卫星），分别为遥感 - 14 和遥感（YG）- 15（图像情报卫星），资源 - 3 和天回（TH）- 2（制图卫星），雷达卫星环境（HJ）- 1C。

TH - 1 和 TH - 2 为中国首批获取三维图像用于大地测量和绘图（见表 1 - 21）的卫星。两颗卫星在性能指标和任务方面完全相同。每颗卫星配备了 3 个相机：一个立体相机用于三维成像，一个高分辨率全色相机以及一个多光谱相机。这些相机用于向科学研究、土地资源监测、大地测量和制图提供地表影像。

这些卫星设计用于多种用途：

1）建设和更新地形图像；

2）建设数字地形模型；

3）建设三维模型；

4）地形变化监测；

5）土地使用监测；

6）农作物监测和作物产量预测；

7）森林使用和森林健康监测；

8）灌溉设施监测；

9）水质监测。

表 1 - 19　RESOURCESAT - 2 成像系统主要技术指标

成像模式	LISS - 4		LISS - 3 （多光谱）	AWiFS （多光谱）
	单光谱	多光谱		
光谱范围/μm	0.62～0.68	0.52～0.59 （绿） 0.62～0.68 （红） 0.77～0.86 （近红外）	0.52～0.59 （绿） 0.62～0.68 （红） 0.77～0.86 （近红外） 1.55～1.70 （中红外）	0.52～0.59 （绿） 0.62～0.68 （红） 0.77～0.86 （近红外） 1.55～1.70 （中红外）
空间分辨率/m （近地点）	5.8		23.5	56
辐射测量分辨率 /bpp	10		10	12
幅宽/km	70		141	740

表 1 - 20　RISAT - 1 成像系统主要技术指标

光谱范围	C 波段			
模式	标称空间范围/m	幅宽/km	入射角/ （°）	极化
高分辨率聚束成像 （HRS）	<2	10	20 - 49	单极化
精细分辨率条带 - 1 （FRS - 1）	3	30	20 - 49	
精细分辨率条带 - 2 （FRS - 2）	6	30	20 - 49	全极化
中分辨率扫描 SAR （MRS）/粗分辨率扫描 SAR （CRS）	25/50	120/240	20 - 49	单极化

表 1 - 21　TH - 1、TH - 2 卫星成像系统主要技术指标

成像模式	全色	多光谱	立体三维
光谱范围/μm	0.51～0.69	0.43～0.52 （蓝） 0.52～0.61 （绿） 0.61～0.69 （红） 0.76～0.90 （近红外）	0.51～0.69
计划工作寿命/年	2	10	5
定位精度/m	CE90＝25		
幅宽/km	60	90	60
时间分辨率/天	9		
立体成像	是		

1.5.8　欧空局地球遥感卫星

为保证全球自然环境监测，1998 年，欧盟决定发展全球环境和安全监测（GMES）

项目，该项目在欧洲委员会与欧洲空间局（ESA）以及欧洲环境局（EEA）的联合资助下开展。作为现今主要的地球观测系统，GMES 向欧盟用户提供精确、及时和易获取的信息，以改善对环境的管理、了解和缓解环境气候变化、保证国民安全以及其他用途。

GMES 最终将包含一系列观测系统，包括地球遥感卫星、地面站、海洋观测船、大气探测器等。

GMES 太空部分将基于两种类型的地球遥感系统：专门设计用于 GMES 项目（ESA 操作）的哨兵卫星以及作为 GCM 任务其中一部分的国家（或国际）地球遥感卫星系统。

首个哨兵卫星于 2014 年发射。分析认为，哨兵卫星将在多种技术（比如雷达和光学多光谱传感器）的帮助下捕获图像。

为实施 GMES 计划，将在 ESA 的运行框架下建造 5 个哨兵地球遥感卫星，每颗卫星将执行特定的地球监测任务。

每个哨兵任务将配备两颗卫星，因此能够保证实现全面覆盖和快速重访成像，GMES 的可靠性和数据完整性得到极大改善。

哨兵-1 任务将包含两颗配备了 C 波段合成孔径雷达的极化轨道雷达卫星，可在任何天气和时段捕捉图像。第一颗卫星在 2014 年发射，第二颗在 2015 年发射。专为 GMES 任务设计的哨兵-1 任务将继续通过 ERS-1、ERS-2、Envisat（ESA）、RADARSAT-1/2（由加拿大 MDA 操控）实现 C 波段成像。

哨兵-1 卫星将每 1～3 天提供在任何天气条件下的整个欧洲、加拿大和重要水路图像（见表 1-22）。雷达数据将在成像后 1 小时内传输至地面，与已有雷达卫星系统相比，这是一个巨大的进步。

一对哨兵-2 卫星将日常提供高分辨率地球图像，以保证持续获得特性类似于 SPOT 和 Landsat 项目的高质量数据（见表 1-23）。

表 1-22　哨兵-1 卫星成像系统主要技术参数指标

光谱范围	C 波段		
重访时间/天	1～3		
模式	标称空间分辨率/m	幅宽/km	极化
干涉测量幅宽	5×20	250	双极化（可选 HH/HV 或 VV/VH）
扩展幅宽	20×40	400	
条带	5×5	80	
波	20×5	20×20	单极化（可选 VV 或 HH）

表 1-23　哨兵-2 卫星成像系统主要技术参数指标

成像模式	近红外										远红外		
光谱波段	1	2	3	4	5	6	7	8	8a	9	10	11	12
光谱范围 /μm	0.44	0.49	0.56	0.66	0.70	0.74	0.78	0.84	0.86	0.94	1.38	1.61	2.19
空间分辨率/m（近地点）	60	10	10	10	20	20	20	10	20	60	60	20	20

幅宽/km	290
重访时间/天	从 5 天（赤道）到 2～3 天（中纬度）

哨兵-2 卫星将配备光电多光谱传感器，以获取 10～60m 分辨率的可见光、近红外光（VINR）和短波红外等 13 个光谱段的图像，保证实现植被变化（以及时间变化关系）的成像并降低天气效应对图像质量的影响。

785km 的平均轨道高度和两颗卫星同时运行能够实现赤道处 5 天的重访时间，中纬度 2～3 天的重访时间。第一颗卫星于 2015 年发射。第二颗计划于 2017 年发射。扩展的幅宽以及快速重访时间允许监测快速变化的过程（比如植被生长期的特性）。

哨兵-2 任务具备特殊的大领土覆盖和周期性再成像特性，能够系统性地获取多光谱、全覆盖、高分辨率的地球图像。

哨兵-3 任务的目标是高精度和高可靠地监测海洋地形、海洋表面和地面温度以及海洋和陆地颜色（Sea and Land Color），用来支持海洋系统预测以及监测环境和天气。

哨兵-3 卫星是成熟的 ERS-2 和 Envisat 卫星的继承者。部署两颗哨兵-3 卫星以实现快速重访。815km 的卫星轨道高度将保证每 27 天传输一个完整的数据包。第一对哨兵-3 紧随哨兵-2 于 2016 年发射。哨兵-3B 卫星计划在 2018 年发射。哨兵-4 和哨兵-5 任务设计用于为提供在大气构成方面数据的 GMES 服务。两个任务都将在欧洲气象卫星平台上实施。所有卫星计划在 2017—2019 年发射。

1.5.9　其他国家地球遥感卫星

特定用途的地球遥感技术和成果不仅仅在上述国家实现了积极的发展，在其他国家也不甘落后[16]。

加拿大计划继续建造 RADARSAT 系列卫星，以加强其在雷达成像领域的领先地位。目前在轨的包括 RADARSAT-1 和 RADARSAT-2 卫星。

2013 年 1 月 9 号，MDA 宣布与加拿大航天局签署价值 7.06 亿元、周期为 7 年的合同，以建造和发射 3 颗雷达卫星，即 RADARSAT 星座计划（RCM）。

RCM 将保证 24 小时对加拿大全境的雷达覆盖。数据将包括一天内不同时间对同一地区的重访图像，这将极大改善对沿海地区、北极、极地水路以及其他有战略和国防地位的区域的监测。RCM 系统同时包含一个自动图像翻译系统以及数据传输系统，极大加速了数据处理能力，能够实时探测和识别世界上的海洋船舶。

1992 年，在空间计划的支持下，韩国建设了国家地球遥感系统。

韩国空间研究机构（KARI）建造了一系列地球监测卫星，即韩国多功能卫星（KOMPSAT）。KOMPSAT-1 在 2007 年前被用于军事目的。KOMPSAT-2 卫星在 2006 年入轨。

KOMPSAT-3 于 2012 年发射，该星继续执行 KOMPSAT 任务，用于获取地表全色模式下 0.7m、多光谱模式下 2.8m 空间分辨率的数字图像。

KOMPSAT-5 项目是韩国教育、科学和技术国家建设计划（MEST）的一部分，于

2015 年开始实施。该项目由韩国空间研究机构（KARI）执行，主要的目的是建设用于监测的雷达卫星系统。该系统能够实现在多极化方式（HH、VH、HV、VV）下的 C 波段成像。

在英国，DMC 国家成像公司（DMCii）运行着灾害监测星座（DMC），同时为国家利益和商业用途提供太空图像。DMC 向政府机构和商业用户提供受灾区域的图像，用于农业、林业和其他领域。这些卫星由萨里卫星技术公司（SSTL）建造，并将在太阳同步轨道运行，以保证日常的全球覆盖监测。第一代 DMC 卫星于 2002 年发射，目前已有 6 颗卫星。

UK－DMC－2 卫星于 2009 年发射。该卫星执行多光谱模型下 22m 分辨率、幅宽 660m 的成像。改进的 DMC－3a、b、c 卫星于 2015 年发射。这些卫星提供全色模式下 1m、4 波段多光谱模式下（含红外波段）4m 分辨率、幅宽 23km 的图像。

目前，SSTL 已经完成新一代低成本雷达卫星的建造，即质量为 400kg 的 NovaSAR－S 卫星。该卫星基于 SSTL－300 平台建造，配备新型 S 波段成像雷达。SSTL 的工程实施途径和设计思路允许在接到订单后 24 个月内实现 NovaSAR－S 任务的全面部署。

NovaSAR－S 同时执行 4 种分辨率为 6～30m 的、多种极化组合模式的成像。卫星的技术参数被优化以满足多种用途，包括洪灾监测、农作物评估、森林监测、植被覆盖分类、灾害管理以及水面监测（特别是海上交通监测以及原油泄漏监测）等。

西班牙建设了一个国家地球遥感卫星星座。Deimos－1 卫星作为 DMC 国际星座的一部分于 2009 年入轨。该卫星采用多光谱模式成像，分辨率为 22m，幅宽 660m。该卫星由 Deimos Imaging 公司运营。该公司是在西班牙航空航天工程公司 Deimos Space 和 Valladolid 大学 ERS 实验室合作的基础上建立的，位于西班牙 Valladolid，其主要任务是建造、发射和运营商用地球遥感系统。

Deimos Imaging 建造了 Deimos－2 高分辨率卫星，于 2014 年发射。该卫星设计用于获取质优价廉的多光谱地球遥感数据。Deimos－1 和 Deimos－2 共同构成了 Deimos Imaging 卫星系统。

在随后的两年中，用于地球观测的国家项目 PNOTS（Programa Nacional de Observación de la Tierra por Satélite）将要启动。作为该项目的一部分，名为 Paz（西班牙语意为"和平"，该卫星同时被认为是以 Satélite Español de Observación SAR 命名）的卫星将成为西班牙第一个入轨的雷达双用途卫星。该卫星能够在一天内任意时间和任何天气条件下成像，主要的任务是满足西班牙政府的安全和防务相关的订单。Paz 卫星将配备由 Astrium GmbH 生产的基于 TerraSAR－X 雷达卫星平台上建设的合成孔径雷达。

Amazonia－1 卫星同时配备了英国电光系统 RALCam－3，能够生成 10m 分辨率、幅宽 88km 的图像。雷达小卫星 MAPSAR（多用途）是 INPE 和 DLR（德国宇航中心）的合作项目。该卫星设计可在 3 种模式（3m、10m 和 20m 分辨率）下工作。该卫星于 2015 年发射入轨。

在本节内容中，我们的目的不是分析所有新型和先进超高分辨率国家地球遥感系统。超过 20 个国家现在已经拥有自己的地球观测卫星。除以上提到的这些国家外，以下国家也拥有相关系统：德国（电光卫星 RapidEye，雷达卫星 TerraSAR－X 和 TanDEM－X）、以色列（EROS－A，B 卫星）、意大利（雷达卫星 COSMO－SkyMed－1－4）等。全球太空俱乐部每年都有新的成员和系统加入。2011—2012 年，尼日利亚（Nigeriasat - X 和 Nigeriasat - 2）、阿根廷（SAC - D）、智利（SSOT）、委内瑞拉（VRSS - 1）等国家发射过卫星。Gokturk - 2 卫星（全色模式下 2.5m 分辨率、多光谱模式下 10m 分辨率）于 2012 年 12 月发射。该星延续开展 Turkish ERS 项目（Gokturk 系列卫星的第三颗卫星）。阿拉伯联合酋长国计划发射自己的超高分辨率卫星 Dubaisat - 2（全色模式下 1m 分辨率、多光谱模式下 4m 分辨率）。

用于太空监测的新概念系统正在建设。位于硅谷的 Terra Bella（之前的 Skybox Imaging 公司）正在致力于研发 Skysat 系统，这是迄今为止世界上最为强大的新型地球遥感卫星星座。它将在一天内多次提供地球上任何区域的高分辨率太空图像。数据将用于处理突发状况、环境监测等。图像将在全色和多光谱模式下获取。该系统的第一颗卫星 SkySat - 1 于 2013 年发射。整个星座部署完成后（计划总共 20 颗星），将可能实现对地球上任何区域的实时观测。同时，该系统计划能够从太空向地面传输视频资料。

1.6　地球遥感雷达站（雷达卫星）

当前的合成孔径雷达（Synthetic Aperture Radar，SAR）在地球遥感雷达站（Radar Station，RS）中用途广泛[11,12,17]。与真实尺寸天线孔径的系统相比，SAR 产生的雷达图像的分辨率有实质性的大幅度提升。

本节将简单翔实的对配备 SAR 的地球遥感卫星进行回顾[17]。

分析显示有一大批天基系统配备了拥有 SAR 的遥感设备，能够产生与光学和光电系统类似的高质量图像。

现代合成孔径雷达拥有极强的数据处理能力，这得益于地球遥感技术、算法以及数据处理和解释的硬件性能的提升，在设计用于实现持续跟踪自然和人为动态事件、生态系统监测和武装冲突监测的全球航空航天系统的基础元件（Element Base）的"开发方向也有进展"。

天基 SAR 设备已完成制造，在使用地球遥感频段的无线电条例的制约下，这些设备通常能够满足民用和军用数据消费者的需求。

如参考文献［17］所述，测量技术的使用是从地球雷达遥感中获取专题数据（thematic data）的关键。

除了测量目标需达截面（RCS）和具有不同极化特性的地表区域特定 RCS 的幅度（能量）图像之外，复杂图像的干涉测量处理也被愈加广泛地使用（地形绘制、差分干涉测量、紧凑和分布式物体的移动速度的测量、极化干涉）[17]。

航天器上的 SAR 被积极地用于在不同波段进行感应。它能够在 3cm 波长提供用于图像情报获取、开阔环境中小物体探测的高分辨率雷达图像（0.5～1.5m），也可以在 3～5.6cm 波长提供 3m 分辨率的图像，用以进行植被监测和其他用途的地球遥感。相比于 S 波段感应，在 23cm 的 L 波段感应所提供的 3m 分辨率图像有以下优点：能够探测在树叶遮蔽下的机动车辆，并在干涉测量过程中的信号相位稳定（Signal Phase Stability）方面有极大的改善（使用差分计量干涉实现地势成像和探测环境变化）。同时，在估算生物量（Biomass Amount）和植被识别方面得到改善。

由于空间和辐射度测量分辨率发展，使得 SAR 的一个重要发展方向是基于广泛应用的无线电波成像和多位置感知（Multipositional Sensing）生成物体的 3D 雷达图像，通过物体外形轮廓及其雷达图像和图像纹理（Image Texture）对物体进行识别分类。

低成本微小卫星以及无人航空器上多位置感知和小型化接收传感器的应用，允许长期对局部地区进行监测，也可用来实现军事支持和对突发情况的监测。

在多模、多功能 SAR 的帮助下，在建的先进的地球遥测航天器集成了地理信息系统（GIS），这使得更为精确地计算大地水准面形状、基于此形成高精度数字地图、天气研究和海洋-大气交互研究成为可能。

地球遥测一个根本的问题是，使用雷达信息识别和描述被研究地表、地面或地面下（水面下）物体特性的反问题①。目前，只有针对这个问题的第一个阶段研究取得了部分进展。

在 20 世纪 60 年代末，出现了很多地球遥感方面可能有实际用途的技术，其中雷达和扫描方法被研究用来实现军事侦察和多波段成像，以获取定性的差异信息，包括对地表不同尺寸的物体成像。这些新的成像方法包括多区域和红外成像、热成像以及 UHF 波段被动成像（Passive UHF Mapping）方法。基于这些方法的系统能够通过分析 UHF 和 IR 辐射，结合反射的可见和近红外波段的电磁波获得地表数据。实际上，这些系统中的传感装置均处于被动工作状态（比如它们只探测地表能量辐射或地表对太阳辐射能量的再发射）。

工作于微波波段的雷达站提供了概念上的新的可能。安装于地球遥感卫星上的侧视雷达（SLR）通过天线向地表聚焦传输一个窄高频电磁脉冲信号。该信号由被扫描物体表面反射，并被天线接收，随后被接收设备记录。由于这些系统使用自己的辐射能量，并工作在相对较长的波段，所以能够在任何时间、任何天气以及多云条件下采集图像，这是因为该天线特定波长区域的电磁辐射可以轻易地穿透云、雨和雾。另外，这些系统还可以提供独有的机会来监测地球表面的动态目标。

由于之前所提到的原因，雷达方法实现地球遥感有广阔的应用空间。配备真实孔径（Real Apeture）的 SLR（也被称为"非相干 SLR"）和合成孔径雷达（也被称之为"相干 SLR"）[11]被应用。非相干 SLR 的分辨率由实际天线孔径尺寸定义，其优势在于相对简单的结构和数据处理系统以及较大的幅宽，缺点在于分辨率较低。相干 SLR 提供了更高的分辨率却需要相当复杂的数据处理系统。

侧视雷达展示了在微波波段进行地球遥感中应用最广泛、提供信息量最大的探测器。地球遥感雷达设备的空间分辨率（SAR 达到 10～100m、非相干 SLR 达到 1～2km）能够与光学系统相差无几[10]。

目前，配备合成孔径雷达的雷达基站拥有最为广泛的用途。其工作原理是基于基站上的天线沿其飞行轨迹相续形成一个大的天线阵列。机载天线尺寸小但拥有一个宽的阵列排列。在飞行轨迹上的每一点，SAR 记录所扫描的领土和物体的幅值和相位信息，这些信息与它们相对于航天器的瞬间坐标密切相关。这些信息（无线全息图像）则通过对所接收无线信号的重构获得。

尽管天基 SAR（SB SAR）复杂且昂贵，但其建设和操作允许同时对多个目标监测，这是其他遥感系统无法实现的。SB SAR 被用于导航目的。为了地理参考（Geo-Refer-

---

① 专噪、修复、图像融合等。——译者注

ence）雷达图像（Rader Image，RI）的精度，雷达图像必须拥有高的空间分辨率，这只能通过合成孔径来保障。

这就是我们将只调查配备了 SAR 的地球遥感卫星的原因。除了移动的轨道参数，每一个地球遥感卫星的任务有效载荷都有多个技术参数和工作参数（辐射功率、频率范围、信号极化、扫描幅宽等）。遥感系统的关键参数是分辨率。分辨率用空间分辨率（Spatial Resolution）和辐射（强度）分辨率（Radiometric Resolution）来描述。辐射分辨率由离散量化水平决定，其中辐射强度被数字化并取决于动态范围宽度（Dynamic Range Width）。

空间分辨率取决于波长、天线孔径尺寸和轨道高度[10]。

$$r = \left(\frac{\lambda}{D}\right) H$$

式中，r 是空间分辨率；λ 为波长；D 为天线孔径尺寸；H 为轨道高度。

上述公式显示，为获得高的空间分辨率，有必要增加天线孔径的尺寸并降低波长。波长取决于雷达基站电磁频谱的工作频率范围。相比于光学系统的波长范围，电磁波的波长更长。因此，为改善 SLR 的空间分辨率，天线孔径的尺寸必须增加。然而，这并不容易实现，因为非相干雷达基站的真实孔径（Real Aperture）的整体外形必然是巨大的。

在此种情况下，合成孔径成为首选，因为当一个相对小的天线经过目标区域上方时将形成一个大的孔径。这些（相干）雷达基站使用反射信号的时间延迟差异以及多普勒频率（随时间）变化来分辨目标。需要注意的是，这些差异并不取决于对目标的距离。这就是为什么配备 SAR 的 SLR 的分辨率并不主要取决于地球遥感卫星轨道高度的原因。

今天，已有不同类型的地球遥感卫星系统配备了 SAR：ERS、Radarsat、IGS - 3R、Yaogan、COSMO SkyMed、TerraSAR - X、SAR - Lupe、TECSAR、ENVISAT、ALOS、SIR - X SAR 等（见表 1 - 24）。

这些系统的主要技术特性如下[10]：

（1）欧洲地球遥感太空系统 ERS（欧洲遥感卫星）

ERS 任务有效载荷包括装配在两个航天器（ERS - 1、ERS - 2）上保证不同工作模式的主动微波仪（AMI）。采用合成孔径雷达对地下目标成像的模式（AMI SAR 图像模式）有以下特点：

1）辐射功率：1270W；

2）辐射频率：5.3GHz；

3）发射带宽：（15.5±0.06）MHz；

4）发射及接收波极化方式：线性垂直；

5）脉冲长度：37.1μs；

6）空间分辨率：30m；

7）干涉法测量高度精度：10m；

8）辐射测量分辨率：2.5dB（30m 空间分辨率）、1dB（100m 空间分辨率）；

9）扫描幅宽：幅宽中心 EM 波入射角 23°时 100km。

（2）地球遥感卫星 ENVISAT - 1

EAS ENVISAT - 1 的遥感设备包括先进合成孔径雷达（ASAR），这是一个改进型配备 SAR 的雷达基站。ASAR 工作于 C 波段频率（3.9～6.2GHz 或 7.69～4.84cm），可在任何天气条件下沿 EAS 飞行路径观测多达 7 个可选幅宽（总宽度 100km），分辨率为 30m，或在单一幅宽（400km）下提供 100m 分辨率。全球监测模式在 400km 幅宽下可提供 1km 分辨率。辐射测量精度为 0.65dB，辐射测量分辨率为 1.5～3.5dB。

（3）地球资源调查卫星 JERS-1（日本地球资源卫星 Fuyo-1）

配备合成孔径雷达的雷达基站（天线阵列实际尺寸为 11.9m×2.5m）被设计用于对地球表面和沿海区域实施全天候高分辨率雷达成像，其参数指标如下：

1）工作频率：1.275GHz；

2）空间分辨率：18m；

3）幅宽：75km；

4）脉冲功率：1.3kW；

5）脉冲长度：35μs。

（4）日本地球资源调查卫星先进陆地观测卫星（ALOS）

该卫星配备一个高分辨率雷达基站 VSAR，具备以下参数：

1）工作频率：1.275GHz；

2）发射信号频谱范围：15MHz；

3）空间分辨率极限：10m（斜距方向）、5m（沿卫星轨道）；

4）RCS 测量精度：±1dB；

5）幅宽：70km（高分辨率模式）、250km（低分辨率模式）。

（5）加拿大地球资源调查雷达卫星（Radarsat）

雷达天线阵列尺寸为 15m×1.5m。Radarsat 系列卫星配备了一个多功能合成孔径雷达，该雷达设计用于全天候地球成像、跟踪轮船及冰盖层移动以及地球地形地势制图等。Radarsat 的 SAR 具有以下特征：

1）工作频率：5.263GHz；

2）空间分辨率 9～100m（取决于工作模式）；

3）发射和接收信号极化方式：线性垂直；

4）平均辐射功率：300W；

5）脉冲功率：5kW；

6）RF 带宽：11.6MHz、17.3MHz 和 30MHz；

7）采样频率：12.9MHz、18.5MHz 和 32.3MHz；

8）脉冲长度：42μs；

9）脉冲重复频率（Repetition Frequency）：1270～1390Hz。

雷达卫星可以改变相对于卫星轨迹的幅带位置（Swath Location）。根据所需入射角和空间分辨率，幅宽范围为 45～500km。

（6）Almaz 项目（俄罗斯）

Almaz 是借助于配置 SAR 的航天器研究地球资源的一个项目。Almaz-1A 合成孔径雷达采用两个拥有两个分离波束的 1.5m×15m 波导天线（Waveguide Antennas），具备以下特征：

1) 工作频率：3GHz；

2) 空间分辨率：15m；

3) 发射和接收辐射极化方式：线性垂直；

4) 辐射功率：190W（脉冲）、80W（平均）；

5) 主脉冲长度：$0.07\mu s$ 和 $0.1\mu s$；

6) 脉冲重复频率：3kHz；

7) 波束地面宽度：30km；

8) 幅宽：350km；

9) 沿地面轨迹雷达图像长度：20～240km。

表 1-24　SAR 地球遥感卫星主要轨道参数和技术指标

航天器	轨道高度/km	轨道倾角/(°)	工作波长/cm（频率/GHz）	SAR 工作模式	空间分辨率/m（方位方向）	幅宽(帧/km)
ERS-1	782×785	98.5	（5.3）	—	30	100
ERS-2	782×798	98.54	—	—	—	—
ENVISAT-1	820	98.55	7.69～4.84（3.9～6.2）	7 个可选扫幅	30	100
				扫描模式	100	400
				全球监测	1000	400
JERS-1	567×569	97.7	（1.275）	—	18	75
ALOS	700	98.1	（1.275）	高分辨率	5～10	70
				低分辨率	—	250
Radarsat	743	98.6	（5.263）	标准	28×25	500
				宽幅	28×35	300
				高分辨	9×10	200
				扫描	30×35	300
				扫描	50×50	300
				扫描	50×32	500
				扫描	100×100	500
				试验性的	28×30	300
				试验性的	28×40	170
Almaz-1A	280	72.7	（3）	—	15	30
Almaz-1B	400	—	3.5	—	5～7	20～35
			9.6	精细	5～7	30～55
				中级	15	60～70
			70	扫描	15～40	120～170
				—	20～40	120～170

航天器	轨道高度/km	轨道倾角/(°)	工作波长/cm (频率/GHz)	SAR 工作模式	空间分辨率/m (方位方向)	幅宽(帧/km)
COSMO SkyMed 1	614.4×633	97.86	3.1（9.6）	根据方案需求	小于 1	10×10
					3~15	40
					30	100
					100	200
Lacrosse	676×696	68	（9.5~10.5）	精细	小于 1	(2~4)×(2~4)
				扫描	2-3	(6~20)×(6~20)
					10~15	100
SIR-CIX-SAR （航天飞机）	233×240	57	（5.298）	—	30×13~26	15~90
			（9.6）	—	—	15~40
			—	望远镜式	8~10	—
Osiris	600~800	90	3	—	3~5	30~50
TerraSAR-X	507.7×512.5	97.45	（9.65）	聚束	1~2	(5~10)×(10)
				条带	3	30×50
				扫描	16	100×150
				超精细	0.5~1	—
TanDEM-X	514	97.44	3.1（9.6）	高分辨率	1	10
				聚束		
				聚束	2	10
				条带	3	30
				扫描	1.5	100

另外一个 Almaz 项目航天器为 Almaz-1B，其星上雷达系统设计用于全天候地面观测。Vega 研究和生产公司为 Almaz-1B 设计了该新一代多功能雷达系统 Ekor-1B。该系统包含了工作在不同频率和模式的三个分系统：

1）SAR-3：3.5cm 波长，5~7m 地面分辨率，20~35km 幅宽；

2）SAR-10：9.6cm 波长，5~7m 地面分辨率。30~35km 幅宽（精细模式），15m 地面分辨率，60~70km 幅宽（中等模式），15~40m 地面分辨率，120~170km 幅宽（扫描模式）；

3）SAR-70：70cm 波长，20~40m 地面分辨率，120~170km 幅宽。

（7）地球遥感模块 Priroda（俄罗斯）

模块 Priroda 是一个配备了不同 ERS 设备的太空平台，该平台是始创于 1996 年 4 月的和平号空间站的一部分。配备了 SAR 的 Travers 雷达站主要指标为：工作波长 9.3cm 和 23cm，空间分辨率 50~150m，幅宽 50km。

（8）地球遥感航天器 COSMO（意大利、西班牙、希腊）

ERS 卫星 COSMO 配备了工作于 9.65GHz 频率的 SAR，提供 3m 和 6～12m 空间分辨率，幅宽分别为 40km 和 100～120km。

（9）两用 ERS 卫星 COSMO－SkyMed（意大利）

两用 ERS 卫星 COSMO－SkyMed 星座包含了 4 颗卫星[18]。COSMO－SkyMed 配备了合成孔径雷达 SAR－2000，拥有 5.7m×1.4m 天线。雷达工作频率为 9.6GHz（3.1cm 波长）的 X 波段（6.2～10.9GHz 或 4.84～2.75cm）。不同的工作模式提供了幅宽为 10km×10km、40km、100km 和 200km 时分别小于 1m、3～15m、30m 和 100m 的地面分辨率。

（10）雷达侦察系统 Lacrosse

军用地球遥感卫星的一个典型例子是由美国马丁·玛丽埃塔公司建造的 Lacrosse 系统。该系统最初设计成本为 30 亿美元，一颗航天器的成本为 5 亿～10 亿美元。该星座计划包含 6 颗卫星。Lacrosse 雷达卫星的工作频率约在 9.5～10.5GHz，雷达图像地面分辨率在精细模式下小于 1m，图像范围为（2～4）km×（2～4）km；在扫描模式下分辨率为 2～3m，图像范围为（6～20）km×（6～20）km。在幅宽为 100km 的条件下，分辨率为 10～15m。Lacrosse 设计用于对小区域的高分辨率观测，实现战略侦察目的。

（11）SIR－C/X－SAR

SIR－C/X－SAR 是根据 NASA 以及德国和意大利的空间机构需求而设计建造的。该设备由喷气推进实验室和鲍尔通信公司（Ball Communications）（美国）、Dornier 公司（德国）和 Selena 公司（意大利）共同设计。该系统包含了三颗配备工作在 L 波段（1248MHz）、C 波段（5298MHz）、X 波段（9600MHz）SAR 的雷达卫星。脉冲功率分别为 4.3kW、2.25kW、3.3kW。幅宽分别为 15～90km（SIR－C）和 15～40km（X－SAR）。方位分辨率为 30m，距离分辨率为 13m 或 26m（相互备选替换）。望远镜模式下能够提供 8～10m 的距离分辨率。

（12）法国基于雷达 2000 项目的 Osiris 地球遥感卫星

该卫星的客户为法国国防部。承包商为马可尼航天公司和阿尔卡特航天公司。该卫星拥有的 S 波段 SAR 能够提供幅宽 30～50km 条件下 3～5m 分辨率。

2007 年 6 月 15 日，德国雷达图像卫星 TerraSAR－X 被成功部署于太阳同步轨道。该星是多用途现代商用及军用地球遥感卫星的典型范例[12]。德国宇航中心（DLR）提供了建造 TerraSAR－X 的绝大部分经费，成为阿斯特里姆公司的合伙人。项目花费 1.3 亿欧元。DLR 支付了其中的 1.02 亿欧元，EADS 支付了其余的 0.28 亿欧元。该卫星的任务载荷包括合成孔径雷达 TSX－SAR、一个质量为 394kg 的偏振多波段系统以及一个可以与航空 SAR 相提并论的高空间和辐射分辨率 X 波段主动相控阵天线阵列（PAA）（频率 9.65GHz）。该雷达基于 1994 年至 2000 年期间欧洲配备了 SIR－C 和 SRTM 雷达的航天飞机研发期间所掌握的技术。星载主动 PAA 尺寸为 4.8m×0.8m×0.15m①。包含了 384 个发射/接收模块。

---

① 原文单位为 mm，疑有误。

该雷达系统实现了在三个主要模式下成像，即聚束（Spotlight）、条带（Stripmap）和扫描（ScanSar）。空间分辨率（方位）如下：

1) 1～2m（聚束）；

2) 3m（条带）；

3) 16m（扫描）。

图像尺寸如下：

1) (15～10) ×10km（聚束）；

2) 30×50km，采集长度 1500km（条带）；

3) 100×150km，采集长度 1500km（扫描）。

幅宽如下：463（最高 622）km（聚束）；

287（最高 622）km（条带）；

287（最高 577）km（扫描）。

TSX-SAR 雷达基站有以下几种试验模式：

1) 超精细模式可提供带宽 300MHz、低于 1m（最高 0.5m）的方位分辨率。

2) 使用一对 PAA 电学模块，沿轨迹干涉测量（ATI）模式允许从两个独立的 PAA 子阵列、双接收天线（DRA）（每个 2.4m 长）接收无线信号，在对两个子阵列所接收信号进行比较后，可分辨移动物体。德国宇航中心（DLR）已经开始设计两个额外项目-TanDEM-X 和 TerraSAR-X2。TanDem-X 项目投入 8500 万欧元，由合伙人计划支付，其中，5600 万欧元由 DLR 支付，2600 万欧元由阿斯特里姆 EADS 支付，300 万欧元来自其他投资者。

考虑到 SAR 地球遥感卫星价格高昂，为小卫星设计低重量天基高分辨率 SAR 可被视为未来的一个发展方向。俄罗斯 Vega 研究和生产公司设计了一个该类型的 SAR，可通过解除作战任务的弹道导弹发射。这些为小卫星设计的超高分辨率 SAR 将工作在 9.6cm 波长，覆盖区域 500km，提供如下分辨率：

1) 精细模式下 2m 分辨率，幅宽 10～20km；

2) 较低分辨率模式下 5～7m 分辨率，幅宽 50～100km；

3) 低分辨率模式下 15m 分辨率，幅宽 150～200km。

雷达设备的质量不超过 250kg，功耗不高于 1300W。

基于上述事实文献 [17] 中给出以下主要结论：

1) 对 SAR 结构的需求有一个非常明确但又通常比较矛盾的特点，因为它们依赖于多种因素。用于导航目的的雷达地球遥感卫星信息需要较大的区域覆盖度以及尽可能高的分辨率。然而，高分辨率只有在小的幅宽或图像尺寸下获得。多数天基 SAR 在方位方向上幅宽与分辨率的比例低于 10000（比如分辨率为 5m，幅宽不能超过 50km）。

2) 从对 SAR 地球遥感卫星的回顾中可以发现，尽管投入巨大，世界上主要的航天大国及其他国家均对这些系统表现出极大的兴趣，并在此方向上快速发展。SAR 地球遥感卫星未来的发展方向在很大程度上取决于数据用户，但在理论和技术上受限于分辨率的衍射极限、雷达卫星能量容量、数据处理算法的复杂度和计算机性能、传输能力等因素。

3) 考虑到获得高分辨率和大幅宽之间的矛盾，增强 SAR 分辨率可能是一个合理的发展方向。它提供的发展机会较广。此外，该矛盾可以通过采用宽带信号取代窄带信号配合广角孔径（Wide - angle Aperture）得到部分解决。由于并未达到理论极限，改善分辨率的新方法和新途径仍需继续研究。

高分辨率 SAR 在获取雷达图像信息实现导航和移动控制方面尤为重要。显然，这种未来的发展只能依赖于使用现代基础电子组件（Electronic Component base）才能实现。

该趋势在图 1 - 19 中得到展现。该图展示了 6 个主要太空力量（国家）从 1989 年到 2007 年间民用航天项目融资的动态发展。美国处于领先地位，排名第二的是欧空局，第三和第四名分别是法国和日本。从 1989 年就开始投入的俄罗斯则和印度旗鼓相当，从 1991 年开始，两国在这场太空和资金竞赛中争夺倒数第二和第一的排名。

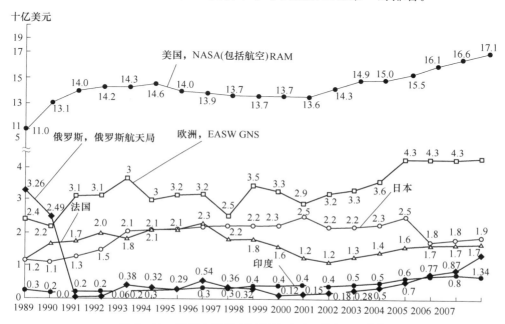

图 1 - 19 世界主要国家民用航天项目筹资情况[19]

美国、俄罗斯、中国和印度四个国家在 2008 年至 2011 年间民用航天任务的融资总量见表 1 - 25。

1.7 空间辐射对航天器的影响

影响航天器主体和设备的主要辐射源如下[7]：

1）所谓的地球辐射带。辐射带由两层组成，内带由高能质子组成，延伸长度至少 3500km。而外带最危险的部分由高能电子构成，延伸长度为 1.5 万～2.5 万 km；

2）由高能粒子组成的宇宙射线；

3）太阳紫外线和 X 射线、伽马辐射；

4）太阳粒子辐射。

太阳活动的周期为 11 年。在太阳耀斑期间，太阳的活动水平比太阳平静期增加 10～100 倍。耀斑大约每 10 天发生一次，但是可以通过观察太阳色球层和使用现代预测方法警告宇航员注意此类危险。

电磁辐射按波长分为伽马辐射、X 射线、紫外线、可见光、红外线辐射和无线电波辐射。

太阳光谱的紫外区（1000～4000Å）占总能量的 10%，具有至关重要的影响。辐射的直接影响是改变材料的光学特性，间接影响是引起某些航天器芯片和器件的失效。

表 1-26 给出了不同辐射源的平均辐射剂量。

表 1-25　航天项目融资金额

国家	融资金额/10 亿美元			
	2008 年	2009 年	2010 年	2011 年
美国	17402	17782	18696	19265
俄罗斯	2001	2914	3336	3960
中国	1300	1369	1430	1570
印度	0.920	0.932	1287	1440

表 1-26　年度空间辐射剂量

辐射源	辐射剂量/(MeV/g)	
	表面辐射	1 g/cm^2 的屏蔽
地球内层辐射带（质子）	$10^{10}\sim10^{12}$	$10^7\sim10^9$
地球外层辐射带（电子）	$10^{13}\sim10^{15}$	$10^6\sim10^8$
太阳辐射	$10^7\sim10^9$	$10^4\sim10^6$
宇宙射线	$10^2\sim10^3$	$10^2\sim10^3$ *

注：高能粒子（重核）很难被屏蔽吸收。

航天器主体大大降低了电子辐射对内部单元的影响，但对质子辐射的防护远远不够；由于宇宙射线是高质量、高能量的粒子，航天器主体很难减弱该射线。

除了太阳活动增强期间高强度辐射的耀斑外，还有难以预测的可变辐射和恒定辐射（恒定的太空背景——质子、电子、氦核），而航天器主体对其有着显著屏蔽作用。

表 1-27 给出了各种材料的允许辐射剂量。比较表 1-26 和表 1-27 可以看出，对于航天器的运行来说，辐射带环境特别恶劣。在表 1-27 的基础上，可以得出一些一般性结论和建议。

表 1-27　改变材料特性的辐射剂量

材料和损伤特性	辐射剂量/(MeV/g)
塑料（机械和电特性）	$10^7\sim10^9$
透明塑料（透明性）	$10^6\sim10^{10}$
弹性体（弹性）	$10^8\sim10^{11}$
玻璃（透明性）	$10^5\sim10^{10}$
玻璃和陶瓷（机械性能）	10^{11}
石英（透明性）	$10^7\sim10^{11}$
半导体（电特性）	$10^8\sim10^{10}$

当超过允许辐射剂量时，塑料会失去其机械和电气性能（透明塑料会失去透明度），

陶瓷材料和普通玻璃会失去其机械、电气和光学性能，而橡胶会失去弹性。就半导体器件而言，晶体管的放大系数会降低到可能对晶体管的放大和开关特性产生负面影响。

因此，塑料材料不适用于作为航天器涂层，尤其是那些需要穿过辐射带的航天器的涂层。

光学设备上方透明塑料制成的窗口应采用百叶窗。百叶窗仅能通过主动操作打开。

航天器的屏蔽材料应谨慎选择，因为辐射防护水平直接取决于屏蔽材料的质量。

在辐射增强的环境中，光伏电池（PV cells）的效率显著降低。当它们在辐射带中长时间运行时，往往会因太阳耀斑而降解并失去效用。

太阳辐射会带来持续的紫外线辐射（UVR）。虽然金属不受紫外线辐射的影响，但紫外线辐射会损坏光学设备，因此航天器窗口的外部有石英玻璃和防护百叶窗。紫外线辐射对塑料材料的影响类似于电离辐射，因此应采用真空屏蔽隔热（Screen Vacuum Thermal Insulation）（SVTI）方法，但在这种情况下，必须防止因设备运行的热状态变化而引起的塑料损坏。

由于紫外线辐射，彩色颜料搪瓷漆将失去其性能：基于 TiO_2 的白色涂料变黄，光学性能受损。即使航天器表面的光学特性发生轻微的变化，也可能会改变机载设备运行的热状态。因此，目前航天器表面只使用陶瓷漆。

1.8　微流星体对航天器的影响

微流星体对航天器的重大影响（孔洞）尚未被探测到，这可能是由于到目前为止航天器运行时间相对较短。接下来，宇宙尘埃的影响将在第二卷第 1 章详细讨论。

微流星体主要会造成对光学系统的侵蚀。在近地轨道上，微流星体造成光学侵蚀的平均速率为每年 $200\overset{\circ}{A}$。在远离地球的地方，这种效应要小得多。在地球影响范围之外（半径 $r \geqslant 100$ 万 km），侵蚀率为 $1\overset{\circ}{A}$/年。通过卫星的研究表明，在近地存在大量微流星体尘埃（$m = 10^{-12}$ g），这会侵蚀光学系统。

为了防止侵蚀，光学元件须垂直于飞行轨迹放置并处于封闭状态（特别是航天器姿态控制系统的光学传感器）。如果航天器飞离地球，建议将光学设备朝向地球。有很多关于微流星体撞击预测的数据，反映在地球附近的流星体数量与质量的关系，如图 1-20 所示。

从图中可以看出，由于靠近地球存在一个小尘埃云层，在人造地球卫星的低轨道上有更多的流星体。

为了计算撞击坑的半径（单位为 mm），可以使用 Bjork 的公式：

$$r = K (mV)^{\frac{1}{3}}$$

式中，m 为流星体质量（g）；V 为流星体速度（m/s）；K 为与材料有关的系数（$K = 1.09$ 为铝钉撞击铝壁，$K = 0.606$ 为铁撞击铁，$K = 1.3$ 为铅撞击铅，$K = 0.9$ 为铝撞击铁）。

进行粗略计算时可以取系数 $K = 1$。

壁厚的选择是超过凹坑半径 1.5～2 倍的壁厚，即 $\delta_{wall} = 1.5～2$。

基于流体动力碰撞理论的流星体屏蔽厚度计算公式为：

$$\frac{\delta}{d} = \frac{4}{3} \frac{1}{\sigma} \log \frac{V_{\text{int}}}{V_{\text{f}}}$$

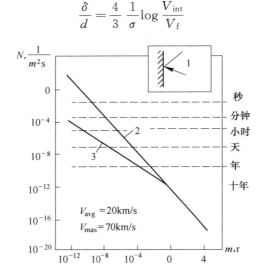

图 1-20　撞击频率与流星体质量的关系

1—质量大于 m 的流星体在一个方向上的撞击；2—适用于低轨道卫星的流星体；3—适用于远离地球的流星体

式中，δ 为壁厚；d 为入射粒子直径；$\sigma = \rho_{\text{wall}} / \rho_{\text{m}}$ 为壁材密度与流星体密度的关系；$V_{\text{f}} > 1.5 \text{km/s}$ 为流星体有限速度；V_{int} 为流星体初速度。

对于流星体撞击航天器的速度，取平均速度 $V_{\text{avg}} = 20 \text{ km/s}$，最大速度 $V_{\text{max}} = 70 \text{km/s}$[7]。

在太空中，有一个恒定的流星体粒子背景和流星体风暴发生时的粒子通量。其中，流星雨只持续几天；大约有 20 场流星雨，并且它们都是已知的。

增加航天器蒙皮的厚度并不是有效的保护措施，因为它使航天器重量增加。因此，防护应向两个方向发展：

1）航天器分段设计以及设备和支持系统的冗余设计。以便在一部分出现故障时，另一部分仍可以正常运行，这是主要的保护措施。

2）研制流星体防护罩。当流星体穿透防护罩时，它会破碎成大量不会对航天器外壳构成威胁的小颗粒，这使得航天器机身的厚度大大减小。

为了保证航天器蒙皮得到最好的保护，防护罩的放置距离可以用图 1-21 中的公式计算。

$$s = 2 \delta_{\text{skin}} \left(\frac{\delta_{\text{skin}}}{\delta_{\text{shield}} - \rho_{\text{shield}}} \right)^{\frac{1}{2}}$$

式中，δ_{skin} 为蒙皮厚度（mm）；δ_{shield} 为屏蔽层厚度（mm）；ρ_{shield} 为屏蔽材料密度（g/cm^3）。

例如，对于 $\delta_{\text{skin}} / \delta_{\text{shield}}$ 为 10 的铝防护罩，其距离 s（mm）为 $4\rho_{\text{skin}}$。

根据文献资料建议可采用抗冲击性能高的铍作为屏蔽材料。当 $\delta_{\text{skin}} / \delta_{\text{shield}} = 10$ 时，距离 s 约等于（5～6）ρ_{skin}。

为了保护蒙皮厚度为 2mm 的卫星主要部位，在距离 s 为 $5\delta_{\text{skin}}$，即 10mm 的位置放置一个 δ_{shield} 为 0.2～0.3mm 的防护罩，并在间隙内填充蜂窝芯结构的材料。

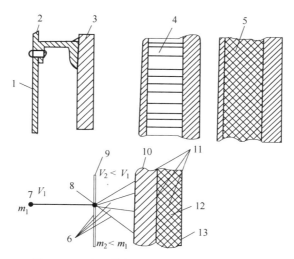

图 1-21　流星体保护及流星体解体示意图:

1—排气;2—防护罩;3—航天器机身;4—蜂窝状结构;5—泡沫塑料结构;6—流星体碎片;

7—流星体;8—屏蔽层的孔洞;9—防护罩;10—航天器蒙皮;11—机身碎片;12—隔音、隔热结构;13—内壳体

除了外防护罩外，还需要一个内防护罩，因为撞击会从蒙皮内部喷出碎片，如图 1-21所示，从而损坏机载系统的部件。此外，薄金属层的内防护罩也可以作为隔音和隔热材料。

1.9　地球轨道上的空间碎片问题

20 世纪 80 年代，科学家们首次提到了大规模空间污染，当时地球轨道上的空间碎片密度非常大，为了将卫星安全送入轨道，弹道学家必须花费更多的心思和精力。近几十年来，这一情况变得更糟。近地空间碎片数量之多，给在那里运行的空间站和航天器构成了很大威胁。地球轨道上到处都是废弃的卫星、火箭的残骸以及扔到太空中的垃圾和其他碎片。

2012 年美国空间监视网估计在地球轨道中约有 23000 个大于 5～10cm 的物体。根据这份数据计算，地球轨道上总共约有 75000 个大于 1cm 的物体。

如果来自不同轨道的空间碎片以每小时数千千米的速度发生碰撞，会导致什么后果呢？

以轨道速度发生碰撞，即使是微小的碎片也会导致灾难性的后果。一颗直径为 1.2cm、速度为 6.8km/s 的子弹几乎可以穿过 18cm 厚的铝块的一半。宇宙飞船和火箭箭体的外壳要比这样的块体薄得多。一颗直径 10cm 的空间碎片可以摧毁一架航天器。

由于每次碰撞产生的碎片远不止两块，轨道上出现大量碎片可能导致各种空间系统（如通信、导航系统等）出现故障，航天器无法正常工作。虽然碎片摧毁一颗卫星的可能性依旧很小，但是此类事件却早已在载人飞船和空间站上发生。

1983 年，著名的"挑战者号"航天飞机的机组人员在轨道器的挡风玻璃上发现了一个与外来物体碰撞留下的小凹坑。尽管该凹坑的深度和宽度只有 2.5mm，却引起了

NASA 工程师的担忧。航天飞机着陆后，航天专家仔细检查了该凹坑，并得出结论，它是由其他航天器上脱落的一个涂料颗粒与挡风玻璃发生碰撞造成的。

苏联"礼炮 7 号"空间站也曾受到空间碎片的损坏。在其表面发现了与碎片颗粒碰撞后留下的微小坑洞。国际空间站不得不多次机动改变航向，以避免与空间碎片碰撞，根据记录在案的案例，宇航员在地面的指挥下曾经不得不在联盟号飞船的紧急逃生舱中寻求庇护，直到危险过去。

现在太空中存在大量的碎片。考虑到未来 10～15 年内将发射 1500 颗卫星，碎片和航天器碰撞的概率将大幅增加。因此，轨道空间会被愈发密集地占据。而航天器与碎片碰撞会产生更多的碎片。一些新的碎片将与其他航天器相撞，碰撞事件将会重演。因此，轨道上的碎片数量将呈指数级增长。那些为人们提供空间通信、电视广播、导航、气象学和地球资源研究的卫星可能因此面临损毁危险。近地轨道也将变得太危险以至于无法放置卫星，尤其是载人航天飞行器，甚至会使未来利用航天器在地球轨道上进行空间研究变得不再可能。

空间碰撞最具代表性的实例如下：

1）1991 年 12 月：宇宙-1934 号与解体的宇宙-926 号航天器的碎片相撞；

2）1996 年 7 月：法国航天器 Cerise 与法国阿里安运载火箭的残骸相撞；

3）2005 年 1 月：美国雷神运载火箭的残骸与中国长征四号运载火箭的残骸相撞；

4）2006 年 3 月：快车-AM-11 号卫星与一块碎片相撞；

5）2009 年 2 月：铱星-25 号卫星与宇宙-2251 号卫星相撞。

但这是在太空中。坠落的碎片也可能对地球造成影响。众所周知，大约每周一次有尺寸超过 1m 的物体脱轨。大部分物体会在大气层中燃烧，剩余部分会分解成碎片，以金属雨的形式落在地球上。未来大规模的人造流星雨可能成为一种灾害。由于部分航天器拥有核动力系统，它们解体后可能对地表造成放射性污染。尽管这种情况很罕见，但仍然会发生。

例如，在 1977 年 10 月末，宇宙-954 号卫星突然减压，星载系统出现故障。在上层大气的影响下，卫星失控下降，脱离轨道，于 1978 年 1 月 24 日坠落在加拿大西北部。该航天器的大部分在大气层中烧尽，然而后来证实具有放射性的空间碎片已经散落到该国数千平方千米的区域内。

重型航天器落到地球的案例包括：

1）天空实验室空间站（77t）失控脱轨；

2）礼炮 7 号空间站（40t）失控脱轨并坠落至南美洲地区；

3）因发射失败而解体的火星-96 行星探测器（5t）发生坠落；

4）和平号空间站（130t）受控脱轨；

5）Fobos-Grunt 航天器（9t）因发射失败坠毁。

太空碎片已经被监视了很长一段时间，它所带来的真实威胁不能忽视。研究人员能够追踪 10cm 及更大尺寸的颗粒。然而，更小的颗粒也会对航天器构成严重威胁。

为了防止最坏情况的发生，来自航天大国的专家小组积极致力于研究相关技术解决方案，设计了从地球轨道上清除太空碎片的技术手段，提出了各种捕获和牵引死亡卫星以及改变其轨道的备选方案和其他措施。

　　某些载人航天任务，如美国国防高级研究计划局 DARPA 的凤凰号和瑞士洛桑联邦理工学院（EPFL）的清洁空间项目，其设计专用于捕获和摧毁太空碎片，或配合其他航天项目实现清除太空碎片的目标。而有些基于地面激光器的项目，也能够降低太空碎片的速度，使其在大气层中烧毁。

　　然而，目前仍然没有任何经济可行的大规模清除空间碎片的方法。因此在不久的将来，最受关注的将是一系列控制空间碎片的措施，包括阻止轨道上新碎片的产生和在轨爆炸、将航天器在服役寿命末期送至坟墓轨道、大气制动等。至于像国际空间站这样的大型物体，预计将在使用寿命末期分批地返回地球。卫星最终不应该成为太空碎片，而应该返回地球。

1.10　微电子技术在空间微型火箭发动机开发中的应用

　　微机电系统技术（MEMS 技术）是在将燃烧中释放的化学能转化为机械能的设备领域发展起来的。这种微系统的潜在应用领域之一是为小型飞机和航天器（质量＜500kg）开发设计各种发动机[20]。小型航天器主要分为几类，见表 1 - 28。在过去的 20 年里，小型航天器制造技术迅速发展起来。图 1 - 22 统计了过去 20 年里质量小于 100kg 和 10kg 的地球人造卫星的发射数量。值得注意的是，小型航天器的发射数量在 1990 年至 2013 年间呈指数级增长。与质量小于 100kg 的微卫星的发射数量相比，质量小于 10kg 的纳卫星发射数量也有所增加。预计这种趋势将在未来几十年保持不变。

表 1 - 28　小型航天器的分类

	质量/kg	体积/L	功率/W
小卫星	500～100	＜100	14～160
微卫星	100～10	＜15	6～14
纳卫星	10～1	＜0.5	2.4
皮卫星	0.1～1		
飞卫星	0.01～0.1		

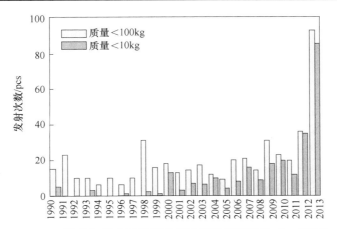

图 1 - 22　1990 年至 2013 年在地球轨道上部署的微卫星（m＜100kg）和纳卫星（m＜10kg）的数量[21]（数据来自：SpaceWorks Enterprises，Inc.）

成本低廉是小型航天器的主要优势。由于航天器重量及尺寸参数的减小，使得用较小功率的运载工具即可将其发射到预定轨道上，或一次性发射大量卫星。另外，卫星尺寸的减小降低了其制造成本，使批量生产成为可能，进而降低了其净成本。同时发射大量相同的卫星可以创建大型阵列和设备组，共同覆盖更大的地球表面面积（例如用于通信和研究目的）。据 SpaceWorks Enterprises, Inc. 称，近年来，用于开发技术的微型卫星有所减少，而用于观测和遥感目的的微型卫星越来越多。据预测，商业微型卫星将成为这类卫星的主要组成部分，其数量将大大超过大型民用和军用卫星的数量。

1.11　军用和特殊用途航天器

1.11.1　导弹预警系统

导弹预警系统（MEWS）是一种特殊的复杂系统，用于向国家领导人通报敌人使用导弹武器的情况以及识别突然袭击的情况。

它被设计用来在导弹到达目标之前探测到导弹攻击。它由两层组成：地面雷达站和预警卫星星座。

导弹预警系统是为导弹攻击的自动高精度探测而设计的，为武装部队的指挥所（CP）提供警报和弹道导弹（BM）的发射、导弹攻击、侵略国家、被攻击地区、导弹攻击时间、导弹攻击规模、应对水平、目前作战能力等信息。

该系统还可以作为空间监视系统和空间防御（SD）的空间态势数据的重要来源，以及反弹道导弹（ABM）系统和综合体的主要指挥来源。

上述事例在导弹预警系统的发展中起着重要作用。空间与导弹防御（SMD）系统及综合体导弹预警系统、空间监视系统（SSS）、反弹道导弹系统（ABM）和由同一个算法运行的空间防御系统能够以最低成本解决导弹预警、空间监视、弹道导弹和空间防御等问题。

在作战能力方面，导弹预警系统是国内外弹道导弹测试和作战训练发射的信息来源，以及世界上任何地方使用弹道导弹的军事冲突的信息来源。

导弹预警系统包括：

1）探测弹道导弹的星载系统；

2）地面的雷达系统组网；

3）数据传输和作战指挥通信系统；

4）指挥所；

5）用于指挥所通信和显示警告信息的综合体。

分析表明，在现有条件下，满足导弹预警系统的要求是一个有难度的技术挑战。

导弹预警系统特别关注对导弹攻击的高精度探测要求，包括从任何方向探测任何类型的导弹攻击，这意味着导弹预警系统将提供对小尺寸弹头的可靠探测和对撞击位置的精确预测。

就目前而言，俄罗斯和美国都没有找到一种有效的天基解决方案以满足全球、全季节、24 小时和全天候运行的要求。这一问题的一个可靠解决方案是加强地面梯队，其中包括开发一组强大的地面雷达系统，在高频和超高频波段运行，弹头的射程超过 6000km。

预警系统的主要任务是在导弹攻击到目标之前探测到导弹的攻击，这将有可能确定攻击的规模和来源，评估潜在的损伤，并选择适当的反应。预警系统是在导弹攻击到目标之前进行报复性打击的"警报即发射"态势的必要条件。

建立一个能够完成其使命的预警系统是一项非常具有挑战性的任务。为了完成任务，预警系统必须能够尽早发现导弹，并提供有关攻击规模的可靠信息。由于系统只能在攻击已经开始时发出警告，所以用于检测、评估信息和生成警报的时间非常有限。

由于探测攻击和做出适当反应的时间非常短，这就要求导弹预警系统和指挥控制系统之间要有非常紧密的结合，并且要求预警系统具有非常高的可靠性。

早期预警系统在核指挥与控制程序中所起的重要作用，以及由于潜在错误所造成的不可接受的昂贵的代价是近年来导弹预警系统受到如此关注的最主要的原因。俄罗斯早期预警系统的状况因为有许多明显的衰退迹象而引起了强烈关注。

苏联在 20 世纪 60 年代早期就开始研制能够提供弹道导弹攻击早期探测的系统。在 20 世纪 60 代末至 20 世纪 70 年代初部署的前两代预警雷达站（RS）是为空间监视和反卫星系统而发展的早期预警雷达站的改进版本。早期预警雷达站的主要任务是支持仍在发展中的导弹防御，而不是提供实现发射-预警能力所需的预警。

早期综合预警系统的概念直到 1972 年才出现，该系统将包括地面雷达和卫星，并将能够为战略部队提供指挥和控制能力，以实施"警报即发射"的能力。这个概念是苏联在 20 世纪 70 年代早期发展的成果，当时苏联试图简化其在导弹防御、反卫星战争、空间监视和预警方面的程序。

这个项目草案于 1972 年拟订，要求发展综合预警系统，其中包括地面和地面以外的遥感系统以及天基手段。早期预警卫星和超视距雷达应该在弹道导弹飞行的助推阶段完成探测，从而确保获得最长的预警时间。这些卫星依靠红外传感器，可以直接探测导弹气流发出的辐射。超视距雷达则通过探测发送到正在启动的火箭方向的电磁信号的反射，最终完成探测。

在苏联领土上部署的超视距雷达网能够利用来自地球电离层的电磁脉冲反射探测到在美国领土上的导弹发射。

该项目草案还呼吁部署一个地面的早期预警雷达网络，该网络可以在来袭的导弹和弹头接近目标时探测到它们。地面雷达旨在提供重要的第二梯队预警传感器，其物理原理与部署在卫星上的不同，从而为整个系统提供更多的安全性。

早期预警雷达的另一个重要作用是空间监视。该项目要求密切结合导弹预警系统和空间监视系统的所有现有和未来的雷达设施，以获得跟踪空间物体的能力。

苏联部署了预警雷达系统的所有设备，包括地平线上和超地平线（超视距）雷达以及早期预警卫星。但超视距雷达未能达到预期效果，在早期预警系统运行中没有发挥任何重要作用。相比于地面雷达，太空梯队和地平线上雷达的部署项目更为成功。然而，这两个项目在实施期间都经历了相当大的延迟，并在苏联解体时遭受了严重挫折。因此，目前的预警系统与苏联最初设想的全面、综合、多层次预警系统相距甚远。

1.11.2　导弹预警系统地基梯队

远程预警雷达站（RS LR）和地面基础设施（指挥所、控制中心等）组成了导弹预警系统的地面梯队。

远程预警雷达的建设始于 1954 年，当时苏联政府决定建立莫斯科弹道导弹防御系统（BMD）。其关键部分是远程预警雷达站，它被设计用于在几千千米以外探测和高精度定位敌方的导弹和弹头。

第一个早期预警雷达网是在 1963—1969 年间建成的。这是位于奥列涅戈尔斯克（科拉半岛）和斯克伦达（拉脱维亚）的两个顿涅斯特–M 型的雷达站，该系统于 1970 年 8 月投入使用。它的设计是为了探测从美国领土或挪威和北海地区发射的弹道导弹。该系统在那个阶段的主要任务是为部署在莫斯科周围的弹道导弹防御系统提供导弹攻击的信息。

在 1967—1968 年间，苏联在奥列涅戈尔斯克和斯克伦达建设雷达网的同时，开始建设 4 个第聂伯型雷达网（顿涅斯特–M 型雷达的改进版）。巴尔喀什–9（哈萨克斯坦）、米谢雷夫卡（伊尔库茨克附近）和塞瓦斯托波尔被选为基地。除了正在运行的顿涅斯特–M 雷达外，在斯克伦达基地还建造了另一个系统。这些监测站的作用是扩大早期预警系统的覆盖范围，包括北大西洋、太平洋和印度洋地区。

1971 年年初，在早期探测指挥所的基础上建立了导弹预警系统指挥所。

表 1–29 显示了在苏联建造的导弹预警系统雷达网的型号和主要技术特征。其中，以下雷达网系列具有类似的架构和运行机制：顿涅斯特、第聂伯、达加瓦、达里亚、多瑙河、伏尔加和顿河。在国外，常用"鸡舍""狗屋""猫窝""伯朝拉河""药箱"等名称代替这些河流的名称。

国内外导弹预警系统雷达网发展的下一个重要阶段是向相控阵雷达（PA）的过渡，这是一项突破性的技术解决方案，也需要确保在微电子技术方面的先进性的基础上才能发展。达里亚、多瑙河、伏尔加和顿河型雷达已经配备了相控阵。

图 1–23～图 1–25 显示了导弹预警系统地面梯队的几个要素。图 1–23 为阿拉斯加陆基导弹预警系统相控阵雷达的照片，图 1–24 和图 1–25 为国家 Voronezb–M 型 VHF 雷达和伯朝拉河相控阵雷达。

1.11.3　相控阵

相控阵是导弹预警系统地面梯队和其他地面和空间系统的关键工程元件。相控阵（PA）是一组天线辐射器，其中信号的相对相位被设置成这样一种方式，即阵列的有效辐射方向在预期的方向上增强，在其他方向上被抑制，如图 1–26 所示。

相控阵雷达的相位调整：

1）形成（给定不同的天线布局）必要的天线辐射图（ARP），例如定向或波束天线辐射；

2）引导给定的天线波束，从而进行快速（通常无惯性）扫描波束摆动；

3）对天线辐射图进行一定程度的调整，例如改变波束宽度、控制旁瓣比（旁瓣电平）等，有时还可以控制单个天线的波幅。

通过对比相控阵的以上这些特点和其他一些特点，以及通过探索现代自动化和计算电子设备控制 PA 的可能性，最终使相控阵在无线电通信、无线电定位、无线电导航和无线电天文学中得到了广泛应用。相控阵由大量受控元件组成，是各种地面（固定和移动）、海上、机载和星载无线电设备的一部分。

这种相控阵的应用有如下几个优点：

图 1 - 23　位于阿拉斯加的导弹预警系统的地基相控阵雷达

图 1 - 24　圣彼得堡附近的列赫图西的 VHF 波段 Voronezh - M 型导弹预警系统雷达

图 1 - 25　伯朝拉河雷达站

1）与单个天线相比，n 个元素组成的阵列提供了 n 倍的方向性，最终体现在增益方面，并且缩窄波束确定天线角位置，可以更准确地用于导航和无线电定位；

2）相控阵通过并联放置独立的放大器来控制天线的介电场和辐射（接收）的功率水平；

3）相控阵的一个重要优点是通过电子束扫描进行快速（无惯性）观测；

4）相控阵与其他类别的天线相比具有许多结构性和技术优势。由于采用印刷的天线阵列，机载设备的重量尺寸参数可能得到改善。反射器天线阵列的使用降低了大型射电望远镜的成本。

直到20世纪80年代末，建造这样一个系统仍需要大量的设备。因此，电子控制相控阵主要用于大型静止雷达，例如用于安装在美国核动力导弹巡洋舰长滩号和核动力航空母舰上的大型弹道导弹预警雷达（BMEWS），或美国海军小型防空雷达SCANFAR（AN/SPG-59的升级版）。进一步升级的SPY-1宙斯盾被安装在提康德罗加级巡洋舰上，后来安装在阿利伯克级驱逐舰上。目前已知在飞机上应用相控阵的案例只有安装在苏联米格-31拦截机上的大型雷达Zaslon和安装在B-1B枪骑兵轰炸机上的攻击雷达。如今，它被安装在苏-35和F-15飞机上。

由于第一代相控阵采用了通用的雷达结构，这种雷达之所以没有安装在飞机上，主要是因为它们的重量太大。虽然天线被改进了，但其余部分保持不变，还增加了计算机来控制移相器。这种变化增加了天线的重量，增加了计算机模块的数量，并对电力供应系统造成了更大的负荷。

表 1 - 29　苏联建造的导弹预警雷达站的主要技术特征

雷达站	西方国家代号	天线类型和波长范围	天线面数目以及每覆盖面的大小和方位角	主要特点
顿涅斯特	鸡舍	相控阵，调频方位角扫描，无仰角扫描，1.5～2m	2 面，200m×20m，30°	太空监视雷达站
顿涅斯特-M	鸡舍	相控阵，调频方位角扫描，无仰角扫描，1.5～2m	2 面，200m×20m，30°	早期预警雷达，顿涅斯特-M是太空监视顿涅斯特雷达站的升级版
第聂伯	鸡舍	相控阵，调频方位角扫描，无仰角扫描，1.5～2m	2 面，200m×20m，60°	早期预警雷达，顿涅斯特/Dnestr-M设计的升级版
达加瓦	伯朝拉河	相控阵，1.5～2m	发射机，30m×40m，约60°	达亚尔雷达站的发射台原型
达里亚，达里亚-U，达里亚-UM	伯朝拉河	相控阵，1.5～2m	发射机30m×40m，接收机80×80m，相距0.5～1.5km，约110°	预警雷达站
多瑙河-3	狗屋	连续波相控阵，调频调制方位角扫描，约0.1m	发射机和接收机相距2.4km，约45°	雷达站是作为A-35莫斯科反弹道导弹系统的一部分建造的；两个类似的雷达站背靠背部署在一个地点
多瑙河-3U	猫窝	连续波相控阵，调频调制方位角扫描，约0.1m	发射机和接收机相距2.8km，51°	雷达站是作为A-35莫斯科反弹道导弹系统的一部分建造的；两个类似的雷达站背靠背部署在一个地点

续表

雷达站	西方国家代号	天线类型和波长范围	天线面数目以及每覆盖面的大小和方位角	主要特点
伏尔加		连续波相控阵，调频方位角扫描，约 0.1m	发射机和接收机相距 3km，约 50°	预警雷达站
顿河-2N	药箱	相控阵，约 0.01	4 面，接收天线直径 6m，接收天线 10m×10m，90°	莫斯科 A-135 反导弹系统雷达站

图 1-26　有源相控阵（APA）

天线阵列的一般分类包括：线性、弧线、循环、平面、圆柱、圆锥、球面和空间锥形阵列。

根据励磁，天线阵分为以下系统：

1）顺序传输；

2）平行传输；

3）组合（顺序和并行）传输；

4）空间（光学或以太）励磁法。

有源相控阵（APA）（图 1-26）是一种相控阵（PA），其中所有或部分元件都配备了自己的微型微波发射器，无须使用无源相控阵雷达单一的大型发射管。有源相控阵的每个元件都由带有插槽的模块、移相器、发射机组成，经常还会带有接收器。

在无源阵列中，一个功率为几千瓦的发射机为几百个单元提供能量，每个单元的处理功率为几十瓦。现代微波晶体管放大器也能产生几十瓦的功率。一个带有有源电子扫描阵列的雷达有几百个模块，每个模块的功率都是几十瓦，它们共同产生一个功率为几千瓦的强大主波束。

虽然最终效果相同，但有源阵列更加可靠，即使一个发射/接收单元的故障可能会改变阵列模式，这在一定程度上降低了定位器的性能，但大多数天线仍然可以使用。困扰着传统雷达发射管的灾难性故障不会发生。此外，其附加优点是省去了笨重的高功率管，同时也省去了高功率管的相关冷却系统和超高压电源所产生的重量。

另一个仅可能存在于有源阵列中的特性是控制单个发送/接收模块增益的能力。如果能做到这一点，波束可扫描的角度范围将大大增加，从而可以避免许多困扰传统相控阵的阵列几何约束。这种阵列称为超增益阵列。从已发表的文献来看，尚不清楚是否有任何现有的或发展中的阵列使用这种技术。

此外，功耗和成本降低是有源相控阵未来发展的关键挑战。

功耗是第一个挑战。由于现代晶体管微波集成电路（MMIC）的缺点，发射机模块的效率通常低于 45%。因此，有源相控阵发出大量的热量，这些热量必须消散，以防止发射器芯片过热，因为 GaAs 微波集成电路的芯片在较低的工作温度下更加可靠。而用于传统计算机和航电设备的传统空气冷却方式不适合于有源相控阵元件的高密度封装。因此，现代有源相控阵有液冷系统（在美国项目中通常使用聚-α-烯烃（PAO），一种类似于合成液压油的冷却剂）。典型的液体冷却系统有泵，用于冷却剂通过天线通道进入热交换器以完成循环，热交换器可以是空气冷却器（散热器）或推进剂箱中的热交换器，另一种流体通过冷却剂循环带走冷却剂箱中的高温。

因此，尽管有源相控阵具有更大的能量消耗，需要更密集的冷却，但它比带有空气冷却系统的传统战斗机雷达更可靠。有源相控阵提供了一个更大的发射功率，这是远距离目标探测所需要的。

另一个挑战是大量生产模块的成本。一架战斗机的雷达通常需要 1000～1800 个模块。因此，如果一个模块的成本超过 100 美元，那么有源相控阵的成本就会高得无法接受。然而，由于开发和生产的净成本降低，这些模块和微波集成电路芯片的成本正在不断下降，这将在后续章节中讨论。

尽管有源相控阵存在缺点，但是它在几乎所有方面都优于传统雷达天线，它可以提供更大的跟踪能力和可靠性，虽然稍微增加了复杂性，可能还增加了成本。

图 1-27 显示了发射/接收模块的常规结构，这是有源相控阵的主要单元。

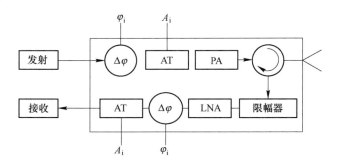

图 1-27　有源相控阵收发模块结构

发射/接收模块是有源相控阵的基本结构单元或信号处理单元。该模块包括一个放大器和一个具有电动式的非互易特性的环形器。为了保证接收和发射，设备必须同时拥有接收和发射通道。用开关或环形器把接收机和发射机隔开。

接收通道包括以下设备：

1）限幅器，它是一个电涌放电器或任何其他阈值装置，提供过载保护；

2）具有两个或多个信号放大级的低噪声放大器；

3）移相器，这是一种在通道中延迟信号以实现天线相位分布的设备；

4）衰减器，这是一种减少天线信号振幅分布的设备。

发射通道的组成与接收通道的组成类似，与接收通道不同的是，发射通道没有限幅器，其放大器的噪声要求更低，但发射放大器需要产生更高的功率。

1.11.4　导弹预警系统天基梯队

根据苏联于 20 世纪 70 年代初起草的预警系统项目，该系统除了地平线上和超地平线雷达站网络之外，还将包括一个太空梯队。对于扩展预警系统能力，卫星是必不可少的，因为它们几乎能够立即探测到发射后的弹道导弹。

预警系统太空梯队的工作分配给了 TsNIIKometa，航天器的开发任务分配给了 Lavochkin 设计局。

根据 TsNIIKometa 的设计，天基预警系统，即 Oko 或 US-KS，包括部署在大椭圆轨道上的卫星星座和莫斯科附近的指挥控制中心。这些卫星配备了红外和可见光传感器，能够在空间背景下（但不能在地表背景下）探测燃烧的导弹发动机。该系统于 1978 年开始具备有限的作战能力，并于 1982 年进入战斗值班状态。

随着 US-KS 系统工作的进展，产生了一套新的天基系统要求，被命名为 US-KMO（在西方，该系统通常被错误地称为 Prognoz）。该系统旨在覆盖海洋上所有潜在的潜基弹道导弹发射区，也包括美国和中国领土的发射区。为了做到这一点，卫星必须开发在地球背景下探测导弹发射的能力。而导致卫星爆炸解体的某些问题一直持续到 1984 年。

眼睛（Oko）导弹预警系统的设计用于探测来自美国大陆的发射，该系统包括位于大椭圆轨道上的卫星 US-KS，并带有一个控制和数据接收站以及一个发射场。20 世纪 60 年代初，导弹预警系统的开发任务分配给了切洛梅设计局（Chelomey Design Bureau）。初步设计于 1962 年完成，系统包括 20 颗质量为 1400kg 的卫星，运行高度为 3600km 的极地轨道，由 UR-200 运载火箭完成该系列卫星的发射。卫星可探测第一级发动机排气羽流的热辐射。

1972 年 9 月 19 日，闪电号运载火箭从普列谢茨克发射场（Plesetsk Cosmodrome）发射了第一颗 Oko 卫星（Cosmos-520）。在随后的三年中，又进行了四次发射。前两颗卫星配备了红外和电视探测器。第三颗卫星 Cosmos-665 只有电视设备。1972 年 12 月 24 日，它首次探测到一枚夜间发射的民兵（Minuteman）弹道导弹。1976 年，Cosmos-862 被送入轨道，它拥有苏联第一台基于集成芯片的星载计算机。自 1977 年后进行的一系列发射，并于 1978 年形成了一个由五颗卫星组成的星座，这就是导弹预警系统的原型。

需要指出的是，在计划开始时，卫星的可靠性存在严重问题。1972—1979 年间发射的 13 颗卫星中，只有 7 颗运行时间超过 100 天。后来，卫星的运行寿命延长至 3 年（美国 IMEWS-2 卫星运行了 5～7 年）。Oko 系统的部署始于 1979 年发射的四颗卫星，随后完成了地面基站作为控制、数据接收和处理的最后装备。1979 年 4 月 5 日，该系统投入使用，并于 1979 年 7 月探测到从夸贾林环礁（Kwajalein Atoll）发射的运载火箭。

1980 年，六颗卫星进入椭圆轨道，该系统并入导弹预警系统（MEWS）。1982 年 12 月 30 日，由六颗卫星组成的天基系统进入战斗值班状态。

这些卫星配备了电子自毁装置，如果卫星与地面控制失去通信，该装置将被激活。在 1983 年之前，31 颗卫星中有 11 颗因此而损失（见表 1-30）。1983 年之后，决定在这种情况下不激活自毁装置，但并没有显著减少故障数量。

1984 年，Oko-S 系统的 US-KS 卫星开始在地球静止轨道上运行。该卫星位于西经 240°，用于观测美国中部。这颗卫星在保持与地球相对位置的同时，其观察从美国发射火箭的高度与大椭圆轨道（HEO）上的卫星角度相同。

地球静止轨道卫星的引入提高了系统的可靠性。即使在没有部署大椭圆轨道卫星的情况下，GEO 卫星也能够探测到发射信息。虽然覆盖的效果和检测的可靠性可能会受到影响，但系统并不是完全盲目的。利用质子-K 运载火箭将 US-KS 卫星部署在 GEO，用闪电-M 运载火箭将它们部署在 HEO。航天器设备仅在地球可见光圈边缘（相对于大气背景）检测火箭发射的红外辐射，并将红外图像实时传输到地球。1972 年至 2002 年，86 颗 US-KS 卫星被送入轨道（4 颗在 GEO）。发射次数最多的是 1984 年至 1985 年（每年发射 8 次）。

1991 年 2 月，第二颗 US-KMO 卫星（在俄语中 KMO 代表大陆、近海和大洋）的发射标志着 Oko-1 系统部署的开端，该系统不仅能够探测美国发射的洲际弹道导弹，还能够探测世界其他地区发射的洲际弹道导弹。该系统的一个特点是在地球背景下对导弹发射进行垂直观测，从而识别洲际弹道导弹的飞行方位。1996 年，带有一颗 GEO 卫星的 Oko-1（Prognoz）系统投入使用。整个系统将包括最多 7 颗 GEO 卫星和大约 4 颗 HEO 卫星。从 1988 年到 2004 年间共发射了 11 颗卫星。卫星的运行寿命从 2 个月（SC No. 8）到 77 个月（US-KMO No. 5）不等。

Oko 系统的飞行轨迹显著向西移动，这使得该系统能在远地点观测美国领土的同时，仍保持处在俄罗斯无线电可见区。电视摄像机用于近红外和紫外范围的观察。

由于本书的目的之一是试图理解航天器的可靠性和所使用的基础电子组件（ECB）之间的联系，我们将分析以下案例。

截至 2002 年 1 月，俄罗斯发射了 86 颗第一代卫星，其中 79 颗进入大椭圆轨道（HEO），其余 7 颗卫星进入地球同步轨道。

表 1-30 1972-1992 年 MEWS 天基梯队发射的俄罗斯卫星

卫星编号	NORAD 编号	国际名称	类型	发射日期	发射时间（UTC）	轨道面或地球静止轨道站	估计退役日期	注释
Cosmos-520	6192	1972-072A	HEO	72.09.19	19：19：03	4	未知	
Cosmos-606	6916	1973-084A	HEO	73.11.02	13：01：56	4	74.04.30	
Cosmos-665	7352	1974-050A	HEO	74.06.29	15：59：58	2	75.09.07	
Cosmos-706	7625	1975-007A	HEO	75.01.30	15：02：00	7	75.11.20	
Cosmos-775	8357	1975-097A	GEO	75.10.08	00：30：00	无	未知	轨道不稳定
Cosmos-862	9495	1976-105A	HEO	76.10.22	09：12：00	5	77.03.15	自毁
Cosmos-903	9911	1977-027A	HEO	77.04.11	01：38：00	7	78.06.08	自毁
Cosmos-917	10059	1977-047A	HEO	77.06.16	04：58：00	9	79.03.30	自毁
Cosmos-931	10150	1977-068A	HEO	77.07.20	04：44：00	2	77.10.24	未到达运行轨道，自毁

续表

卫星编号	NORAD 编号	国际名称	类型	发射日期	发射时间（UTC）	轨道面或地球静止轨道站	估计退役日期	注释
Cosmos - 1024	10970	1978 - 066A	HEO	78.06.28	02：58：00	2	80.05.24	1979 年 10 月离站
Cosmos - 1030	11015	1978 - 083A	HEO	78.09.06	03：04：00	4	78.10.10	自毁，轨道不稳定
Cosmos - 1109	11417	1979 - 058A	HEO	79.06.27	18：11：00	9	80.02.15	自毁，轨道不稳定
Cosmos - 1124	11509	1979 - 077A	HEO	79.08.28	00：17：00	4	79.09.09	自毁，轨道不稳定
Cosmos - 1164	11700	1980 - 013A	HEO	80.02.12	00：53：00	9		发射失败
Cosmos - 1172	11758	1980 - 028A	HEO	80.04.12	20：18：00	9	82.04.09	
Cosmos - 1188	11844	1980 - 050A	HEO	80.06.14	20：52：00	2	80.10.28	
Cosmos - 1191	11871	1980 - 057A	HEO	80.07.02	00：54：00	4	81.05.16	
Cosmos - 1217	12032	1980 - 085A	HEO	80.10.24	10：53：00	2	83.03.20	
Cosmos - 1223	12078	1980 - 095A	HEO	80.11.27	21：37：00	7	82.08.11	
Cosmos - 1247	12303	1981 - 016A	HEO	81.02.19	10：00：00	5	81.10.20	自毁
Cosmos - 1261	12376	1981 - 031A	HEO	81.03.31	09：40：00	6	81.01.05	自毁
Cosmos - 1278	12547	1981 - 058A	HEO	81.06.19	19：37：04	4	84.07.05	1986 年 12 月自毁
Cosmos - 1285	12627	1981 - 071A	HEO	81.08.04	00：13：00	6	81.11.21	未能到达运行轨道，自毁
Cosmos - 1317	12933	1981 - 108A	HEO	81.10.31	22：54：00	9	84.01.26	自毁
Cosmos - 1341	13080	1982 - 016A	HEO	82.03.03	05：44：38	5	84.02.01	
Cosmos - 1348	13124	1982 - 029A	HEO	82.04.07	13：42：00	9	84.07.22	
Cosmos - 1367	13205	1982 - 045A	HEO	82.05.20	13：09：00	1	84.09.30	
Cosmos - 1382	13295	1982 - 064A	HEO	82.06.25	02：28：00	7	84.09.29	
Cosmos - 1409	13585	1982 - 095A	HEO	82.09.22	06：23：00	2	87.01.05	
Cosmos - 1456	14034	1983 - 038A	HEO	83.04.25	19：34：00	4	83.08.13	自毁
Cosmos - 1481	14182	1983 - 070A	HEO	83.07.08	19：21：00	6	83.07.09	未能到达运行轨道，自毁
Cosmos - 1518	14587	1983 - 126A	HEO	83.12.28	03：48：00	5	84.06.01	
Cosmos - 1541	14790	1984 - 024A	HEO	84.03.06	17：10：00	3	85.10.31	
Cosmos - 1546	14867	1984 - 031A	GEO	84.03.29	05：53：00	1、4	86.11.16	
Cosmos - 1547	14884	1984 - 033A	HEO	84.04.04	01：40：04	7	85.08.23	
Cosmos - 1569	15027	1984 - 055A	HEO	84.06.06	15：34：00	5	86.01.26	
Cosmos - 1581	15095	1984 - 071A	HEO	84.07.03	21：31：00	8	85.08.19	

续表

卫星编号	NORAD 编号	国际名称	类型	发射日期	发射时间（UTC）	轨道面或地球静止轨道站	估计退役日期	注释
Cosmos－1586	15147	1984－079A	HEO	84.08.02	08：38：00	4	85.04.01	
Cosmos－1596	15267	1984－096A	HEO	84.09.07	19：13：00	9	86.11.26	
Cosmos－1604	15350	1984－107A	HEO	84.10.04	19：49：13	1	85.09.27	
Cosmos－1629	15574	1985－016A	GEO	85.02.21	07：57：00	4、3、1	87.01.16	
Cosmos－1658	15808	1985－045A	HEO	85.06.11	14：27：00	6	87.09.03	
Cosmos－1661	15827	1985－049A	HEO	85.06.18	00：40：26	无	89.10.21	从运行开始就离站
Cosmos－1675	15952	1985－071A	HEO	85.08.12	15：09：00	8	86.01.18	
Cosmos－1684	16064	1985－084A	HEO	85.09.24	01：18：10	4	89.03.09	
Cosmos－1687	16103	1985－088A	HEO	85.09.30	19：23：00	2	85.09.30	轨道不稳定
Cosmos－1698	16183	1985－098A	HEO	85.10.22	20：24：00	3	86.08.24	
Cosmos－1701	16235	1985－105A	HEO	85.11.09	08：25：00	8	87.11.23	1986 年 12 月离站
Cosmos－1729	16527	1986－011A	HEO	86.02.01	18：11：56	5	88.05.14	
Cosmos－1761	16849	1986－050A	HEO	86.07.05	01：16：47	3	88.10.23	
Cosmos－1774	16922	1986－065A	HEO	86.08.28	08：02：43	7	88.07.17	
Cosmos－1783	16993	1986－075A	HEO	86.10.03	13：05：40	1	86.10.03	未到达运行轨道
Cosmos－1785	17031	1986－078A	HEO	86.10.15	09：29：18	9	91.01.16	1989 年 12 月离站
Cosmos－1793	17134	1986－091A	HEO	86.11.20	12：09：20	2	91.08.13	1990 年 6 月离站
Cosmos－1806	17213	1986－098A	HEO	86.12.12	18：35：36	5	88.11.20	
Cosmos－1849	18083	1987－048A	HEO	87.06.04	18：50：23	1	90.05.20	
Cosmos－1851	18103	1987－050A	HEO	87.06.12	07：40：28	6	89.11.23	
Cosmos－1894	18443	1987－091A	GEO	87.10.28	15：15：00	1	91.12.22	
Cosmos－1903	18701	1987－105A	HEO	87.12.21	22：35：42	8	92.11.11	
Cosmos－1922	18881	1988－013A	HEO	88.02.26	09：31：12	5	90.07.30	
Cosmos－1966	19445	1988－076A	HEO	88.08.30	14：14：54	3	90.12.14	
Cosmos－1974	19554	1988－092A	HEO	88.10.03	22：23：39	7	93.05.20	
Cosmos－1977	19608	1988－096A	HEO	88.10.25	18：02：31	6	90.07.12	
Cosmos－2001	19796	1989－011A	HEO	89.02.14	04：21：11	4	93.03.15	
Cosmos－2050	20330	1989－091A	HEO	89.11.23	20：35：44	9	93.10.08	
Cosmos－2063	20536	1990－026A	HEO	90.03.27	16：40：08	2	95.06.21	
Cosmos－2076	20596	1990－040A	HEO	90.04.28	11：37：02	1	92.10.30	
Cosmos－2084	20663	1990－055A	HEO	90.06.21	20：45：52	6	90.06.21	未到达运行轨道

续表

卫星编号	NORAD 编号	国际名称	类型	发射日期	发射时间 （UTC）	轨道面或地球静止轨道站	估计退役日期	注释
Cosmos – 2087	20707	1990 – 064A	HEO	90.07.25	18：13：56	6	92.01.21	
Cosmos – 2097	20767	1990 – 076A	HEO	90.08.28	07：49：13	3	95.04.30	
Cosmos – 2105	20941	1990 – 099A	HEO	90.11.20	02：33：14	3	93.04.04	1992 年 2 月离站
Cosmos – 2133	21111	1991 – 010A	GEO	91.02.14	08：31：56	4，3，2，1，4	95.11.09	
Cosmos – 2155	21702	1991 – 064A	GEO	91.09.13	17：51：02	1	92.06.16	
Cosmos – 2176	21847	1992 – 003A	HEO	92.01.24	01：18：01	6	96.04.13	
Cosmos – 2196	22017	1992 – 040A	HEO	92.07.08	09：53：14	5	94.06.23	
Cosmos – 2209	22112	1992 – 059A	GEO	92.09.10	18：01：18	1	96.11.16	
Cosmos – 2217	22189	1992 – 069A	HEO	92.10.21	10：21：22	8	96.11.07	
Cosmos – 2222	22238	1992 – 081A	HEO	92.11.25	12：18：54	1	96.12.03	
Cosmos – 2224	22269	1992 – 088A	GEO	92.12.17	12：45：00	2，1，2	99.06.17	
Cosmos – 2232	22321	1993 – 006A	HEO	93.01.26	15：55：26	4	98.06.04	

在 79 次高椭圆轨道发射任务中有 3 次失败，其余 76 颗卫星按其使用寿命可分为三组。第一组为运行寿命不足一年，比卫星的平均运行寿命短得多，可以假设其原因是出现了系统故障。该组还包括轨道不稳定的卫星：Cosmos – 931、Cosmos – 1030、Cosmos – 1109、Cosmos – 1124、Cosmos – 1261、Cosmos – 1285、Cosmos – 1481 和 Cosmos – 1687。该组卫星由在计划开始时和最近发射的 21 颗卫星组成。

第二组由 1985 年以前发射的卫星组成。这些卫星平均运行 20 个月。第三组是 1985 年以后发射的卫星，其运行寿命是第二组的两倍，约为 40 个月。

卫星运行寿命分析表明，80 年代中期航天器显著升级，寿命延长。可预见到将卫星置于地球同步轨道的方案延长了卫星的运行寿命（第一颗卫星于 1984 年发射）。

在第一代卫星中，Cosmos – 2232 的使用寿命最长，为期 64 个月。

由于第二代卫星数量太少，因此无法对其使用寿命做出结论。Cosmos – 2224 的使用寿命最长，为 77 个月（比其他任何东方集团的预警卫星都长）。Cosmos – 2133 和 Cosmos – 2209 分别运行了 56 个月和 50 个月。这样的使用寿命表明它们的运行是没有问题的。Cosmos – 2282 在 17 个月后停止运行，很可能是因为某些故障。Cosmos – 2350 仅在两个月后就停止了所有的运作，这也表明该卫星已失效。

观测几何学的选择以及由此选择的大椭圆轨道，可归因于当时苏联缺乏适当的红外半导体传感器和微电子数据处理能力，而这些是获得在地球背景下探测发射的能力所必需的。由于缺乏合适的红外传感器，苏联不得不建立一个依靠掠射角观测几何结构的系统，该系统能够在空间背景下进行探测。这种条件可使用不太复杂的传感器，但要求政府提供更多的财政支持，因为大椭圆轨道上的星座需要比地球静止轨道上的星座包含更多的卫星。

由于这本书的主题是空间微电子，上述事例则证明了基础电子组件在航天项目中的重要性。

1.11.5　军事侦察卫星

军事侦察卫星是为确保情报活动而设计的用于对地观测（电视和照片调查）的地球人造卫星（EAS）或用于侦察用途的通信卫星。通常被新闻工作者称为间谍卫星[22]。

侦察卫星的功能包括：

1) 高分辨率摄影（图像情报）；

2) 无线电设施的通信窃听和探测（信号情报）；

3) 禁止核试验符合性的监测；

4) 导弹发射的探测（导弹预警系统）。

关于美国的 EAS 的信息主要来自 1972 年之前，而 1972 年之后的信息却很少，只有少量被泄漏出来。一些最新的侦察卫星图像有时会被解密，比如 1985 年发送给《简氏防务周刊》的 KH-11 照片。

根据俄罗斯纪录片《秘密空间》，在苏联时期的大约 2000 颗已经报废的侦察卫星都只在高轨道上运行。

侦察卫星可分为三类：成像摄影卫星、光电侦察卫星和雷达侦察卫星。

侦察卫星是苏联和美国太空计划的重要组成部分。第一颗卫星发射后，科罗廖夫的注意力集中在月球计划上，而美国则致力于开发军事侦察计划——发现者。

1954 年，美国制定了先进的侦察系统开发计划，在该框架内实施了两个侦察卫星项目：由美国空军（USF）操作的卫星反导弹观测系统（SAMOS）和为中央情报局（CIA）设计的日冕（CORONA）。

1956 年制定的卫星发射计划预计将执行侦察功能（从太空观察潜在对手的设施）和探测弹道导弹发射功能。冷战期间，美国军事太空计划旨在收集有关苏联的情报信息。

发现者卫星（间谍卫星）应用了军事太空摄影侦察方法。它们还被用于研究动物和人类太空飞行的可能性。1959 年 2 月 28 日，发现者 1 号完成发射，开启了三年时间内一系列卫星（38 颗卫星）的发射。这一系列中的最后一次发射是在 1961 年 2 月 27 日进行的发现者 38 号的发射。这些卫星配备了特殊的姿态控制系统和再入设备，并被部署在极轨道上。火箭发射和返回舱分离的命令由夏威夷群岛观测站发出。在很长一段时间内，美国人无法回收太空舱。返回舱由美国空军和海军捕获并搜索。将卫星上的曝光胶片回收到地球上是在严格保密的情况下进行的。1960 年 8 月 18 日发射的"发现者 14 号"首次成功回收了曝光胶片。在卫星飞行至第 17 圈，返回舱分离后，C-130 运输机借助一个特殊的拖曳装置，在第三次尝试时将其捕获。由于要回收的不是卫星本身，而是一个小太空舱（约 50kg），因此，它可以在降落伞下降时被一架飞机捕获。

在 1959 年至 1961 年间进行的这 38 次发射中有 13 次发射失败。一些返回舱没有被直升机捕获。发现者 38 号之后，美国空军放置在轨道上的所有卫星都被列为机密。这些信息直到 20 世纪 90 年代才被公开。所有的这些卫星被统称为 CORONA。

SAMOS 和 MiDAS 是美国的两个军事项目。在 MiDAS 计划（1960 年 5 月 24 日首次发射）中，使用预警卫星探测洲际导弹发射。1961 年 10 月，该系统检测到从卡纳维拉尔角发射的大力神弹道导弹，证明了该系统的有效性。由于系统进行了升级，在导弹发射90s后即可获得预警信息。作为 MiDAS 计划的一部分，水星侦察卫星成功发射。这颗卫星质量不到1100kg，专为在 160～200km 的高度拍摄地球表面和研究太空飞行过程中的人体功能而设计。

美国国家侦察局、国家安全局和美国海军研究实验室最近解密了关于发射 POPPY 系列卫星的信息，该系列卫星是 1962－1971 年为了对苏联海军舰艇进行雷达探测而设计的。POPPY 卫星是 1960－1962 年发射的 GRAB 卫星（1960 年 6 月 22 日首次发射）的继承者。

2002 年 10 月，美国解密了关于 KH－7 和 KH－9（CORONA）侦察卫星的机密文件[23]。KH 计划（锁眼）包括一系列改进：KH－7、KH－8、KH－9、KH－12 和其他F1－30（图 1－28）。直到 20 世纪 90 年代中期，它们一直为 CIA 工作。其中，KH－11A具有能够分辨横向尺寸小于 10cm 物体的能力。

图 1－28　美国"长曲棍球"雷达侦察卫星正在建造中

第一代带有特写成像设备的卫星于 1963 年 6 月开始运行。KH－7 卫星拍摄的图像分辨率为 0.46m。1967 年，它们被 KH－8（0.3m 分辨率）取代，该系统一直运行到 1984年。1971 年发射了覆盖范围广、分辨率为 0.6m 的 KH－9 卫星。它的大小相当于一节火车车厢，质量达 9t 以上。其上拥有为载人轨道实验室（MOL）开发的设备。

这些空间系统存在一个相当大的问题，这与向地球的数据传输有关。首先，在成像和向地球传送照片数据之间存在着较大的时间间隔。其次，卫星上昂贵的设备在返回舱与胶片分离后变得无用。通过为卫星（从 KH－4B 开始）配备多个装有胶片的返回舱可解决部分问题。

开发一个实时电子数据传输系统可全面解决第一个问题。从 20 世纪 70 年代到 90 年代计划结束，美国共发射了 8 颗具有电子数据传输系统的 KH－11 系列卫星。

1965 年 2 月 11 日，美国发射了军事通信卫星系列的 LES－1 号卫星，该系列卫星的设计目标是评估减小军事卫星对军事空间防御手段敏感性的措施（当时苏联测试了反卫星系统）。卫星保护措施包括用放射性同位素动力系统取代太阳能电池、使用基于单轴陀螺仪的姿态控制系统以及使用卫星通信链路，以便在远距离通信期间免除中间地面中继站。

LES 卫星质量约 450kg，长约 3m。它们拥有一个三轴姿态控制系统，确保一些机载天线指向地球，另一些指向其他 EAS，用于卫星通信实验。该 EAS 的电源由两个使用钚-238 的放射性同位素动力系统提供，初始功率为 150W，运行 5 年后功率降为 130W。

带有抛物面反射器的天线用于与其他卫星通信。该卫星配备了干扰防护装置，以确保与包括飞机在内的小型移动物体进行稳定的无线电通信。

由于侦察卫星运行良好，CORONA 计划的第二代 EAS 相继问世，包括：Ferret、Jumpseat、SDS 中继卫星等以及 Spook Bird（CANYON）[22]。

CANYON 卫星于 1968 年发射，在靠近地球静止轨道的轨道上运行。目的是窃听苏联的通讯。20 世纪 70 年代末，它们被名为 Chalet 和 Vortex 的卫星所取代。

流纹岩（Rhyolite）和水上表演者（Aquacade）卫星（地球静止轨道，20 世纪 70 年代）用于跟踪苏联弹道导弹的遥测数据。在 20 世纪 80 年代，它们被航天飞机发射的 Magnum 和 Orion 卫星所取代。

在 CANYON 计划内，共发射了 145 颗带有摄影侦察设备的卫星，其中 102 颗获得成功。

可以理解，本书无法呈现事件的完整画面，因为有关美国太空侦察设备的信息被列为绝密，并且公开获取的信息具有推测性和广告性（有时甚至具有误导性）。

美国对苏联的弹道导弹数量、北方及哈萨克斯坦的航天发射场位置、核设施位置、洲际弹道导弹潜艇及其基地以及许多其他具有战略意义的目标感兴趣。几乎所有送入太空的物体都具有双重用途：科学研究和军事。例如，同时作为卫星和轨道站发射的美国的 DMS 卫星和苏联的 Cosmos 卫星都是如此。

DMS 系列卫星主要为军事机构的需求而设计，为世界各地的特殊战略计划和指挥控制系统提供信息。它们实时生成高分辨率图像（可见光和红外范围），这是美国海军沿海气象站和气象船获取此类数据的唯一来源。气象设备提供了卫星覆盖区域的温度、湿度和大气密度的垂直剖面数据。实时和记录的气象数据都可以从卫星上获得。该系列卫星于 20 世纪 70 年代初发射。直到 1988 年 2 月 2 日，性能更为先进的 DMS-5D-2 取代了该系列卫星并被送入轨道。

使用合成孔径雷达的长曲棍球（Lacrosse）卫星于 1980 年代末投入使用[31]（图 1-28）。该 EAS 提供 0.9m 的分辨率，可以穿透云层。

与美国相比，苏联卫星侦察系统（图 1-30）的研究起步较晚。1959 年 5 月 22 日，苏联做出了一项决定，开发一艘用于侦察和载人的轨道宇宙飞船（CPSU CC 和苏联部长理事会第 569264cc 号决议）。随后，苏联建造了一艘载人飞船（SS）东方号飞船和一个照相侦察航天器天顶二号（Zenit-2）。1962 年 4 月 26 日，Cosmos-4 卫星对地球云层进行了第一次电视报道，这是天气预报的一个突破。

Zenit-2 是苏联的第一颗侦察卫星。苏联武装部队于 1964 年 3 月 10 日采用了 Zenit-2。Vostok-D 系列卫星配置一个很大的返回舱，用于回收胶片和照相机，不像美国卫星的返回舱只回收胶片。1962 年至 1968 年，Zenit-2、Zenit-4 系列卫星被用于摄影侦察。

第一代卫星与载人航天器 Vastok 一样由东方号运载火箭送入同一轨道。飞行时间通常为 8 天，到 1964 年，发射次数增加至 9 次。第一次事故发生在 1964 年年底，当时 Cosmos-50 在飞行八天后在轨道上爆炸。1968 年 1 月 19 日，侦察卫星 Cosmos-200（Tselina-O 型）从普列谢茨克航天中心发射升空。Zenit 系列卫星配备了一个设备综合体，其中包括一个焦距为 1m 的 SA-20 相机、一个焦距为 0.2m 的 SA-10 相机以及贝加尔湖摄影电视设备和 Kust-12M 侦察设备，用于通过无线信道将数据传输到可见地面接

图 1-29　安装在宇宙-3M 火箭上的德国侦察卫星 SAR-Lupe 模型

图 1-30　3t 重的间谍卫星 KH-8，该照片于 2011 年 9 月解密

收站。在试飞（Cosmos-4、-7、-9、-15）后，增加了两个 SA-20 摄像机，以允许在 200km 高度上的幅宽达到 180km。

在研制飞行期间，Zenit-2 共进行了 13 次发射，其中有 3 次由于运载火箭（基于洲际弹道导弹 R-7 的运载火箭）故障而失败。1968 年至 1979 年，Zenit-2M 共成功发射了 69 次，仅发生一次运载火箭故障。每年大约进行 8～11 次发射。第二代 Zenit 进行了改进，其中包括：Zenit-4（1964—1970 年）；专为高级近景光电侦察设计的 Zenit-4M（Rotor）（1968—1973 年）；Zenit-4MK（1969—1978 年）；光学侦察卫星 Zenit-4MKM（Gerakl）（1977—1980 年）。

Zenit-6 则是之后的改进型卫星（1976—1980 年）。

1963 年 7 月 12 日，美国发射了一个全新的改进型光学侦察航天器 KH - 7Gambit。苏联开发了一个新的 Yantar 系列航天器，在开始服役时被命名为 Feniks（由位于萨马拉的中央装配设计工程局设计）。该航天器是后续一系列光学照相侦察卫星的原型机，包括用于区域观察的 11F622 Yantar - 1 以及近距离侦察的 11F623 Yantar - 2。当时，用于综合侦察的联盟 R 人造卫星正在建造中。它被用来向金刚石（Almaz）空间站提供补给的。运输太空船（TKS）11F727K - TK 替代军用和研究型太空船 11F73 Zvezda 正在积极建造中。然而，没有一个项目能够持续到飞行测试阶段。在 Yantar 项目的支持下，11F624 Yantar - 2K 卫星设计用来实现精细照相侦察。随后基于该模型建造了 3 个新型的光学侦察综合体，包含了超长监测卫星 11F650 Yantar 6K、动态细节监测卫星 11F661 以及测量摄影监测卫星 11F630。

Yantar - 2K 卫星于 1978 年 5 月开始服役。在技术指标方面，它与美国 Big Bird 卫星相当，拥有多个返回舱。从 1974 年至 1983 年，联盟 U 运载火箭共发射了 Yantar - 2K 卫星 30 次。由于运载火箭原因导致 2 次失败。由于严重的技术失误，导致卫星在轨爆炸 2 次。

基于 Yantar，设计制造了光电侦察卫星 Neman，该卫星能够将相片影像转化为数字信号并通过无线电信号将之传输到地面基站。

20 世纪 80 年代开始，阿森纳生产协会开始连续生产 Kobalt 类型卫星（Yantar - 2K 改进型），用于地表观测和近距离成像（由萨马拉 TsSKB 工程设计）。它将替代配备胶片再入舱的 Kobalt - M 航天器。该类型航天器的持续工作时间约为 60～120 天。2010 年 4 月 16 号，Cosmos - 2462，一个 Kobalt - M 型光学侦察卫星，被联盟 U 运载火箭成功发射。

1979—1984 年间，Yantar - 4K1 和 Orlets 卫星共发射 16 次，这些卫星用于高分辨率照相观测。

工作寿命约为 1 年的光电侦察卫星 Yenisey 于 1994 年 8 月在拜科努尔发射升空。它是第五代数字照相侦察卫星，提供接近实时数据传输的能力，其在 Don 卫星的基础上增长了工作寿命，并配置了 22 个返回舱。

1997 年 6 月，一个第 8 代照相侦察卫星 11F664（Yantar 系列）在拜科努尔发射基地通过质子-K 运载火箭发射。2009 年 4 月，Yantar 家族第九代卫星（11F695M）被送入轨道。

1982 年 12 月 28 日，Cosmos - 1426 被发射，标志第五代苏联实时数据传输光学侦察卫星的到来。不同于第四代，第五代卫星的在轨高度范围很窄，轨道继续保持接近圆形。第五代卫星的飞行持续时间为 6～8 个月。第五代照相侦察系统正常运行需同时有相距 910（原文如此，单位应为 km。——译者注）的两颗星在轨工作。第五代长寿命卫星的引入使得第三代卫星减少，并最终在 20 世纪 90 年代完全取消其侦察飞行。苏联在光学侦察项目上最后的创新是发射于 1989 年 7 月的 Cosmos - 2031 卫星。

太空侦察的另一个领域是信号情报（Signals intelligence）。信号情报系统于 1960 年 8 月开始建设，当时的一个任务是根据苏联国防部的需求建造一个试验航天器 DS - K8，用来对防御雷达基站产生的雷达信号进行参数识别。第一阶段计划建造标准的 DS - U 卫星，并发射两颗试验卫星 DS - K40，使其在 1965—1966 年在轨运行，但是，最终由于运载火箭失利导致计划未能正常进行。第二阶段包括建造信号情报卫星 Tselina 系统，该系统配备了基于微元件（Microelements）的设备（南方设计局，1964）。

1967 年，在普列谢茨克发射场发射的 Tselina - O 卫星是一个非定向（Nonoriented）地球侦察卫星，该星配备了太阳能电池板，用以侦察信号情报（Cosmos - 189）。该系统在一天内的不同时间对地面同一区域进行多次侦察，其工作寿命为 3 个月。在 1968—1982 年，发射了 40 颗此类卫星。

Tselina - D 卫星设计用于精密电学测量，包括接收、分析以及电信号高精度地理参考（Georeferencing）。该卫星以在轨坐标系为导向，具备了更为精细复杂的特殊支持设备。已经在测试的 Tselina - D 卫星上证明了它不仅能够探测无线电目标及其位置，还能识别其目的、参数特性和工作模式。在 1970—1994 年间，共 71 颗此类卫星成功入轨，另有 2 颗发射失败。

20 世纪 80 年代开发了对无线电来源观察设备进行了改进的 Tselina - R，保证了全面的电子侦察。

1981 年苏联发射了分辨率为 10～15m 的雷达侦察卫星 Almaz - T（由 NPO PM 设计建造），该卫星被认为可以与美国的 Lacrosse 相提并论。

特别值得注意的是 20 世纪 60 年代的海军侦察和目标系统（MKRTs）Legenda。该系统是世界上第一个由不同类型的侦察卫星构成的，用来侦察世界海洋的太空系统。其建造的目的是支持苏联海军舰艇及潜艇反舰打击武器的应用。MKRTs 系统采用两种类型的卫星：雷达侦察卫星 US - A（代表受控主动卫星）和电子侦察卫星 US - P（代表受控被动卫星）。该系统的牵头研制单位是第一设计局（TsNIIKometa，莫斯科）。US - A 和 US - P 卫星由 No. 52 试验设计室（位于列乌托夫的一个镇，NPO Mashinostroyeniya）设计。当时，用于监测宽频率范围内辐射信号的环境控制系统 Tselina 正在建造。然而，由于缺乏作为太空系统的单一订购方的国防部的支持，该计划直到 20 世纪 60 年代才开始实施。

3 千瓦核电站 Buk 被用来支持该项目。在星载特殊设备调试期间，化学能源被用来为数颗卫星提供能量。1965 年进行了第一次发射。这个配备了 US - A 卫星的主动雷达海军侦察和目标系统在成功完成飞行测试后于 1975 年正式服役。US - P 电子情报卫星于 1978 年开始服役。

由于低轨核能卫星禁令（轨道高度 250～290km），US - A 卫星被勒令停止生产。前后共计建造了 37 颗 US 卫星，其中 2 颗由于运载火箭失利，未能成功入轨。三到四颗卫星在 1975—1976 年间和 1981—1982 年间工作。1973 年 4 月 25 日，US - A 卫星由于旋风 2 号运载火箭发射失利掉落在加拿大领土。核反应堆压力容器顶住了冲击，防止了核污染的发生，但是苏联最终还是向加拿大支付了 300 万美元的赔偿。

US - P 卫星并不是通过雷达辐照进行表面目标的搜寻和识别，而是通过探测船只发出的能够指示其型号的电信号。US - P 配备了太阳能电池板以及缓冲存储电池。1974—1991 年，共发射了 37 颗此类卫星。US - P 和 US - A 卫星均在拜科努尔发射场进行发射。US - P 星座的正常运行要三颗星同时工作，它们的轨道配置保证所有卫星沿相同轨迹飞行，相互间的转换时间为一天。

当卫星工作期满，它们将离开所在的轨道。1975—1987 年间的航天器为离轨需要一个较小的加速燃烧。这些卫星会在轨停留数年，之后，由于推进系统中残留的推进剂或

（附带了缓冲存储电池的）压力容器爆炸而被摧毁。

在本节的最后，作为军事侦察卫星应用的一个例子，我们想谈谈美国军事空间侦察在现代局部冲突中的作用。这一课题的意义在于，当五角大楼采用了网络中心战的概念后，空间侦察在作战行动规划和实施中的作用越来越大。现代侦察卫星能够在对手进行战斗准备阶段就探测到其活动。然后，通过网络中心强大的数据处理和传输系统使其能够在尽可能短的时间内探测、识别和摧毁目标。

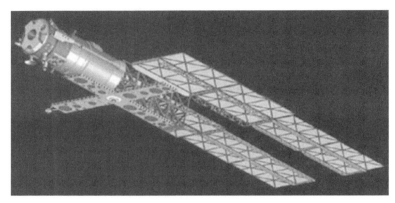

图 1-31　US-PM 卫星

在应用来自太空系统的数据方面，2003 年的伊拉克战争是最令人印象深刻的例子。图 1-32 显示了在伊拉克战争期间空间系统的主要应用领域。

图 1-32　空间系统数据在主要领域的应用

在某种程度上，这场战争成了美国武装部队用来测试新武器，包括太空系统的试验场。在战争中，美国对伊拉克使用了不同类型的军用和商用观测卫星、导航卫星、气象卫星和导弹预警卫星。据公开数据表明，美国在此次战争中使用了包括 50~59 个不同用途的军用航天器、28 个 GPS 航天器以及大量用于通信和地球遥感的商业航天器。

在战斗准备期间，美国的卫星星座没有扩大。美国此次的军事行动只是得到了已在轨运行的航天器的支持，这表明美国已经在太空中达到了比较领先的地位，即美国能够预先部署并通过在和平时期运行的卫星星座使其能够在任何时候和世界任何地方支持像伊拉克战争这样大规模的军事行动。

在 21 世纪，从太空向武装部队提供数据支持仍将是军事空间系统的关键任务之一：它可以为低指挥级别的指挥官甚至可能为士兵提供空间数据支持作战行动。这种信息战所造成的后果可以与 20 世纪中叶核武器发展的后果相比较。

通过军队在各种战略形势下的生存和军事行动的实际经验表明，没有空间系统的军队在和平时期的军事行动是存在问题的，而在战争时期，这种军事行动几乎不可能完成。来自空间侦察系统的数据的另一个军事应用是空间支援部队的发展。

在作战战术和战术层面，俄罗斯陆军在空间支援部队的建设应用方面有成功的实践。这些支援部队的主要任务是评估航天器的运行状态和效率，通过应用航天器所获取的数据提供建议，以及向不同指挥级别的指挥官提供所接收到的数据（侦察、气象、导航和通信）。空间支援部队是消除航天器的潜在应用能力和航天器在军事应用方面差距的最具前瞻性的方式之一。

然而，这些领域的未来发展都应该是构建在微电子学、微系统工程和半导体功率电子学的最新发展的基础之上的。

参 考 文 献

[1] rossbel. ru/d/818179/d/belta _ 070514. doc.

[2] www. cosmoworld. ru/spaceencyclopedia/news _ arch/1039. doc.

[3] Bezborodov V G，Pushkarsky S V，Lukjaschenko M A. Organization and Application of Space Activities Results in the Russian Federation/FSBI "Aviamettelekom of Roshydromet：New Technologies and Developments" [J]. Meteospektr，2014，1.

[4] www. realeconomy. ru/files/Federal％20space％20program. doc.

[5] www. tsenki. com/projects/federal - program.

[6] innovation. gov. ru/sites/defoult/files/documents/2014.

[7] Gushchin V N，Pankratov B M，Rodionov A D. Basic Structure and Development of Spacecraf [M]. Mashinostroyeniye，1992.

[8] Mikrin Y A Sukhanov N A，Platonov V N，et al. Design Concepts of Onboard ControlComplexes for Automated Spacecraft [J]. Control Sciences，2004，3：62—66.

[9] Kungurtsev V V. Technology of Building Spacecraft Onboard Information ControlComplexes on the Basis of Programmable Logic Integrated Circuits [J]. Information and Control Systems，2006，5.

[10] Garbuk S V，Gershenzon V Y. Earth Remote Sensing Space Systems [M]. IzdatelstvoAi B，1997.

[11] Kashkin V B，Sukhinin A I. Remote Sensing of the Earth from Space：Digital ImageProcessing [M]. Logos，2001.

［12］ Kupejko A V. Germany Storms the Market of Geoinformatics［J］. NovostiKosmonavtiki，2007，8
（295）．

［13］ Verba V S，et al. Space－Based Earth Observation Radar Stations［M］. Radiotechnika，2010.

［14］ dic. academic. ru/dic. nsf/enc－coliet/6661.

［15］ geomatica. ru/pdf/2013－03/2013－02－16－36. pdf.

［16］ Dvorkin V A，Dudkin S A. Up－to－Date and Advanced Remote Earth Sensing Satellites［J］. Geo-
matics，2013：12，16－36.

［17］ Shpenst V. Space－Based Radar Stations for Earth Remote Sensing［J］. Komponenty i Tekhnologii
（Components & Technologies），2013，3：p. 154－158.

［18］ Kopik A. Italian Radar Reconnaissance Satellite Is in Space［J］. NovostiKosmonavtiki，2007：
8，295.

［19］ Suleymenov Y Z，Kuljevskaya Y G，Ulezko G G，et al. State of Researchin Kazakhstan According to
Priorities of Science and Technology Development［J］. SpaceResearch，Kazakhstan National Center of
Scientific and Technical Information，Almaty，2008.

［20］ Bayt R L，Ayon A A，Breuer K S. Micropropulsion for the Aerospace Industry［J］. Sensors：Tech-
nology and Design，2002，2.

［21］ Cheah K H，Chin J K Performance Improvement on MEMS Micropropulsion SystemThrough a Novel
Two－Depth Micronozzle Design［J］. ActaAstronautica，2011，69：p59－70.

［22］ http：//proatom. ru/modules. php？name＝News&file＝print&sid＝3299.

［23］ Harendt C，Graf H G，Hofflinger B，et al. Silicon Fusion Bonding and ItsCharacterization［J］. Mi-
cromech. Microeng. ，1992，2：113－116.

推 荐 书 目

［1］ Brovkin A G，Budygov B G，SGordeenko S V，et al. Spacecraft On－Board Control［M］. MAI－
Print，2010.

［2］ Yetter R A，Yang V，Wu M H，et al. Combustion Issues and Approachesfor Chemical
Microthrusters［J］. International Journal of Energetic Materials and Chemical Propulsion，2007，6：
393－424.

［3］ Kohler J，Bejhed J，Bruhn K F，et al. A Hybrid Cold Gas MicrothrusterSystem for Spacecraft［J］.
Sens. Actuators A，2002 97－98，587－598.

［4］ Kang T G，Kim S W，Cho Y H. High Impulse, Low Power，Digital Microthrusters Using Low Boil-
ing Temperature Liquid Propellant with High Viscosity Fluid Plug［J］. Sens. Actuators A，2002，
97－98，659－664.

［5］ Lewis Jr，D H，Janson S W，et al. Digital Micropropulsion［J］. Sens，Actuators A，2000，80：
143－154.

［6］ Zhang K L，Chou S K，Simon S. Developmentof a Solid Propellant Microthruster with Chamber and
Nozzle Etched on a Wafer Surface［J］. Micromech. Microeng，2004，14：785－792.

［7］ Rossi C，Briand D，Dumonteuil M，et al. Matrix of 10×10 Addressed Solid Propellant Microthrusters：
Review of the Technologies［J］. Sensors and Actuators A，2006，126，241－252.

［8］ Podvig P L. History and the Current Status of Russian Early Warning［M］. Center for Arms Control，
Energy，and Environmental Studies. Moscow Institute of Physics and Technology，2002.

第 2 章　运载火箭与航天器的失效和事故

2.1　运载火箭和航天技术安全问题

当今，运载火箭和航天工业已成为世界经济活动中最重要和发展最迅速的领域之一，其价值早已远超数十亿元，这主要是因为空间项目（电信服务、多用途地球表面监测等）的商业化运营。同时，一个国家的声望也很大程度上取决于航空航天业。而只有保证军用和民用火箭以及航天技术的高可靠性和安全性，才能在该领域取得进展。又考虑到商业运行模式在该领域的盛行，使得这一因素在经济方面的重要性愈加突出，因为故障、事故以及任何意外情况不仅会导致利润降低或毫无利润，甚至会造成数千万或数亿美元的直接损失。空间项目通常被称之为关键任务型应用（项目的失败会导致经济损失和人员伤亡以及长周期科学研究项目、国防和其他重要的国家、商业项目和计划的失败）。

由于目前并没有明确的标准来定义失效、故障、事故和灾难，因此我们暂将航天器失效定义为：在项目实施的任何阶段（发射、入轨、脱离轨道、开放空间运行），某元件（模块、系统）没有完成设计的任务功能但没有导致整个项目任务的失败（未完成）。

航天器故障是指通过操作者的干预或对机载计算机的短暂处理可以避免的自避故障或单一故障，并且无须维修就可以恢复功能。

航天器事故可以理解为在项目实施的任何阶段（发射、入轨、脱离轨道、开放空间运行），某元件（模块、系统）没有完成设计的任务或功能导致整个项目任务未能完成。

航天器灾难通常被认为是引起人员或大规模经济损失的事故。

航天器故障和事故的历史通常与一个国家航天发展的历史紧密相连。接下来，我们将谈及最严重的事件。

1957 年，由苏联科罗廖夫设计的第一枚洲际弹道导弹 R - 7 开始试射。第一批原型导弹在很多方面没有达到要求，13 枚导弹中只有 2 枚击中了目标。1958 年 4 月 27 日，搭载第三颗人造地球卫星的"卫星号"运载火箭（由 R - 7 改装而来）发生事故。1959 年，"东方号"运载火箭发生事故。1960 年，该型运载火箭及其改装型号"闪电号"发生了 6 次事故。1961 年，"东方号"运载火箭和"宇宙 - 1"发生了 3 起事故。1963 年，"宇宙 - 1""东方号"和"闪电号"运载火箭发生了 8 起事故。1967 年 4 月 24 日，宇航员科马洛夫在联盟号宇宙飞船（7K - OK 型，联盟 - 1 第 4 号）着陆试验时身亡。1971 年 6 月 30 日，"联盟 - 11 号"宇宙飞船（7K - T 型）的机组人员（多波罗沃利斯基、沃尔科夫、帕查耶夫）在飞船脱离轨道时丧生。1978 年 12 月 19 日，"质子号"运载火箭的末级在非正常模式下运行。最严重的灾难发生在 1980 年 3 月，当时载有侦察卫星的"联盟号"运载火箭在发射准备阶段发生爆炸起火，导致 48 人丧生。在之后的 40 年里，还有许多未造成如此惨烈后果的事故（失败）发生。

2011 年是俄罗斯纪念载人航天 50 周年，却不幸发生了四起运载火箭事故。同年，"Fobos－Grunt"航天器还被困在了近地空间轨道。1996 年对俄罗斯而言是最糟糕的一年，该国 24 枚运载火箭中的 4 枚因故障发射失败（同年，配备有最先进任务载荷的自动行星际探测器"火星－96"号也没能飞向火星）。相比之下，主要的太空竞争对手在 1995 年和 1999 年各有 4 次因运载火箭故障导致的发射失败的情形（其运载火箭发射的总数量分别是 30 枚和 31 枚）。

下面仅列举 2011 年最重要的几个航天任务失利案例。2011 年 2 月 1 日，"呼啸号"运载火箭在发射时 Briz－KM 上面级发生故障（软件故障），导致 GEO－IK－2 卫星被投送到错误的轨道上，致使其无法发挥作用。2011 年 3 月 4 号，"荣耀"卫星由于"金牛座 XL"运载火箭在发射过程中整流罩系统抛掷失败而坠海，有效载荷"荣耀 2 号"卫星和相关的"Kysat－1""Hermes""Explorer－1"航天器被毁。2011 年 8 月 17 日，"进步－M"运载火箭在发射过程中发生 Briz－M 上面级（软件故障）事故，导致"Ekspress－AM－4"卫星未被投送到任务预定轨道上，因而使其无法发挥作用。2011 年 8 月 18 日，长征二号丙运载火箭在发射过程中，因第二级火箭故障，导致"实践 11－04"卫星发生坠毁。2011 年 8 月 24 日，"进步 M－12M"货运飞船在"联盟－U"运载火箭发射过程中因第三级火箭事故而坠落。2011 年 8 月 23 日，"子午线－5 号"卫星在"联盟－2－1B"运载火箭发射过程中因第三级火箭事故导致坠落。此外，2011 年 11 月 8 日，"Zenit－2SB"运载火箭计划将 Fobos－Grunt 探测器送入转移轨道，然而，由于推进系统故障，Fobos－Grunt 探测器最终未能进入前往火星的轨道并被迫停留在转移轨道上。

与此同时，俄罗斯航天器的发射数量在近些年一直保持增长趋势，开发了新型运载火箭、新型航天器构型、新型发动机，机载电子系统也均在研制中。

接下来，我们将根据 2007—2011 年的统计分析结果进行介绍，并将俄罗斯联邦和其他可被视为伙伴或竞争对手的国家的航天成绩进行对比。

参考文献 [1，2] 收集了运载火箭和空间技术发展前 40 年（20 世纪 60 年代至 90 年代）内航天器故障和事故数据，并做了第一次基本概述。参考文献 [3、4] 也值得一提，因为其试图从独立的系统、硬件和软件方面分析运载火箭和航天器故障的原因。为了提供材料，本书作者以尽可能接近原文的方式展示了以 N. E. 朱可夫斯基命名的国家航空航天大学和乌克兰国家航天局的科学家和专家编写的原始论文的结果。

图 2－1 展示了在 2007—2011 年间，美国、俄罗斯、中国、欧盟、日本、乌克兰、印度、以色列、伊朗和韩国的运载火箭发射总数。

期间，俄罗斯在发射数量和发射动态（Dynamics of Launches）方面处于绝对的世界领先地位。美国的发射数量先是减少（2008 年），然后增加（2009 年），随后再次减少（2010 年），但在 2011 年再次增加后也无法达到 2007 年的水平。另外，即使 2008 年世界爆发经济危机，俄罗斯每年的发射量也都在增加。中国显示出同样的增长趋势（虽然在发射数量上落后俄罗斯两倍），并在 2010 年和 2011 年赶超美国。

图 2－2 展示了世界五大主要航天大国（俄罗斯、美国、欧盟、中国和乌克兰）在较长时期内（1992—2011 年）运载火箭的发射数量动态。图中，各国发射总数和发射失败数以五年为一个周期进行统计。

中国运载火箭发射成功和事故的比例为：1992—1996 年 13 次成功，4 次失败；

1997—2001 年 22 次成功，0 次失败；2002—2006 年 29 次成功，2 次失败；2007—2011 年 59 次成功，2 次失败。很明显，在经历第一个成功率低谷时期后，中国发射事故的比例呈现下降趋势。

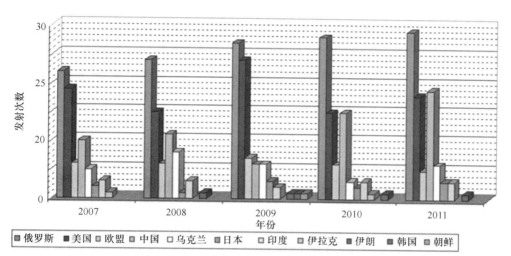

图 2-1　2007—2011 年具备运载火箭发射能力的主要国家的轨道发射次数[2]

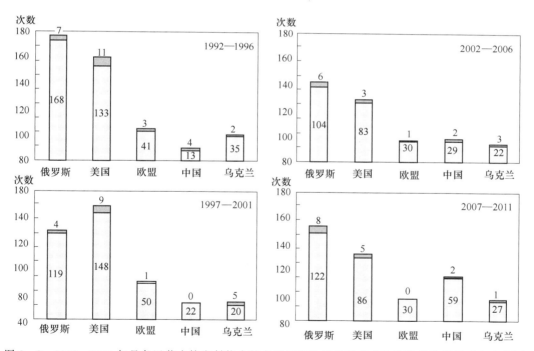

图 2-2　1992—2011 年具备运载火箭发射能力的主要国家轨道发射成功和失败的数量的动态变化[2]

　　上述时期中，俄罗斯表现出以下趋势：168 次发射成功，7 次发射失败；119 次发射成功，4 次发射失败；104 次发射成功，9 次发射失败；122 次发射成功，8 次发射失败。与中国相比，在太空竞赛的第 2～4 个周期内，俄罗斯发射成功与发射失败的比例处于劣势。

因此，作者撰写此书的目的之一是通过分析现有数据，证明造成两国航天器故障和其他质量事故差异的主要原因之一，是中国和俄罗斯在航天器中使用的微电子产品的设计、选择和应用方法不同。本章提供了更加详细的航天器失败和故障统计数据的分析结果。但为了更好地理解整体情况，先来看另外两张图。

图 2-3 展示了 1992—2011 年间，不同国家运载火箭轨道发射总数的动态分布，可以得出一个明显的结论：中国积极参与太空竞争，取得世界领先地位；2010 年，中国与美国分列第二位和第三位，现在很可能永久占据第二位（无论是在发射总数还是成功发射数量方面）。

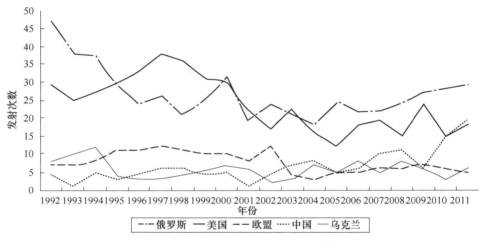

图 2-3　1992—2011 年间具备运载火箭发射能力的主要国家的轨道发射动态[2]

图 2-4 以更便于分析的方式展示了图 2-1 的统计数据。

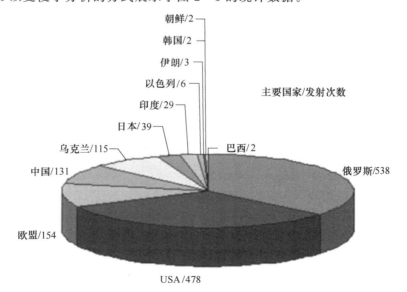

图 2-4　1992—2011 年间具备运载火箭发射能力的主要国家轨道发射总数（包括不成功数）

这些例子让我们得出结论：当前世界以及俄罗斯的火箭和空间技术的可靠性和安全性仍有很多不足之处，需要持续的分析和加以决策，以降低故障和事故风险。

参考文献［2，4］分析了由运载火箭和空间技术的各种元件、模块和系统故障引起的事故的具体原因，其关注重点不是基础电子元器件（ECB）可靠性的影响，而是机载计算机设备以及硬件和软件的可靠性。文献中指出，运载火箭和空间飞行器对机载计算机控制系统性能的依赖越来越强，后者对安全性的影响也越来越大。根据 1960 年至 2000 年间事故风险的分析结果[2]，每一百次发射就会发生一起因软件故障（缺陷）而导致的事故，在运载火箭和空间飞行器计算机系统的 7 次故障中有 6 次是由此类故障引起的。

应该注意的是，在飞机、运载火箭和空间飞行器中，软件可编程和支持的功能（Supported Functions）的占比正在不断增加。根据美国国防部 10 年前发布的数据，战斗机中软件可编程功能的占比从 20 世纪 60 年代的 8％（F－4）增加到 2000 年的 80％（F－22）。运载火箭和航天器系统亦有相同的趋势。考虑上述事实是至关重要的，因为即使采用传统的备保方案（冗余、优化、时间冗余等），软件问题也会经常导致故障发生。而由软件错误引起的失效只有通过多版本设计技术的应用和飞行过程中操作修正的引入才能对其进行管理。

本章的目的是总结并简要分析 21 世纪前十年由运载火箭和航天器机载设备、计算机系统、硬件和软件故障导致的火箭及空间技术事故。本章也是基于参考文献［2－6］中发表的研究结果，使读者对近 50 年的太空时代有一个全面的了解。

2.2　运载火箭失效原因分析

由于运载火箭和太空系统对自然和人类构成巨大的潜在威胁，因此分析火箭和空间技术系统与设备的故障原因是非常重要的。虽然核电站（NPP）一般被认为是可能危害全球安全的最危险的人造物，但对于运载火箭和空间技术产品来说，运载火箭的危害性应是紧随其后。该危险群体不仅包括配备核弹头的作战型运载火箭，还包括用于商业和科学研究目的的所谓"和平型运载火箭"。

至于分析其故障原因为何如此重要，可从三个方面进行说明。首先，当今火箭和航天工业是全球经济中最重要的组成部分之一，其年产值至少为数十亿美元，而且呈现出不断增长的趋势。其次，国家安全和国防能力的水平直接取决于运载火箭和航天工业的发展水平。第三，历史上，在全球范围内，航天工业的发达程度决定了一个国家的威信和航天形象。因此，任何设备的故障、事故和失效都会损害一个国家的形象。

要了解该领域失效和事故的主要发展趋势和原因，就需要参考统计数据。可惜的是，目前仍然没有主要航天国家（苏联和美国）以及其他所谓"太空俱乐部"成员国家（中国、日本、法国、英国等）发生的所有事故的可靠数据。弹道运载火箭、军用巡航导弹和军用卫星的灾难、事故和失效数据通常无法在公开资源中获取。

参考文献［5］给出并分析了运载火箭和空间技术产品事故的最普遍情况，其主要结果将在后文中说明。至于该文献提供的信息可能与其他来源信息不同的情况，是因为还没有足够可靠的数据能够说明在整个火箭和空间技术发展史上苏联、美国、法国以及英国发生的所有事故。参考文献［5］还表明，针对空间应用而设计的三组产品，包括运载火箭、航天器以及运载火箭和航天器的分立模块和设备，分别研究其失效和事故的统计数据是有效的。

运载火箭和航天器发射数据一般作为统计分析的主要基础[4-6]。

1957—2000 年，有超过 4000 次运载火箭发射，包括苏联（2634 次）、美国（1220 次）、法国（10 次）、日本（53 次）、中国（65 次）和印度（9 次）。可以看出，这一时期苏联发射的运载火箭数量是美国的两倍多。因此，设备失效的数量在统计上更为显著。根据公开的统计数据，苏联在 1957 年至 2000 年间进行的 2634 次运载火箭发射中有 120 起事故记录在册。

图 2-5 给出了苏联和美国运载火箭事故的统计分布数据。据此可以得出如下结论：苏联和美国的运载火箭事故数量在太空开发的第一阶段（1961—1971 年）相当高，但经过科学家和工程师们 15～20 年的努力，这一数量减少了一个数量级，尽管如此，每一起事故也都会给运载火箭的研制国家带来巨大的经济损失和负面的政治影响。另外可以看出，与美国发生的 100 起事故相比，苏联发生的运载火箭事故数量更多，为 120 起事故。但是，应考虑发射总数，在此期间，苏联发射了 2634 次，美国仅发射了 1220 次。俄罗斯和美国在 1961—1978 年太空发展的第一阶段发射事故发生最多，之后只有个别事故。

需要指出的是，1961—1971 年美国在这一领域积极开展研究，共进行了 578 次发射，而苏联则进行了 621 次运载火箭发射，由于美国和苏联事故数量分别为 61 次（事故率 10.5%）和 82 次（事故率 13.2%），这些值在统计上可以看作是相等的，表明存在一些共性的事故原因。

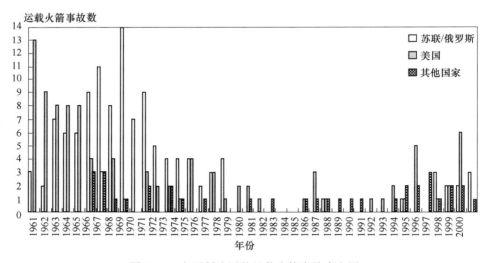

图 2-5　主要制造国的运载火箭事故直方图

参考文献 [5] 提出了"发射风险"这一术语，用来估计发生事故的概率，其值为发射事故的次数 N_{ac} 和成功发射次数 N_{succ} 与 N_{ac} 之和的比值：

$$Risk = \frac{N_{ac}}{N_{succ} + N_{ac}} \tag{2-1}$$

平均风险值由参考文献 [5] 的作者给出，它是总发射次数和发生事故总数的函数，而不是各国三个值的算术平均值。需要指出的是，从航天发展伊始，俄罗斯和美国的运载火箭事故数量和事故风险系数值均呈稳步下降趋势，这在很大程度上要归功于工程师和研究人员发现了通常由电子系统中所使用的电子元器件所引发的发射事故的条件与原因。

图 2-6 显示运载火箭事故的风险从 20 世纪 60 年代初期的 30% 下降到 20 世纪 80 年代中期的 0%。当时，其他国家在运载火箭和空间技术开发方面落后于苏联和美国，一年的发射不超过十几次，但电子控制系统和运载火箭设计经历着复杂的磨合阶段，因此风险较高且波动较大。

在 20 世纪 80 年代后半期，运载火箭事故的数量和相关风险均有所增加。部分原因是电信技术的快速发展，用于商业发射的需求越来越多。尽管事故风险值波动较大，但其最大值并未超过 0.167（其他国家是 1995 年、美国是 1999 年）。20 世纪 90 年代后半期的事故风险平均值在 0.05～0.10 的狭窄范围内波动。在火箭和航天工业中，这种趋势似乎是稳定的，并将在未来几年继续保持下去。除非研发者不积极检测和消除相关风险因素，否则每 100 次运载火箭发射将仍会发生大约 5～10 起事故。

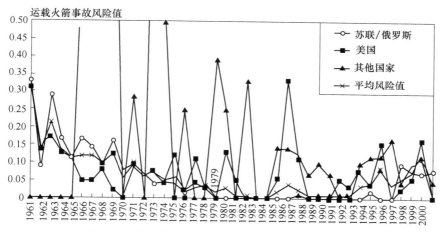

图 2-6　主要制造国的运载火箭事故风险系数变化图

2.3　航天器失效分析

在运载火箭和航天工程的历史上，除了运载火箭事故外，也发生了相当多的航天器在运载火箭将其送入预定轨道后出现的灾难和事故，其后果包括重大人员伤亡和数百万美元的经济损失、对探索太空的国家形象的不良影响以及对环境的危害。

表 2-1[5] 给出了航天器故障已知数据的完整统计，这些数据按制造运载火箭的国家（苏联、美国和其他国家）分组。

航天器事故的风险系数是在一次成功发射的基础上计算得出的[5]：

$$Risk_{SC} = \frac{N_{SC\,ac}}{N_{succ\,1}} \tag{2-2}$$

成功发射航天器不仅意味着将航天器送入预定的轨道，而且还意味着它将在整个设计的运行寿命期间正常发挥作用。

图 2-7 和图 2-8 直观地显示了表 2-1 中的数据。

应该指出的是，在 20 世纪 60 年代苏联（与美国相比）发生了更多的航天器事故，这是由于美国和苏联的研究人员、工程师和设计师的工作组织方式不同。苏联和美国之间的差距在 20 世纪 70 年代初趋于平稳。而在 20 世纪 70 年代末，航天器事故基本不再发生。这可以解释为，当时航天器的设计、开发和操作技术在一定程度上已经接近完善，而且最复杂的行星际飞行如到月球、火星和金星的项目也已经完成。与此同时，其他国家发射的航天器较少。因此，航天器事故的绝对数量以及航天器事故风险的相对值实际上为零。在此值得注意的是，在撰写本文时，作者并不确定 1978 年至 1985 年间航天器的一些失效信息的可靠性，如 Ekran - 02、Satcom - 3、Insat 1A、SIRIO - 2、GMS 2、GOES 3、Simphonics 1、Simphonics 2 和其他在轨运行时发生的失效。因此，尽管在此期间事故风险系数的实际值高于零，但在图内显示无故障。

不幸的是，20 世纪 90 年代初，航天器事故数再次增加，这与电信技术的发展、功能的完善以及新的基础电子元器件的使用直接相关。20 世纪 90 年代末，航天器事故的风险值超过了太空时代早期的典型值，并且超过了 25% 的临界值。

相应地在此期间，每四个航天器中就会出现一个没有达到预期寿命的情况。这一事实不得不令开发者和客户重视，因为此类失效的成本非常高，并对制造国和无端受事故影响的国家（地区）带来严重的后果。

图 2-9 和图 2-10[2] 给出了运载火箭和航天器事故数量和风险值的对比分析。除了航天器和运载火箭事故风险的平均值，图 2-10 还给出了由航天器事故风险和运载火箭事故风险组成的航天器发射任务的总风险值。

表 2-1　1961—2000 年航天器失效风险分析

年度	苏联/俄罗斯			美国			其他国家			合计		
	成功发射次数	航天器事故次数	风险系数	成功发射次数	航天器事故次数	风险系数	成功发射次数	航天器事故次数	风险系数	成功发射次数	航天器事故次数	风险系数
1961	6	1	0.167	29	1	0.034	0	0	—	35	2	0.057
1962	20	2	0.1	52	0	0	0	0	—	72	2	0.028
1963	17	3	0.176	38	0	0	0	0	—	55	3	0.055
1964	30	2	0.067	57	1	0.018	0	0	—	87	3	0.034
1965	48	8	0.167	63	1	0.016	1	0	0	112	9	0.08
1966	44	0	0	73	2	0.027	1	0	0	118	2	0.017
1967	66	2	0.03	59	1	0.017	2	0	0	127	3	0.024
1968	74	4	0.054	45	0	0	0	0	—	119	4	0.034
1969	70	3	0.043	40	0	0	0	0	—	110	4	0.036
1970	81	0	0	29	1	0.034	4	1	0.25	114	2	0.018

续表

年度	苏联/俄罗斯			美国			其他国家			合计		
	成功发射次数	航天器事故次数	风险系数	成功发射次数	航天器事故次数	风险系数	成功发射次数	航天器事故次数	风险系数	成功发射次数	航天器事故次数	风险系数
1971	83	5	0.06	32	1	0.031	5	0	0	120	6	0.05
1972	74	0	0	31	0	0	1	0	0	106	0	0
1973	86	3	0.035	23	2	0.087	0	0	—	109	5	0.045
1974	81	2	0.025	24	1	0.042	1	0	0	106	3	0.028
1975	89	2	0.022	28	0	0	8	0	0	125	2	0.016
1976	99	4	0.04	26	0	0	3	0	0	128	4	0.031
1977	98	4	0.041	24	2	0.083	2	0	0	124	6	0.048
1978	88	1	0.011	32	0	0	4	0	0	124	1	0.008
1979	87	0	0	16	0	0	3	0	0	106	0	0
1980	89	0	0	13	0	0	3	0	0	105	0	0
1981	93	0	0	18	0	0	7	0	0	123	0	0
1982	101	0	0	18	0	0	2	0	0	121	0	0
1983	98	0	0	22	0	0	7	0	0	127	0	0
1984	97	0	0	22	0	0	10	0	0	129	0	0
1985	98	0	0	17	0	0	6	0	0	121	0	0
1986	91	0	0	6	0	0	6	0	0	103	0	0
1087	95	1	0.011	8	0	0	7	0	0	110	1	0.009
1988	90	0	0	12	0	0	14	0	0	116	0	0
1989	74	0	0	18	0	0	9	0	0	101	0	0
1990	75	0	0	27	1	0.037	14	1	0.071	116	2	0.017
1991	59	0	0	18	1	0.056	11	1	0.091	88	2	0.023
1992	54	0	0	28	0	0	13	0	0	95	0	0
1993	47	0	0	23	0	0	9	0	0	79	0	0
1994	48	0	0	26	1	0.038	15	1	0.067	89	2	0.022
1995	32	0	0	27	2	0.074	15	1	0.067	74	3	0.041
1996	25	0	0	33	1	0.03	15	0	0	73	1	0.014
1997	28	7	0.25	37	2	0.054	21	3	0.143	86	12	0.14
1998	24	5	0.208	34	9	0.265	19	2	0.105	77	16	0.208
1999	26	3	0.115	30	7	0.233	17	2	0.118	73	12	0.164
2000	35	0	0	28	1	0.036	20	2	0.1	83	3	0.036

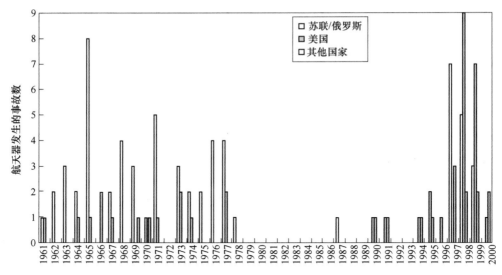

图 2-7　主要制造国的航天器事故直方图（1961—2000 年）

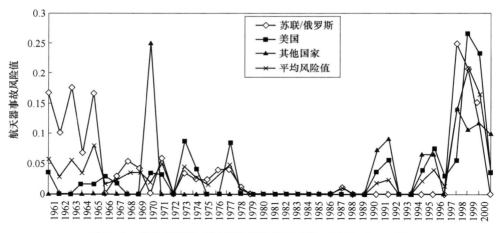

图 2-8　航天器事故风险系数值的动态变化（1961—2000 年）

参考文献［2］中的公式用于确定航天器任务执行的风险值。

任务成功的概率用以下公式计算：

$$R_{\text{mis impl}} = 1 - R_{\text{mis impl}} \qquad (2-3)$$

而

$$R_{\text{mis impl}} = R_{\text{LV}} \cdot R_{\text{SC}} = (1 - Risk_{\text{LV}}) \cdot (1 - Risk_{\text{SC}}) \qquad (2-4)$$

因此

$$1 - R_{\text{mis impl}} = (1 - Risk_{\text{LV}}) \cdot (1 - Risk_{\text{SC}}) \qquad (2-5)$$

最后

$$R_{\text{mis impl}} = Risk_{\text{LV}} + Risk_{\text{SC}} - Risk_{\text{LV}} \cdot Risk_{\text{SC}} \qquad (2-6)$$

根据前面提到的数据[2,6]可以得出结论，直到 20 世纪 70 年代中期，运载火箭事故风险系数是航天器事故风险系数的两倍，然后两者变化趋于平稳。从 20 世纪 90 年代后半期

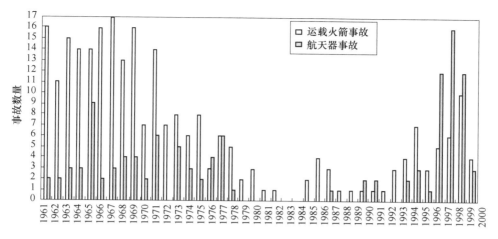

图 2 - 9　运载火箭和航天器事故总数直方图（1961—2000 年）

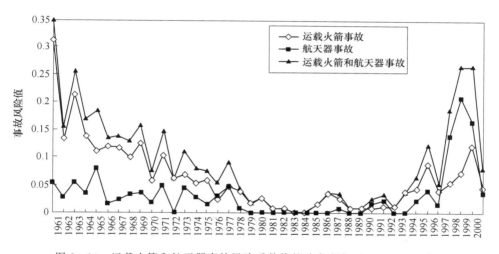

图 2 - 10　运载火箭和航天器事故风险系数值的动态变化（1961—2000 年）

开始，航天器事故的风险超过了运载火箭事故的风险。因此，在现代航天器风险管理的发展中，航天器任务的主要问题不是将航天器送入轨道，而是确保航天器在整个计划执行期间能无故障运行。

2.4　运载火箭与空间技术产品的失效原因分析

考虑到本书所研究课题的特殊性，很有必要对运载火箭和航天器的各部件故障导致的事故风险系数值的变化趋势进行深入分析。表 2 - 2 显示了 1960—1990 年间运载火箭和航天器事故的故障数量及其比例随时间变化的情况。该表中，导致运载火箭和航天器故障的一系列常见原因被分别列出。值得注意的是，由于缺乏相关信息，作者[2]未能区分 1960—1980 年间航天器失效的类型。

表 2 - 2　　运载火箭和空间技术产品失效的主要原因

事故原因	20 世纪 60 年代		20 世纪 70 年代		20 世纪 80 年代		20 世纪 90 年代	
	数量	%	数量	%	数量	%	数量	%
运载火箭失效和爆炸	136	79	60	66	38	90	31	29
航天器失效	9	5	9	10	0	0	0	0
动力系统失效	6	3	5	5	1	2.5	10	10
无线电设备失效	2	1	2	2	1	2.5	7	7
上面级失效	3	2	1	1	1	2.5	6	6
供电系统和电缆网失效	2	1	1	1	0	0	9	9
控制系统失效	16	9	14	15	1	2.5	24	23
机载计算机硬件失效	0	0	0	0	0	0	6	6
机载计算机软件失效	0	0	0	0	0	0	10	10
合计	174	—	92	—	42	—	103	—

表 2 - 2 中数据分析结果如图 2 - 11～图 2 - 14 所示。

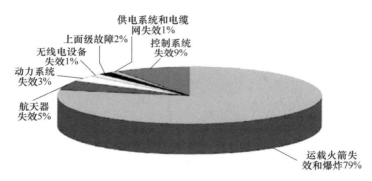

图 2 - 11　20 世纪 60 年代火箭和空间技术产品失效原因分布

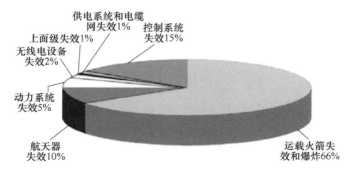

图 2 - 12　20 世纪 70 年代火箭和空间技术产品失效原因分布

为了确定某个部件在飞行过程中失效的事故风险系数的值，作者[2]提出了以下公式：

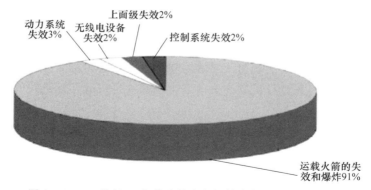

图 2 - 13　20 世纪 80 年代火箭和空间技术产品失效原因分布

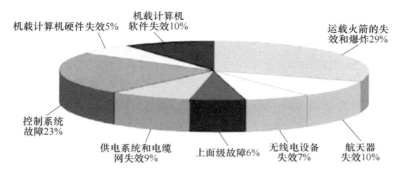

图 2 - 14　20 世纪 90 年代火箭和空间技术产品失效原因分布

$$Risk_i = \frac{N_{acci}}{N_{succ1} + N_{accLV}} \tag{2 - 7}$$

表 2 - 3 显示了运载火箭和空间技术产品各部件失效所造成重大事故风险的系数值。据官方数据显示，在 20 世纪 90 年代，运载火箭有 816 次成功发射和 44 次事故。当然，如果考虑到特定的运载火箭和航天器产品组件失效所造成的事故风险，表 2 - 3 中提供的风险系数值可以更具体，但一般给定的值都是真实的。总的说来给出的值提供了真实情况。

表 2 - 3　基于 20 世纪 90 年代的统计运载火箭和空间技术产品部件失效事故风险
（按单次运载火箭发射）

事故原因	失效数量	事故风险系数
运载火箭的失效和爆炸	31	0.036
动力系统失效	10	0.012
无线电设备失效	7	0.008
上面级失效	6	0.007
供电系统和电缆网失效	9	0.01
控制系统失效	24	0.028
机载计算机硬件失效	6	0.007
机载计算机软件失效	10	0.012

通过分析表中数据可见，运载火箭特别容易发生失效；其次是电子控制系统。然而，如今出现了在机载控制系统中使用计算机设备所造成的新风险。在所有失效原因中，机载计算机软件失效和动力系统失效并列第三位。

据统计表明，平均每 100 次发射（平均一年一次）都会因机载计算机软件失效而发生事故。值得注意的是，机载计算机软件失效发生概率约是机载计算机硬件故障发生概率的两倍。

根据以上数据分析，可以得出一个明显的结论，即为了理解运载火箭和空间技术产品失效的机制和原因，有必要在以下领域进行研究：

1）利用统计数据的回归/相关（Regression/Correlation）分析，收集、处理和分析运载火箭和空间技术产品的失效和发生事故的统计数据，从而预测运载火箭和空间技术产品未来的发展趋势；

2）明确运载火箭和航天器部件及其发生事故的具体后果的风险估计的数学模型；

3）对事故原因进行比较分析，特别是在引入新信息和其他关键系统的技术（如核动力、运输等）时[7,8]；

4）在专为空间应用设计的基础电子元器件的基础上，开发新模式和新方法以此来提高控制系统和机载计算机的可靠性和安全性[9]。

表 2 - 4　2000—2009 年间运载火箭的发射情况

年份	俄罗斯	美国	欧盟	中国	乌克兰	日本	印度	其他国家	总数
2000	32	28	12	5	7	1	0	0	85
2001	19	22	8	1	6	1	2	0	59
2002	25	17	12	5	1	3	1	1	65
2003	21	23	4	7	3	3	2	1	64
2004	18	16	3	8	7	0	1	1	54
2005	26	12	5	4	5	2	1	0	55
2006	23	18	6	6	6	7	1	0	66
2007	22	19	6	10	5	2	3	1	68
2008	24	16	6	11	8	1	3	0	69
2009	27	24	7	6	6	3	2	3	78
总数	237	195	68	63	55	22	16	7	663

2.5　2000—2009 年间运载火箭事故风险变化趋势分析

与前几节数据分析一样，本节对相关刊物、新闻报道、网站资料和文献[9]中部分公开资料进行分析。目的是确定造成每个事故的原因（包括产生事故的部件、模块和失效类型），以及分析由于各种运载火箭和航天器部件失效而发生事故的风险的变化趋势，（包括机载和地面计算机系统的硬件和软件失效）。文中，对于军事弹道导弹和巡航导弹的失效及其事故数据不进行分析。

本章主要引用的文献［2］的作者指出，即对于事故情况没有可靠来源能够提供系统化的数据选择。由于对所有灾难也没有完整可靠的数据，这就需通过额外的方法来保证原始数据的可信性。特别是通过数据交叉的原则进行数据分析，其中就包括对不同来源的事件的数据进行选择性验证。

（事件日期、事件意义、运载火箭及航天器、事件原因）指向的主要问题是确定事故或突发情况的产生原因。在这种情况下，我们对所发生事故采用多重分析的原则进行分析，这一原则不仅考虑到各种来源的数据，同时还考虑到专家的意见。值得注意的是，运载火箭发射和失败的统计数据是相当有序的，它可以从几个不同的可靠来源进行验证，而关于航天器失败的数据是粗略的。文献［2，4，6］中关于航天器的故障和事故的数据是在对不同类型信息源的数据进行分析的基础上获得的。

表 2-4 给出了 2000—2009 年间各国运载火箭发射次数统计。该表还反映了联合国空间研究委员会（COSPAR）和北美航空航天防御司令部（NORAD）登记的运载火箭发射情况。在 2000—2009 年间，俄罗斯和美国进行的运载火箭发射次数最多。乌克兰位列第五名，仅次于欧盟和中国。然而与 1990—1999 年间相比较，这十年中，运载火箭的发射总次数减少了 25%（分别为 663 次和 891 次[3]）。俄罗斯、乌克兰和美国的运载火箭的产量下降了 30%，欧盟下降了 22%。与此同时，其他主要国家在这段时间的运载火箭发射次数相比 1990—1999 年则是呈上升趋势，其中，日本是之前的 1.5 倍，中国是之前的 1.7 倍，印度更是之前的 2.6 倍。表中"其他国家"一栏反映的是巴西、伊朗、以色列、朝鲜、韩国等国家，这些国家运载火箭发射数量较少。

乌克兰的运载火箭发射的一个特点是它没有自己的航天发射场，因此该国运载火箭必须从其他国家的航天发射场进行发射。

乌克兰发射了作为国际海上发射项目（Sea Launch，2000—2009 年其发射 32 次）一部分的 Zenit-3SL 型运载火箭，并在 Land，Launch and Kosmotras 项目中利用俄罗斯联邦的发射基地发射了 Zenit-3SLB 型、Dnepr 型和 Tsyklon-3 型运载火箭（2000—2009 年共发射 23 次）。

特别值得关注的是，2009 年在普列谢茨克航天发射场成功发射的 Tsyklon-3 型运载火箭从 1969 年便开始服役。它总共进行 122 次发射，其中 7 次出现紧急情况。参考文献［8］中的资料表明，Tsyklons 系列运载火箭是最可靠的运载火箭之一（成功发射率为94.3%），其发射成功率超过了 Ariane 型、Delta 型和 Proton 型运载火箭。

乌克兰和巴西合作开展的"阿尔坎塔拉旋风"太空联合项目中的第四代 Tsyklon-4 型运载火箭的首次发射原计划于 2012 年在巴西航天发射场进行，但由于政治原因未能按期开展。

2000 年，除了 Tsyklon-3 型运载火箭之外，Tsyklon-2 和 Atlas Ⅱ（在它们的运行历史上从未发生过事故）以及 Ariane-4 型运载火箭都停止了应用。新型运载火箭（如 Soyuz-FG 型、Atlas Ⅴ 型、Delta Ⅳ 型和 Soyuz-2 型和 Proton-M 型等）已投入使用。

表 2-5 给出了 2000—2009 年间运载火箭失败风险分析结果。它显示了按生产运载火箭国家分组的运载火箭失败的汇总数据。运载火箭失败将会导致事故的发生（运载火箭爆炸、坠落、相当大的运行轨迹误差、自毁），而将航天器送入错误轨道，则一般认为是部分失败（Partial Failure）。

表 2 - 5　2000—2009 年运载火箭发射失败导致事故（ACC）及卫星进入错误轨道（WO）情况

年份	运载火箭失效类型	俄罗斯	美国	欧盟	中国	乌克兰	日本	印度	其他国家	合计
2000	ACC	1	0	0	0	2	1	0	0	4
	WO	0	1	0	0	0	0	0	0	1
2001	ACC	1	1	0	0	0	0	0	0	2
	WO	0	0	1*	0	0	0	1*	0	2
2002	ACC	1	0	1	1	0	1**	0	0	4
	WO	1*	0	0	0	0	0	0	0	1
2003	ACC	0	1	0	1	0	1	0	1	4
	WO	0	0	0	0	0	0	0	0	0
2004	ACC	0	0	0	0	0	0	0	1	1
	WO	0	1*	0	0	2	0	0	0	3
2005	ACC	4	0	0	0	0	0	0	1	5
	WO	0	0	0	0	0	0	0	0	0
2006	ACC	1	3	0	0	1	0	1	0	6
	WO	0	1*	0	0	0	0	0	0	1
2007	ACC	1	1	0	0	0	1	0	0	3
	WO	0	1	0	0	0	0	1	0	2
2008	ACC	0	1	0	0	0	0	0	1	2
	WO	1	0	0	0	0	0	0	0	1
2009	ACC	0	2	0	0	0	0	0	1	3
	WO	1	0	0	1	0	0	0	1***	3
合计	ACC	9	9	1	2	4	3	1	5	34
	WO	3	4	1	1	2	0	2	1	14

* 由于运载火箭失败，卫星被放置到错误的轨道上并且无法被纠正，使得这颗卫星不能正常工作。

** 在发射期间，日本的 H-ⅡA 2024 型运载火箭发射的卫星 DASH 没有从第二级分离，而发射的卫星 MDS-1 成功在轨运行。因此，这次发射可以算作部分成功。

*** 运载火箭有一半的有效载荷没有进入预期轨道。据报道，原因是在整流罩抛离过程中出现了故障，即两瓣整流罩中的一个没有与运载火箭分离，导致速度严重不足。这使得一些航天器被放置在错误的（更低的）轨道上，且这种故障能够通过其推进系统和推进剂储备进行轨道修正。

卫星的轨道修正会大大缩短其运行寿命。例如，在 2001 年 7 月 12 日，由于 Ariane-5 运载火箭的第二级发动机提前关闭，Artemis 卫星和 BSAT-2B 卫星被放置到比预期（地球静止轨道）低得多的轨道上。通过轨道修正，导航卫星 Artemis 成功转入地球静止轨道，而通信卫星 BSAT-2B 则仍在中地球轨道运行，无法正常工作。此类运载火箭的发射应被视为"不成功"，而非"部分成功"。此外，在 14 个被记录的航天器被送入错误轨道（见表 2-5）的案例中，有 6 个卫星无法（没有能力）进行轨道修正。因此，这类运载火箭的发射被认为是不成功的。

图 2-15 显示了 2000—2009 年间运载火箭发射风险的变化情况（与表2-5相比，"其他国家"包括了日本和印度）。风险值（失败概率）计算为未成功的运载火箭发射失败次数与运载火箭发射总次数的比值，公式如下：

$$Risk_{LV} = \frac{N_{LVfail}}{N_{LVlaunch}} \qquad (2-8)$$

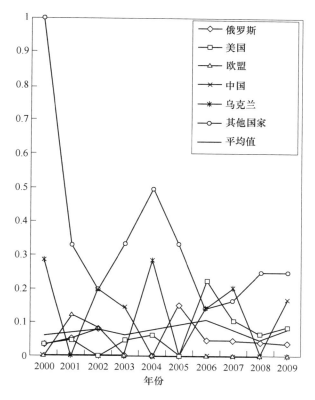

图 2 - 15　2000—2009 年运载火箭发射的风险变化

表 2 - 6　1990—1999 年和 2000—2009 年运载火箭故障风险的对比

年份	发射的数量	失效的数量	风险系数	年份	发射的数量	失效的数量	风险系数
1990	117	1	0.009	2000	85	5	0.059
1991	89	1	0.011	2001	59	4	0.068
1992	96	1	0.010	2002	65	5	0.077
1993	82	3	0.037	2003	64	4	0.063
1994	93	4	0.043	2004	54	4	0.074
1995	81	7	0.086	2005	55	5	0.091
1996	76	3	0.039	2006	66	7	0.106
1997	91	5	0.055	2007	68	5	0.074
1998	83	6	0.072	2008	69	3	0.043
1999	83	10	0.120	2009	78	6	0.077
合计	891	41	0.046	合计	663	48	0.072

　　在过去的十年里，运载火箭的发射总风险值在 0.04～0.10 范围内波动，其平均值为 0.072，其中事故风险为 0.051，发射卫星到错误轨道运行的风险为 0.021。最高的运载火箭发射风险值（0.106）出现在 2006 年，当时共进行了 66 次发射，其中发生了 7 次运载

火箭故障。根据上述风险值，可估计出运载火箭和航天工业中每发射 100 次，将损失 4～10 枚火箭。这一趋势目前是稳定的，并将可能在未来几年延续下去。

表 2-6 给出了 1990—2009 年运载火箭失效风险的对比结果[2]。与 1990—1999 年运载火箭失效风险值相比，2000—2009 年运载火箭失效的风险增加了 1.5 倍多，而发射总次数则减少了约 25%。

据相关文献 [2] 指出，造成这种明显负面变化趋势的原因是，从高可靠性但效率不高的 Tsyklon-2 和 Atlas Ⅱ/Ⅲ 运载火箭过渡到新的升级版运载火箭，其中的一些风险因素还没有被完全识别或验证。

运载火箭的可靠性分析应独立进行验证。由此，表 2-7 显示了这一时期使用最频繁的运载火箭的运行特征。其中，Tsyklon-2、Tsyklon-3、Dnepr，Rokot 和 Start 运载火箭是基于洲际弹道导弹改装的。

由表 2-7 可知，下列这些运载火箭是绝对可靠的：

1）已停止运行的 Tsyklon-2 型和 Atlas Ⅱ/Ⅲ 型运载火箭；

2）由 Soyuz-U 运载火箭改进的 Soyuz-FG 运载火箭。其采用了新的一级和二级发动机，所配置的特殊的喷射器使得燃料能够更好地混合，进一步增加了运载火箭的运载能力，最终平稳地将三名宇航员送入轨道。

对客户而言，可靠性的关键参数都是过去运载火箭成功发射的次数。美国的 Delta Ⅱ 运载火箭和俄罗斯的 Proton-K 运载火箭是这方面的领先者，其最近发生的运载火箭事故分别要追溯到 1997 年和 1999 年。Proton-M 和 Zenit-3SL 运载火箭最后发生事故是在 2007 年。表 2-7 只考虑了一次性火箭的发射情况，不包括可多次往返的航天飞机（哥伦比亚号、阿特兰蒂斯号、发现号、挑战者号、奋进号和企业号）的发射情况，尽管对这些航天器的可靠性分析是研究人员非常感兴趣的方向。作者在本系列的第三卷《空间电子学》（Space Electronics）中重点讨论了这个问题①。

表 2-7　运载火箭的运行可靠性

序号	运载火箭	首次发射	最后一次发射	最近的发射事故	发射数量				可靠性,%
					合计	过去成功的发射	事故	部分成功的发射	
1	Tsyklon-2	1969.08.06	2006.06.25	—	106	106	0	0	100（100）
2	Atlas Ⅱ（Ⅲ）	1991.12.07	2005.02.03	—	70	70	0	0	100（100）
3	Soyuz-FG	2001.01.20	2010.10.07	—	32	32	0	0	100（100）
4	Atlas V	2002.08.21	2010.09.21	—	23	23	0	1	100（95.65）
5	Delta Ⅳ	2003.03.11	2010.05.28	2004.12.21	13	9	0	1	100（92.31）
6	Soyuz-2	2004.11.08	2010.10.16	—	8	8	0	1	100（87.50）
7	Delta Ⅱ	1989.02.14	2010.09.14	1997.01.17	147	92	1	1	99.32（98.64）
8	Proton-M	2001.07.07	2010.10.14	2007.09.06	47	30	1	3	97.87（91.49）
9	Soyuz-U	1973.05.18	2010.09.10	2002.10.15	715	45	18	1	97.48（97.34）
10	Ariane-4	1990.01.22	2003.02.15	1994.12.01	116	73	3	0	97.41（97.41）
11	Ariane-5	1996.06.04	2010.08.04	2002.12.11	52	38	3	1	94.23（92.31）
12	Tsyklon-3	1977.06.24	2009.01.30	2000.12.27	122	4	5	2	95.90（94.26）
13	Kosmos-3M	1967.05.15	2010.04.27	2005.10.27	425	10	20	8	95.29（93.41）

———————————

① 本次只翻译了卷一、卷二。——译者注

续表

序号	运载火箭	首次发射	最后一次发射	最近的发射事故	发射数量				可靠性，%
					合计	过去成功的发射	事故	部分成功的发射	
14	Zenit－3SL(B)	1999.03.28	2009.11.30	2007.01.31	34	10	2	1	94.12（91.18）
15	Dnepr	1999.04.21	2010.06.21	2006.07.26	16	9	1	0	93.75（93.75）
16	Proton－K	1967.03.10	2009.02.28	1999.10.27	310	44	26	9	91.61（88.71）
17	Rokot	1990.11.20	2010.09.08	2005.10.08	17	6	2	0	88.24（88.24）
18	Zenit－2M	1985.03.13	2009.06.22	1998.09.09	38	7	5	0	86.84（86.84）
19	Start	1993.03.25	2006.04.25	1995.03.28	7	5	1	0	85.71（85.71）

注：表中的数据在截至撰写时（2010 年 10 月）是有效的。括号中给出的可靠性数据并不包括运载火箭部分成功的发射（投送到错误轨道或只成功投送部分有效载荷）。

2.6　2000—2009 年航天器失效趋势分析

表 2-8 提供了航天器发射和失效的汇总数据。如果航天器进入预计轨道并在整个预计寿命内正常运行，则认为航天器发射成功。

航天器失效可以分为以下几类[2]：

1）运载火箭事故（ACC），包括航天器与运载火箭分离时的失效；

2）航天器进入错误的轨道（WO）；

3）航天器在轨部署失效（FDO），包括太阳能电池板未部署、稳定故障和定位失败；

4）机载设备运行失效（FOE）、机械故障损坏（MFD）。

如果航天器被发射到错误的轨道上，一些航天器能够对其运行轨道进行纠正，但是会减少其服役寿命。如果通信卫星的设计使用寿命为 12～15 年，那么在使用推进系统的资源和推进剂进行纠正轨道后，航天器的运行寿命将平均缩短 2～4 倍。

在过去的 10 年间，已经发射的 1060 个航天器中有 149 个发射失败。其中，失败的主要原因包括：运载火箭故障和航天器未能进入预定轨道，约占 59%；进入预定轨道后航天器立即失效，占 12%；在预计运行寿命期间机载设备的致命故障和机械损坏，占 29%。

2000—2009 年，航天器的损失数在 2006 年最多，达到 23 起。其中 2006 年 7 月 26 日发生的第聂伯运载火箭事故中就损失了 18 个航天器。

值得注意的是，有记载的机载设备失效中，有四分之一是由飞行控制中心通过冗余装置或者维护程序（例如软件升级）进行处理的。

图 2-16 显示了根据表 2-5 和表 2-6 的数据得到的 2000—2009 年航天器各类风险成分的变化折线图。可通过下列公式计算综合风险（不包括航天器设备故障）：

$$Risk_{航天器} = \frac{N_{LVACC} + N_{LVWO(FF+PF)}}{N_{SClaunch}} + \frac{N_{FDO} + N_{FOE(FF+PF)} + N_{MFD(FF+PF)}}{N_{SClaunch}}$$

$$(2-9)$$

式中，N_{LVACC} 为因运载火箭事故损失的航天器数量；$N_{LVWO(FF+PF)}$ 是由于运载火箭失效而未能送入预定轨道的航天器数量；N_{FDO} 是进入预定轨道后随即失效的航天器数量；$N_{FOE(FF+PF)}$ 是机载设备发生致命与部分失效的航天器数量；$N_{MFD(FF+PF)}$ 是由于机械故障和损坏而引起致命和部分失效的航天器数量；$N_{SClaunch}$ 是 2000—2009 年所发射航天器的总数。

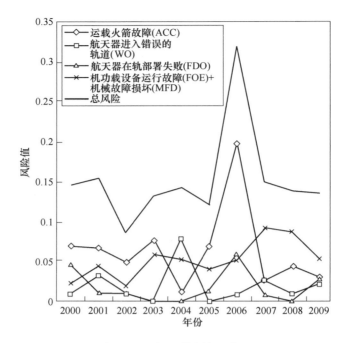

图 2 - 16　航天器失效风险图

分析表明，航天器发射的风险与运载火箭的风险相比波动较大。航天器综合风险的均值为 0.15，是运载火箭的两倍。由于载有 18 颗卫星的第聂伯号运载火箭事故，航天器失效的最高风险值落在 2006 年。此外，近年来，航天器机载设备的失效呈上升趋势。表2-5中关于航天器失败发射的统计不包括国际空间站（ISS）的故障数量，也不包括 2000年前发射的航天器在 2000—2009 年发生失效的数据。

表 2 - 9 对 1990—1999 年[2] 和 2000—2009 年期间航天器发射和失效（不包括运载火箭失效导致的失效）进行了对比。据统计，2000—2009 年发射的航天器总数是 1990—1999 年的 1.25 倍。

考虑到 2000—2009 年运载火箭发射次数减少，可以得出一箭多星（平均一枚运载火箭发射 1.6 个航天器）的发射次数增加，从而增加了运载火箭失效的成本。

就机载设备故障导致航天器失效（包括航天器在轨部署不成功）的风险而言，其风险系数从 20 世纪 90 年代的 0.059 增加到了 0.073。

此外，应该指出的是，有 7% 的卫星在进入轨道期间或之后损失，占航天器失效总数的 40%。

表 2 - 8　航天器发射和失效统计表

年份	航天器发射次数	不同类型失效数量										总发射次数
		LV ACC	LV WO		FDO	FOE			MFD			
			FF	PF		FF	PF	MF	FF	PF	MF	
2000	130	9	1	0	2	0	0	1	0	0	0	15
2001	91	6	2	1	2	5	2	3	0	0	0	23

续表

年份	航天器发射次数	不同类型失效数量										总发射次数
		LV ACC	LV WO		FDO	FOE			MFD			
			FF	PF		FF	PF	MF	FF	PF	MF	
2002	103	5	1	0	1	2	2	0	0	3	1	15
2003	104	8	0	0	0	0	3	5	0	0	0	16
2004	77	1	3	3	0	0	0	1	0	0	0	8
2005	74	5	0	0	1	2	1	1	0	0	0	11
2006	116	23	1	0	7	5	0	3	0	0	0	43
2007	119	3	0	3	1	4	3	2	2	3	0	21
2008	114	5	0	1	0	2	1	0	0	1	1	11
2009	132	4	1	2	4	2	0	1	0	0	0	16
合计	1060	69	9	10	18	22	12	17	2	7	2	179

注：运载火箭 ACC：指运载火箭事故导致航天器损失；运载火箭 WO：指航天器因运载火箭失效未能进入预定轨道；FDO：指在轨部署失败，以及入轨后无法立即与航天器建立联系；FOE：指机载设备失效；MFD：指航天器设计元件的机械失效和损坏；FF：指致命失效；PF：指部分失效；MF：指管理失效。

表 2-9　1990—1999 年和 2000—2009 年航天器失效风险对比

年份	发射次数	失效次数	风险值	年份	发射次数	失效次数	风险值
1990	116	2	0.017	2000	130	9	0.069
1991	88	2	0.023	2001	91	5	0.055
1992	95	0	0	2002	103	3	0.029
1993	79	0	0	2003	104	6	0.058
1994	89	2	0.022	2004	77	4	0.052
1995	74	3	0.041	2005	74	4	0.054
1996	73	1	0.014	2006	116	13	0.112
1997	86	12	0.14	2007	119	12	0.101
1998	77	16	0.208	2008	114	10	0.088
1999	73	12	0.164	2009	132	11	0.083
合计	850	50	0.059	合计	1060	77	0.073

2.7　2000—2009 年运载火箭和航天器事故原因分析

参考文献［2］的作者建议将所有导致事故和其他突发情况的失效按特殊类型分别对运载火箭和航天器进行分类。因此，运载火箭失效可以分为以下几类：

1）第一级（FS）；

2）第二级（SS）；

3）第三级（TS）；

4）航天器分离机构（航天器 SM）；

5）上面级（US）；

6）计算机控制系统硬件（HW）；

7）软件（SW）。

根据航天器系统、设备和零部件的不同，其失效可以分为以下八种类型：

1）无线电设备（RE）；

2）软件（SW）；

3）供电系统（PSS）；

4）机械故障或航天器设计损坏（MFD）；

5）硬件（HW）；

6）陀螺仪（GD）；

7）航天器推进系统（PS）；

8）人为错误（PE）。

表 2-10 和表 2-11 系统地列出了 2000—2009 年运载火箭和航天器失效的原因和后果。该数据不包括 2003 年 2 月 1 日发生的哥伦比亚号航天飞机事故，因为该事故是由热保护系统损坏造成的。

尽管本章是对发生在 21 世纪第一个十年期间的航天事故进行了相应的系统性分析，但第二个十年开始以来的发射数据在将来还会有可供开展此方面分析的信息。此外，通过对比 1990—1999 年和 2000—2009 年发生的运载火箭和航天器事故，发现总的事故和失效风险非但没有降低，反而呈现增加的趋势。

表 2-10　运载火箭失效的原因和后果

失效部位	运载火箭事故	航天器被置于错误轨道	合计
FS	9	2	11
SS	7	4	11
TS	5	4	9
SC SM	5	1	6
SW	5	1	6
US	1	2	3
HW	1	0	1
共计	33	14	47

表 2-11　航天器失效的原因和后果

失效定位	致命失效	部分失效	管理失效	合计
RE	20	11	0	31
SW	3	2	16	31
PSS	15	3	2	20
MFD	5	8	2	15
HW	3	0	3	6
GD		2	3	5
PS	2	2	0	4
PE	1	0	0	1
共计	49	28	26	103

　　需要强调的是，由航天器机载计算机系统失效引发的事故风险已经增加。在导致航天器失效的原因中，软件和硬件失效和故障（分别占 20% 和 6%）占第二位（仅次于无线电设备失效）。此外，部分无线电设备的失效可以与硬件失效联系起来，主要与电子元器件的选择和应用有关。同时，运载火箭中有七分之一是由软件缺陷引起的，而机载控制系统的硬件失效并不是运载火箭的典型故障。对于运载火箭和航天工业发达的国家（主要是俄罗斯、美国和中国）来说，导致运载火箭失效的三种主要原因为：不同级数运载火箭的发动机提前关闭；分离阶段、助推阶段、上升阶段、整流罩抛离和入轨阶段发生问题；推进系统和电气结构的关键部件中有杂物进入。

　　事实上很难断定故障的具体原因，但很有可能的是，推进系统的早期切断与推进系统异常几乎没有联系，而与控制系统故障的关联更大。第二组失效可能与运载火箭设计采用的火工电气元件的缺陷以及没有从机载控制系统适时发出启动命令有关，也有一小部分可能与电缆连接缺陷有关。第三类失效可能与运载火箭元件在制造和组装时的缺陷以及设计和完善有关。无论如何，了解潜在的原因可以有助于降低运载火箭的事故风险。

2.8　计算机系统和软件失效分析

　　如图 2-17 所示，13% 的运载火箭失效是由各种控制系统的软件引起的，而它占航天器失效的 20%。6% 的航天器失效是由机载计算机的硬件失效引起的（如图 2-18）。

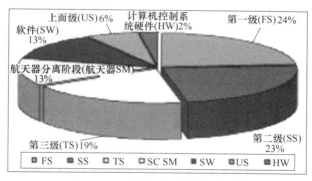

图 2-17　运载火箭失效原因组成

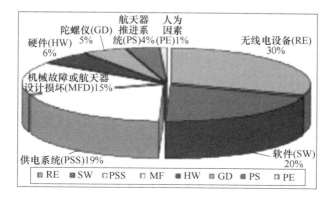

图 2-18　航天器失效和运行故障原因组成

同时，只有 6％的航天器致命失效是由软件失效引起的（与硬件失效相同）。相对而言，软件失效占运载火箭致命失效的 15％。以下事实可以解释这种差异：当软件缺陷出现时，航天器机载计算机会切换为所谓的安全模式。这允许控制中心通过备份通信通道，以软件更新来检测并消除缺陷。显然，运载火箭并没有这样的机会。

平均每 110 次运载火箭发射，就会出现由控制系统软件失效导致的事故（或将航天器投送至错误轨道），这与早期 1990—1999 年的数据计算结果一致。

然而需要注意的是，在实践中，这个值可能要高得多。理由是早期发动机提前关机被认为是导致三分之一的运载火箭各级（LV stage）和上面级（Upper stage）失效的一个原因。当推进系统运行异常或负责导航、稳定、推进剂管理、运载火箭各级分离和有效载荷的机载控制系统提前发出关机的错误指令时，这个故障就形成了。

这证实了记载的 1991—2000 年航天器机载计算机失效的数据，如表 2 - 12 所示[2]。

2000 年 3 月 12 日，Zenit - 3SL 型运载火箭所发生的事故引起了俄罗斯专家的特别关注。事故原因调查委员会发现，事故发生的原因是地面自动发射处理系统的程序算法存在一个逻辑错误，未发出关闭第二级气动系统阀门的命令。由于第二级游动发动机运行的系统中的气体压力损失超过 60％，导致非设计运行模式，发动机也在飞行 461 秒后熄火。

自动发射处理系统由 Energia 公司（俄罗斯）的专家开发。值得注意的是，造成此次事故的缺陷是由软件升级引起的。此外，据南方设计局称，这是发射处理系统第二次出现这种缺陷（第一个缺陷导致了 1998 年 9 月 9 日发生的 Zenit - 2 运载火箭事故，该发射任务是 Globalstar 项目的一部分）。换句话说，如果此前调查发现 Zenit - 2 运载火箭事故的真实原因并予以消除的话，Zenit - 3SL 运载火箭事故是可以避免的。如果是这样，Zenit - 3SL 运载火箭的可靠性将达到 97％，超过阿里安 - 5 运载火箭。软件缺陷的直接后果包括 Zenit - 2/3SL 运载火箭的可靠性降低、海上发射项目的声誉降低以及客户和利润损失。

然而，软件也是管理设计缺陷和其他航天器系统失效的一种灵活机制。例如，用于地球遥感的日本 Daichi（ALOS）卫星由于稳定性不足和噪声水平高而生成低质量的图像，该问题可以通过卫星上软件所具有的校正和可编程数字滤波功能进行解决。另一个例子是日本的 Hayabusa 航天器，它是为研究"伊藤川"小行星而发射的。由于机动火箭发动机的推进剂被过早用完（稳定系统的三个陀螺仪中有两个损坏，为保持航天器的飞行方向，推进剂被过度使用），日本科学家通过对航天器控制系统进行重新编程，使航天器的定向和稳定由离子主推进系统的氙气产生的排气推力来控制。总的来说，从这些案例中可以得出一些重要的结论和建议。

一方面，机载电子系统的扩展功能和潜力对其可靠性提出了要求。另一方面，它们导致缺陷数量的增加和检测的复杂性，特别是在引入操作系统和多任务处理的情况下。一个示例是火星探路者（Mars Pathfinder）机载控制系统软件缺陷的出现、检测和纠正。该缺陷与优先级反转问题有关，优先级反转发生在 VxWorks 操作系统线程对信息总线的访问被阻止时。该案例的详细描述见参考文献 [10]。

分析表明，该问题之所以没被及时发现，是因为它是由一组罕见情况引起的，在地面测试期间未模拟该情况。然而，这个缺陷在探路者登陆火星后的第二天就出现了，并且反复出现。与此同时，当失效和缺陷由各种问题引起后，火星探路者软件的开发人员发现并实施了恢复机制。其中大部分失效和缺陷在任务期间没有再发生。

表 2 - 12　1991—2000 年发生的机载计算机失效

失效日期	发射日期	发射火箭类型	航天器类型	失效位置	失效原因	国家/组织	失效原因
1995.05.02	1995.04.03	Pegasus	Orbcomm FM - 2	航天器	硬件	美国	机载处理器中断，清除内存并恢复功能
1997.09.08	1986.02.20	Proton 8K82K	和平号	航天器	硬件	苏联	机载计算机出现故障。复合取向被破坏；一些机载系统停用
1998.01.02	1997.09.23	Cosmos - 3M	FAISAT - 2V	航天器	硬件	美国	机载计算机出现故障。太阳能电池发电能力降低，在地球阴影下机载设备运行不稳定
1998.05.30	1986.02.20	Proton 8K82K	和平号	航天器	硬件	苏联	中央机载计算机出现故障。结果，综合体定向系统停止了。由于电力短缺，许多星载系统被关闭了
1998.07.04	1993.12.18	Ariane - 4.44L	DBS - 1	航天器	硬件	美国	SCP控制处理器出现故障。控制自动切换到备用处理器，探测车继续运行，对服务客体没有任何影响
1999.12.20	1999.12.18	Atlas - 2AS	Terra	航天器	硬件	美国	机载计算机出现故障。NASA专家于2000年1月2日成功恢复了机载计算机的运行
1991.07.19	1991.07.17	Ariane - 4.40	Orbcomm - X	航天器	软件	美国	航天器电源控制系统在轨道部署40h后出现软件故障
1995.05.01	1995.04.03	Pegasus	Orbcomm FM - 1	航天器	软件	美国	航天器控制系统软件中断，执行软件校正
1996.06.04	1996.06.04	阿里安5	4 satellites of the type Cluster F	运载火箭	软件	欧盟	操纵数据出导致错误命令，从而强制自动除火箭发射器
1997.08.17	1986.02.20	Proton 8K82K	和平号	航天器	软件	苏联	由于机载计算机程序出错，货运飞船 Progress M - 35 与和平号轨道站的多次对接对接失败
1998.07.20	1989.10.18	Space shuttleOV - 104AtlantisNo.5	Galileo	航天器	软件	美国	在负责接收地球指令的两个子系统中的一个子系统中检测到异常。航天器进入错误状态至待机模式。1998年7月23日，加利福尼亚州帕萨迪纳喷气推进实验室的专家通过向探测器发送调试程序，替换了机载计算机软件中的故障部分。成功地纠正了故障
1998.08.27	1998.08.27	Delta - 3	Galaxy - 10	运载火箭	软件	美国	在飞行的第70s，控制系统软件发生中断，当偏离航向超过允许极限时，火箭开始偏离预定航线。火箭被迫自地球的指令被安装在后续副本上
1998.09.09	1998.09.09	Zenith - 2	Globalstar (12 pcs)	运载火箭	软件	乌克兰	发动机准备地面自动化系统算法中的逻辑错误，未能发出关闭第二级气动系统阀门的命令，导致系统控制系统通道故障和飞行紧急终止
1998.11.27	1989.10.18	Space shuttleOV - 104AtlantisNo.5	Galileo	航天器	软件	美国	软件在6小时内发生两次中断，导致科学家希望收集的有关木星和该行星卫星的一些信息丢失
1999.07.30	1986.02.20	Proton 8K82K	和平号	航天器	软件	苏联	在一次例行实验中，计算器CCM - 1由于编译程序出错而失败。综合体的定向被中断，但在事故发生后四天内恢复
1999.09.23	1998.12.11	Delta - 2 - 7425	Spacecraft Mars Klimate Orbiter	航天器	软件	美国	由于英尺和英寸未转换为公制而导致的导航错误，探测器穿过火星过近第二气层并被烧毁
2000.03.12	2000.03.12	Zenith - 3SL	ICO F1	运载火箭	软件	乌克兰	地面自动化系统启动准备程序算法中的逻辑错误，未发出关闭第二级发动机气动阀的命令，导致发动机停机

因此，运载火箭和航天器控制系统的开发需要对潜在失效和影响因素的重要性进行预测分析，以提供有效的恢复机制并确保测试剖面符合实际运行条件。一般来说，在硬件和软件的设计和验证中采用数学上完备的形式化方法（Mathematically Sound Formal Methods）是很有用的，如 Event - B 和符合 ECSS 标准的检测模型。

NASA 有一个专门的网站致力于研究这一主题，并自 2009 年以来每年举办关于形式化方法应用的研讨会，这一事实证明了这一领域的潜在特征[11]。

2.9　21 世纪 10 年代国际空间站机载系统失效分析

可以针对空间站进行一个独立的考量。目前正在运行的国际空间站是这类航天器中的第十二个。它们有自己的分类，如有载人和无人、单模块和多模块、通用和专用等。

按时间先后，单模块（Single module）空间站的发展如下：

（1）苏联的一系列轨道空间站：

1）Salut - 1（载人、长时间运行）；

2）Station—DOS - 1，1971 年；

3）DOS - 2，1972 年未能进入轨道；

4）Salut - 2，1973 年 Almaz 项目的一部分，主体减压；

5）Kosmos 557（DOS - 3），1973 年在进入轨道后失去控制；

6）Salut - 3（OPS - 2），1974—1975 年；

7）Salut - 4（DOS - 4），1974—1977 年；

8）Salut - 5（OPS - 3），1976—1977 年。

（2）美国天空实验室轨道空间站，1973—1979 年。

（3）中国天宫轨道空间站，2011 年。

到目前为止，航天史上仅有两个载人多模块空间站，它们是 1986—2001 年的俄罗斯和平号（Salut - 8 或别名 DOS - 6）和国际空间站（1998 年开始运行），15 个国家为其创建和运行做出了贡献。为了分析机载控制系统如何影响火箭和空间技术的可靠性，有必要看看 2000—2009 年国际空间站发生的重大事故。

2000 年 2 月 21 日，在国际空间站美国段执行指挥和控制功能的三台机载计算机中的主计算机停止运行了一小段时间。只得切换到备用机载计算机，才恢复了地面控制中心与空间站的联系。专家认为，故障是由软件缺陷引起的。

2001 年 4 月 25 日，国际空间站美国段的三台机载计算机全部失效，与休斯敦任务控制中心的联系中断。后来发现，是计算机存储设备出现了故障，硬盘上的文件损坏（现在使用 SSD 固态硬盘代替 HD 硬盘来存储数据）。

2002 年 2 月 4 日，由于机载电子系统故障，国际空间站持续几个小时失去控制。该机载电子系统需要将决定空间站姿态的俄罗斯传感器的命令中继到美国制造的陀螺仪。因此，国际空间站与地球的语言通信和国际空间站的姿态控制系统都失效了。

三个月后（2002 年 5 月 21 日），该国际空间站所有生命保障系统和几乎所有的科学设备停止运行了三个小时。故障是由一台机载计算机的一个缺陷引起。2007 年 6 月 12 日，俄罗斯舱段的机载控制系统发生故障，导致姿态控制推进器工作异常，制氧和二氧化碳去除设备以及其他生命保障系统无法启动。此外，中央计算机自动复位产生了错误的火灾警报。对故障原因的调查表明，根本原因是电器触点上的冷凝导致短路和发出切断主计算机和备用计算机电源的命令。因此，如果软件或电子元器件（对硬件失效负责）存在缺陷，即使机载计算机的多重冗余也无法避免失效发生。

2.10　确保长寿命航天器机载设备可靠性的方法

由现代空间系统和综合设施（Complexes Constitutes）组成的空间站的使用寿命为10～15 年，这使得用以部署和维护各种轨道群（Orbital Groups）的航天器发射的次数得以减少。

无故障运行是航天器可靠性的主要指标之一。任何产品的可靠性都在产品的设计和制造阶段决定的，然后在产品实际运行条件下的测试和正常运行中表现出来。因此，在航天器生命周期的所有阶段，即在设计阶段、工程文件编制阶段、原型机地面开发阶段、飞行试验及正常运行阶段都应考虑影响可靠性的各类因素[12,13]。

（1）设计和开发阶段

空间系统设备的设计始于工作说明（SOW）的准备阶段。

根据其用途，机载系统在运行寿命期间的无故障运行概率（Probability of Faultless Operation，PFO）应符合所谓的航天器标准可靠性预计。表 2 - 13 显示了使用寿命为 15 年的通信、电信和导航航天器的机载系统基本元件（Basic Elements）的可靠性指标的典型值[13]。注意，即使在使用寿命的最后一年（第 15 年或第 25 年），也要确保无故障运行概率值。

表 2 - 13　所设计航天器机载系统基本元件无故障运行的概率[13]

机载系统要素	无故障运行概率 *，min
有效载荷（中继设备）	0.91
机载控制综合体	0.958
定向稳定系统	0.951
供电系统	0.962
校正系统	0.930
热控制系统	0.992
太阳能电池板机械装置	0.9998
天线装置	0.9999
平台总体	0.8
航天器总体	0.72

＊ 截至使用寿命最后一年（如第十五年或第二十五年）。

此类航天器的基础设备应设计必要的冗余备份，以确保达到无故障运行概率值。元件或互连电路的任何单一失效或任何未经许可的命令序列也不应导致机载电子设备或航天器失效。

当使用所有备份、模块和电路时，机载电子设备失效指的是不履行至少一项工作说明中规定的功能。航天器在耐久性方面应满足自身使用寿命至少为 15 年，包括在轨测试和验收持续 0.25 年（2160 小时）以及根据指定用途运行（运行使用寿命）持续 15 年（131490 小时）。

　　机载电子设备耐久性（资源）的一般要求已在工作说明中进行了明确，包括待机和间歇运行模式下对机载电子设备资源的具体的特殊要求，并说明具体运行资源（待机模式保留 10%）、预设的在航天器使用寿命期间根据设计目的进行操作的最小接通次数（间歇模式）以及在制造、维护和技术综合方面进行的测试。

　　自验收之日起 18 年内，机载电子设备应符合所需的技术和操作特性（维持它们），并确保：

　　1）贮存寿命/保质期（3.5 年），包括航天器生产周期（1.5 年）和合格航天器的储存期（2 年）；

　　2）在贮存寿命/保存期内进行各种设备测试（4380 小时）；

　　3）使用寿命作为航天器设计目标寿命的一部分——15 年。

　　以最低的设备生产成本确保所需的可靠性参数：

　　1）建立和实施对电气、电子和机电部件的质量要求；

　　2）从现代分析方法和机载电子设备可靠性保证的角度来看，设计选择的应用。

　　为了确保所用电气、电子和机电部件的质量，在测试车间进行测试时应筛选这些零件以供将来使用，从而减少由具有隐含缺陷的零件引起的故障数量[14]。

　　为确保机载电子设备的可靠性，需要进行功能分析、可靠性分析（计算）、影响类型和故障重要性分析、最坏情况分析（以及部件、资源和保质期内的电负载和热负载分析）和安全分析[15]。

　　根据研究结果，已开发了控制关键要素的程序。在设计阶段，可以嵌入、验证和估计未来机载电子设备可靠性；因此，在这些阶段，需要特别注意所需机载电子设备可靠性的验证模型。

　　长寿命运行的航天器的机载电子设备被视为一个以结构冗余作为特征的复杂系统。在此类系统中，二进制变量可用于表示机载电子设备状态[16]：

$$S(T_{OE}) = \begin{cases} 1 & \text{设备（系统）在 } T_{OE} \text{ 期间保持运行} \\ 0 & \text{其他情况} \end{cases} \tag{2-10}$$

式中，T_{OE} 是机载设备的运行寿命。

　　机载电子设备可靠性的主要指标是在规定的使用寿命期间无故障运行。特定机载电子设备的无故障运行概率分析包括检查由有限组特定类型的串行和并行可靠性结构图组成的可靠性结构图。因此，切换方法和切换示意图定义了并行结构机载电子设备的特性。

　　对于并行可靠性，机载设备功能无故障运行概率采用以下公式计算：

$$P(T_{OE}; \Theta) = 1 - P\{\max_N(X_{(1)}, X_{(2)}, \cdots X_{(N)}) < T_{OE}; \Theta\} \tag{2-11}$$

式中，N 为机载设备中并联单元的数量；$X(j)$ 为机载设备 j 单元（电路）工作寿命的随机值（$j = 1, 2, \cdots, N$）；$\max_N(X_{(1)}, X_{(2)}, \cdots X_{(N)})$ 是对应于最大 N 值的可靠性函数；Θ 是参数向量（确定无故障操作时间分布的参数集）。

　　如果使用备份冗余，用下面函数计算无故障运行概率的一般功能（在切换和故障指标绝对可靠的情况下）[13]：

$$P(T_{OE} ; \Theta) = P\left\{\sum_{j=1}^{N} X_{(j)} > T_{OE} ; \Theta\right\} \tag{2-12}$$

机载电子设备可靠性框图中元件连接包括机载电子设备元件（电路）的不同类型的串行和并行连接。可处于主动或被动（备份）状态的机载电子设备（OE）及其电子元件（功能器件、模块、电路）的可靠性计算的数学模型被广泛采用。失效率服从指数分布。

为了计算此类部件的机载电子设备可靠性 $P(t)$，可使用以下关系式[13]：

1）无冗余或串行电路（单点故障）：

$$P(t) = e^{\lambda t} \tag{2-13}$$

2）具有 m/n 并行冗余模式的模块：

$$P(t) = \sum_{i=2}^{n-m} C_n^i (1 - e^{-\lambda t})^i (e^{-\lambda t})^{n-1} \tag{2-14}$$

3）具有 m/n 备份冗余模式的模块：

$$P(t) = e^{-m\lambda t}\left[1 + \sum_{i=1}^{n-m} \frac{(1 - e^{-\lambda_{xp} t})}{i!} \prod_{j=0}^{i-1}\left(j + m\frac{\lambda}{\lambda_{xp}}\right)\right] \tag{2-15}$$

式中，t 为模块运行时间；λ 是主份模式下的故障率；λ_{xp} 为备份模式下的故障率（$\lambda_{xp} = /\lambda 10$）[①]；$n$ 是相同并行模块的数量；m 是决定电路性能的工作模块数，由其他 $n-m$ 模块做备份。

高度可靠的电气、电子和机电部件的使用，可以对组成机载电子设备的电气、电子和机电部件的故障率参考值应用折减系数[16]。参考文献 [17，18] 中提出了一种定量估计折减系数 K_{TF} 的方法，该方法更精确地定义了运行故障率 λ_o 的值。

（2）地面试验开发阶段

机载电子设备和航天器的地面试验开发（GED）应在类似于实际运行的条件下验证是否能够达到工作说明中规定的技术特性和可靠性要求。开发方法包括：

1）更加苛刻的开发和验收模式；

2）航天器元件级别设备（单元、组件、机载设备）到机载系统，再到航天器（平台和有效载荷舱）的严格开发顺序（从简单到复杂），还有分阶段开发（组件、系统级、初步、探索和飞行测试）；

3）开发和测试标准的分级。开发标准的分级意味着开发水平越高，开发过程中应用的不稳定因素（温度、热循环次数、试验持续时间、机械应力等）的合格裕度越低。因此，最高标准和开发模式被应用于航天器设备。

根据复杂的试验开发方案，在机载电子设备组件开发层面上还要进行以下类型的测试：

1）实验室开发测试（LDT）；

2）设计相关测试（DRT）；

3）初步测试（PrT）；

4）特定环境暴露测试（如有必要）；

5）耐久度（如有必要）。

---

① 　原文疑似有误。

（3） 测试规范要求

测试所采用的航天器机载电子设备由俄罗斯应用力学科研生产联合体（NPO PM）开发，使用寿命为 10～15 年，对机载电子设备应在如下的外部环境进行初步测试并改进：

1） 机械性能测试（采用符合工作说明的模式）；

2） 热（热真空）测试，包括在服役温度±10℃范围内至少 20 个热循环测试，其中 4 个循环在相同温度条件的真空环境下测试；

3） 三重冷启动冲击（在最低负温度向下 10℃余量环境下测试）；

4） 降低压力（电压为 100V 以上）、冷启动，或者将低压与热（热真空）测试相结合。

机载电子设备飞行单元在制造和验收期间还要进行以下类型的测试[13]：

1） 持续至少 300 小时的老化测试，包括 10 次热循环，循环温度波动范围扩大±10℃；

2） 机械应力测试（测试模式遵照技术规范）；

3） 暴露在温度范围波动扩大±5℃的环境中进行热（热真空）测试；

4） 降低机载电子设备气压，保证电压在 100V 以上的条件下进行测试（在第一个机载电子设备单元的验收测试阶段，如有必要，对后续开发的飞行单元进行进一步测试）；

5） 单次冷启动测试（最低负温度，5℃余量）；

6） 在启用状态下对机载电子设备进行 100 小时的无故障运行验证测试。

通常情况下，机载电子设备底层开发是一个在每一级都有反馈的过程，旨在确保所有测试和开发过程中的开发效率[19]。图 2-19 显示了航天器的结构及其组件在开发过程中

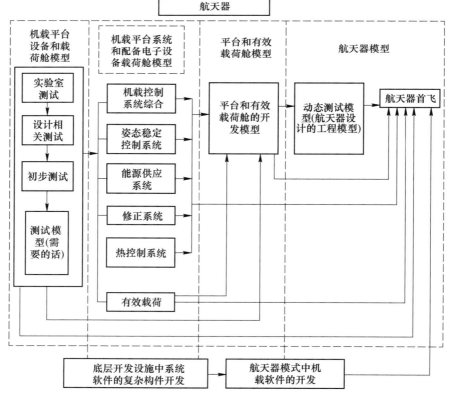

图 2-19　航天器开发过程示意图

的逐级测试和应用模式[13]。具有特定质量和可靠性指标的现代航天器是在合同规定的最短时间内以最低成本制造的，因此，底层开发需要不断优化。

NPO PM 采用前瞻性的方法对航天器和机载电子设备的开发进行优化，优化方法如下：

1）通过在单一设备上集成不同类型的试验，简化用于机载电子设备开发所生产的设备；

2）采用计算机模型替代物理开发模型，并使用在各种项目框架内设计的设备和软件来降低工作成本（项目间统一）；

3）通过减少航天器部件测试阶段（实验室测试阶段、特殊测试和经计算核实的耐久性测试阶段），缩短开发周期和降低成本；

4）将一些开发测试与飞行单元合格性测试结合起来；

5）优化开发和生产阶段（淘汰特征评估中提供有用信息较少的测试；将提供相似的结果的测试类型和在集成后提供更多反馈信息的测试进行集成；减少在不同暴露环境下鉴别相同特性的冗余测试；采用对设备组件、分段或模型的测试代替一般的设备测试；减少测试时间，包括使用加速方法；一种试验类型与另一种试验类型的等效替换；将质量测试、阶段性测试和类型测试替换为筛选测试）。

任何优化过程的评估标准都是将初始参数和优化后的参数进行比较。参考文献［21］提出了一种方法，即通过与参考对象或可接受的效率水平进行比较，根据各个开发阶段的所有试验来定量评估航天器底层优化开发的效率。

生产测试和运行过程中，通过检测不同类别的失效来确定机载电子设备的可靠性。机载电子设备失效有以下几种类型：设计、生产和运行原因失效；电气、电子和机电元件失效。

就各类型失效而言，机载电子设备的无故障运行参数可以通过反映机载电子设备生产测试结构的模型以及生产测试阶段因特定原因（运行原因除外）导致的失效数量进行估算。

机载电子设备及其元器件的生产测试包括：

1）在测试设备上对各批次的电气、电子和机电产品进行输入控制和额外检测；

2）制造和调试后的第一次接通；

3）老化测试；

4）交付前的测试；

5）验收测试；

6）耐久性、周期性测试（如有必要）；

7）与机载系统进行装配测试；

8）与航天器组装测试（未对接和对接）。

为了确保电气、电子和机电部件的正常运行，测试还包括在测试设备上输入控制和进行额外的电气、电子和机电（EEE）测试（筛查、无损监测诊断、采样物理破坏性分析）的结果。

基于地面开发结果的随机离散值（在不同测试阶段由于不同原因导致机载电子设备的失效次数），评价机载电子设备可靠性的一般函数为：

$$P_{OE} = \prod_{i=1}^{r} F_i(K,\ M,\ N_0^*,\ n_{TF}^*,\ n_{i,j},\ p_{i,j},\ p_{TF}^*) \qquad (2-16)$$

式中，F_i 是 i 型失效下的无故障运行函数；K 是某类机载电子设备的生产数量；M 是机载电子设备生产测试的种类数目；N_0^* 是各批次中某些接受输入控制 EEE 元件的初始数量；n_{TF}^* 是某一批 EEE 元件中未能通过测试系统（EEE 失效检测）的不合格产品数量；p_{TF}^* 是各批次电器元件 EEE 失效检测效率；n_{ij} 是在 j 型试验中由于 i 型原因造成的机载电子设备失效的数量；$p_{i,j}$ 为 i 型失效的 j 型测试效率；r 是设计和生产中失效的数量。

参考文献［22］中提出了在独立试验和因各种原因导致机载电子设备失效的情况下，确定电子设备总可靠性和置信区间的方法。

（4）飞行测试和正常运行阶段

机载电子设备和航天器的一般验证过程包括航天器飞行试验和在轨期间的电子设备检查。应确保飞行试验的有效性，因为飞行试验能够验证机载电子设备是否符合工作说明书要求，即是否存在因基础设计失误和生产技术及测试开发不足而引发的失效。同时，也考虑了以下几个方面内容：

1）机载电子设备在轨运行的结果（失效、运行时间、超时设定、关键参数值）；

2）机载电子设备的可靠性评估，设计阶段得到的设计要素及根据试验和运行结果得到的详细说明；

3）开发测试的数量（样品数量、运行时间、机载电子设备失效）；

4）机载电子设备和航天器开发测试的类型和模式；

5）机载电子设备正常开展的试验以及耐久性加速试验的结果；

6）用于航天器机载电子设备的电子、电气和机电元件的诊断和预测控制的结果。

在机载电子设备飞行试验和正常运行期间，为了评估并预测其可靠性参数，一个软件和方法库被开发，该软件和方法库拥有机载电子设备和航天器可靠性与技术状态的分析参数和可预测参数，还包括利用参数模型、非参数模型和混合模型处理少量统计数据，以分析和预测其在轨飞行性能的算法和方法。上述在机载电子设备不同生命周期中逐级提供可靠性的方法库已在 SESAT、Ekspress - AM、GLONASS - K、Ekspress - 1000 等航天器的生产过程中得以实施，这表明制造使用寿命为 10～15 年、可靠性系数达到国内外最佳水平的航天器成为可能。

参 考 文 献

［1］ Zheleznyakov A B. Rocket Downfall During Launching ［M］. Saint Petersburg. Russia：Sistema，2003.

［2］ Kharchenko V S，Sklyar V V，Tarasyuk O M. Rocket - Space Risk Analysis：Evolution of Sources and Tendencies ［J］. Radio - Electronic and Computer Systems，2003，3（3）：135 - 149.

［3］ Hansen M，Nesbit R F. Report of the Defense Science Board Task Force on DefenseSoftware ［M］. Defense Science Board. Washington，D. C.，2000.

［4］ Tarasyuk O M，Kharchenko V S，Sklyar V V. Safety of Airspace Technique and Reliability of Computer Systems ［J］. Aviation and Space Technique and Technology，2004，9（1）：66 - 80.

［5］ Gorbenko A V，Zasukha S A，Ruban V I，et al. Safety of Airspace Technique and Reliability of Computer Systems：2000 - 2009 ［J］. Aviation and Space Technique and Technology，2011，78（1）：9 - 20.

[6] Kharchenko V S, Sklyar V V, Tarasyuk O M. Rocket - Space Risk Analysis: Evolution of Sources and Tendencies [J]. Radio - Electronic and Computer Systems, Kharkiv: National Aerospace University "KhAI," Ed, 2003 (3): 135 - 149.

[7] Aisenberg Y E, Yastrebenetsky M A. Comparison of the Safety Principles for the Control Systems for Launchers and Nuclear Power Plants [J]. Space Science and Technology, 2002, 8 (1): 55 - 60.

[8] Kharchenko V S, Yastrebenetsky M A, Sklyar V V. New Information Technology and Safety Aspects of Information Control Systems of Nuclear Power Plant [J]. Nuclearand Radiation Safety, 2003 (2): 18 - 29.

[9] Labenskiy V B. Applying of Correlation - Regression Analysis for Tasks Planning inRocket - Space Industry [J]. Automation and Information iences, 2001 (4): 101 - 110.

[10] Jones M B. What Happened on Mars? [EB/OL]. Microsoft Corporation, http: //research. microsoft. com/enus/um/people/mbj/mars _ pathfinder/.

[11] NASA. The First NASA Formal Method Symposium [EB/OL]. http: //ti. arc. nasa. gov/events/nfm09/.

[12] Interfax. Accident Caused by a Fault [EB/OL]. http: //www. interfax. ru/print. asp? sec=1446&id= 169821.

[13] Patraev V Y, Maksimov Y V. Methods of Reliability Control of an On - board Equipment of Space Vehicles of Long - Lived Operation [J]. Izvestiya vysshikh uchebnykhzavedeniy. Priborostroenie (Journal of Instrument Engineering), 2008, 51 (8): 5 - 12.

[14] Urlichich Y M, Danilin N S. Quality Management of Space Radio - Electronic Equipment Underthe Conditions of Open Economy [M]. Maks Press, 2003.

[15] Instructional Guidelines 154 - 24 - 2001. Conducting Analysis to Ensure Reliability Of Equipment, Systems and Spacecraft, Zheleznogorsk: NPOPM, 2001.

[16] Patraev V Y. Spacecraft Reliability Model, SAKS2004 [C]. Theses of International Researchand Practice Conference, Krasnoyarsk: Siberian State Aerospace University, 2004.

[17] Fedosov V V, Patraev V Y. The Reliability Growth of the Spacecraft Electronics on Application of Radio Electronics, Subjected to Additional Screening Tests in SpecializedTechnical Testing Centers [J]. Aerospace Instrument Making, 2006 (12): 50 - 55.

[18] Fedosov V V, Patraev V Y. Estimation of Destructive Physical Analysis Towards Reliability Performance Microelectronics Products Installed on the Board of Spacecraft, Aerospace Instrument Making [J]. 2008 (1): 37 - 40.

[19] Quality Management System, Stages of Ground Experimentdevelopment of Products: Types of Screening and Control Tests, General Requirements), Zheleznogorsk: NPO PM, 2007.

[20] Patraev V Y, Maksimov Y V. Optimization of Testing Spacecraft with Useful Lifeof 10 - 15 Years [J]. Dvojnyetekhnologii (Dual Technology), 2004 (3): 66 - 80.

[21] Patraev V Y, Maksimov Y V. Assessment of communications and Navigation Satellites Experimental Test Development Optimization Efficiency [C]. Materials of the Russian Research and Technology Conference Dedicated to the 40th Anniversary of Launch of the first SC Glonass, Krasnoyarsk: Sib-SAU, 2007: 35 - 40.

[22] Patraev V Y, Maksimov Y V. Estimation of Reliability of Onboard Equipment byResults of Additional Screening Tests of Completing Electro - Radio Elements and Production Tests of the Onboard Equipment [J]. Aerospace Instrument Making, 2006 (8): 46 - 49.

第 3 章　空间和军用微波电子学

3.1　微波电子学基础

在讨论 GaAs 的特性及其应用之前，需要了解一些有关微波技术的基础知识。众所周知[1-3]，超高频指的是超高频电视频率（Television Frequencies）和远红外频率之间的电磁辐射（100~300GHz）的频率范围。该范围频率对应的波长大约为 30cm~1mm，因此也被称为分米波或厘米波。在英语中，它被称为微波，因为其波长与传统无线电广播相比非常小。

就波长而言，微波范围的辐射介于光辐射和常规无线电波辐射之间，具有与光和无线电波某些相似的特性，例如它与光一样沿直线传播，并几乎被所有固态物体遮蔽。

与光非常相似，微波可以像光束一样被聚焦和分散，也可以被反射。许多雷达天线或其他微波设备类似于光学元件中的反光镜和透镜的放大版。

同时，因为是通过类似的方法产生的，微波与广播波段的无线电波相似。人们可以将无线电波的经典理论应用于微波，并且基于相同的原理，可以将其作为一种通信手段。由于微波频率较高，可以传输更多的信息，因此通信效率更高。例如，一束微波可以同时传送几百个电话通信。微波与光的相似性及其较高的携带信息密度证明了其在雷达和其他技术领域能够发挥巨大的作用。

微波在现代空间和军事装备中的应用可以归纳为以下几个主要方向。

（1）雷达

在第二次世界大战之前，分米波和厘米波仍然停留在纯科学理论研究阶段，当时迫切需要新的有效的电子手段来进行早期探测。尽管早在 1923 年微波雷达的主要特征就在美国海军的科学研究实验室得到了证实，但直到二战期间才开始对其实用价值进行深入研究。

雷达的本质是发射出短而强的微波辐射脉冲，然后记录从所需的远程物体（船舶或飞机）返回的那部分辐射。

（2）通信

直到最近，微波频率的无线电波才被广泛用于通信技术。除了各种军用无线电系统之外，世界上还有许多商用微波通信线路[4,5]。由于微波沿直线传播且地球表面存在曲率，所以这些通信线路通常需要依托于安装在山顶或无线电塔顶部的中继站完成传输，这些中继站的空间间隔大约为 50km。安装在塔上的抛物面或喇叭天线进一步接收和传输微波信号。在每个中继站，信号在被重新传输之前由电子放大器放大。由于微波允许实现精细聚焦接收和传输，因此传输过程不需要大量的电力消耗。

虽然发射塔、天线、接收器和发射系统非常昂贵，但从长远利益来看，这一切都是值得的，因为微波通信信道具有巨大的信息容量。20 多年前，美国的各个城市通过一个由 4000 多条微波中继链路组成的复杂网络相互连接，形成了一个从一个海岸延伸到另一个海岸的通信系统。该通信网络能够同时传送数千个电话通信和许多个电视节目。

（3）通信卫星

中继无线电发射塔系统是远距离微波辐射传输过程中必不可少的装置，但它仅以地面设备为基础进行传输，洲际通信还需要其他中继传输方法。对此，人造地球卫星（AES）的作用得以显现，当 AES 部署到地球静止轨道时，它们可以作为微波通信中继站[5-7]。

有一种被称为有源中继 AES 的电子设备，可以接收、放大和重传由地面基站传送的微波信号。20 世纪 60 年代初，第一批此类实验性 AES（Telstar、Relay 和 Syncom）成功地实现了将电视广播从一个大陆重传到另一个大陆。在这一成果的基础上，开发了用于洲际和内部通信的商业卫星。国际通信卫星组织（Intelsat）最后一个洲际系列卫星被放置在地球静止轨道的不同位置，可为全世界的用户提供相关的服务。最新版本的国际通信卫星组织的每颗卫星都为客户提供了数千条高质量的通信信道，用于同时传输电话、电视、传真信号和数字数据。

（4）科学研究

微波辐射在固体电子特性的研究中发挥着重要作用。当一个物体处于磁场中时，其中的自由电子绕着垂直于磁场方向平面内的磁力线旋转。旋转频率又称回旋加速频率，与磁场强度成正比，与电子的有效质量成反比。在固态电路中，有效质量决定了在不同外力条件下电子的加速度。自由电子质量则与之不同，自由电子质量决定了真空中电子的加速度。这种差异是由于存在吸引力和排斥力，原子和其他电子通过这些力影响芯片中的电子。当磁场中的固体接收到微波辐射时，如果其频率等于电子回旋频率，该辐射将被强烈吸收。这种现象称为回旋共振。它可以测量电子的有效质量。类似的测量为研究半导体、金属和类金属的电特性提供了许多有价值的信息。

微波辐射在空间研究中也起着重要作用。天文学家对我们自己的星系已经了解了很多，他们探索了星际空间中氢气发出的波长为 21cm 的辐射。基于这些研究，研究人员可以测量星系臂（Galaxy Arms）的速度和运动方向以及空间中氢气区域的位置和密度等。

所有微波装置的关键要素都是微波辐射源[7,8]。

微波技术领域的迅速发展在很大程度上与能够产生大量微波能量的特殊电真空器件（速调管和磁控管）的发明有关。应用于低频波段的基于传统真空管的发生器在微波范围内的效率非常低。而真空管作为微波发生器的两个主要缺点是有限的电子渡越时间以及较小的极间电容量。前者影响到电子在真空管电极间飞越所需的时间（尽管很短）。在此期间，微波场能够改变电子的运动方向，迫使电子在到达另一个电极之前返回。因此，电子在光源中振荡而不发挥任何作用，也不会在外部振荡电路中释放能量。

（5）磁控管

第二次世界大战前，英国人发明了磁控管，磁控管没有真空管所呈现的问题，这是因为磁控管产生微波辐射是基于空腔谐振器原理，是完全不同的方法。类似于近似尺寸的风琴管有自己的声波共振频率一样，空腔谐振器也有自己的电磁共振频率。腔壁起到电感的作用，腔壁之间的空间起到谐振电路中的电容作用。因此，空腔谐振器类似于并联低频发生器，具有独立的电容和电感。空腔谐振器的尺寸是可以选定的，使其中的电容和电感组合相匹配，以达到期望的超高谐振频率[2]。

磁控管的中心通常有几个对称地围绕阴极排列的腔体。该装置被置于一块强磁铁的两极之间。电子在磁场的作用下由阴极发射，被迫沿圆形轨迹运动。电子在固定的时间从外围穿过谐振器的开槽，给它们传递动能并激发谐振器的振荡。然后，电子再次回到阴极，并重复该过程。该装置的飞行时间和电极间电容不影响微波能量的产生过程。

磁控管的尺寸做得越大，其产生的微波脉冲能量越强。但磁控管也有缺点。例如，频率越高，谐振器的尺寸越小，技术上越难实现，这是由于磁控管本身体积的减小，产生的微波脉冲能量也较小。除此之外，磁控管中的磁铁较重，且磁铁的质量随着设备功率的增加而增加。因此，缺点显而易见，体积较大的磁控管不适合安装在航天器上。

（6）速调管

这种电真空装置的原理稍有不同，它不需要外加磁场。速调管中的电子沿直线从阴极移动到反射板，然后再返回。同时，它们穿过空腔谐振器的开口间隙。控制栅极和谐振器栅极将电子分组成单独的簇，以便电子仅在特定时刻穿过谐振器的间隙。电子簇之间的间隙与谐振器的共振频率对准，以便将电子的动能传输到谐振器，从而在其中设置强电磁波。这一过程与初始设定摆动的节奏性摇摆相似。

起初的速调管是功率相当低的器件，但后来它们打破了作为高功率微波发生器的磁控管的所有纪录。速调管被制造用来实现每脉冲输出高达 1×10^7 W 的功率，连续模式下输出功率可高达 1×10^5 W。用于研究线性粒子加速器的速调管系统在一个脉冲中能够产生 5×10^7 W 的微波功率。

速调管可以工作在非常高的频率。然而，它们的输出功率通常小于 1W。从参考文献中可知，设计速调管的目的是在毫米范围内实现高输出功率[3,8]。

速调管也可以用作微波信号放大器。为此，应将输入信号提供给空腔谐振器栅极，然后电子簇的密度将根据该信号的变化而变化。

（7）行波管（TWT）[1,2,6]

行波管是另一种用于产生和放大微波范围内电磁波的电真空装置。它是一根插入聚焦线圈的细真空管。在管子内部有一个减速线圈。电子束沿线圈导线的轴线运动，放大的信号波沿线圈导线运动。线圈导线的直径、长度和间距以及电子速度的选择应确保电子将其部分动能提供给行波。

无线电波以光速传播，电子束的传播速度则要小得多。然而，由于微波信号被迫跟随线圈，它沿管轴移动的速度接近电子束的速度。因此，行波与电子长时间相互作用，并通过吸收电子的能量而被放大。

如果没有接收到外部信号，则在一定谐振频率下的随机电子噪声被放大，行波管作为微波发生器而不是放大器工作。在相同频率下，行波管的输出功率明显小于速调管和磁控管的输出功率。然而，行波管允许在较宽的频率范围内调谐，可以用作高灵敏度的低噪声放大器。这些特性的结合使行波管成为微波技术中一种有价值的器件。

（8）扁平真空管[3]

尽管速调管和磁控管更适合作为微波发生器，但技术和设计的改进在一定程度上恢复了真空管的重要功能，尤其是在其作为频率高达 3GHz 的放大器时。

由于电极之间的距离非常小，因此不存在与传输时间相关的问题。由于电极呈网状，且所有外部连接均在腔体外部的大环上进行，因此极间电容被降至最低。在微波技术中，通常采用空腔谐振器。谐振器紧紧地包围照射器，环形连接器与谐振器的整个圆周接触。

（9）体效应二极管发生器[1-3]

1963 年，在 IBM 托马斯·J. 沃森研究中心工作的 J. Gunn 首次提出了这样的半导体微波发生器。目前，这些器件在低于 240 亿 Hz 的频率下只能提供几毫瓦的功率，但在这些限制范围内，它们与低功率速调管相比具有明显的优势。

由于体效应二极管是由 GaAs 单晶制备的，速调管需要有一个加热的阴极来产生电子流，并且需要高真空，因此理论上体效应二极管比速调管更稳定耐用。此外，体效应二极管工作在相对较低的电源电压下，而速调管则需要工作电压为 1000～5000V 的体积庞大且价格昂贵的电源。

发射微波的传统信道形状为波导。波导管是一种经过精心处理的矩形或圆形截面的金属管，微波信号在其内部传输。简单地说，波导管引导波，使它从腔壁反射回来。然而，事实上，波沿波导传播是波的电场和磁场振荡的延伸，在自由空间中也是如此。只有当波导的尺寸与传输信号的特定频率相关时，这种波导才能传输。因此，被精确计算、处理的波导也仅能在较窄的频率范围内传输，而其他频率范围内的波传输能力很差甚至不能传输。

波的频率越高，它的矩形波导的尺寸就越小，最终其尺寸会小到使制造很复杂并限制了发射功率。因此启动了圆形波导（圆形截面）的开发，它在较高的微波频率下也可以足够大。圆形波导的使用受到某些因素的限制。例如，波导应当是直的，否则效率就会降低。矩形波导易于弯曲，它们可以获得所希望的曲线形状，并且不影响信号的传输。

（10）固体器件

固体器件包括半导体和铁氧体，在微波技术中起着重要的作用。因此，锗硅二极管被用于微波信号的检测、切换、校正、变频和放大[3,5,8]。

有种特殊的二极管被用于放大作用，它们被称为可变电容（电容的容量可以改变）或参量放大器。这种广泛分布的放大器用于放大非常小的信号，因为它们几乎不会产生固有噪声和失真。

红宝石量子放大器也是一种低噪声的固体微波放大器。该量子放大器的作用基于量子力学原理，通过红宝石晶体中原子在能级之间的跃迁来放大微波信号。由于红宝石（或其他合适的量子放大器材料）浸没在液氦中，放大器在极低的温度下工作（仅比绝对零度高几度），因此该放大器热噪声水平非常低，适用于射电天文、雷达和其他需要检测或放大非常微弱的微波信号的超敏感测量系统。

铁氧体材料（如氧化镁和铁钇铁石榴石）广泛用于制造微波开关、滤波器和环行器。铁氧体器件是由磁场控制的，即一个微弱的磁场足以控制高功率微波信号的传输。铁氧体开关与机械开关相比具有较大优势，它们不存在运动部件的磨损问题，并且开关速度非常快。

环行器是一种典型的铁氧体装置。它就像一个环形交叉口，只在连接不同部件的特定路径上提供信号。目前，环行器和其他铁氧体开关器件仍然被用来将系统中的微波组件连接到同一天线。

隧道二极管也用于微波技术。它是一种工作频率高达 10GHz 的半导体器件，被用于发电机、放大器、变频器和开关等领域。虽然其工作功率很小，但它却是第一个能够在如此高的频率下有效工作的半导体器件。

3.2 GaAs 的结构与性能

在前面的章节中，我们已经考虑了硅基技术和硅基微电子器件的问题。与其他化合物半导体材料相比，作为微电子产品主要原料的硅的主要缺点是载流子迁移率相对较低，这限制了其在高频下工作的能力。GaAs 材料是一种比硅材料更加复杂的材料。它是双组分的，在技术上更难处理，但与硅材料相比，它具有更高的载流子迁移率。载流子迁移率是决定集成电路工作频率的重要参数。目前标准硅基处理器的工作频率限制在 10GHz 左右，而 GaAs 可以工作在 100GHz~1THz 的范围内，且在 GaAs 基底上可以形成不同的异质结构，从而增加了载流子的迁移率。因此，硅是制造芯片的材料，它被设计用于低频和数字器件，而 GaAs 主要用于处理在非常高的频率下的模拟信号[9]。

如今，任何带有无线电收发器的无线电电子设备，包括移动电话和雷达站，都需要基于 GaAs 的单片电路。同时，基于 GaAs 和氮化镓的芯片被广泛应用于无线连接领域。

全世界 90% 以上的半导体器件是用硅基制造的。与此同时，在半导体和半导体器件领域 50% 以上的科技出版物致力于 $A^{III}B^{V}$ 族化合物的研究。近年来，这类化合物作为制造各种半导体器件的材料得到了广泛的应用，且近年来对这些化合物性质的广泛深入的研究使得许多新的物理现象被发现，由此创造了多种新型电子器件，对固体物理学的发展也做出了重要贡献。

GaAs 是属于 $A^{III}B^{V}$ 族化合物的主要半导体材料之一，由于集多种优良的物理性能于一身，所以在现代电子技术中成为仅次于硅的半导体材料。

需要注意的是，在晶体结构方面，包括 GaAs 在内的大部分 $A^{III}B^{V}$ 族化合物均为闪锌矿结构。这种结构的单元格包含 A 和 B 两个原子，并在空间中不断重复，使每个组成部分形成面心立方晶格。对于 GaAs，晶体结构可以表示为 Ga 和 As 原子的互穿面心晶格，它们相对于彼此移动了主对角线的四分之一，如图 3-1（a）所示。

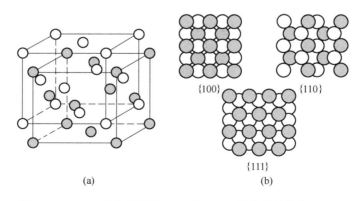

图 3-1 GaAs 晶体的结构（a）和 GaAs 晶体的主晶格面（b）

典型 GaAs 晶格的三个主要晶面如图 3 - 1 （b）所示。｛100｝晶向上的每个 As 原子都与底层的 Ga 原子有两个键，另外两个面的连接则是自由的。｛110｝晶面包含相同数目的 Ga 和 As 原子，每个原子与底层只有一个连接。｛111｝晶面的 As 原子与下层 Ga 原子有三个键；第四个面的连接仍然是自由的。

最近的相邻原子之间的距离为 0.244nm，等于 As（0.118nm）和 Ga（0.126nm）原子半径的总和。晶格常数为 0.565nm。

值得注意的是，由于 GaAs 晶体结构的部分极性，GaAs 中的键要比 Si 或 Ge 中的同极键强得多，这将导致 GaAs 晶体具有较低的晶格振动振幅（因此有更大的迁移率）、更高的熔点和更宽的带隙。

这种化学键的差异在晶体的机械剪切过程中明显地表现出来。例如，在金刚石中，晶体基本上沿｛111｝平面分裂。如前所述，在由不同原子（Ga 原子平面和 As 原子平面）构成的 GaAs ｛111｝叠加平面中，这些平面之间的静电相互作用使剪切变得困难。GaAs 晶体都很容易沿着含有相同数量的 Ga 和 As 原子的｛110｝平面方向分裂。

3.3　GaAs 和 Si 的特性比较

GaAs 的物理性质使其成为半导体微电子技术中最受关注的材料之一。这种材料的一些基本性质见表 3 - 1[9]。

首先，应该指出的是，GaAs 作为半导体器件基材的主要优点在于其能带的结构特征。图 3 - 2 是 GaAs 和 Si 的经典能带图。它们的能带图是用传统方法绘制的。其能带图的 X 轴表示其在布里渊区内的波矢量在几个方向上的值，纵轴则表示电子态的能量值。

GaAs 和 Si 之间的显著差异在于导带能量依赖于波矢量的性质。由于带隙大，GaAs 中的电子和空穴的本征浓度小于 Si，所以理论上 GaAs 可以具有很高的电阻率。这使得人们既可以在厘米和毫米波长范围内工作的集成电路中使用这种材料作为介质，也可以在数字集成电路中将其用于绝缘结构。此外，更大的禁带宽度也使得它可以被设计为比硅基材料工作在更高的温度条件下的器件。

表 3 - 1　GaAs 的基本性质

外　　观	深灰色立方晶体
分子量	144.64 原子单元
晶格常数	0.56533nm
晶体结构	闪锌矿结构
常温下的熔点	1513K
在 300K 下的禁带宽度	1.424eV
电子有效质量	$0.067m$
轻空穴有效质量	$0.082m$
重空穴有效质量	$0.45m$
在 300K 下的空穴迁移率	$400\text{cm}^2/(\text{V} \cdot \text{s})$
在 300K 下的电子迁移率	$8500\text{cm}^2/(\text{V} \cdot \text{s})$

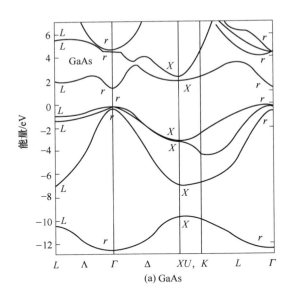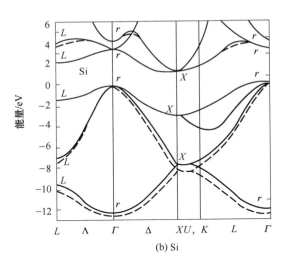

图 3 - 2　能带图

　　如前所述，GaAs 最重要的特性之一是在低强度电场中具有高的电子迁移率（比硅高 6 倍），这有可能创造出性能更好的微波器件。少数载流子寿命较短和比硅更大的带隙使 GaAs 成为一种很有前景的抗辐射器件和集成电路材料。

　　为了在 GaAs 基底上制备/形成被设计用于制造高质量的仪器设备的 A^{III}B^{V} 族异质结构，许多研究人员开发了相当复杂的外延薄膜生长方法。同时，这些异质结构的光学特性为在单一 GaAs 晶体上制备数字、微波和光学元件开辟了新的前景。

　　然而，有一些缺点影响了在微电子工艺中使用 GaAs 化合物所具备的优势。GaAs 的主要缺点为它是一种双组分的化合物，因此有必要在生产过程中降低最高温度，从而防止其表面结构组分的解离。扩散掺杂法在硅器件制造中得到了广泛的应用，但在向 GaAs 的转变过程中几乎不可使用。GaAs 没有天然的、稳定的、易形成的氧化物。硅基材料形成这种氧化物的能力使其成为创造第一个硅基 MOS 晶体管生产技术的一个重要因素。GaAs 表面也更容易受到工业过程中使用的各种化学物质的影响，在某些情况下需要开发一种全新的方法来实施这些过程。此外，GaAs 在加工过程中具有非常易碎的特点，导致材料容易发生断裂。

3.4　基于 GaAs 基底的微电子器件

　　在制备模拟和数字集成电路时使用的在 GaAs 和 AlGaAs 基底上的各种结构器件有多种用途。在数字和模拟集成电路的开发中最常用的基本单元是 GaAs 场效应晶体管。

　　所有基于 GaAs 基底的器件可以分为几类，主要分类如图 3 - 3 所示。我们将更加详细地讨论这些器件的特性。

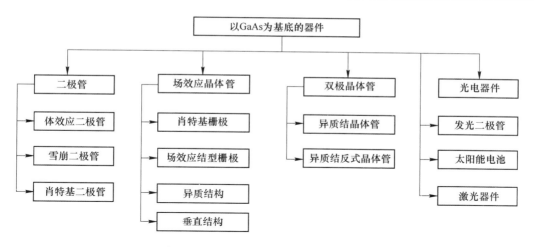

图 3 - 3　基于 GaAs 基底制备的器件分类

3.4.1　GaAs 基二极管

GaAs 基二极管有三种类型。它们分别是用于微波和毫米波的体效应二极管和雪崩二极管，以及被广泛应用于空间应用电子学中的肖特基二极管，其主要用途包括作为变容二极管、混频器和改变信号电平的设计方案。

（1）体效应二极管

体效应二极管是由 John Gunn 在 1963 年发明的。这种类型的半导体二极管用于在微波范围内产生和转换波。与其他类型的二极管不同，体效应二极管的作用原理不是基于 p-n 结的性质，而是基于半导体本身的本体特性。

该器件的结构示意图如图 3 - 4（a）所示。该二极管包括一个长度为 L 的有源区（其中掺杂剂混合物的浓度等于 n）以及两个欧姆接触点。在这种结构中，与负微分电导率强度相关的电子迁移率为 3.2kV/cm，电子速度峰值为 $22×10^7$ cm/s。

该器件运行的物理机制为：在 $nL > 10^{12}$ cm^{-2} 的条件下，在阴极区形成空间电荷偶极区，并向阳极移动，最终在那里消失。二极管产生的频率由通过有源区域的电荷偶极区的转移决定。根据连接类型、nL 值和偏置电压值还能确定二极管的其他工作模式。体效应二极管最常见的用途是作为高频信号发生器和基于该二极管的放大器。

历史上，体效应二极管是第一个适合实际应用于微波器件的 GaAs 基二极管。然而，它们在集成电路制造中仅得到有限的应用。在 GaAs 场效应管制备技术发展之前，许多研究小组致力于将体效应二极管作为数字集成电路的有源元件使用。

此外，在集成电路中，体效应二极管的另一个可能应用领域是产生毫米波长范围的信号。

（2）雪崩二极管

在雪崩二极管和体效应二极管中，对器件的电流-电压曲线性质的分析使用了负微分电导。但在雪崩二极管中，该区域的发生机制与体效应二极管不同。通常雪崩二极管由在雪崩发生之前向相反方向偏移的肖特基势垒成 p-n 结、漂移区和欧姆接触组成。图 3 - 4

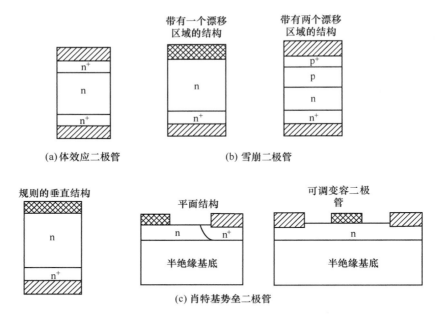

图 3-4　基于 GaAs 基底设计的二极管结构示意图

（b）分别展示了具有一个和两个漂移区的雪崩结构。在具有一个漂移区的二极管中，载流子发生在肖特基势垒附近，电子向欧姆接触方向移动。在具有两个漂移区的二极管中，载流子发生在结构的中心附近，然后电子向欧姆接触方向移动，空穴向 p+ 接触方向移动。负阻抗的出现是由于雪崩的形成时间是有限的以及载流子的漂移。这些时间通过该结构中电压的关系决定了电流变化的延迟，并在微波和毫米波长范围内为出现二极管负微分电导创造条件。

雪崩二极管在集成电路中最有前景的应用领域是制造用于模拟电路的毫米波信号发生器。与体效应二极管一样，雪崩二极管可以方便地用于产生微波信号，但将其作为放大器则困难得多，因为必须使用环形器或桥接电路（Hybrid Branches）来隔离输入和输出电路。但在微波集成电路中加入这些单元是不合适的。因此，雪崩二极管作为一种相对强大的信号发生器被广泛应用。

（3）肖特基二极管

肖特基二极管是现代模拟和数字集成电路的重要组成部分。这在很大程度上取决于可以相对容易地制造出与 GaAs 间的接触点。图 3-4（c）显示了三种可能在集成电路制造中实现的肖特基二极管结构。

第一种类型是规则的垂直结构，它与雪崩二极管基本相似，只有一个漂移区。这种结构最常被用于制造变容器、变容二极管或混合二极管的分立二极管。它可用于在半绝缘 GaAs 基底上制造集成电路，然而，这种设计由于需要从基底一侧提供接触区域，使得该工艺相对较为复杂。

第二类肖特基二极管的结构是一个平面结构，它被用于和设计成拥有补偿信号的能力和在数字集成电路中执行逻辑功能的能力的二极管。这种二极管的直流压降值由其面积和电流值决定。

第三种肖特基二极管结构用于制造集成场效应管基发生器电路的可调变容二极管。使用这种类型的二极管比传统的变容器有更大的电容变化限制，相应地可以增加发生器的频率调谐范围。而通过反向偏置值的变化影响耗尽区厚度和二极管有效面积的变化来实现二极管电容的变化也限制了其扩展应用。

3.4.2　场效应晶体管

GaAs 基场效应管也被制造出来。这些晶体管包括各种肖特基栅晶体管和 p - n 结晶体管，是具有异质结、可渗透基极和垂直结构的场效应晶体管，其结构示意图如图 3 - 5 所示。

尽管存在这些结构上的差异，但这些类型晶体管的工作原理都是通过在栅极上施加电压来控制器件沟道中的主要载流子的电流值。这些场效应管可以制作成工作在增强模式或耗尽模式下的器件。在增强模式下工作的晶体管（常闭晶体管），当栅极电位为 0 时其通道区域已经耗尽。为了保证通道的导电性，必须施加正向偏置；而在耗尽模式下的晶体管（常开晶体管）中，即使栅极上的偏置为零，电流也会在通道中流动，因此需要施加反向偏置才能达到截止状态并阻断通道。

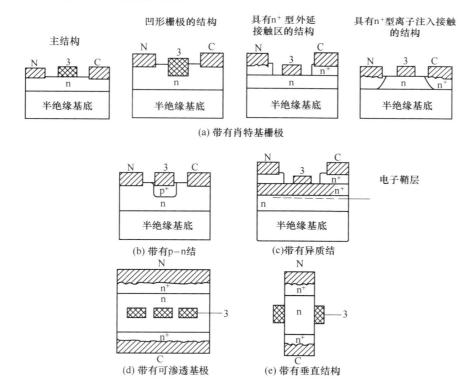

图 3 - 5　以 GaAs 为基底的场效应晶体管的垂直截面

在数字集成电路中，耗尽和增强模式的场效应晶体管均被广泛应用，而在单片微波集成电路中只使用第一类器件。与耗尽型晶体管相比，增强型晶体管的功耗较低，但其频率和噪声性能明显较差。

在数字和模拟微波集成电路中，芯片开发人员最常用的是带肖特基栅极的场效应晶体管。具有 p-n 结的场效应晶体管通常用于制备低功耗器件，但它同时具有较低的速度性能。

以下将更详细地讨论这些基本的器件。

（1）带有肖特基栅极和 p-n 结的场效应晶体管

在半绝缘 GaAs 基底上制造的源极、栅极和漏极区的平面布置以及带有肖特基栅极和 p-n 结的典型结构分别如图 3-5（a）和（b）所示。这些结构的有源区可以通过在基底中的直接离子注入在外延生长或外延层离子注入期间形成。由于种种原因，直接利用离子注入基底的方法在制造数字集成电路和工作在微波范围的场效应晶体管时更为常见。这是由于它是经过实际验证的具有良好重复性的方法，可以实现选择性掺杂、获得高质量的表面，并可以实现大规模生产，从而降低生产成本和产品价格。

接下来，场效应晶体管结构的差异与使用传统或凹栅形状以及形成＋/－源极和漏极接触的方法有关，这些场效应晶体管的制备可以通过外延方法或通过源-漏注入方法实现，如图 3-5（a）所示。这些带有凹栅、带或不带＋/－源极和漏触点的结构现已被广泛应用于制造大功率和低噪声的场效应晶体管。凹栅极区、源极、漏极欧姆接触点的特性在很大程度上决定了场效应晶体管的频率参数和击穿电压。在数字集成电路的制造中，优先使用具有平面结构的器件，因为当产生多层金属化时，这将最大限度地减小金属绝缘体系统中涂覆带来的相关问题。

目前，研究人员已经完成了大量关于场效应晶体管工作模拟及在此基础上的电子电路的研究。第一个使用缓变沟道近似的场效应晶体管模型是由肖克利提出的。后来，他的学生开发了一个更为复杂的晶体管模型。

图 3-6 是基于菲涅耳提出的方法对肖特基场效应晶体管运行进行计算机模拟的标准结果。图中显示了整个晶体管结构中静电势和电流的电子密度分布，实线表示与有源区掺杂浓度相关的电子密度值，虚线表示静电势分布，箭头表示电流分布。我们可以清楚地看到在器件的栅极下存在耗尽区。栅极与漏极之间区域等势线密度增大，即表示高电场的存在，同时证实了实验观察到的器件失效与该区域的电击穿有关的情况。

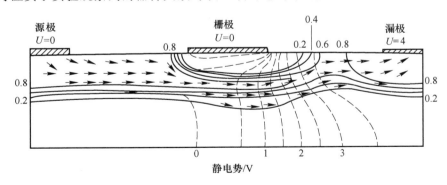

图 3-6 肖特基场晶体管工作的计算机模拟结果

（2）异质结场效应晶体管

异质结场效应晶体管与传统场效应晶体管的几何结构相似，但所用材料的特性有很大的不同。从图 3 - 5 (c) 可以看出，在异质结场效应晶体管的栅极区存在一个重掺杂的 AlGaAs 层，电子转移发生在该层附近的未掺杂 GaAs 区。由于在这种情况下，杂质引起的电子散射强度显著降低，设计者可以获得非常高的电子迁移率，特别是在 77K 的温度下。

通常，设计人员通过分子束外延的方法获得用于制造异质结场效应晶体管设计的源结构。为了便于在生长无掺杂 GaAs 和 AlGaAs 层后产生欧姆接触，在这种集成电路制造流程中需要生长 n$^+$ 层。在这种情况下，AlGaAs 层可以用作在移除漏极和源区域之间 n$^+$ 层时的刻蚀阻挡层。这两个 AlGaAs 层被一层薄薄的 GaAs 层隔开，使得在同一晶圆上可以同时形成耗尽模式和增强模式的场效应晶体管。

在异质结场效应晶体管设计的最初阶段，研究人员已经乐观地假设在此基础上可以创造出新的数字集成电路。同时，异质结场效应管在微波频率应用方面也被证明是有前景的。近年来的研究表明，异质结场效应晶体管在数字和微波集成电路中均有应用。

（3）垂直结构的场效应晶体管

空间应用集成电路设计者对垂直结构的场效应晶体管的关注是由这样一个事实决定的，即这种器件的栅极长度可以做得非常短，同时对光刻工艺精度的要求并不高。这些结构中的栅极长度由形成栅极的金属薄膜厚度决定。

有两种方法可以用于制备垂直结构场效应晶体管。此类器件的第一类经典结构包括可渗透基极晶体管（Permeable Base Transistor）。金属岛状结构被埋在器件结构的有源层中，如图 3 - 5 (d) 所示。它类似于栅极（或可渗透基极），用于控制源极和漏极之间的电子流动强度。在这种晶体管的生产过程中，最困难的部分是在金属岛上生长 GaAs 薄膜。通过扫描透射电子显微镜可以观察到缺陷发生在 GaAs 和金属之间的过渡层。这些缺陷对金属岛之间的电流有不利影响。

还有另一种垂直结构场效应晶体管。如图 3 - 5 (d)[①] 所示，这些晶体管的结构类似于可渗透基极晶体管，但与后者不同的是，在制造这种垂直结构场效应晶体管时，不需要在金属岛上生长 GaAs 薄膜。所述栅极毗邻于源极和漏极之间区域内沟道的垂直侧面。

这种晶体管在微波范围内的参数很低。晶体管的特征线宽为 $0.5\mu m$，频率限制为 12GHz。然而，复杂的制造过程使得在它们的基础上创建集成电路的成本非常高昂。

3.5　异质结双极晶体管

异质结双极晶体管（BT）结构于 1957 年首次出现。结果表明，在所有其他条件相同的情况下，与传统双极晶体管相比，在有更大带隙的半导体材料中形成发射极区域的晶体管有可能获得更高的增益。

最典型的异质结双极晶体管由 n 型 AlGaAs 发射极、p 型 GaAs 基极和 n 型 GaAs 集电极组成。目前，研发人员为数字集成电路设计了两种不同类型的异质结晶体管结构——常态型和反向型，如图 3 - 7 所示。

在如图 3 - 7 (a) 所示的常态结构中，发射极区域位于芯片表面，在 AlGaAs 层和发

---

① 原文似有误，应为图 3 - 5 (e)。

射极区域的金属结之间形成 n 型 GaAs 层，以促进欧姆接触。为了使集电极区域隔离，这种类型的器件是在半绝缘 GaAs 基底上制造的。同时，为了确保能到达集电极层，在制作欧姆接触时，必须刻蚀出穿过 AlGaAs - GaAs 层的窗口。通过使用离子注入来制备一个到基极的结。这种结构的双极晶体管已被应用于首个采用发射极耦合逻辑（ECL）的超快集成电路中[10]。

图 3 - 7（b）显示了一个反向晶体管结构，其中发射极区域采用埋层结构。具有这种结构的器件很容易作为具有注入逻辑的集成电路设计的基本结构使用，因为 n+ 型基底可用于形成发射极区域。在这种情况下，n 型 AlGaAs 层直接生长在基底上，其与基区的结是通过离子注入形成的。反向晶体管结构的主要优点是 n+ 型基底可作为发射极区的结。这样，在制造集成电路过程中使用平面技术后，工艺流程中就可以省掉制作发射极区结的窗口蚀刻操作。为了设计超高速双极微电路，在反向双极晶体管结构的基础上创建栅极阵列。

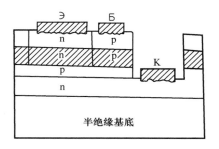

(a) 常态结构

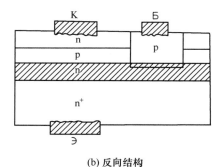

(b) 反向结构

图 3 - 7　异质结双极晶体管

3.6　基于 GaAs 的光电器件

3.6.1　发光二极管

以 GaAs 为基底制备的发光二极管有两种类型，它们分别是 p - n 结发光二极管和 Al-

GaAs 异质结发光二极管。这些发光二极管器件的原理非常简单，即电流通过正向 p - n 结或异质结时，载流子复合并发射光子（这是由于电子从一个能级跃迁到另一个能级）。

这些发光二极管所发射光的频谱分布在狭窄的频率范围内，光谱特性取决于 GaAs 掺杂的程度。

目前，应用在便携式探照灯和汽车前灯的大功率发光二极管的成本相当高。然而，与其他光源相比，这种发光二极管具有发光效率高、寿命长等优点。

3.6.2　太阳能电池

太阳能电池是一组光伏电池，它利用光电效应将太阳能直接转化为直流电流。制备太阳能电池的材料的主要特性是光电转换系数。对于第一代 GaAs 材料，其光电转换系数是 25.1%，而对于 Si 材料，这个值是 24.7%。目前，GaInP 结构已被用于生产太阳能电池。

3.7　基于 GaAs 基底的新型器件

在制造工艺方面，有多种方法可用于改善 $A^{III}B^{V}$ 族半导体材料制备的器件的参数指标。目前，该领域的研究主要集中在新材料的开发、生产工艺的改进以及如何利用载流子转移的特殊性能等方面。

目前，针对结构与 InP 基底材料兼容的 $A^{III}B^{V}$ 半导体材料的研究相当活跃，这些材料包括 InGaAs 和 InGaP 化合物。人们对这些材料感兴趣在于它们能够改变带隙宽度，从而设计出在通信系统最佳波段工作的光电器件。此外，由于这些材料的最大电荷漂移速度比 GaAs 高，因此很有希望用于制造发生器和放大器。

新型制造工艺的发展使得制造新型微电子器件成为可能。在这些器件中，具有重要地位的是可渗透基极晶体管，它的出现是基于外延薄膜生长方法的创新。此外，随着器件尺寸变得越来越小，制造亚微米结构的新工艺方法变得越来越重要。

另一种有希望改善器件设计参数的方法是利用非传统的载流子转移过程设计新的器件结构。最显著的好处是使器件更小，从而允许我们利用过饱和速度或弹道效应。目前，研究人员正在研究在垂直结构器件中形成创造这种转移条件的可能性。改变载流子转移过程的另一种可能性是利用电子轨道的压缩。这是一些选择性掺杂异质结构器件的工作原理。以下有两个关于这种器件的实例：

（1）基于量子维度效应工作的器件

$A^{III}B^{V}$ 生长技术的改进允许研究者生产全新类型的器件结构。例如，结合分子束外延（MBE）方法和经典的有机金属气相外延有助于生长异质结构，其薄膜层的厚度可与导带中电子的德布罗意波长相类似。在这种结构中电子的运动被离散状态量子化。这种结构的使用有可能使工业半导体激光器的参数得到显著改善。

（2）谐振隧穿二极管

这种二极管的工作原理也是基于量子力学现象产生的隧穿效应。

传统的二极管随着正向电压的增加而单调地增加传输电流。在隧道二极管中，电子的量子力学隧穿在电流-电压特性中增加了一个驼峰，在这种情况下，由于 p 和 n 区域的高度掺杂，击穿电压几乎降为零。

谐振式隧道二极管被广泛应用于现代电子设备中，它可以作为信号发生器和高频开关。

从前面的分析中可以看出 $A^{III}B^V$ 材料的主要优势。近年来人们大量投资 GaAs 基产品的研究和开发，并开始组织新器件的大规模生产。

现在，我们可以认为，GaAs 基微波集成电路已被广泛应用于军事系统，并在民用卫星电视接收系统以及蜂窝通信中找到了相当大的市场。当然，基于 GaAs 的微波集成电路在许多方面都优于硅集成电路。在微波范围内，GaAs 器件的优异性能和制造这些集成电路所需的半绝缘基底的可行性，确保了与硅集成电路相比较，GaAs 电路具有一定的技术优势。特别是在一些军事和商业应用场合，某些问题只能使用以 GaAs 为基底的集成电路才能解决。一个典型的例子是使用这些器件作为现代雷达和相控阵的主动元件，这些现代雷达和相控阵是地面 MILDS 的一部分。

我们可以说，在需要极高运行速度的领域，以 GaAs 为基底的数字集成电路与以硅为基底的集成电路相比具有明显的优越性。

3.8　MMIC 发展现状与前景

3.8.1　MMIC 主要使用领域

由于高速宽带数据传输系统不断向着轻量化和小型化的方向发展，单片微波集成电路（MMIC）不仅在军事领域，而且在民用工程，尤其是在移动电话领域中也得到了广泛应用[11,12]。

现代 MMIC 的原型是 1961 年由当时在仙童半导体（Fairchild Semiconductor）工作的罗伯特·诺伊斯（Robert Noyce）提出的想法并申请了专利（美国专利号 2981877）。在为白俄罗斯、中国、保加利亚和印度学生所做的讲座中，我们经常说是他创造了第一个以硅为基底的平面结构微电路。

诺伊斯使用钝化二氧化硅上的细铝条将平面扩散双极型硅晶体管和电阻器互连。为了生产这些金属铝条，他使用了当时的传统工艺，包括金属层淀积和光刻以及金属的化学蚀刻方法。此后，MMIC 在 GaAs 半导体芯片的基础上制造。迄今为止，GaAs 半导体芯片作为 MMIC 的生产材料处于领先地位（80% 以上的单片微电路是在 GaAs 基底及其基底上的三元化合物 AlGaAs 和 InGaAs 上制造的）。

由于电子的高迁移率，以 GaAs 为基底的 MMIC 可在 $1\sim100GHz$ 的频率范围内使用。从历史上看，MMIC 最初被应用在军用和民用雷达、卫星通信和导航系统、通信设备等设施上。如果说在 MMIC 的形成阶段，它的发展是由提高军事装备可靠性的需求驱动的，那么现在这种驱动力主要来源于不断增长的全球市场对缩小产品尺寸的需求（例如移动电话、导航设备等）。

MMIC 通常被用于需要小尺寸和高可靠性的微波应用领域。基于 MMIC 的此类系统有通信系统的发射机和接收机、相控阵天线（PAA）、工作在微波频段的传感器等。

还需要说明的是，收发器模块（TM）是有源相控阵天线的一部分。收发器模块通常包括发送和接收通路、工作模式开关和移相器。常用的是使用 GaAs FET 的固态收发器模块和固态微波集成电路。

最近，MMIC 被广泛用于蜂窝和卫星电话以及 GPS 设备中。MMIC 技术进步的成果在半导体分立器件的制造中得到了广泛的应用，这与采用 MMIC 技术制造的异质结双极晶体管密切相关。这些晶体管在专业通信和电信设备制造商中需求量巨大。

与数字集成电路相比，MMIC 的一个特点是集成度较低。

现代 MMIC 是一种功能完善的器件，不需要任何额外的外部设置或修调/调整单元。

最典型的 MMIC 是低噪声放大器、混频器、功率放大器、调制器等。很容易使用 MMIC 构建更高级别的器件，例如接收器。该类接收器仅包含少数组件（MMIC 不需要任何外部组件），并且由于 MMIC 具有很高的平均无故障时间，因此接收器的可靠性将非常高。使用具有相同特性的分立器件则无法实现上述特性。还有一些器件类型完全由单个 MMIC 实现，如单片 MMIC 接收器。显然，这种芯片的应用范围非常有限，特别是当 MMIC 作为不需要任何外部调整的终端器件（Finished Device）时，导致这种接收器在某些情况下不能适用，例如不能在不同频率范围内使用。另一方面，如果后续有对外部调整的需求，使用此类 MMIC 将没有任何优势。

当然，大规模生产此类微电路是没有问题的，此类 MMIC 的主要应用领域是航天和军事设备。在这些领域，器件的可靠性比价格更重要。由于这种类型的微电路是独立生产的，因此在这种情况下不可能使用成熟的平均 MTBF 统计预测方法。反过来，这又会引发与预测单个微电路可靠性相关的另一些问题。

2010—2013 年，MMIC 销售额几乎翻了一番。此外，MMIC 的销售额在商业领域（而非军事领域）有明显的增长趋势，主要原因可能是无线通信、导航和电信系统市场的密集发展。对此，大多数半导体晶圆制造商（Vitesse、Kopin、TriQuent、Conexant、M/A-COM、RF Micro Devices、ATMI）都大幅扩大了 GaAs 晶圆的生产规模。

3.8.2　MMIC 生产的主要材料

显然，随着 MMIC 技术的发展，它们的设计也得到了改进。在通过 MMIC 技术制造了第一个异质结双极晶体管时，人们就对使用其他材料生产单片 IC 产生了兴趣。这种兴趣主要来源于创建一种能以更高频率运行并使用 $A^{III} B^V$ 化合物半导体作为原材料的微电路的需求。集电极-基极使用 InGaAs 化合物，发射极-基极使用磷化铟（InP）。磷化铟的使用使改善频率参数和提高集电极击穿电压成为可能。由于 InP 的禁带带隙比 $In_{0.53} Ga_{0.4} As$ 的禁带带隙宽（两者分别为 1.35eV 和 0.75eV），所以异质结集电极击穿电压能够超过 6V。

在撰写本文时，发射极、基极和集电极材料的组合种类繁多，在优化设计和制造技术方面，MMIC 材料的选择值得单独分析，所以在此我们仅指出最广泛使用的 InAlAs-InGaAs-InP 和 InP-InGaAs-InP 类型的 n-p-n 晶体管异质结结构。

分子束外延技术的深入发展使得这种材料的使用结合基底减薄技术成为可能，使得使用该种结构的晶体管能够在高达 250GHz 及以上的频率极限下工作。

另一种常用于制造 MMIC 的材料是氮化镓（GaN），将更详尽地分析其特性。基于这种材料的微波频率器件能够实现高输出功率密度。例如，Cree 公司开发了一种栅极长度为 0.55μm、栅极宽度为 0.25μm 的 GaN 肖特基栅场效应晶体管（MESFET），其在

4GHz 连续模式下的输出功率能够达到 8W。

相应地，该晶体管的输出功率密度为 $33W/mm^2$，源漏工作电压为 120V，沟道中的最大电流密度达到 $1.2A/mm^2$。

3.8.3　MMIC 有源器件及其可靠性

MMIC 自推出至今采用的主要有源器件为金属肖特基栅场效应晶体管。然而，军用场景日益严格的要求使得它们无法在某些应用环境中使用。这是因为 MESFET 的运行速率很难通过减小栅极长度来提高。因此，高电子迁移率晶体管及赝调制掺杂异质结场效应晶体管（HEMT/PHEMT）、异质结双极晶体管（HBT）近年来开始流行。图 3-8[13] 显示了各类器件的理论使用频率。

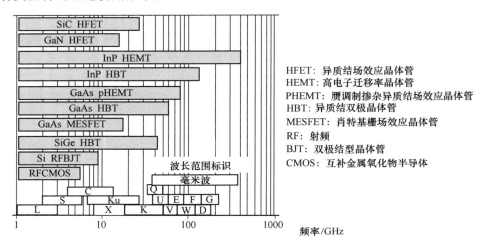

HFET：异质结场效应晶体管
HEMT：高电子迁移率晶体管
PHEMT：赝调制掺杂异质结场效应晶体管
HBT：异质结双极晶体管
MESFET：肖特基栅场效应晶体管
RF：射频
BJT：双极结型晶体管
CMOS：互补金属氧化物半导体

图 3-8　不同 MMIC 器件的工作使用频率汇总图

我们来分析这些 MMIC 有源器件的设计特点。第一个 GaAs MESFET 于 1963 年制造。GEC-马可尼材料技术公司开发的在 GaAs 半导体上生长受控的高纯度薄膜技术，使得制造 GaAs MESFET 成为可能。

MESFET 的基本结构如图 3-9 所示。

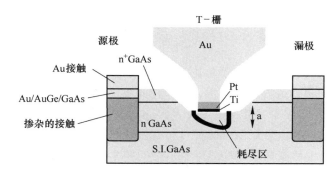

图 3-9　MESFET 基本结构

基底材料为 GaAs，缓冲层外延生长在半绝缘基底上，用于基底与晶体管工作部分中的缺陷隔离。沟道为半导体材料，形成轻掺杂的薄导电层，外延生长在缓冲层上。如图 3-9 所示，需要高合金区域来确保晶体管的低欧姆接触电阻。

MMIC 中广泛使用的另一种有源器件 MESFET 的等效电路和典型电流-电压特性如图 3-10 所示。为保证晶体管的高速运行，必须尽量缩短栅极长度，这又受到工艺能力的限制。此外，应特别注意，为有效控制沟道电流，沟道长度 L 必须大于其深度 a（即 $L/a > 1$）。

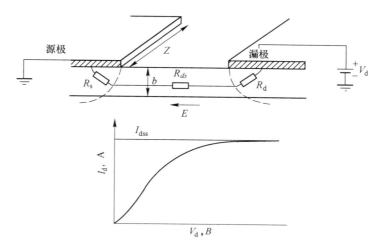

图 3-10　MESFET 等效电路图和典型电流-电压特性

因此，在大多数 MESFET 中，沟道深度为 $0.05 \sim 0.3\mu m$。这意味着对于足够大的电流，沟道中的载流子浓度必须非常高。晶体管的尺寸变小导致可靠性降低。这是由于栅极区域的横截面变小，导致电流密度增加。这对于功率晶体管来说很常见，其主要失效机理为电迁移。金通常用于降低栅极电阻。由于金会在 GaAs 中形成陷阱，能够有效地降低载流子浓度，从而降低通过晶体管的电流，因此应使用诸如铂之类的阻挡金属层。由于沟道深度非常小，任何栅极金属扩散到 GaAs 中都会导致流经沟道的电流发生显著变化并降低晶体管的截止电压。栅极和漏极之间很短的距离会产生强电场，可能导致电子雪崩的发生。

这些热电子随后会在 GaAs 表面或钝化材料中形成缺陷，而钝化材料通常位于晶体管表面。

这些导致 FET 可靠性不高的原因主要与工艺水平有关。在小信号器件中，欧姆接触的退化或栅极金属和 GaAs 的相互扩散会导致它们的主要特性 I_d、g_m 和 V_p 发生变化[13]。

尽管功率 MESFET 也会出现参数退化，但最常见的是致命（突然）失效。而 GaAs 器件制造技术的最新进展能确保器件在安全工作模式的限制条件下工作时，失效率降低。对于功率放大器，FET 设计时应将峰值输出功率最大化。对于工程师来说，这就意味着源漏电压以及漏电流的增加。

不幸的是，这两个参数理论上不能同时最大化。因此，MMIC 微波功率放大器目前使用异质结双极晶体管。

为了增加漏极电流，需要高载流子浓度或增大栅极宽度。但是，沟道深度不能大幅增加，因为这会减小器件的使用频率范围。载流子浓度也不能在不降低栅漏击穿电压的情况下增加，而栅漏击穿电压需要最大化，以增加可允许的源漏电压。因此，唯一的选择是增加栅极宽度。然而，微波器件设计中的长线性器件在整个长度上不具有均匀电位。基本规则为线长应该小于波长的十分之一，只有在这种情况下才可以将其视为均匀器件（Homogeneous Element）。对于 X 波段（8～12GHz）工作的 GaAs 器件，最大可用栅极长度不超过 1mm。

如果需要更高的电流，MMIC 设计人员可以将多个栅极并联。然而，平行栅极的紧密间距会增加 MMIC 相应区域的局部温度，这将对产品的可靠性产生负面影响，因为与硅相比，GaAs 材料的导热性不好。

3.8.4　MESFET 制造工艺

典型 MESFET 采用离子注入的工艺流程如图 3-11 所示。

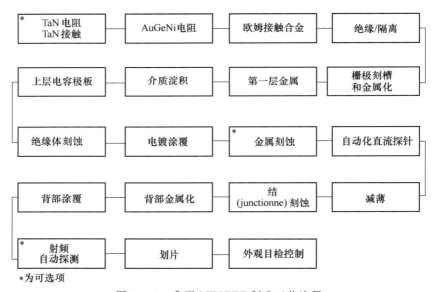

图 3-11　典型 MESFET 制造工艺流程

传统工艺的第一步是生产薄膜电阻器。通过蒸发淀积金属电阻（AuGeNi），然后使用 TaN。AuGeNi 通常用于制作低欧姆电阻，而 TaN 用于制作高欧姆电阻。MESFET 生产制造过程的典型结构如图 3-12 所示。

第二个工艺阶段是栅极隔离和形成。例如由于硼离子注入，GaAs 导电层被钝化并形成必要的隔离区。在此步骤之后，进行金属涂覆并形成空气桥。在最终完成阶段，形成通孔，基底背面应进行化学处理。

3.8.5　先进的 MMIC 设计和工艺解决方案

让我们来分析在现代 MMIC 中广泛使用的主要有源器件的设计和技术解决方案。

（1）高电子迁移率晶体管及其改进型晶体管

如前所述，近年来在航天和军事应用中，由于要求低噪声和高增益，高电子迁移率晶

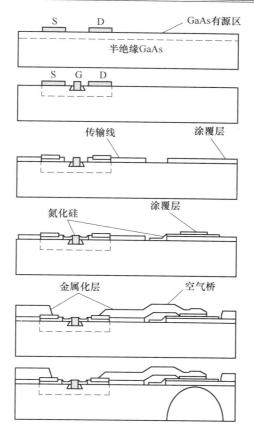

图 3 - 12　MESFET 生产制造过程的典型结构示意图

体管（HEMT）及其改进型晶体管（PHEMT）的应用越来越广泛。

　　这两种晶体管都是场效应晶体管，因此它们运行的基本原理非常相似，主要区别在于外延层结构。以下将分析 HEMT/PHEMT 典型结构的特点。

　　高电子迁移率晶体管（HEMT）的外延结构如图 3 - 13（a）所示，PHEMT 的外延结构如图 3 - 13（b）所示。

　　与 MESFET 类似，该结构采用分子束外延（MBE）或更常见的有机金属气相沉积方法在半绝缘 GaAs 基底上外延生长。

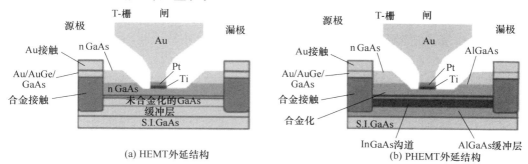

图 3 - 13　HEMT 和 PHEMT 的基本结构对比

在基底上外延生长的缓冲层，用于隔离缺陷并形成光滑表面，通常也是 GaAs 材料，然后在其上生长晶体管的有源层。

对应于标准晶体管结构的沟道能带特性如图 3-14 所示。理想情况下，所有导电电子都位于该沟道中。沟道能带结构中最重要的组成部分是二维电子气（见图 3-14 中的 2DEG），这是由能级之间的带隙宽度不同而产生的。

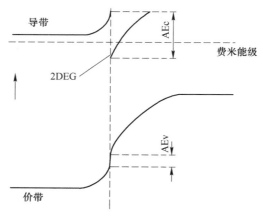

图 3-14   HEMT 沟道能带图

外延结构参数、生产工艺和器件几何形状对 HEMT 和 PHEMT 的可靠性影响很大，已知的主要失效机理包括[14]：

1）栅极金属扩散到半导体中导致栅极下沉，进而导致增益降低；

2）由于欧姆接触合金区退化以及源漏电阻（RDS）增加而导致的源漏结退化；

3）热电子影响下的表面损伤；

4）对大气中氧的敏感性增加，将导致表面陷阱反应；

5）氢中毒，导致增益和截止电压降低；

6）高湿度，可能会导致栅极和漏极短路。

图 3-15 直观显示了栅极下沉对 MESFET 和 HEMT 电流-电压特性的影响。箭头表示晶体管特性变化发展的方向。从图中可以看出，如此严重的 CVC 偏移不仅会导致器件的输出特性超出公差限制，在某些情况下，还可能导致有源器件（MESFET、HEMT等）的致命失效。

接下来，简要回顾 HEMT/PHEMT 生产制造工艺的主要特点（见图 3-16）。生产过程的第一阶段是仔细选择具有所需特性的基底。当然，HEMT 和 PHEMT 制造工艺之间存在细微差别，但在这种情况下，我们不考虑差别，只讨论两种器件相同的基本工艺。

第二阶段是有源沟道体的形成和绝缘体的注入，然后形成欧姆结，最后形成凹陷栅和栅金属区。

之后，蚀刻源极和接触点，形成空气桥和过渡孔，并对基底的背面进行化学处理。

（2）异质结双极晶体管

异质结双极晶体管（HBT）被广泛用于工作频率高于 Ku 波段的数字和模拟 MIC 中。该类晶体管结构具有较低的基极电阻和极低的集电极与基底间电容，可提供更快速的开关

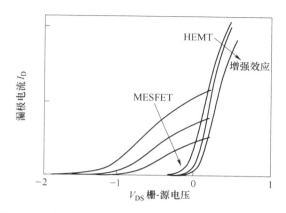

图 3 - 15　栅极下沉对 MESFET 及 HEMT 的 CVC 的影响

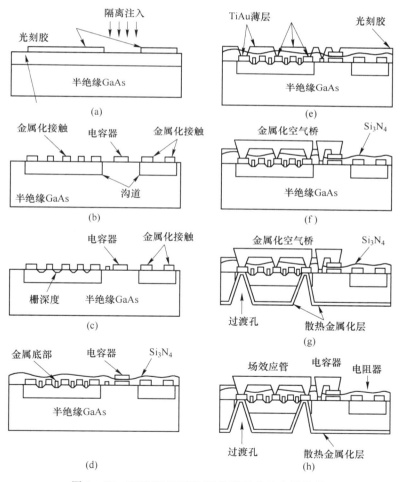

图 3 - 16　HEMT/PHEMT 生产工艺的主要流程

频率。另外，此类晶体管的价格相对低廉，因为与 FET 等相比，其工艺过程要求更低。除了高性能之外，HBT 还提供比 FET 更高的最大允许电压。这些晶体管还具有良好的线性度、低相位噪声并且易于匹配。

图 3-17 显示了典型的 HBT 垂直结构。该结构中，基底为 GaAs 晶片。外延层可通过各种方法生长，例如分子束外延。

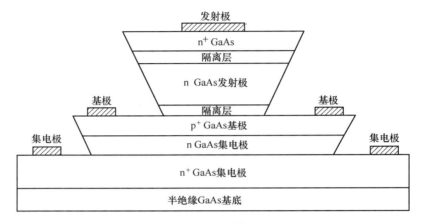

图 3-17　异质结双极晶体管的垂直结构

HBT 的典型伏安特性如图 3-18 所示，此处不需要额外特别说明。

我们简要回顾一下 HBT 的工作原理。与前面提到的有源 MMIC 器件相比，HBT 具有垂直结构。由于它们的设计不同，HBT 不仅具有比 MESFET 更高的频率，而且在各种功率放大器中使用更加便捷。

从图 3-19 中可以看出，发射极-基极接触中注入空穴的势垒（ΔV_p）和注入电子的势垒（ΔV_n）因 AlGaAs 发射极和 GaAs 基极之间的间距宽度而异。

这种微小差异会显著影响 I_n/I_p 值，其中 I_n 是从发射极到基极的注入电子电流，而 I_p 是不期望出现的从基极到发射极的注入空穴电流。

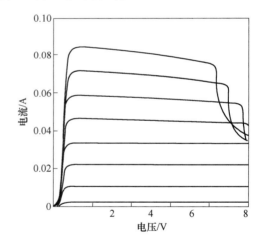

图 3-18　HBT 的典型伏安特性

对于 GaAs$\Delta E_g \approx 14.6kT$，$\exp\left[\Delta E_g/(kT)\right]\approx 22\,106$，因此可以在不显著降低电流增益的情况下进行基极高掺杂和发射极低掺杂。在实际应用中，通常进行基极的掺杂，以使得达到晶体管的电流传输比近似为 100。发射极的低掺杂降低了发射极与基极的接触电容，允许晶体管在更高的频率下工作。

由于经典物理中的老化现象，HBT 的可靠性可能会因以下因素而恶化：

1）在较高的发射极电流下，电流增益降低，基极-发射极电压增加。

2）由于发射极欧姆接触（金属化）和发射极半导体区域之间的结退化导致接触电阻增加。为了解决这个问题，通常采用 InGaAs 作为辅助接触层。

3）发射极-基极接触区域的芯片缺陷增加。

4）由特定集电极电流引起的电流增益漂移（减小）和基极-发射极电压增加，原因为

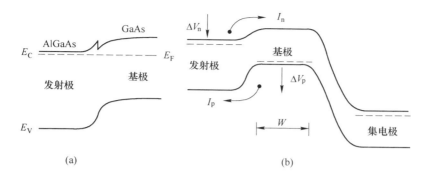

图 3 - 19　HBT 能带图

发射极–基极接触区域中台面结构的氧化。

　　典型的 HBT 制造工艺技术包括多个刻蚀工序，以开放相关区域并在每一层上形成电接触。最后，将器件隔离并在其上形成必要的导电路径。

　　基本工艺流程如图 3 - 20 所示。

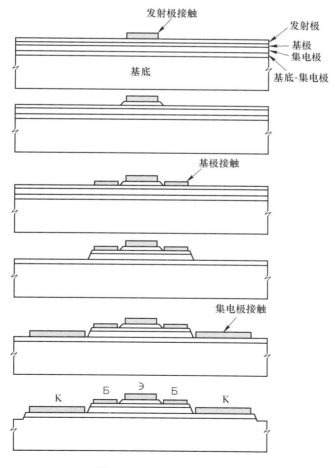

图 3 - 20　HBT 基本工艺流程

3.9　GaAs MMIC 应用的特点和基础领域

这部分主要是为电路工程师准备的，因为 40 多年前写的那本经典著作取名为《电路设计的艺术》（*The Art of Circuit Design*）是有原因的，这个应用科学的分支仍然被认为是一种工程艺术——设计这些微电路时需要考虑很多因素。

MMIC 被广泛用于卫星系统，因此要求它们尽可能小且轻、可靠性高、价格低廉[13,14]。混合集成电路的器件质量会由于寄生效应被降低到最大允许水平以下，这些微电路主要针对这种情况，因此 MMIC 的应用领域是微波范围内运行的器件。采用 MMIC 的系统主要包括通信系统中的发射器、接收器和相控阵天线（因为对于这些系统来讲，小尺寸和一致的电路特性是必不可少的），以及高频下工作的电路和传感器地面移动雷达等。MMIC 中最大的市场份额来源于微波接收器和发射器，其简化图如图 3 - 21 所示。

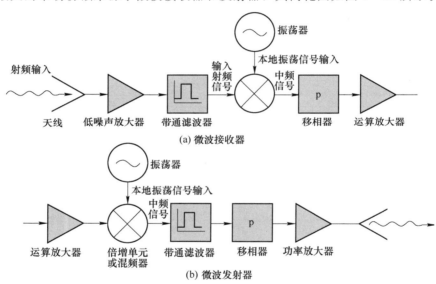

图 3 - 21　微波接收器和微波发射器的典型结构图

在这些电路中，移相器（P）既可以直接放置在本振（LO）中，也可以放置在系统输入/输出处。系统需要移相器才能执行功能，就像每个电路都要连接到 PAA 辐射单元一样。对于其他应用，除了移除移相器之外，电路没有被修改。这种 30MHz 单片接收器的示例布局如图 3 - 22 所示。

所设计系统的每个功能块通常都制作在一个独立的芯片上，这个芯片针对特定应用会优化改变材料和器件参数。无论电路互连水平如何，所设计系统的可靠性取决于组件的可靠性，这一点在图 3 - 21（a）所示的接收电路中得到充分体现。输入射频信号的功率如果非常低，在某些情况下可能会被噪声完全湮没。低噪声放大器（LNA）放大接收到信号的同时，自身也会引入低噪声。如果 LNA 增益足够高，其噪声对系统噪声的贡献就很小，后续电路产生的噪声需要除以 LNA 增益。这意味着噪声和 LNA 增益比决定了整个接收器的噪声特性。如果接收器的噪声参数较差，将无法接收到微弱的信号。

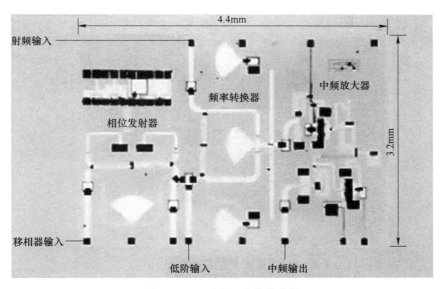

图 3 - 22　30MHz 接收器布局

这就是电路设计工程师的艺术，只有他或她可以做出最佳决策（权衡）。

接收的信号通过窄带滤波器和混频器。本振生成特定频率的信号，该信号也被送到混频器。混频器使用非线性器件（例如 MESFET 或二极管）对两个信号进行合成，并生成中频（IF）信号，即（fRF - fLG）或（fLG - fRF），以及中频、输入射频（RF）和本振产生的谐波，再通过滤波分离得到所需的中频部分。混频器的转换效率通常取决于本地振荡器的功率。此外，LG（本振产生的信号）频率的变化会导致 IF（中频信号）的偏移，这会导致作为混频器一部分的窄带滤波器中的信号加剧衰减。当系统控制相控阵天线时，天线发射或接收的基本信号的方向与形状取决于相移和每个发射器或接收器的功率水平。使用移相器进行设置每个辐射元件的相对相位。所以，如果通过电路信号的相移与预期的相移不同，则整个天线的质量会下降。这意味着其中一个组件的参数变化可能会导致整个系统失效。

如前所述，移相器、本地振荡器和混频器是现代军事和航空航天电子系统发射器和接收器的主要组成部分。两个系统之间的真正区别在于放大器。如果 LNA（低噪声放大器）作为接收器，它必须能够将微弱信号放大到足以驱动混频器的水平，并产生尽可能低的自身噪声，以提高系统的抗噪能力。而对于发射器，主要需求是发射功率和电路效率。因此，功率放大器必须确保将信号放大到所需的水平。

低噪声放大器通常用于放大射频信号。在几乎所有的军事和商业系统中，这是通过 MESFET 和 HEMT 的导通以及 HBT 的电流放大来完成的功能。放大器最精确的操作是在低功率范围。可是当功率增加时，任何功率放大器都会产生非线性。在非线性区工作时，输出功率总是低于输入功率与放大器在线性区的增益比的乘积。图 3 - 23 显示了这种标准放大器的典型特性。

电路工程师将输出功率相对于线性外推值降低 1dB 的点称为 1 - dB 压缩点。这也是区分低功率和高功率晶体管的标准，因为在许多应用中，晶体管可以简单地看作是一个不

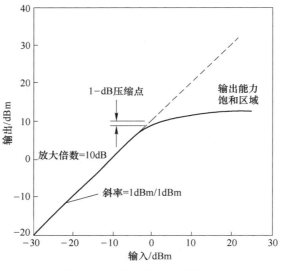

图 3-23　放大器的典型特性

匹配的放大器。

　　在研究航天电子设备的失效机理时，应考虑到这一差异。从事军事或航天项目的电路工程师选择的偏置点对确定放大器参数至关重要。根据晶体管的工作模式、输出波形以及不同类型放大器的效率，可将其分为 A、B 和 C 三类。其中，A 类放大器是线性的，效率较低，而 C 类是非线性的，效率最高。

　　我们还可以区分以下类型的 MIC 电路：功率放大器（包括 LNA）、混频器、振荡器等[3,14]。

　　首先，我们讨论功率放大器设计的主要特征。功率放大器必须处理高输入和输出功率信号。最大输入信号电压会受到晶体管击穿电压的限制，而通过每个晶体管的电流受到发射极到栅极电阻的限制。欧姆损耗转化为热量，导致晶体管温度升高并降低器件的可靠性。为了增加大功率晶体管的最大电流，布局设计者将多个栅极或发射极并联。

　　这种并联方式增加了总栅极宽度以及发射极表面积，降低了电阻，同时也使得晶体管输入阻抗与前级输出阻抗之间的匹配问题变得更加复杂。此外，为了确保散热，在晶体管周围创建了所谓的（从功能密度的角度来看是无用的）自由空间区域，这会增加器件尺寸。为确保大功率放大器晶体管的有效散热，基底通常放置在金属或金刚石底座上。这种功率放大器的关键参数是它们的效率。为了分析放大器的性能，通常会对其 S 参数进行测量和分析。

　　众所周知，晶体管仅在低功率水平下才具有线性；随着功率的增加，它们的非线性也大大增加。而大功率晶体管的非线性会产生可被输入频率整除的 2fRF、3fRF 等的所谓的互调失真。在匹配电路中出现这些频率会导致失真、寄生振荡、效率降低等，因此需要采用特殊的保护措施。

　　这些互调失真在电路设计时通常用失真频率的信号功率与有用的信号功率的比值来计算，一般用分贝表示。

　　除了与过热相关的问题外，功率放大器还有热电子陷阱、电迁移和金属扩散等失效机理。正如我们所见，这些微电路的开发者需要面对很多艰难的问题，并且消费者（军方和NASA 官员）也意识到这些问题，并需要确保自身所涉及项目不会出现此类问题。

低噪声放大器（LNA）用于放大接收器所接收到的信号，并且被设计用于低功率放大。因此，前面提到的温度问题以及影响放大器可靠性的高电压和电流问题并不是 LNA固有的。

低噪声放大器最重要的性能指标是低噪声放大器噪声。由于 HEMT 和 PHEMT 的噪声比最低，因此几乎所有低噪声放大器都使用它们。为了降低噪声比，设计人员通常使用小栅极长度和低栅源寄生电阻的器件，这也是设计的艺术。

2010—2012 年，航天器用基础电子元器件栅极长度的典型值为 $0.1\sim0.25\mu m$。由于栅极长度、沟道深度的减小，这些晶体管中的主要不确定因素是栅极金属下沉和欧姆接触扩散。同样，专业人员可能了解，为了降低整个设计的系统噪声率，降低元器件中的损耗非常重要，尤其是在 LNA 第一级之前，包括从天线到设备的传输线损耗。除了减少电路中的损耗外，在低温、小电流及低电压下使用放大器时也可以降低噪声。最后，LNA 噪声比取决于以最小化噪声和最大化增益比为目的的电路设计匹配程度。从这个角度来看，HEMT 是最佳的选择。

以下讨论将某频率的输入信号转换成其他频率信号的混频器，这是为了过滤相移和其他数据处理操作所必需的。

例如，根据工作说明书（SOW），系统必须在 W 频段（74～110GHz）接收数据，但W 频段的滤波器具有高损耗和低 Q 系数，这会导致接收机噪声参数降低。因此，必须把接收到的信号频率转移到可以使用低输入损耗且高 Q 值滤波器的范围。理想情况下，开发人员应在不降低输入信号幅度或增加额外噪声的情况下执行该操作。

现代混频器是基于二极管或晶体管制造的。一个简单的混频器二极管如图 3 - 24 所示。在该电路中，只有两个信号通过二极管外部端口传输，即本振信号和射频信号。

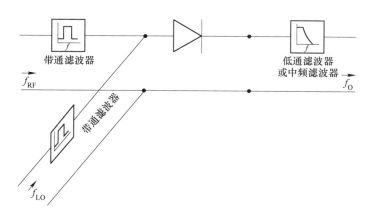

图 3 - 24　基于微波二极管的混频器

通常，客户所需的输出频率是中频信号（fRF - fLG）。混频器的主要指标是中频/射频的功率比，即转换损耗，以分贝表示。然而，在几种情况下会对转换损耗有很大影响，使之明显增大。

首先，射频和中频端口的阻抗匹配可能不佳。其次，是二极管的真实电压电流特性。

根据所需参数，混频器可在单个二极管或场效应晶体管（FET）上形成，或在几个甚至是多达八个及以上的二极管上形成。更复杂的设备需使用平衡电路，以压制不需要的频率分量，消除本振因振幅变化产生的噪声。

多个混频二极管或晶体管的传统方案和设计常常伴随着缺点，即需要大幅提高本振的输出功率，但这点在高频下很难实现。同时，混频器的可靠性问题与不良谐波的产生是有关的，这可能导致其他 IC 电路产生杂散、信号失真、$1/f$ 噪声以及其他不良影响，这些都是电路工程师应重点考虑的。

下面我们讨论最后一种 MMIC，即振荡器，它能够产生周期性高频信号，并广泛应用于航天器机载系统的调制器、超外差接收机和锁相环电路（PLL）中。

通过引入正反馈，任何振荡器都可以通过任一放大器获得。而经典的振荡器通常基于带有反馈回路的 LNA，它引入了可被 2π 整除的延迟。此外，一种常见的振荡器类型是压控振荡器（VCO）。总之，振荡器的设计要确保所需的电容和电流负载。振荡器的关键参数是长期频率不稳定性、相位噪声水平和输出阻抗。其中，它的相位噪声就是振荡射频信号的短期不稳定性，且这种噪声无法完全消除。在雷达和数字通信系统中使用振荡器时，必须确保一定的最大相位噪声。否则，相位噪声会导致系统错误，并且在数据传输时，相位噪声会导致系统失真。

这种噪声可以由各种已知和还不了解的物理机制产生。首先，产生噪声的原因可能是电子的动能，它与工作温度成正比，这种噪声我们通常称为热噪声。热噪声具有很宽的频带，因此通常也称为白噪声。第二类噪声是闪烁噪声，它与 $1/f$ 成正比，且发生在有源固态器件中，是半导体表面上主要载流子的产生和复合过程的结果。振荡器典型噪声能谱如图 3 - 25 所示。

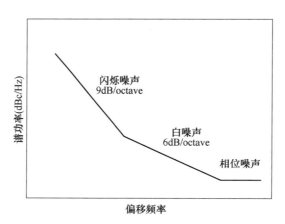

图 3 - 25　振荡器典型噪声能谱

为了使相位噪声最小化，必须使用高频谐振器以及具有低闪烁噪声的晶体管。在 MIC 中很难使用高 Q 谐振器，因为 GaAs 基底上的薄膜元件具有很高的传导损耗。

在所有晶体管中，HBT（异质结双极晶体管）的闪烁噪声最低。因此，它们最常用于振荡器，尽管温度对它们的影响可能会导致晶体管参数漂移，从而导致频移或产生中断，但可以使用变容二极管或其他元件构成温度补偿电路。

重量和空间尺寸的减少以及对传输信息量的需求不断增长，确保了 MMIC 设计和制造工艺的进一步发展。

射频与微波器件的集成技术在不久的将来会朝哪个方向发展？全球发展的明显趋势将是宽带和超宽带微波器件。在设计方面，主要是改进 MMIC 的结构和技术特性，进一步改进碳化硅（SiC）和氮化镓（GaN）基底上的微电路制造以及蓝宝石基底上系列微电路制造工艺的现代化。

制造此类军用和航天微电路的另一项重要任务是制造具有极高功率密度的器件，即每 1mm 栅极长度功率超过 1W。由于 MMIC 设计和工艺的不断改进以及新的有源微电路器件的出现，需要对经典可靠性模型进行适当修改，包括与使用新材料和新工艺相关的新的失效机理。此外，尽管适用于系列微电路的可靠性预测的统计方法已经成熟，但军用和航天设备中使用的单个 MMIC 样本所需的单个可靠性评估方法尚未得到很好的发展。这些方法包括有背光和无背光的光谱学方法以及许多其他方法[15,16]。

然而，许多预测单个 MMIC 可靠性的方法是破坏性的，由于芯片的高成本，这是不可接受的，而其他方法不能实现所需的精度。这种情况带来了一项艰巨的任务，即仅通过对某一器件的所有电物理参数进行无损测量的结果来评估某一器件的可靠性。关于具体信息参数的选择问题，可以说已经基本解决，至于基于此的可靠性数学模型的有效性却并非如此[17]。因此，这项任务目前仍然非常艰巨，也迫切需要解决。

3.10　国外有源相控阵天线收发模块的氮化镓微电路的主要技术参数

有源相控阵（APAA）雷达系统广泛应用于现代雷达和电子战系统中。有些国家已经成功证明了 APAA 在机载武器系统中的独特作用，如 F/A - 18E/F（美国）、阵风（Rafale，法国）等[17-19]。类似的工作也在俄罗斯进行，按照计划，APAA 将成为第五代喷气式战斗机雷达的一部分[20]。高频范围 APAA 的关键部分是基于单片集成电路（MIC）的微波收发模块（MTM）。军事和航天设备用微波模块的市场预测表明，在接下来的几年里，MTM 将会成为微波技术中最受欢迎和需求最大的产品之一。据估计，2012 年 MTM 销售额已超过 53 亿美元，2014—2019 年的年度 APAA 系统销售额预计将从 60 亿美元（2013 年）增长至 130 亿美元。此外，空基 APAA 市场份额将超过陆基和海基 APAA 市场份额的 100 倍[21]。因此，为 APAA 雷达提供收发器模块是全球微波行业的当务之急。

直到最近，MTM 主要还是基于 GaAs 的微波电路。作为正在开展的两个主要氮化镓研究项目（WBGSTI 和 KORRIGAN）的一部分，美国和欧洲正在加紧开发基于该类材料的下一代 MTM。在美国，除了演示验证和可靠性测试外，GaN 模块早在五年前已经开始在空间和军事设备中应用，其中就包括著名的战略导弹防御系统的雷达[22,23]。为了追平美国，欧洲的研究机构也在采取积极措施，为 MTM 开发自己的 GaN 微电路技术[24,25]。不幸的是，在俄罗斯似乎没有开展类似的行动。

鉴于此，下面将更详细地讨论欧洲公司为 MTM 研发的 GaN 单片集成电路。

当然，GaN 基 MTM 的功率远高于基于 GaAs 的器件。因此，基于这种 MTM 实现的 APAA 要么具有更大的搜索包络（Search Envelope），要么具有更长的目标跟踪范围，或者在所有其他条件相同的情况下，具有更小的孔径[26]。此外，GaN 基 MTM 更耐高温，效率更高。MTM 由多个 MIC 组成，包括低噪声放大器、前置放大器、大功率输出放大器、开关等。根据法国泰雷兹的数据，这些 MTM 和 MIC 约占整个 APAA 成本的一半[11,14]。这里我们讨论一下欧洲相当早期的 MTM MIC 组件的设计。

如上所述，GaN 基 MIC 放大器是 MTM 的关键部分。先前由欧洲公司生产的器件引起了人们极大的兴趣。EADS 军事电子部门和弗劳恩霍夫固体应用物理研究所（位于德国弗莱堡）联合开发了一套用于 MTM 的微带 MICX 波段放大器，包括前置放大器、功率放大器和低噪声放大器[27]。这些 GaN 基 MIC 由弗劳恩霍夫研究所制造，而其设计和性能测试则由 EADS 军事电子部门进行。AlGa/GaN HEMT 结构是在直径为 75mm 的 SiC 基底上采用金属有机化学气相沉积法（MOCVD 法）制备而成的，使用电子束光刻形成晶体管的 $0.25\mu m$ 长度的栅和场电极。在处理表面后，SiC 基底被减薄至 $100\mu m$，然后从其背面形成通孔。

自 2010 年以来，在公开发行的期刊上，关于这一主题的出版数量非常有限，我们从公开渠道得知，第一级前置放大器由栅极宽度为 $8\mu m \times 60\mu m$ 的晶体管构成，第二级晶体管由栅极宽度为 $8\mu m \times 125\mu m$ 的晶体管构成。在输入端和输出端，放大器与 50Ω 阻抗匹配。在增益压缩为 5dB 时，该放大器在饱和模式下能够实现超过 38dB·mW 的最大输出功率。但即使在 1dB 压缩下，该放大器的输出功率也足以为一个或两个 $8.5\sim14GHz$ 范围内的高功率放大器供电。

在高功率输出放大器的两级中，每级都接入了栅宽为 $8\mu m \times 125\mu m$ 的晶体管，即第一级接入两个晶体管，第二级接入四个晶体管。对放大器的输出加法器进行了优化，使其在 $8.5\sim11GHz$ 的频率范围内获得最大输出功率。

当在 AB 类功率放大器中工作时，其最大输出功率等于 20W，相当于晶体管的功率密度为 5.7W/mm。在这种情况下，小信号模式下的增益为 18dB，效率为 31%。在 $8.5\sim11GHz$ 频段，小信号模式下的增益不小于 15dB。在 $8.75\sim11.5GHz$ 的整个频段，所测量的放大器的输出功率超过 14W。

该系列的低噪声放大器（LNA）由基于 $8\mu m \times 30\mu m$ 的两级晶体管构成。单独的低噪声 AlGaN/GaN HEMT 在 10GHz 下的最小测量噪声比不超过 0.8dB，漏极电压（U_c）为 10V。最小 LNA 噪声比为 1.45dB，饱和功率为 24dB·mW，输入功率为 16dB·mW。所有低噪声放大器的一个重要特性是最大允许输入功率。所讨论的放大器在 4W 的输入功率下是稳定的。然而，在这种情况下，由于第一级晶体管移位的变化，其输出功率大幅降低。

采用低温共烧陶瓷（LTCC）技术，在三个 GaN MIC 放大器的基础上组装了 MTM 模块。发射器单元由一个前置放大器、两个并联功率放大器和一个环行器组成。放大器安装在 CuMo 散热片上。接收器单元由低噪声放大器和限幅器组成，通道切换采用 GaAs 开关。大功率 GaN 基 MIC 脉冲式电源电路提供 30V 的电压。LNA 移位电路和控制开关电路也安装在多层 LTCC 基板上。

测试结果向国外客户展示了实现 GaN APAA 收发模块的可能性，其发射输出功率超过 20W，接收信道噪声比小于 3dB。

此类微波产品的典型代表还包括输出功率为 20W 的 GaN‐MICX 波段放大器，该放大器是根据军事部门的订单为先进的 APAA 雷达系统设计的[28]。

该放大器是由意大利塞莱克斯系统集成公司（SELEX Sistemi Integrati）、康恩索泽 OPTEL 以及罗马大学和都灵理工学院（意大利）共同开发。采用塞莱克斯集成公司集成系统在 GaN HEMT 上实现了微带结构的 MIC。采用 MOCVD 或分子束外延（MBE）方法在半绝缘 SiC 基底上生长了 GaN/AlGaN/GaN 的外延结构。采用步进光刻技术制作了 $0.5\mu m$ 长的晶体管栅极。通过在 GaN/AlGaN 外延层上淀积 Ti/Al/Ni/Au 结构并随后进行高温退火，获得欧姆接触。采用化学等离子体淀积的氮化硅薄膜对 MIC 进行钝化处理。在有源器件之后制造薄膜镍铬电阻器、电感和传输线，必要时还制造了空气桥。然后将晶片减薄至 $70\mu m$，并在其背面通过等离子体增强干法蚀刻形成通孔，其表面镀有 $10\mu m$ 的金层。

针对电路设计，该放大器仅由两级晶体管组成，第一级由四个晶体管单元组成，第二级晶体管有八个单元，上述晶体管总的栅极宽度分别为 4mm 和 8mm。单管单元栅的尺寸为 $10\mu m\times100\mu m$。该放大器的设计频率范围为 8.5～10.5GHz。

接下来，在 AB 模式下测量机载 NASA 放大器设备的特性，采用脉冲模式测试，所加脉冲的占空比为 1%，脉冲宽度为 10ms，漏极电压为 20V。在 8～10.5GHz 频段，放大器的输出功率为 21～28.5W，增益为 12.9～16.5dB，效率为 29%～43%。在 8.5GHz 和 9GHz 这两个频点上，输出在 30W 时达到饱和，效率为 40%。

我们还应该注意到 X 波段高功率 AlGaN/GaN HEMT 以及 MIC L/S 波段（1～4GHz）和 X 波段（8～12GHz）的其他类似产品[29]。晶体管和 MIC 由弗劳恩霍夫固体应用物理研究所（德国弗莱堡）、联合单片半导体公司（德国乌尔姆）和 NXP 半导体公司（荷兰奈梅亨）联合开发。

使用 MOCVD 方法在 SiC 基底上生长 GaN/AlGaN 异质结，这一过程在反应器中进行，使我们能够同时加工 12 个直径为 75mm 的晶圆。MIC 晶体管栅极的长度为 $0.25\mu m$。此外，该结构使用额外的优化场调制电极。HEMT 两个电极上的击穿电压超过 100V。

为了评估这种 GaN HEMT 的质量，在五块晶圆上分别测量了 21 个晶体管单元的特性。

测量结果十分令人信服。两级 X 波段放大器在 8.56GHz 频率下的输出功率超过 11W，效率为 40%，增益为 17dB，3dB 压缩。单 MIC 放大器在 8.24GHz 频率、20V 电压下的输出功率为 6W，效率为 55%，线性增益为 12dB。

我们还应该说明用于民用和军用移动通信系统的高功率 HEMT 在 2GHz 范围内获得的测试结果。当平均电压为 50V 时，平均功率密度为 10W/mm，效率为 61.3%，线性增益为 24.4dB。在此频率下，晶体管即使在 100V 甚至更高电压下也能很稳定地工作。在这种情况下，晶体管功率密度达到 25W/mm，效率超过 60%。

从公开的信息源可知，GaN 放大器也用于最先进的电子战系统。以下将讨论用于电子战系统的具有 2～6GHz 工作频率范围的 GaN MIC 放大器[30]。

该放大器由马德里理工大学、INDRA Sistemas（西班牙马德里）、塞莱克斯系统集成公司（罗马）和奎奈蒂克（QinetiQ）（英国马尔文）的工程师共同设计。

有趣的是，在合作过程中，两家公司同时开发出两种不同的放大器，基于塞莱克斯技术的微带和基于奎奈蒂克（QinetiQ）技术的共基面。由于 GaN HEMT 的阻抗大于 GaAs HEMT，因此它们在宽频带 2～6GHz 内的放大器设计匹配被简化。这两个放大器都工作在 AB 模式，且有两个放大级。每个放大级的所需输出功率是通过将栅极宽度为 1mm 的四个晶体管的输出信号相加而获得的。

一般来说，奎奈蒂克放大器的频率特性与估算值相对应，但 4～6GHz 频带除外。该频带中，观察到输出功率（8W）与估算值略有偏差（1～2dB）。小信号模式下的增益（18dB）和效率（20%）也获得了较高的一致性[30]。

在 25V 电压和 1.3A 电流条件下，根据 10W 的预估输出功率设计了另一个塞莱克斯放大器。在电压为 20V 和 25V、电流为 1.1A 和 0.9A 时，测量放大器特性。所得结论为在 2～6Hz 频段的小信号模式时测得的增益超过 15dB。在 20V 电压和 4GHz 频率时，连续模式下的饱和输出功率为 10W，效率超过 25%。在该频率的脉冲模式下（脉冲持续时间为 20ms，占空比为 1.1%），放大器功率为 17W[30]。

GaN MIC 开关应作为一个独立的微波 IC 类别被讨论。GaN 晶体管的高工作电压使其在作为收发器模块开关的一部分工作时具有显著优势。与 GaAs 开关相比，当使用 GaN 晶体管时，串联晶体管级的数量可以减少[31]。在某些情况下，甚至可以从模块电路中去除环形器[32]。

此外，还应该说明适用于 8～12GHz 和 2～18GHz 范围的高功率微波微带 GaN HEMT 开关[14]。这些开关由 Elettronica SPA、塞莱克斯系统集成公司、CNR - IFN 和托尔维尔加塔大学（意大利罗马）联合开发。这些开关采用单刀双掷（SPDT）方案，并采用了塞莱克斯的微带 GaN HEMT 技术。

采用 MOCVD 法或 MBE 外延生长方法在半绝缘 SiC 基底上生长了 GaN/AlGaN/GaN 外延结构。当使用不同层的掩膜进行光刻时，经典的步进光刻和电子束光刻都会被使用。采用电子束光刻技术制备长度为 0.25μm 的栅极。MIC 中开关的其他制造工艺与塞莱克斯 MIC 放大器相同。

关于这些产品的研究结果，开关插入损耗在规定的频率范围 8～11GHz 内小于 1dB，隔离度超过 37dB。在这种情况下，开关的输出匹配大于 13dB。在进行特性测量时，开关安装在带有同轴输出的特殊支架上并在脉冲模式下进行（脉冲持续时间为 100ms，占空比为 25%）。即使在输入端施加 8W 的信号，开关仍保持线性传输特性。

作为该项工作中的一部分，创建了频率范围为 2～18GHz 的宽带开关，插入损耗低于 2.2dB，隔离度高于 25dB，在 1dB 压缩下传输功率超过 5W。

另一种工作功率超过 25W[32] 的 GaN SPDT MIC X 波段开关由 TNO Defense、Security and Safety（荷兰海牙）和奎奈蒂克（英国马尔文）研发。开关 IC 采用奎奈蒂克 GaN MIC 共基面技术制造。该结构包括在直径为 50mm 的半绝缘 4H - SiC 基底上生长的 1.9μm 绝缘掺铁 GaN 层上的 25nm 未掺杂 $Al_{0.25}Ga_{0.75}N$ 层。

采用常规方法制备了 Ti/Al/Pt/Au 欧姆接触和 0.25μm Ni/Au T 型栅。器件采用击穿电压为 200V 的 $SiN_x/SiO_2/SiN_x$ 多层结构进行钝化，该多层结构也可用作 MIM 电容器的介质。薄膜电阻器由镍铬薄膜制成，表面电阻率为 $27\Omega/m^2$。在 3μm 电镀金层中产生电感和共面线。空气桥由 0.8μm 厚的金蒸发层形成。

晶体管电导率为 230mS/mm，电流为 1030mA/mm，最大电流增益频率为 40GHz，栅极击穿电压超过 100V。这些开关是使用 ADS Momentum 软件设计的。该软件现已经过系统的更新并被广泛用于微波器件设计。

要指出的是，设计人员获得了相当高的隔离度（X 波段为 35dB）。输入和输出的回波损耗优于 10dB。由于关断模式下晶体管的隔离度相对较低，因此插入损耗相当大（3.5dB）。脉冲模式下的测量显示，尽管在整个动态范围内输入输出保持均匀隔离，开关输出功率与高达 25W 的输入功率呈线性关系。

2008 年，完成了欧洲防御计划科里根（KORRIGAN）为了开发 GaN 微波器件和微电路[25]而设立的专项课题。其主要成果是建立了欧洲基础设施——生产 GaN 微波 MIC 的独立工艺中心，以满足民用（蜂窝通信基站）和军用（APAA 收发器模块）的需求。在一些国家（法国、德国和西班牙）国防机构的支持下，欧洲的一些工业公司和大学参与了用于收发器模块的 MIC GaN 组件的开发。

这些结果证实了 GaN MIC 作为收发器模块的一部分，在高功率（初级和输出放大器、开关）和低功率（低噪声放大器）需求中的应用前景。GaN MIC 在高输出功率水平下表现出良好的宽带特性。GaN 收发器模块在特定 APAA 中的进一步应用将取决于 GaN MIC 工业化生产工艺是否就绪和相应雷达的设计者的需求。迄今为止，已有两组公司致力于欧洲战斗机机载 APAA 雷达项目。其中一组由泰雷兹牵头，该公司开发了一个包含 1000 个模块的阵列；第二组由塞莱克斯·伽利略公司、EADS 电子和 INDRA 联合组成，它们已成功设计并批量生产了包含 1425 个模块的 APAA 系统[24]。

3.11　基于 SiGe、GaN、AlGaN/GaN 的 MMIC 的世界市场概况

如今 GaAs 技术已相当完善，GaAs 器件不仅在空间和军事上，在商业和民用市场也有广泛的应用需求。基于氮化镓和磷化铟的器件正稳步占据市场份额，如用于 WCDMA 系统的高功率高频晶体管以及用于厘米波和毫米波的晶体管。但是，正如我们在前几章中所展示的那样，硅技术也没有停滞。如今硅技术已经得到了极大的提升，基于这种材料的晶体管正在侵占 GaAs 器件已有市场。此外，传统硅的后代——锗硅和碳化硅技术和产品也得到了强势的增长[25]。

如今约有 80 家公司将其产品供应给半导体微波器件市场。受蓝牙标准系统、移动通信、无线局域网和 RFID 快速发展的刺激，制造商提供了从小信号低噪声和高功率晶体管到单片无线电接收器、发射器和收发器的多样的微波设备。尽管自行生产所开发产品的公司继续蓬勃发展，但越来越多的公司只从事微电路设计（无晶圆厂模式公司），并将生产外包给代工厂（Foundries）。同时，许多软件公司也努力发展针对射频和微波器件制造的各种新技术。例如，Hittite 微波（www. Hittite.com，由雷神公司前工程师创建）研究计划是在 GaAs、InGaP/GaAs、InP、SOI 和 SiGe 上制造高频器件和 MMIC。该公司最新的一项开发成果已被转交给了代工厂，它是一系列用于 250~800MHz 和 4~7GHz 频段的宽带正交调制器和放大器单元，基于 SiGe HBT 形成并封装在 3mm×3mm 外壳中进行表面安装。HMC495LP3 型低频调制器设计用于 GSM、CDMA、WCDMA 和 WLL 系统，HMC496LP3 型高频调制器设计用于 IEEE 802.11 标准的 WLAN 系统和微波无线电接收设备。

Centellax 公司（www.Centellax.com）成立于 2007 年，由一家代工厂生产 Centellax 工程师研制的 Fractional - N 合成器。该合成器宽带压控振荡器单元是基于极限频率为 300GHz 的 SiGe HBT 制造的，而合成器的其余模拟和数字模块则由传统 CMOS 工艺形成。这种 N 分合成器能够以 25kHz 的增量产生高达 30GHz 的频率。

合成器输出功率为＋5dBm，频率扫描约为 1ms。该微电路设计用于数字无线电台、线性调频雷达、仪器信号发生器和光通信系统频率可调的时钟频率发生器中的可调谐外差。

在相对较低的电压和功率输出的无线通信系统中，现代 SiGe 器件成功地与 GaAs 微波器件展开竞争。因此，生产 SiGe 设备的公司数量正在稳步增长。除了开发 SiGe 技术的 IBM 和首批使用该技术的公司之外，SiGe 器件目前由艾特梅尔（Atmel）、Hittite Microwave、IceFyre、Infineon Technologies、Inphi、Intersil、Maxim、Sirenza 等公司设计和制造。

早在 2008 年，位于渥太华的 SiGe 半导体（www.SiGe.com）就宣布为在 824～849MHz 频率范围内运行的手机 IS - 95 和 EJB 系统制造一系列两级功率放大器（PA）。由 SiGe BiCMOS 工艺制造的 SE5103、SE5106 和 SE5107 型放大器的线性度在＋28dBm 峰值输出功率时小于－50dBc，功率增加效率超过 41％。这些系列中的每个微电路都可以承受高达 4kV 的静电放电。另外，它们具有抗失配特性。因此，放大器能够在 10∶1 的 VSWR 下可靠运行。每个放大器包括一个数字或模拟电路移位控制单元、功率检测器、2.8V 稳压器以及匹配和谐波调谐模块。所有这些都消除了外部组件的数量，包括外置稳压器和输出信号检测器。由于相邻通道的功率衰减不超过 2dB，VSWR 失配为 4∶1，因此不需要隔离功率放大器和低噪声放大器。根据设计师的说法，基于这些特点，上述功率放大器的选用将为每部手机节省高达 3 美元的成本。

这些放大器采用标准的 QFN 封装形式，因此它们可以直接替换以前安装的器件，从而确保降低设备升级成本。每个密封的微电路都有独立的输出，用于控制信号和放大单元，这使我们能够将 VCC 的值调整为 0.8V。器件待机模式电流消耗为 2μA。SE5103 型放大器包含数字移位控制模块，封装外形尺寸规格为 4mm×4mm×0.9mm。当购买同一批次的采购量达到 100000 个及以上时，每只的价格为 0.8 美元。SE5106 和 SE5107 放大器采用 3mm×3mm×0.9mm 封装，分别带有数字和模拟控制模块，同一批次的成本为每个 0.85 美元。

其中一个 SiGe 半导体器件是专为 PCMCIA 卡、PDA 和 802.11a/b/g 兼容设备设计的 5GHz 频率范围的充电器系列 PA。三级 SE2534A 型放大器包括功率检测器、模拟移位电路和级间匹配模块。模块的输出功率为 17.5dBm，电流为 160mA，误差矢量幅度小于 3％，降低了数据包传输中的错误率，同时提供了最大带宽和最大传输距离。工业标准模块提供 5mm×5mm 尺寸的 10 针 LGA 封装，与 802.11a 设备中使用的 PA 连接器兼容。每个的成本为 1.93 美元，最低订购量为 100000 个。

Infineon 开发并申请了独有的 70GHz 器件的工艺专利，此后掌握了用于 WLAN 系统的高速 n - p - n 晶体管的生产。BFP640 和 BFP650 型晶体管的噪声率在 1.8GHz 时为 0.65dB，在 6GHz 时为 1.3dB，这与 GaAs 器件的参数相当。

IBM 是开发 SiGe 工艺并为 SiGe 器件的制造提供服务的最著名的制造商，拥有多种专用器件工艺制程。对于许多无线通信系统电路中使用的 HBT 的制造，BiCMOS 7HP 0.18μm 工艺是最先进的，它允许形成自对准发射极、小而深的隔离槽以及频率极限高达 120GHz 的晶体管。设计公司也非常熟悉一家名为台湾半导体制造公司（TSMC）的代工厂。

不幸的是，高功率 SiGe 器件仍然很少。我们在此讨论一种由诺斯罗普·格鲁曼公司（www. es. northropgrumman. com）的部门工程师设计的大高功率 SiGe 晶体管，用于空中交通管制雷达的传感器和系统。在 2.7～2.9GHz 的频率范围内，WPTB48F2729C 型 HBT 的增益比为 7dB，集电极电路效率为 46%。对于 C 类放大器，当连接在共基极电路中，在输入施加占空比为 6% 的 60ms 脉冲时，该晶体管输出功率可高达 180W 以上。

但是，尽管锗硅适合制造大功率器件，但这类器件的开发者更受其他先进材料——碳化硅的吸引。NASA 格伦研究中心为 SiC 技术的发展提供了强有力的支持。Rockwell Scientific（www. Rockwell Scientific. com）是 SiC 射频和微波器件的领先设计者，发布了一系列大功率 MESFET。设计用于 3.6GHz 截止频率的晶体管的增益在 2GHz 时为 12dB，最小输出功率为 25W。在 50VDC 电压和 1200mA 电流下，漏极效率达到 40%，平均 IM3 等于 -30dBc。这些晶体管设计用于 CDMA 和 WCDMA 系统。

自 2009 年以来，SiC 晶片供应商和 SiC MMIC 制造商（代工厂）Cree 微波公司（www. Cree. com）生产了大功率 SiCFET。CRF24060-101 型 MESFET 在 2GHz 时的最小输出功率在 1dB 压缩时为 50W，相同频率下小信号的最小增益为 13dB。晶体管工作频率为 2.7GHz。在 48V 的电源电压和 250mA 的电流下，晶体管漏极效率为 45%，IM3 等于 31dBc。尽管该器件的输出功率很高，但最小噪声比仍然很低，只有 3.1dB。这些晶体管设计用于军事宽带通信系统、A 类和 AB 类放大器以及 TDMA、EDGE、EJB 和 WCDMA系统。

正如之前所说，大功率射频和微波器件设计师越来越多地被氮化镓所吸引。与其他半导体材料相比，氮化镓可以实现更高的功率密度并获得更高效的器件效率，并且确保最小的信号失真。如今，有 100 多个研究机构正在从事其研发工作，包括美国国防部的主要承包商，如 BAE 系统信息和军事电子系统部（www. baesystems. com）和诺斯罗普·格鲁曼电子传感器和系统部。GaN 工艺的发展由于源晶片的高成本而变得复杂，其直径仅为 50mm（而硅和 GaAs 晶片的直径分别为 150mm 和 300mm）。尽管如此，在 2003 年底，Triquint 半导体（www. Triquint. com）和主要军事承包商洛克希德·马丁宣布开发了大功率 GaN HEMT。该晶体管功率密度为 11.7W/mm，输出功率为 +34dBm，弱信号增益为 9.83dB，功耗附加效率超过 50%。

大功率 GaN 器件的潜在市场是第三代无线系统（3G 系统）。随着 GaN 功率放大器的输出功率和功率密度不断提高，开发人员现在已接近满足 3G 系统的严格要求。根据这些要求，在 48V 工作电压下，放大器输出功率必须达到 150W。这就是设计师努力创建漏极电压超过 50V 的晶体管的原因。Cree Microwave 于 2008 年宣布在碳化硅基底上开发了用于 PA 的 GaN FET，在 4GHz 频率下，输出功率密度为 32W/mm，PAE 为 55%。在 8GHz 的频率下，输出功率密度为 30W/mm，效率为 50%，漏极偏置电压为 120V。这项工作部分由海军研究办公室和 DARPA 资助。

VEC 也制造了用于 WCDMA 系统的基于氮化镓的 PA。其工作频率为 2.1GHz，输出功率为 150W，总功率效率为 54%，漏极电压为 63V。

Nitronex 公司由北卡罗来纳州立大学毕业生于 1999 年创建，于 2010 年发布了用于第三代移动通信系统的 AlGaN/GaN HFET。这些器件的特点是它们基于该公司的专利技术 SIGANTIC 制造，可在直径 100mm 的硅片上生长高质量的氮化镓。在工作电流为 2A、漏极电压为 28V 的情况下，对 72mm 栅极周长（0.7mm 栅极长度）的 HFET 进行测试，结果表明，小信号模式下的增益比等于 16.3dB，漏极效率为 62%，饱和模式下的输出功率为 138W。这是硅基底上 GaN 器件在 28V 电压下工作时的最高纪录。根据高温测试的结果，评估认为这类器件的寿命周期可达 20 年。

2009 年，Nitronex 公司开始提供漏极电压为 +28V，输出功率超过 10W（型号 N10）和 20W（型号 N20）的大功率 AlGaN/GaN HFET 原型产品。晶体管在 1.8～2.2GHz 频率范围内的增益比为 11.5dB，平均效率为 25%。在不久的将来，该公司计划发布功率为 36W 的器件。

因此，随着无线移动通信系统的发展，现在 3G GaN 器件对基站 PA 中广泛使用的 LDMOS 构成严重威胁。除了确保大功率之外，GaN 晶体管的其他重要优点是提高了可靠性和效率以及在高温下工作的能力，这将通过消除冷却模块来减小 PA 模块的尺寸。另外，用 GaN 代替 LDMOS 器件可以使用一个晶体管（而非之前的两个），这将显著简化器件的匹配过程。

然而，自 2006 年上半年之后，氮化镓晶体管才开始被广泛应用于此类设备中。

现在，LDMOS 占蜂窝基站系统 PA 晶体管市场约 90% 的份额（其余部分是 GaAs 器件和传统双极晶体管的一小部分）。虽然理论上 LDMOS 不是制造 3G 通信系统 PA 的最佳技术方案，但改变这种情况并不容易。这些器件的不断改进无疑将有助于保持其在市场上的强势地位。LDMOS 技术改进的一个例子是由飞利浦（www.Philips.com 第五代）制造的晶体管，在蜂窝基站大功率器件市场上仅次于摩托罗拉。

飞利浦计划在市场上发布第五代晶体管，以便开发人员可以基于此开展硬件设计。新工艺被转移到已经掌握了 0.14μm 工艺的生产现代 CMOS 微电路的工厂生产。LDMOS 将使用这种新一代工艺制造。

Infineon（www.Infineon.com）和 ST Microelectronics（www.st.com/rf）在改进 LDMOS 晶体管方面取得了重大进展，共同占据了蜂窝基站组件市场的第三位。GOLDMOS 系列 PTFA211001E 型新一代 LDMOS 晶体管在 2.1GHz 频率连续模式下输出功率为 100W，增益为 16.4dB，效率为 57%，电源电压为 28～30V。在双通道 3GPP WCDMA 系统中，晶体管平均输出功率为 22W，增益比为 16.5dB，效率为 30%，相邻通道功率衰减低于 −42dBc，IM3 等于 −37dBc。

下一代无线通信系统 PA 中使用的 LDMOS 晶体管的另一个重要竞争者是 GaAs 器件。根据 PA 咨询集团（英国）进行的研究，建议将 LDMOS 用于在稳定环境和有限功率范围内运行的设备中，这对于 GSM 系统是可以接受的。WCDMA 基站的输出功率取决于通信流量，因此基于 LDMOS 的 PA 并不总是能够在最佳点运行。对于这样的系统，GaAs 晶体管更可取。

如今的 GaAs 晶体管（主要是 HBT）占据了移动电话 PA 市场的主导地位。在这个市场上有三家引领者，共同占据销售额的 80%。

以 GaAs 和磷化铟为材料的器件在毫米波领域同样占据了重要地位。代工厂 (Foundries) 变得更加重要。在此，不得不提到 Velocium 公司 (www. Velocium. com)——前 TRW 的一个分支机构，也就是现在的诺思罗普·格鲁曼集团公司。Velocium 基于 GaAs 和磷化铟设计并生产最小特征尺寸为 $0.1\mu m$ 的 HEMT。晶体管的截止频率分别为 120GHz 和 180GHz。

单片 GaAs 微电路也展示出快速发展的态势。GaAs 器件领域的最新成就之一是由安捷伦科技公司制造的在增强模式下工作的 MGA-425P8 型单片中功率放大器 PHEMT。该微电路旨在作为无线通信系统中的主要器件，设计工作频率高达 10GHz，兼容无线局域网标准 IEEE 802.11a，可用在未经许可的频率为 5GHz 的国家信息基础设施中，同时兼容无线 LAN 标准 802.11g/b。工作在 2.4GHz 频段时，可用于工业、科学和医疗系统 (ISM) 和无线局域网络；工作在 2.4GHz 和 5.8GHz 时，可适用于无线电话。

在频率为 5.25GHz、电源电压为 3V、工作电流为 58mA 的条件下，该微电路的输出功率为 13.3dBm，误差矢量幅度为 5%，PAE 为 10.3%，1dB 压缩点输出功率为 20.3dBm，增益比为 16dB，噪声比为 1.7dB，输出电阻为 50Ω 时的 VSWR 为 2∶1。应该注意的是，尽管电流消耗低，但该器件满足无线局域网的所有线性要求。所需的偏移量由外部电阻设定。由于智能偏移功能，可通过调整外部电阻将 IP3 线性度调节在 20～35dBm 之间。这将允许在同一系统的不同模块中使用该器件。

该器件采用标准的工业无铅八针 DRP-N LPCC 封装，外形尺寸为 2mm×2mm×0.75mm。采购量在 5500～14500 个时，单价为 1.73 美元。

最近，设计师们也开始关注基于磷化铟材料的微波器件，该材料具有直接带隙、高电子迁移率和良好的击穿电压特性。此外，磷化铟是唯一可以在其上制造产生、调制、放大和接收波长为 $1.55\mu m$ 和 $1.3\mu m$ 光波（即在单模电信光纤系统中使用的波长）的器件的材料。因此，随着 10 Gbps OC-192 系统容量的增长和 40Gbps OC-178 系统的开发，电信设备设计者为了降低成本，将不得不寻求包括磷化铟在内的新材料。Vitesse 半导体 (VTSS) 公司采用双扩散技术生产的第二代 HBT，证明了该技术的特点。其极限频率超过 300GHz，击穿电压为 4.5V。这种新器件的优点是它可以通过四层金属化工艺在直径为 100mm 的晶片中制造，类似于传统 CMOS 工艺技术。BAE 系统公司的设计师在数字频率合成器中使用了这种新型的 HBT，其工作频率达到创纪录的 152GHz。

值得注意的是，VTSS、BAE 系统和伊利诺伊大学共同完成的所有工作均由 DARPA 资助。

InP 器件所面临的主要技术问题之一是光学和电子元器件集成工艺的复杂性。到目前为止，它们只能将短程针状探测器集成到带有数字电路的芯片上。当然，在 5 年内，将会出现带有复杂针状探测器的磷化铟微电路，同时可集成电流控制放大器、调制器和控制电路。在此应提及 Inphi（InP 器件设计师）和 Broadcom（CMOS 器件设计师）的方法，他们建议使用两个芯片组，一个在 InP 上作为输入模块，另一个在 CMOS 上作为输出模块。

其他国家的开发人员和制造商也积极参与这一市场领域，比如白俄罗斯公司设计的 M55326 型多功能厘米波微波收发模块。

该微波模块是在厘米波范围内工作的多功能收发器件，设计用在特殊设备中，对输入信号进行接收和两次变频。该模块基于先进的 GaAs 单片和混合集成电路，可确保在较宽的动态和温度范围内工作。由于采用单片和现代薄膜多芯片技术并进行密封封装，该器件可实现高技术参数指标和高可靠性。图 3-26 显示了 M55326 系列模块的顶视图。表 3-2 显示了这些模块的主要电气指标。设计类型为 $70mm \times 64mm \times 12mm$ 一体式模块，质量小于 150g。

图 3-26　M55326 多功能厘米波微波收发器模块

表 3-2　M55326 系列模块电气指标

输入频率工作范围		$5 \sim 16GHz$
输出频率范围		$5 \sim 16GHz$
传输比率		$\geqslant -10dB$
输入频率范围内的传输比率变化		$\leqslant 6dB$
1dB 输出压缩时的最大输入信号功率		$\geqslant 0.25mW$
外差输入的频率范围		$9 \sim 14.5GHz$
信号从输入到输出的寄生穿透值	在 $5 \sim 6GHz$ 的频率范围内	$\leqslant -30dB$
	在 $6 \sim 16GHz$ 的频率范围内	$\leqslant -50dB$
线性工作范围内载波输出信号频谱中寄生谐波的抑制水平		$\geqslant -30dB$
电流消耗		$\leqslant 0.7A$

3.12　GaAs MMIC 技术在国外航空航天和军事设备中的应用

GaAs 单片集成电路（MIC：Monolithic Integrated Circuits）被广泛应用于民用电视接收机中的低噪声放大器、大功率蜂窝电话放大器、开关、有线网络调制解调器、计算机网络等[33]。另外，当前 MMIC 的技术水平允许继续进行有源相控阵列天线（APAA：Active Phase-Array Antennas）的建造。这为在太空技术和各种武器系统中大规模使用 MMIC 开辟了道路。在本节中，我们将回顾国外公司在组织开发 MMIC 技术方面的经验以及它们在某类太空和军事电子产品方面应用的最具代表性的成果[15,16,34-39]。

3.12.1　MIMIC 项目及其在 MMIC 技术发展中的作用

早在 20 世纪 80 年代初期，由于 GaAs 具有高电子迁移率且具有成为半绝缘材料的可能，设计人员就了解到其比硅更适合用于制造微波器件。但是，最初的尝试是使用 GaAs 来制造数字 IC，而不是 MMIC。1982 年，美国国防高级研究计划局（DARPA：Defense Advanced Research Projects Agency）为了开发基于 GaAs 的高速数字处理 IC，启动了高级机载信号处理（AOSP：Advanced Onboard Signal Processing）项目。选择 GaAs 是因为可以在半绝缘基底上制造 GaAs VLSI 电路。然而，由于材料质量低下，并且和硅相比，当时的 GaAs 技术并没有得到充分的验证和测试，因此 GaAs 电路的良率并不令人满意。实践经验表明，必要的生产规程应在每周至少生产 100 片晶圆的产品线上进行试验和测试。许多公司建立了用于生产数字和模拟微波电路的试验生产线。

该项目的主要目标是增加 GaAs 晶圆的产量。该 GaAs 微电路设计项目一完成，DARPA 就启动了一个新的微波和毫米波单片集成电路（MIMIC）项目，项目融资达 6 亿美元。该项目的目的是制造具有所需电学、力学和气候参数的微波和毫米波器件，并且这种器件的价格使得其可以在现有的太空和军事系统中使用。特别地，这个项目计划用单片器件取代混合集成结构。这一替换有望在速度、重量、尺寸以及电子设备的其他一些参数方面具有更多的优势。MIMIC 项目于 1987 年启动，一直持续到 1995 年。最初，手工操作在制造工艺中所占的比重很大。GaAs 晶圆的直径仅 50mm。关于形成有源层的方法是离子注入还是外延更好的问题仍没有得到解决。作为一项单独技术任务的一部分，完成了从气相外延到分子束外延，从 MESFET 到 HEMT 的转变。在实施该项目的过程中，引入了基于统计方法的过程控制。此外，实现了 LF 和 UHF 器件参数的快速片上测量（频率高达 95GHz），确定了制造的器件参数和工艺参数之间的关系，并创建了用于系统设计的器件统计模型。因此，设计人员可以在第一时间设计所需的单片电路。

在第一阶段结束时（1988 年），他们成功地将 MIC 成本从 20 美元/mm^2 降低到 10 美元/mm^2，并在第二阶段结束时（1991 年）降低到 0.1 美元/mm^2。MIMIC 项目的结果是美国的 GaAs 微波电路产品的发展以及用于材料、基底、掩膜、设备、测量设备、电路设计等方面的基础设施的发展。这种工业能力一方面已成为大型 MIMIC 商业市场的基础，另一方面也加快了航空航天和军事系统中无线电电子设备的现代化。基于单片微波技术，数个系统得到升级，例如用于攻击直升机雷达的长弓毫米波火控系统、感知并摧毁装甲弹药（SADARM）、40～60GHz EHF 通信系统、X - ROD 精确制导武器（95GHz）和其他一些系统。继美国之后，GaAs MMIC 开始在欧洲生产。新公司相继成立，如 United Monolithic Semiconductor（法国）、TNO 和 OMMIC（荷兰）、费尔康（Filtronic，英国）和波科海姆（Bookham，英国）。类似的生产基地也在日本和中国台湾建立。

在军事设备方面，GaAs MMIC 在需要大量收发模块的 APAA 中应用最为广泛。这种模块的重要参数决定了阵列辐射的总功率的输出功率和效率以及设计容许的散热能力。一个普通模块包含多个单片电路，其中包括单片输出功放芯片。X 波段 APAA 收发模块（10GHz）的现代典型 GaAs MIC 的脉冲功率是 10W，平均值是 1～3W[40]。数家国外公司基于这些模块制造的 APAA 已经开始在最新的武器系统中应用。

3.12.2　基于 MMIC 的武器系统

MIMIC 项目开发的第一个 MMIC 大规模应用是 HRAM（反雷达导弹）系统和 CO-BRA（反火炮 C 波段 APAA 雷达系统）[33]。由电气电子实验室制造的 COBRA 雷达的 APAA 收发模块包含六个 GaAs MIC，即前置放大器、两个带增益的功率放大器、一个移相器、一个可变增益放大器和一个低噪声放大器。该项目供应了 25000 个严格符合军用标准要求的此类系统。为确保产量达到预期，在模块组装阶段仔细预选具有所需参数的芯片非常重要。在这里，片上 MIC 测量方法发挥了至关重要的作用，特别是在 MIMIC 项目第三阶段开发的用于测量大功率放大器参数的脉冲方法。正是 MIC 的量产完善了整个工艺流程——从 MIC 设计到制造、测试、焊接以及模块的组装。如今，APAA 雷达也被用于各种平台——地面、舰船、机载和卫星。

以下将列举一些机载和地面系统的典型案例。

（1）机载 APAA 雷达

在这方面，雷神公司于 2009 年开发的 AN/APG-79 雷达引起了外界的特别关注。这款雷达从 2000 年开始研发，2006 年对其作战能力进行评估，2007 年向军队供货[34]。它现已被安装在所有美国海军 F/A-18E/F 超级大黄蜂战斗机上（如图 3-27）[3]。2005 年，雷神公司签下了向波音公司供应 190 台 APG-79 APAA 雷达的五年合同[35]。

图 3-27　用于 F/A-18E/F 飞机的雷神 AN/APG-79 雷达照片

APG-79 与之前用于 F/A-18E/F 飞机但未配备 APAA 的 APG-73 相比具有许多优势，能够追踪更多目标并以多种模式同时运行，例如地形测绘、移动地面目标追踪、空对空搜索模式等。由于 APAA 的配备，APG-79 的可靠性比 APG-73 提高了 4 倍。该雷达的 MTBF 超过 15000 小时。该雷达小巧轻便，其质量只有 43kg。每飞行小时的运行成本只有 APG-73 的一半。雷达收发模块由雷神公司的 RF 元件分部生产。该分部拥有 100 级超净间，其生产设施面积约 2300m²，GaAs MIC 实验制造设施占地约 840m²。

根据国际分类，该公司被视为 IDM，因为他们拥有在 MESFET、PHEMT 和 E/D（增强/耗尽）PHEMT 上制造现代 GaAs MIC 所需的所有工艺。

诺斯罗普·格鲁曼公司正在为未来的 F-35 战斗机开发一种类似的 APG-81 型 APAA 雷达（如图 3-28）[36]。

近年来，无人侦察机在国外备受关注。DARPA 已经完成了两个项目用来建造 X-45（波音公司）和 X-47（诺斯罗普·格鲁曼公司）型飞机。每个项目的资金总额为 10 亿美元[37]。该项目使用基于 GaAs 的 APAA 收发模块，这些模块与 APG-79 雷达中使用的

图 3 - 28　F - 35 战斗机中的 APG - 81 APAA 雷达照片

模块类似。负责开发这些项目中天线技术的是雷神公司。

英法联合机载多用途固态有源阵列雷达（AMSAR：Airborne Multirole Solid State Active array Radar）项目于 1993 年在欧洲启动。该项目的目的是为 "台风" 飞机制造机载雷达。它于 2010 年成功完成[38]。雷达全貌如图 3 - 29 所示，其收发模块如图 3 - 30 所示。

图 3 - 29　欧洲 "台风" 战机的 AMSAR 雷达

图 3 - 30　AMSAR 雷达收发模块

UMS 开发了基于 GaAs HBT 的单片电路和模块。工程师使用如下参数完成了 APAA 模块的单片输出功率放大器（如图 3 - 31）：

1）输出功率 10W；

2）10GHz 时增益比为 18dB；

3）10GHz 时效率＞35％；

4）芯片尺寸 4.74mm×4.36mm×0.1mm。

费尔康公司的 GaAs 工艺水平能够为机载 APAA 系统生产超过 200000 个可靠且价格

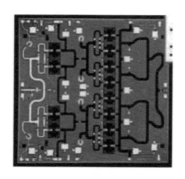

图 3-31　输出功率放大器单片电路——AMSAR 雷达 APAA 模块

合理的基于 GaAs PHEMT 的收发模块[39]。

正如我们从公开资料中了解到的那样，我们所回顾的用于飞机 APAA 雷达的 GaAs MIC 和模块只是该领域工作范围内的一部分。表 3-3 显示了 2010 年底处于从开发到交付不同阶段的各种类型的具有电子扫描功能的机载雷达更为详细的清单[16,38]。

表 3-3　机载 APAA 雷达

雷达类型	公司	载体
AN/APG-81	诺斯罗普·格鲁曼	F-35，战斗机
AN/APG-77	诺斯罗普·格鲁曼/雷神	F/A-22，战斗机
AN/APG-79	雷神	F/A-18E/F，战斗机
AN/APG-63（V）2 AN/APG-63（V）3	雷神	F-15C，战斗机
AN/APG-80	雷神	F-16E/F，战斗机
AN/APQ-181	雷神	B-2，轰炸机
AMSAR	BAE systems	Typhoon，战斗机
	Thales	Rafale，战斗机
	EADS	
Seaspray 7000E	BAE systems	直升机
未标明	三菱电机	F-2，战斗机
AEW&C NORA	Electric	JAS-39，战斗机

（2）地面 APAA 雷达

1992 年，洛克希德·马丁公司从美国国防部获得了设计机动导弹防御系统（战区高空面防御系统，THAAD：Theatre High Altitude Area Defense，如图 3-32)[34,40]的第一份合同。THAAD 系统旨在摧毁高空及更高层大气中的弹道导弹。雷神公司成为地面 APAA 雷达及组成雷达的固态收发模块的设计分包商。多功能 THAAD 雷达将完成以下任务：弹道目标观测、探测、跟踪、识别、敌对导弹武器目标捕获以及结果评估。

THAAD 系统的主要规格如下：

1）频率范围：(0.8～2)×（10GHz）；

2）APAA 孔径：9.2m²；

图 3-32 THAAD 机动导弹防御系统全貌图

3）APAA 收发模块数量：25344 个；

4）目标探测范围：可达 1000km；

5）打击范围：可达 250km；

6）打击高度：可达 150km。

随后，美国国防部购买了 30 多个地面雷达，这些雷达是该系统的一部分。

谈到这个领域的发展前景，需要指出的是，军用无线电设备中引入 GaAs MIC 的事例证明了一个规律，即新技术的开发与其在航空航天和武器系统中的应用之间的时间间隔至少为 10～15 年。现在，具有最先进性能特征并且配备了 20 世纪 90 年代后期设计的 GaAs MIMIC 的机载和地面系统已经在西方发达国家投入使用。

这种情况也可能具有经济方面的重要性。美国将和印度签订合同，出售装有 APAA APG-79 雷达的 F/A-18E/F 飞机[41]。当然，APAA 技术在某个具体系统中的引入取决于技术规格、成本、重量、尺寸和功耗等[42]。然而，雷神公司已经拥有廉价的导弹 APAA 技术，泰雷兹公司也展示了用于导引头的全单片 95GHz APAA[43]。将单片技术引入无线电定位使得航空航天和军事设备的设计者完全解决了电子管微波发射器及其所有的固有问题。显然，随着 MMIC 技术的快速发展，这种趋势在未来还将继续。2004 年，DARPA 宣布启动一项新项目——宽带隙半导体技术倡议（WBGSTI：Wide Band-Gap Semiconductor Technology Initiative）。该项计划制造基于宽带隙半导体化合物（GaN、SiC 和 AlN）的微波器件和 MIC[44,45]。该项目的第一阶段（2005 年）以开发获得直径为 75 mm 的 SiC 基底和外延生长 AlGaN/GaN HEMT 结构的工艺而结束。第二阶段（2005—2007 年），实现了具有高性能和高良率的可靠微波和毫米波 GaN 晶体管。第三阶段（2008—2009 年），证明了制造低成本的可靠 GaN MIC 并将其用于各种类型模块的可能性，包括雷达 X 波段收发器、用于电子战系统的宽带隙功率放大器以及太空通信系统的毫米波功率放大器。

根据功率水平、效率和带宽，这些模块的参数（见表 3-4）远远优于在 MIMIC 项目和后续工作中 GaAs MIC 的结果。正如我们已经指出的，从新技术的开发到将其引入系统之间的时间总是很长的。

在 WBGSTI 项目实施期间，DARPA 已经设定了一项任务来减少上述时间间隔。为此，DARPA 指示该项目第三阶段的参与者准备商业计划，以加速在特定的系统里引入其产品[46]。显然，在 WBGSTI 项目中开发的 GaN 器件和 MIC 将比 MIMIC 项目中的 GaAs 器件能够更快地用于武器系统。

表 3 - 4　　WBGSTI 项目下开发的 GaN 模块的目标参数

模块类型	工作频率/GHz	输出功率/W	效率（%）	增益比/dB	主要开发者
雷达收发器	8～12	60	35	18～2	雷神公司
电子战宽带隙放大器	2～20	100	20	30	诺斯罗普·格鲁曼公司
Q 波段通信系统放大器	>40	20	30	13	TriQuint 公司

　　欧洲也在这一时期实施了欧洲大型多国项目 KOR - RIGAN，目标是在欧洲的基地生产现代化的 GaN HEMT 和微电路产品[47]。该项目涉及七个国家，包括法国、意大利、荷兰、德国、西班牙、瑞典和英国，项目负责人是法国泰雷兹机载系统公司，总投入为4000 万欧元。项目建立了欧洲统一供应体系，为太空和军事工业提供可靠的、现代化的GaN 器件。

　　在国内的微波电子研究项目中，除了联邦项目外，还应当提及俄罗斯和白俄罗斯联合开展的 Pramen 和 Mikrosistemotekhnika 项目。

3.13　基于 GaN 的微波器件

3.13.1　GaN 功率晶体管

　　由于 GaN 功率晶体管常规条件下处于导通状态，直到最近才实现 GaN 功率晶体管相对于 Si 功率晶体管理论上的优势。目前，GaN 工艺的发展使生产在常规条件下处于关闭状态的器件成为可能。基于 eGaN® FET 工艺实现的最初的实际应用包括用于空间及商业领域的 DC/DC 转换器、D 类功率放大器、逆变器、无线功率传输系统、激光雷达、包络跟踪系统以及高抗辐射性和热稳定性的系统。

　　在本书付印时，硅半导体占据了半导体市场的绝大部分份额。然而，在最近几年由氮化镓（GaN）和碳化硅（SiC）材料制备的功率元器件占比却急剧增加。

　　有关 GaN 晶体管的发展给研究人员带来很多疑问。为什么 GaN 工艺会发生变化？为什么现在才有如此迅猛的发展？新制备的器件有哪些特点？这些新开发器件的应用领域有哪些？这项技术是否还有成长的空间？

　　从 20 世纪 70 年代末功率 MOSFET 的出现算起，硅器件的统治地位已经持续了 30多年。长期以来，硅没有竞争对手，因为其他已知的半导体（锗、硒），在实际应用中的部分关键性能不能满足需求。此后，人们逐步发掘了氮化镓、GaAs、碳化硅等新型半导体材料的特性。

　　但应该注意的是，GaN 并非新材料。其特性早在 1975 年由 T. Mimura 发现，并于1994 年由 M. Cann 进行了详细研究。即便在本研究发表时，GaN 材料也被证明，相比于硅，其具有更好的未来发展空间（特性见表 3 - 5）[48]。

　　GaN 材料的高临界强度为器件在更高电压下工作提供了潜在的可能性。宽带隙特性可在温度变化或辐射暴露下提供最高的稳定性，这对于空间、军事及其他恶劣环境下工作的产品极为重要。

　　相比于硅，GaN 的高电子迁移率和高漂移速度显著降低了导通电阻，并具有更高的功率密度。

表 3 - 5　半导体材料特性

参　　　数	材　　　料		
	GaN	Si	SiC
带隙/eV	3.4	1.12	3.2
临界强度/(MV/cm)	3.3	0.3	3.5
电子漂移饱和速度/(10^7 cm/s)	2.5	1	2
迁移率/ [cm²/ (V·s)]	990～2000	1500	650
介电常数	9.5	11.4	9.7

研究不同半导体材料的电阻率与击穿电压的关系很有意义（图 3 - 33）[49]。对于每种材料来说，这一关系几乎都是线性的，然而，在相同的击穿电压下，GaN 的电阻明显更低。因此，与传统硅基器件相比，GaN 晶体管的功率密度要大一个数量级，从而使得器件整体尺寸大幅度减小。

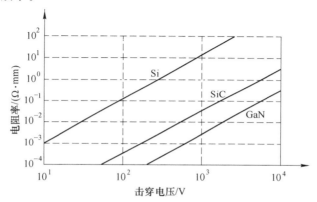

图 3 - 33　电阻率与半导体击穿电压的关系

在此介绍最简单的传统 GaN 晶体管结构（图 3 - 34）[49]。氮化铝保护层生长于硅基底上。在其上形成 GaN/AlGaN 异质结构，然后形成保护性介电层和电极。

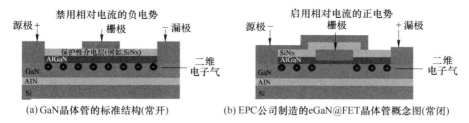

(a) GaN晶体管的标准结构(常开)　　(b) EPC公司制造的eGaN@FET晶体管概念图(常闭)

图 3 - 34　常规元件

GaN 和 AlGaN 本质上是极性材料。在生长过程中，界面会产生自发极化效应，形成表面电荷。此外，GaN 还具有良好的压电特性，在机械应力和形变的作用下，还会发生压电极化。因此，GaN 和 AlGaN 之间存在晶格失序，不可避免地会在界面处产生应变[48]。而极化过程也将导致电荷以二维平面的形式形成（即所谓的电子气，2DEG）[48]。

若电压被施加到这个基本元件的源极和漏极上，即使栅极电压等于零，电流也会导通。因此，该器件被研发者命名为"正常打开"的。为了阻止电流导通，需要在栅极上施加相对于源极的负电压。

　　很明显，这种晶体管并不好用。首先，为了避免电路被烧毁，需要在施加主电压之前为晶体管提供安全的关断状态。另外还需要一个额外的负电压源。

　　简单单元的问题并不是仅此一点，因为前面提到的结构是被过度简化的。必须使用基底来有效地去除 GaN 层中的热量，但所有传统材料（Si、SiC、蓝宝石）在 GaN 上都存在晶格失配。因此，工艺工程师必须引入额外的匹配层来降低应变。因此有必要通过类比的方法在元件的不同材料之间添加附加层，这也使其结构变得更为复杂[48]。这些额外的问题决定了需要更多的研究来确定最佳的材料、最佳的层厚等因素。

　　在此，该领域的世界领导者之一，宜普电源转换公司（Efficient Power Conversion，EPC）提供的主要技术解决方案是可行的。

　　该公司的工程师提供了名为 eGaN® FET（增强模式）（如图 3 - 34）的先进的晶体管单元结构。其不同之处在于栅极区域和栅极下方区域的形成方法[49]。由于在该器件的栅极下形成了 AlGaN 耗尽区，从而在二维电子气（2DEG）中形成了间隙。

　　此晶体管被证明是常闭型的器件。在这种情况下，它需要在源极和栅极之间施加正电压，从而在漏极和源极之间形成导电通道。至于 eGaN 的使用方法则与普通的 N - MOS-FET 完全相同。当然，这里给出的结构被尽可能简化，实际要复杂得多。

　　表 3 - 6 给出了这种新型晶体管与硅晶体管的比较结果，其中列出了每种代表技术的优势和局限性[50]。

表 3 - 6　　100V 电压下功率开关特性的比较

参　　数	硅 MOSFET 100V	eGaN EPC2022 100V
开启导通电阻 R_{ds}/mΩ	Units - tens	2.4
温度变化 125℃/25℃ 时导通电阻变化	2.2	1.4
切换时的能量	高	低
反向二极管的恢复时间	很好	达不到
阈值电压 U_{gs}/V	2～4	0.7～2.5
125℃/25℃ 温度变化时 U_{gs} 阈值的变化	0.66	1
最大电压 U_{gs}/V	±20	−1.5
工作温度/℃	150	150
栅极的输入电阻 R_g/Ω	几个	0.3
输入电流 I_{gs}	几个 nA	1mA

　　此处，导通电阻的阻值是最重要的特性参数之一，它决定了开关时的损耗。两种晶体管的系列样品的电阻值接近，但还要做以下几点讨论：

　　首先，GaN 具有更稳定的特性。因为在 25～125℃ 的温度范围内，其导通电阻值变化约为 1.4 倍，而 MOSFET 的电阻变化则超过 2.2 倍。

　　第二，GaN 的电阻对最大工作电压的依赖性比 MOSFET 弱得多。这与漏源沟道的长度增加对电阻值没有过大的影响有关。例如，晶体管 EPC① 在 30V 时的电阻为 1.3mΩ，而晶体管 EPC2034 在 200V 时电阻仅为 10mΩ。

　　电容 C（单位 pF）决定了晶体管的性能。该工作所提出的平面结构 eGaN FET 具有最小的栅源（米勒）和栅漏（输出）电容。这使得这些器件能够以千兆赫的频率转换数百伏的电压，并减小电压转换器的尺寸。

---

①　　这里 EPC 后应该有数字编号。——译者注

　　GaN 的阈值电压 U_{gs} 仅为 $0.7 \sim 2.5V$。需要注意的是，GaN 晶体管栅极处的最大电压值通常仅为 $+6V/-4V$。

　　栅极输入电阻 R_g（欧姆）决定了输入电容的充电速率。对于 GaN 而言，给定的电阻非常小，这导致了更好的性能和更具保护性的电压变化率 dU/dt。同时，输入电流值增加意味着控制功率增加。

　　设计工程师通常在此类系统中使用反向二极管，而 GaN 晶体管的电路类型中不包含反向二极管。但是存在反向导通机制可以美化这一功能。有趣的是，伴随着电流反向并未发生少数载流子积累，这与 MOSFET 相反。这意味着反向恢复二极管电阻的恢复时间损失并不存在。

　　故而，虽然 eGaN-FET 晶体管具有优异的电学性能，但在控制便捷性方面仍不如 MOSFET。因此，与 MOSFET 相比，给定类型的功率开关并不总是具有优势。尽管如此，仍然可以指出 eGaN FET 的潜在应用领域，包括各种空间应用的 DC/DC 转换器、D 类功率放大器、逆变器、无线功率传输的空间系统、激光雷达、高频放大器的电源调谐系统（包络跟踪）以及任何需具有更高工作温度范围和抗辐射特性的系统。

　　为了证明使用 eGaN FET 的优势，可以参考工作频率为 1MHz 的 12V/1.2V DC/DC 转换器和工作频率为 300kHz 的 48V/12V DC/DC 转换器的测试结果（如图 3-35）。从图中可以明显看出，当增加工作频率和输出电流时，与 MOSFET 相比，eGaN FET 的优势增加。所谓的第四代 GaN 晶体管展示了最佳结果，即如果第一代转换器的最大效率系数超过 91%，那么第二代转换器的效率系数就已经超过 98%。这明显高于基于 MOSFET 开关的 DC/DC 的指标。

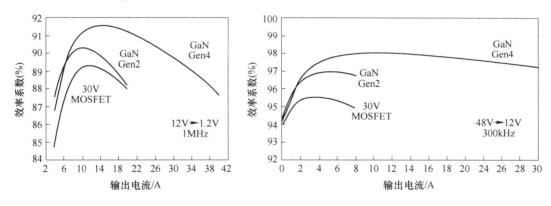

图 3-35　DC/DC 转换器的对比测试结果

　　值得注意的是，自这类器件出现起，已经产生了四代半导体功率组件。从 2015 年开始，最后两代 Gen2 和 Gen4 都有大量生产。

　　这里有必要提到 eGaN FET 主要生产商之一———EPC 公司的主打产品。EPC 公司的功率器件生产线主要提供三类产品：

　　1）分立功率 eGaN FET；

　　2）用于高频应用的 eGaN FET；

　　3）eGaN FET 的集成组件。

　　所有产品均采用 LGA（栅格阵列）封装（如图 3-36）。

　　大量的分立功率 eGaN FET 则由两代工作电压为 $30 \sim 450V$（见表 3-7）的晶体管的代表产品组成。

表 3 - 7　通用分立 eGaN FET

型号	$U_{ds\,max}$/V	$U_{gs\,max}$/V	$R_{ds(on)\,max}$/mΩ, U_{gs}=5V	Q_g/nK	Q_{gs}/nK	Q_{gd}/nK	I_d/A	I_d脉冲/A	$T_{j\,max}$/℃	LGA 封装/mm
EPC2023	30	6	1.3	20	5.8	1.9	60	590	150	6.1×2.3
EPC2024	40	6	1.5	19	6.4	2	60	550	150	6.1×2.3
EPC2030	40	6	2.4	18	5.2	3.4	31	495	150	4.6×2.6
EPC2015C	40	6	4	8.7	3	1.4	36	235	150	4.1×1.6
EPC2015	40	6	4	10.5	3	2.2	33	150	150	4.1×1.6
EPC2014C	40	6	16	2	0.7	0.3	10	60	150	1.7×1.1
EPC2014	40	6	16	2.5	0.67	0.48	10	40	150	1.7×1.1
EPC2020	60	6	2	16	5	2	60	470	150	6.1×2.3
EPC2031	60	6	2.6	17	5.2	3.2	31	450	150	4.6×2.6
EPC2035	60	6	45	0.88	0.25	0.16	1	24	150	0.9×0.9
EPC2021	80	6	2.5	15	3.8	2.1	60	420	150	6.1×2.3
EPC2029	80	6	3.2	13	4	2.5	31	360	150	4.6×2.6
EPC2022	100	6	3.2	13	3.7	2	60	360	150	6.1×2.3
EPC2032	100	6	4	14	4.2	3.1	31	340	150	4.6×2.6
EPC2001C	100	6	7	7.5	2.4	1.2	36	150	150	4.1×1.6
EPC2001	100	6	7	8	2.3	2.2	25	100	125	4.1×1.6
EPC2016C	100	6	16	3.4	1.1	0.55	18	75	150	2.1×1.6

续表

型号	$U_{ds\,max}$/V	$U_{gs\,max}$/V	$R_{ds(on)\,max}$/mΩ, $U_{gs}=5$V	Q_g/nK	Q_{gs}/nK	Q_{gd}/nK	I_d/A	I_d脉冲/A	$T_{j\,max}$/℃	LGA 封装/mm
EPC2016	100	6	16	3.8	0.99	0.7	11	50	125	2.1×1.6
EPC2007C	100	6	30	1.6	0.6	0.3	6	40	150	1.7×1.1
EPC2007	100	6	30	2.1	0.52	0.61	6	25	125	1.7×1.1
EPC2036	100	6	65	0.7	0.17	0.14	1	18	150	0.9×0.9
EPC2033	150	6	7	10	3.5	1.7	31	260	150	4.6×2.6
EPC2018	150	6	25	5	1.3	1.7	12	60	125	3.6×1.6
EPC2034	200	6	10	8.5	2.6	1.4	31	140	150	4.6×2.6
EPC2010C	200	6	25	3.7	1.3	0.7	22	90	150	3.6×1.6
EPC2010	200	6	25	5	1.3	1.7	12	60	125	3.6×1.6
EPC2019	200	6	50	1.8	0.6	0.35	8.5	42	150	2.7×0.95
EPC2012C	200	6	100	1	0.3	0.2	5	22	150	1.7×0.9
EPC2012	200	6	100	1.5	0.33	0.57	3	15	125	1.7×0.9
EPC2025	300	6	150	1.85	0.61	0.3	4	20	150	1.95×1.95
EPC2027	450	6	400	1.7	0.6	0.25	4	12	150	1.95×1.95

EPC2014
LGA6.05×2.3mm

EPC2036
LGA0.9mm×0.9mm

EPC8004
LGA2.1mm×0.85mm

EPC2014
LGA1.7mm×1.1mm

图 3 - 36　分立 eGaN FET 的封装型号示例

所有这些电源开关的电阻都很小。30V 的 EPC2023 场效应晶体管导通电阻 R_{ds} 达到了创纪录的 1.3mΩ。同时，电阻在给定区间内与工作电压的相关性比 MOSFET 弱。

在大多数情况下，给定这组器件的最大均方电流为数十安培，脉冲电流为数十安培和数百安培。尽管功率很大，但所有晶体管均采用微型封装，其中尺寸最大的为 LGA（栅格阵列封装）6.1mm×2.3mm，最紧凑的为 LGA 0.9mm×0.9mm（如图 3 - 36）。

eGaN FET EPC800x 系列器件在亚千兆赫兹范围内运行。需要强调的是，在高频应用中，GaN 晶体管从一开始就占据了领先地位，因为它们确保了功率开关工作在严格切换模式下的系统能够正常工作，工作频率范围可从几十兆赫兹到几百兆赫兹。

表 3 - 8 给出了 EPC800x 系列器件在 40～100V 工作电压下的特性。该组所有样品的封装形式都是类似的，即 LGA 2.1mm×0.85mm（如图 3 - 36）。

表 3 - 8　高频应用 eGaN FET

型号	$U_{ds\ max}$ /V	$U_{gs\ max}$ /V	$R_{ds\ max}$/ mΩ, $U_{gs}=5V$	Q_g/nK	Q_{gs}/nK	Q_{gd}/nK	I_d/A	I_d 脉冲 /A	$T_{j\ max}$ /℃	LGA 封装 /mm
EPC8004	40	6	110	0.37	0.12	0.047	2.7	7.5	150	2.1×0.85
EPC8007	40	6	160	0.302	0.097	0.025	2.7	6	150	2.1×0.85
EPC8008	40	6	325	0.177	0.067	0.012	2.7	2.9	150	2.1×0.85
EPC8009	65	6	130	0.37	0.12	0.055	2.7	7.5	150	2.1×0.85
EPC8005	65	6	275	0.218	0.077	0.018	2.7	3.8	150	2.1×0.85
EPC8002	65	6	530	0.141	0.059	0.0094	2*	2	150	2.1×0.85
EPC8010	100	6	160	0.36	0.13	0.06	2.7	7.5	150	2.1×0.85
EPC8003	100	6	300	0.315	0.11	0.034	2.7	5	125	2.1×0.85

EPC800x 系列器件的基本应用为电力无线传输系统和高频放大器（包络跟踪）的电源调谐系统，包括空间用器件。

另一组器件为 eGaN FET 集成组件，其中包含六个工作电压为 30～100V 的元器件（见表 3 - 9）。所有这些组件都相当于典型的半桥电路（如图 3 - 37）。

表 3 - 9　通用 eGaN 集成部组件

型号	类型	$U_{ds\,max}$/V	$U_{gs\,max}$/V	$R_{ds\,max}$/mΩ, U_{gs}=5V	Q_g/nK	Q_{gs}/nK	Q_{gd}/nK	I_d/A	$I_{d\,pulse}$/A	$T_{j\,max}$/℃	LGA 封装尺寸 /mm
EPC2100	Noncentral	30	6	8；2	3.5；15	1.4；4.6	0.57；2.6	9.5；3.8	100；400	150	6.1×2.3
EPC2101	Noncentral	60	6	11.5；2.7	2.7；12	1；3.7	0.50；25	9.5；38	80；350	150	6.1×2.3
EPC2102	Symmetrical	60	6	4.4	6.8	2.3	1.4	23	215	150	6.1×2.3
EPC2105	Noncentral	80	6	14.5；3.5	2.5；10	1；3.2	0.50；2	9.5；38	75；320	150	6.1×2.3
EPC2103	Symmetrical	80	6	5.5	6.5	2	1.3	23	195	150	6.1×2.3
EPC2104	Symmetrical	100	6	6.3	7	2	1.2	23	165	150	6.1×2.3

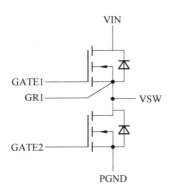

图 3 - 37　eGaN FET 组件的等效电路

但是有一点很重要，需要特别注意，那就是 eGaN FET 集成组件可能会有对称结构和非对称结构之分（如图 3 - 38）[51]。

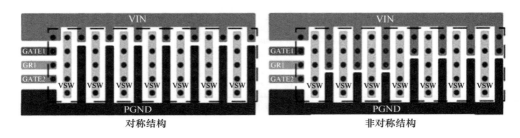

图 3 - 38　EPC 产品中 eGaN FET 组件的结构类型

在对称结构中，晶体管的芯片尺寸相等。相对应的，高低开关的阻值也就相等。这种电路通常用于 D 类放大器、电动机驱动器，这种情况下晶体管负载范围是相同的。

在非对称结构中，下边比上边大 4 倍。它们的阻值也不相同。如果这种非对称结构在 DC/DC 变换器中应用，就可以在较小的脉冲持续时间、输入和输出电压之间存在较大差异的场景中应用。在这种情况下，下面的开关总是承担较大负载。

应用集成组件而非分立元件使硬件工程师能够提供结构更紧凑的解决方案。同时，这种组件具有最小的寄生电感，在高频条件下工作时，能够展示出额外的优势（如图 3 - 39）[51]。

当然，为了能够控制这种具有特色的 eGaN FET，需要使用特殊的驱动器。eGaN FET 的驱动器不仅应具备适当的控制电流和电压，还应具有附加功能。这与所应用的控制器有关。

首先，应增加工作频率。其次，应与自身损耗的最小值不同。第三，应在晶体管 dU/dt 和 dI/dt 的安全限度下开启和关闭。表 3 - 10 列出了 EPC 公司推荐的控制集成电路，其中最优的设计方案是采用 TI 公司 LM5113 和 LM5114 型驱动器。

当然，功率转换器和高频设备需要更先进的技术和更多的关注才能实现[52]。为了在设计开发的第一阶段就将失误降至最低，采用 EPC 公司的调试方法与设计的现成解决方案是合乎逻辑的。

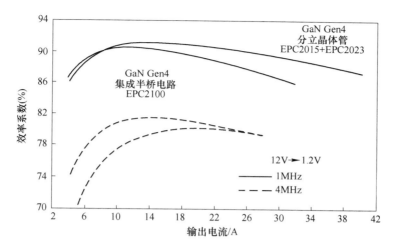

图 3 - 39　eGaN FET 组件在高频下的优势

表 3 - 10　eGaN FET 推荐的驱动器和控制器

型号	功能	厂家	描 述
LM5113	驱动器	Texas Instruments	5A，100V 半桥驱动器 eGaN FET
LM5114	驱动器	Texas Instruments	7.6 1A 单通道驱动器
UCC27611	驱动器	Texas Instruments	4A/ 6A 5V 高速单通道驱动器
ADP1851	控制器	Analog Devices	降压控制器 2.75V/20V
ISL6420	控制器	Intersil Synchronous	同步降压控制器 4.5V/16V
LM27403	控制器	Texas Instruments	同步降压控制器 3V/20V
LTC3833	控制器	Linear Technologies	降压控制器 4.5V/38V
LTC3891	控制器	Linear Technologies	低功耗同步降压控制器 60V
MAX15026B	控制器	Maxim	同步降压控制器 4.5V/28V
MCP19118/19	控制器	Microchip	降压脉冲 PDM 控制器 4.5V/40V
SC419	控制器	Semtech	集成二极管的降压控制器 3V/28V
TP253219A	控制器	Texas Instruments	同步降压控制器 4.5V/25V
TPS40490	控制器	Texas Instruments	降压脉冲 PDM 控制器 4.5V/60V
UCC24610	控制器	Texas Instruments	次级线圈同步降压控制器

因此，EPC 公司为设计人员提供了完整的信息支持，包括元器件说明书、模型（PSPICE、TSPICE、LTSPICE）、Altium 开发者数据库以及热模型。然而，错综复杂的实际情况可能会导致设计缺陷甚至设计失误。为了避免这种情况并迅速掌握新器件，需要使用现有的解决方案：

1）调试电路板；

2）演示套件；

3）成品模块 DrGaNPLUS。

eGaN FET 调试电路板（见表 3 - 11 和表 3 - 12）是开发完成的印刷电路板，带有半桥电路、驱动器、所需的附加无源元件和逻辑部分。实际上，每个 eGaN FET 都有自己的调试电路板。这既适用于分立的晶体管和集成组件（见表 3 - 11），也适用于高频应用的 eGaN FET（见表 3 - 12）。

表 3 - 11　通用的 eGaN FET 调试电路板的基本清单

型号	描　述	$U_{ds\,max}/V$	$I_{d\,max}/A$	晶体管型号
EPC9036	基于集成半桥电路的调试电路	30	25	EPC2100
EPC9031	带驱动的半桥电路	30	40	EPC2023
EPC9018	基于集成半桥电路的调试电路	30	35	EPC2015/ EPC2023
EPC9016	带驱动的半桥电路，适用于具有最小填充系数的场合	40	25	EPC2015
EPC9032	带驱动的半桥电路	40	35	EPC2024
EPC9005C	带驱动的半桥电路	40	7	EPC2014C
EPC9005	带驱动的半桥电路	40	7	EPC2014
EPC9001	带驱动的半桥电路	40	15	EPC2014
EPC9037	基于集成半桥电路的调试电路	60	22	EPC2101
EPC9038	基于集成半桥电路的调试电路	60	20	EPC2102
EPC9033	带驱动的半桥电路	60	30	EPC2020
EPC9049	带驱动的半桥电路	60	4	EPC2035
EPC9046	带驱动的半桥电路	80	22	EPC2029
EPC9034	带驱动的半桥电路	80	27	EPC2021
EPC9041	基于集成半桥电路的调试电路	80	20	EPC2105
EPC9039	基于集成半桥电路的调试电路	80	17	EPC2103
EPC9019	带驱动的半桥电路，适用于具有最小填充系数的场合	80	20	EPC2001/ EPC2021
EPC9040	基于集成半桥电路的调试电路	100	15	EPC2104
EPC9035	带驱动的半桥电路	100	25	EPC2022
EPC9006	带驱动的半桥电路	100	5	EPC2007
EPC9010C	带驱动的半桥电路	100	7	EPC2016C
EPC9010	带驱动的半桥电路	100	7	EPC2016
EPC9050	带驱动的半桥电路	100	2.5	EPC2036
EPC9002	带驱动的半桥电路	100	10	EPC2001
EPC9047	带驱动的半桥电路	150	12	EPC2033
EPC9014	带驱动的半桥电路	200	4	EPC2019
EPC9017	基于集成半桥电路的调试电路	100	20	EPC2001
EPC9013	基于集成半桥电路的调试电路	100	35	EPC2001
EPC9004C	带驱动的半桥电路	200	3	EPC2012C

续表

型号	描　述	$U_{ds\,max}/V$	$I_{d\,max}/A$	晶体管型号
EPC9004	带驱动的半桥电路	200	3	EPC2012
EPC9014	带驱动的半桥电路	200	4	EPC2019
EPC9003C	带驱动的半桥电路	200	5	EPC2010C
EPC9003	带驱动的半桥电路	200	5	EPC2010
EPC9042	带驱动的半桥电路	300	3	EPC2025
EPC9044	带驱动的半桥电路	400	1.5	EPC2027

表 3 - 12　针对射频应用的 eGaN FET 调试电路板的清单

型号	描　述	$U_{ds\,max}/V$	$I_{d\,max}/A$	晶体管型号
EPC9024	带驱动的半桥电路	40	4.4	EPC8004
EPC9027	带驱动的半桥电路	40	3.5	EPC8007
EPC9028	带驱动的半桥电路	40	2.2	EPC8008
EPC9022	带驱动的半桥电路	65	1.6	EPC8002
EPC9025	带驱动的半桥电路	65	2.2	EPC8005
EPC9029	带驱动的半桥电路	65	3.5	EPC8009
EPC9023	带驱动的半桥电路	100	2.2	EPC8003
EPC9030	带驱动的半桥电路	100	3.2	EPC8010

　　EPC 研发了一整套演示套件，包括降压转换器、无线功率传输套件和 D 类放大器（见表 3 - 13）。

表 3 - 13　eGaN FET 基础演示套件

型号	描　述	U_{in}/V	U_{out}/V	$I_{d\,max}/A$	晶体管型号
EPC9101	降压转换器 19V/1.2V，1MHz	8～19	1.2	18	EPC2015/EPC2014
EPC9102	降压转换器 48V/12V	36～60	12	17	EPC2001
EPC9105	降压转换器 48V/2V，1.2MHz	36～60	12	30	EPC2001/EPC2015
EPC9106	150W/8Ω D 类音频放大器	—	—	—	EPC2016
EPC9107	降压转换器 28V/3.3V	9～28	3.3	15	EPC2015
EPC9111	符合 A4WP 要求的无线能量传输演示工具	8～32	U_{ex}	10	EPC2014
EPC9112	符合 A4WP 要求的无线能量传输演示工具	8～32	U_{ex}	6	EPC2007
EPC9115	降压转换器 48V/12V	48～60	12	42	EPC2020/EPC2021
EPC9118	降压转换器 48V/5V，400kHz	30～60	5	20	EPC2001/EPC2021
EPC9506	D 类无线放大器演示电路板	8～32	U_{ex}	6	EPC2007
EPC9508	D 类无线放大器演示电路板	7～36	U_{ex}	3	EPC8009/EPC2007

有必要特别注意模块 DrGaNPLUS，它是一种小型化的电路板，可直接嵌入成品设备。该模块只有 11mm×12mm（如图 3－40）。工作电压为 30V（EPC9201）或 80V（EPC9203）（见表 3－14）。

图 3－40 成品模块 DrGaNPLUS 的外观

表 3－14 DrGaNPLUS 的基础技术数据

型号	描述	$U_{ds\,max}$/V	$I_{d\,max}$/A	晶体管型号
EPC9201	基于分立晶体管的半桥电路	30	20	EPC2015/EPC2023
EPC9203	基于分立晶体管的半桥电路	80	40	EPC2021

3.13.2 基于 GaN 技术的微波放大器

GaN 技术可用于制造航空航天和国防工业的微波放大器，接下来将探讨以 GaN HEMT 为核心部件的固态功率放大器。

如前所述，固态微波功率放大器和宽带放大器是各种空间应用和雷达系统中尤其重要的组成部分，因此对它们有特别高的要求。基于功率晶体管和模块的雷达微波功率放大器能够决定系统的关键参数，如辐射功率、功耗、工作频带宽度、尺寸和重量、耐久性、可靠性以及成本等。

广义的半导体材料（碳化硅 SiC 和氮化镓 GaN）以及基于它们的器件已经成为高功率微波组件发展的突破方向[53,54]。目前，在元器件领域，全球生产用于固态功率放大器的领先公司主要开发基于 GaN 的材料技术[53,55]。

基于 GaN-on-SiC HEMT 技术的 GaN 器件的发展方向主要在以下方面：增加最大容

量、增加功率密度和最大电压、增加微波频率的上方波段（主要发展针对 C、X 和 Ku 波段）、将成本降低至每瓦 1 美元的水平、提高可靠性和抗辐射能力以及减小产品的尺寸[53,56]。

GaN 技术的发展历史已有 30 多年。1993 年第一个 GaN‑LED 问世，1997 年第一款 GaN 晶体管出现并基于此开发了第一个放大器样品。军事和政府项目资助了 GaN 技术朝实用方向发展。众所周知的项目有美国的 WBGSTI 项目以及后来欧洲的 MARCOS、TIGER、KORRIGAN 项目和日本 NEDO 项目[53,57]。

2001 年，第一只商用 GaN 晶体管下线[58]。所有世界领先的电子公司，从原来只生产 GaAs 组件，开始转向在新的 GaN 技术上进行自主投资，主要制造放大器和 MMIC 器件。2006—2007 年，首个商用量产型的 5～50W 大功率通用封装 L 和 S 波段（2～4GHz）GaN 晶体管产品下线，随后又将功率提升至 120～180W。Eudyna（Sumitomo）[57]、Nitronex[59]、Cree[56]、RFHIC[57] 成为首批 GaN 商用市场的开拓者，随后进入的有 Toshiba、RFMD、M/ACOM、TriQuint[60]、OKI[61]、Microsemi[53,62] 以及 NXP 等公司。

众所周知，半导体材料的禁带宽度越大，它能承受的工作温度也就越高，器件的工作频率范围也将会向更短的波长靠近。

举个例子，GaN 器件的最大工作温度可达 350～400℃，而 C（金刚石）基器件的工作温度能达到 500～600℃甚至更高。材料的禁带宽度与熔点有很强的相关性，这两个步数值都随着晶格键能的增加而增加，因此宽禁带材料会拥有更高的熔点，这也使得制造纯净的、晶格完美的宽禁带半导体材料面临更多的困难。

当然，诸如载流子迁移率这样的物理参数决定着所有半导体器件的频率响应。因此，为了制造航空航天用的微波器件，应当选用拥有高载流子迁移率的半导体材料。

因此，微波晶体管的（见表 3‑15 所示）材料带隙越宽，其在高温和高剂量辐射下工作的稳定性越高；同时，晶体管沟道处将拥有更高的电子浓度和电流密度，从而产生更高的放大系数。当半导体材料的最大临界电场强度越大时，其微波晶体管可实现更大的漏极电压（50～100V）以及更高的击穿电压（100～300V），由此带来更高的可靠性和更长的产品寿命。采用 GaN 技术的微波晶体管还拥有更高的功率密度——不低于 10W/mm（栅宽），而这已经远远超过 GaAs 基微波晶体管的典型输出功率[57,63]。此外，GaN 有源区的散热问题以及外延生长问题正逐渐被解决[53,57]。

众所周知，早期的用于有源相控阵雷达（APAR）或者有源电子扫描阵列雷达（AESA）的固态功率放大器采用的是 GaAs 技术。然而，它的功率密度（0.5～1.5W/mm，见表 3‑16 所示）低于 GaN‑HEMT（4.0～8.0W/mm）[53,63]。

基于 GaN 技术制造的高密度微波功率晶体管能够有效减小雷达固态功放的尺寸和质量，这对于追求小重量小尺寸雷达（包括 APAR[53,64,65]）的航空航天应用来说至关重要。例如，仅用一个 GaN 功率放大器就能替代五个 GaAs LDMOS 功率放大器，并且能够实现更好的技术性能[53,58]。

考虑到 GaN 材料的热导率是 GaAs 材料热导率的 8～10 倍，这使得热量可以更快更好地从 GaN MMIC 芯片和高功率密度芯片上传导出来（见表 3‑16 所示[53,58]）。

解决 C、X、Ku 频段的基于新型 GaN 产品的空间通信系统和雷达的生产制造问题是

表 3 - 15　Si, GaAs, InP, 3 - 4 - 6H - SiC, GaN, C（金刚石）半导体材料的电学特性表

材料特性	单　位	Si	GaAs (AlGaAs/ InGaAs)	InP (InAlAs/ InGaAs)	3C-SiC*	4H-SiC*	6H-SiC*	GaN (AlGaN/GaN)	C (金刚石)
禁带宽度 (E_g)	eV (300K)	1.12	1.42	1.34	2.4	3.26	3	3.39	5.47
电子迁移率 (I_n)	cm²/(V·s) (300K)	1500	8500	4600	1000	950	500	2000	2800
空穴迁移率 (I_p)	cm²/(V·s) (300K)	600	400	150	40	120	80	200	2100
电子饱和漂移速度 (v_{sat} * 10⁷)	cm/s	1.0	2.1	2.3	2.5	2.0	2.0	2.7	1.5~2.0
临界电场 (E_c)	MV/cm	0.025	0.4	0.5	2.0	2.2	2.5	5.0	20.0
热导率 (K)	W/(cm·K) (300K)	1.5	0.55	0.7	3.0~4.0	3.0~4.0	3.0~4.0	1.3	24.0
介电常数 (ε)	—	11.68	12.8	12.5	9.7	10	10	9.5	5.7
C FoM**	—	1	8.5	21	—	250	—	660	75000

* 3C, 4H, 6H——指推荐的 SiC 的不同晶格结构。

** 综合优值（C FoM）——在功率和频率方向该材料相对于硅的品质因子。

表 3 - 16　GaAs 和 GaN 材料的基础参数对比

材料特性	单位	GaAs	GaN
输出功率密度 $[\rho(P_{out})]$	W/mm	$0.5\sim1.5$	$4.0\sim8.0$
工作电压 (U_{ds})	W/mm	$5\sim20$	$28\sim48$
反向电压 (U_{br})	W/mm	$20\sim40$	>100
最大电流密度 $[\rho(I_{max})]$	A/mm	≈0.5	≈1.0
热导率 K	W/(m·K)	47	390（z）/490(SiC)

十分重要的。基于 GaN 技术的固态功放等产品不仅为新器件的开发开辟了广阔的前景，同时也为已经使用的 4.1GHz、2～6GHz、4～12GHz、6～18GHz、2～20GHz 等关键频段的设备升级开辟了新的前景，这将使其在输出功率、效率、整体尺寸、可靠性和价格方面，成为能够与微波管器件（晶体管、亚毫米波振荡器、磁控管、速调管等）开展竞争的对手。

在军用和航天系统市场中，GaN 技术占据了替代厘米波和毫米波范围的 APAR 雷达[53,57] 收发器模块中 GaAs MMIC 产品的有利位置。在这方面，微波系统的研发者对住友公司（Sumitomo Company，领域领导者之一）基于 GaN 技术开发的微波放大器的技术参数很感兴趣。

住友公司成立于 1897 年，初期主要制造铜制品。在 20 世纪 90 年代初期，住友是首家推行 GaN 技术的公司之一。在 2004 年，住友半导体产品部门更名为 Eudina Devices，又于 2009 年更名为住友电子器件创新公司（Sumitomo Electric Device Innovations）。在本书出版时，住友电子器件创新公司（以下简称住友）是空间通信系统、射电天文学、通用雷达和各种工业与特殊应用的专用雷达微波产品的开发、设计和大规模生产的引领者。

对于航天系统的开发人员，建议查询和使用该公司的产品信息（如表 3 - 17 和表 3 - 18 所示）。

其产品线包括：

1）针对基站、雷达、通用应用的 GaN - HEMT 晶体管；

2）针对 Ku 和 V 波段、低噪声、Ka 波段、高功率、C 和 V 波段的单片集成电路（MMIC）；

3）托盘和 MMIC 上的大功率 GaN 放大器；

4）Ku 和 Ka 波段的转换器；

5）Ku 和 V 波段多路复用器；

6）宽动态范围发生器；

7）大功率、中功率和低功率以及片上（On-Chip）GaAs 场效应晶体管。

由于使用领域不同，包括太空、天空、地面、地面雷达（APAR）、无线通信系统以及识别系统等，微波晶体管采用不同的工艺制造。为此，住友公司基于 GaN 工艺（GaN-HEMT、GaN-on-Si、GaN-on-SiC）制造了 L 和 S 波段的微波晶体管，这也是目前最有效率和最具前景的制造方案。住友公司于 2016 年底在 GaN-HEMT 工艺基础上开发的关键产品，如图 3 - 41 所示。

表 3 - 17　使用住友 GaN 工艺产品的主要应用

产品	工艺	系列	应用/脉冲持续时间	波段	工作频带/GHz	输出功率/(W/dBm)	(电压/V)/(阻抗/Ω)/效率(%)
晶体管	GaN－HEMT	EGN13	脉冲雷达/3ms/10%，1.5ms/25%	VHF－L	1.2~1.4	170	50/50/
晶体管	GaN－HEMT	EGN	脉冲雷达/5ms/10%，750μs/25%	VHF－S	2.7~3.5	120~600	50/50/
晶体管	GaN－HEMT	SGN	脉冲雷达/300μs/10%	VHF－S	2.9~3.5	150~600	50/50/
晶体管	GaN－HEMT	EGNB	连续波雷达（CW）	VHF－S	3.5	/40	50/50/
晶体管	GaN－HEMT	EGN31	连续波雷达（CW）	VHF－S	3.1	/45.5	50/50/
托盘式放大器，大功率	GaN－HEMT	SMC	脉冲雷达/300μs/10%	VHF－S	2.9~3.5	150~600	50/50/50
托盘式放大器，大功率	GaN－HEMT	EMC	脉冲雷达/5ms/10%，750μs/25%	VHF－S	3.1~3.5	100	50/50/50
新型放大器	GaN－HEMT	SGNC	无线通信和基站	UHF－S	0.9~2.6	300/66	50//
放大器	GaN－HEMT	EGNC－EGN3	无线通信和基站	UHF－S	0.9~3.5	70~270/47~53.5	50//
放大器	GaN－HEMT	EGNB	通用应用	UHF－S	0.9~3.5	10~90/41~53	—
放大器	GaN－HEMT	SGNE	通用应用	UHF－S	0.9~3.5	10~90/40.5~51	—

表 3-18 住友产品的主要应用（包括基于 GaAs 技术的 MMIC）

产品	工艺	系列	应用/脉冲持续时间	波段	工作频带/GHz	输出功率/(W/dBm)	(电压 V/)/(阻抗/Ω)/效率（%）
放大器，转换器	GaAs WLCSP* MMIC	SMM/EMM	通信系统	C-E	12.7~30.0	/26~33	6
放大器	GaAs MMIC	SMM/EMM EMM/	VSAT 和通信系统收发器	S-C-Ka	3.4~30.0	/30.0~33.5	6/14~29
放大器	GaAs MMIC	SMM/FMM	VSAT 和通信系统收发器	S-C-V	3.4~64.0	/26~34	3~7/17~29
放大器	GaAs MMIC	EMM/ SMM/FMM	VSAT 和通信系统收发器	Ku-V	12.0~64.0	/7~20	/13.5~23
转换器	GaAs MMIC	SMM/FMM	卫星广播通信	Ku-Ka	12.0~32.0	/5.0	/10~12
高功率放大器	GaAs FET	FLM/ELM FLU/FLL/	无线电通信	L-C	2.0~15.3	/39	10/9.5~11.5
高功率放大器	GaAs FET	FLC/FLX/ FLK	移动和蜂窝通信，WCDMA,LTE 和 WiMAX	L, S, C, X, Ku	2.0~15.0	40~80/	10/6.0~13.0
低功率放大器	GaAs FET	PSU/FSX	平均功率放大器和发生器	C	8.0~14.5	/15~24	8~10/10/18
放大器，混频器转换器	GaAs HEMT	FHC/FHX	DBS 转换器，移动和蜂窝通信、射电天文学等	S-C	4.0~12.0	—	2.0/10.0~15.5

SMC2935L3012R*托盘　　　　SMC2933L6012R 托盘　　　　　SGN2933-600D-R

基板GaN-HEMT放大
器，2.9～3.5GHz频
带P_{out}＞300W，放大
(S波段)系数(增益)
=12.8dB，
U_{ds}=50V，
I_{ds}=1.5A，
P/D=300μs/10%，
阻抗50Ω，
E_{ff}=48%

基板GaN-HEMT放大
器，2.9～3.5GHz频
带P_{out}＞600W，放大
(S波段)系数(增益)
=12.8dB，
U_{ds}=50V，
I_{ds}=3.0A，
P/D=300μs/10%，
阻抗50Ω，
E_{ff}=50%

基板GaN-HEMT放大
器，2.9～3.3GHz频
带P_{out}＞600W，放大
(L波段)系数(增益)
=12.8dB，
U_{ds}=50V，
I_{ds}=3.0A，
P/D=300μs/10%，
阻抗50Ω，
E_{ff}=50%

图 3 - 41　欧洲住友采用氮化镓工艺生产的主要产品

　　具有 50Ω 最小阻抗的托盘式放大器子模块的应用是十分重要的。它们被用于飞机、无线通信系统以及 S 和 L 频段的雷达（如表 3 - 17 所示）。

　　在许多情况下，两个及以上的分立元件被安装在一个 Pallet 上，以实现单个器件无法获得的增益。托盘通过特殊技术[53,57]制成，使其可制作成为一个紧凑的单元。小尺寸的托盘更有利于航空航天应用。

　　除此之外，住友公司正积极地发展 GaN - on - SiC 工艺（碳化硅基氮化镓）[53,55]。基于该工艺的产品被广泛地应用在航空航天领域。

　　以下是一些对于微波放大器来说比较重要的参数：频带（MHz）、电源电压（V）、输出功率（W）、输入输出阻抗、增益（dB）、效率（％）、占空比（％）（如表 3 - 17 所示）。

　　大功率微波晶体管工作在一个宽频带中，并且为负载提供最大功率。

　　GaN 晶体管的普及与它们在系统层面的使用优势有关，比如从原理上它能使大功率放大器更易实现、成本也更加低廉、更易于实现宽带增益、一个大功率放大器即可覆盖空间通讯站的多个子频带、降低产品（雷达）的功耗及相关成本以及降低冷却系统的复杂度和成本等。例如，一个 L 波段功率为 10W 的放大器的效率可在 70％～80％ 以上，功率为 100～600W 的放大器的效率可达 50％ 以上。

　　空间用器件的开发人员经常面临如何在 GaN 技术和 GaAs 技术之间进行取舍，或者是计划将新的金刚石技术用在先进的航天系统上的问题。

　　为比较 GaN、GaAs 晶体管以及 MMIC 在宽带功率放大器电路中应用的可能性，以及最佳技术解决方案的可能性，可以采用从一种碳化硅材料迁移到另一种材料的方法，对其具体参数（参考 1mm 晶体管栅宽的条件）进行简单的定性分析。为此，建议使用熟悉的 A 类放大器最大输出功率 P_{max} 和晶体管负载最优电阻 R_{opt} 的估计值。

　　举个例子，GaN 器件的研发者对宽带通信系统表现出强烈的兴趣。这主要与 WCDMA UMTS 和 WiMAX 标准基站中使用氮化镓晶体管的需求有关。据了解，在 2014 年 GaN 器件的总产量中，应用在商用和电视宽带通信系统的份额占 63％，应用于太空和军事系统的占 26%[53,57]。

在撰写本书时，厘米和毫米波段成为大功率固态单片集成电路（MMIC）、分立微波产品以及在频率和放大特性几乎相同的基板上放大器的两种工业生产技术的争夺与妥协的场景。其中一种（GaN）在最大驱动能力、最小重量和尺寸参数以及最小电源成本方面具有显著优势，而另一种（GaAs）在大规模生产方面仍展示出最低的成本和最高的发展水平[53,57]。

应当认识到技术迭代的自然演变会使固态放大器的参数特性发展跃升到一个更高的水平，不仅仅对于空间用技术，对商用市场亦是如此。虽然仍然可能有时间基于氮化镓技术实施更多的项目，但是随着时间的推移，更新的技术方案已经来临（即金刚石基场效应晶体管）。

应当指出，自 20 世纪 90 年代以来，世界上对金刚石单晶的人工合成进行了非常积极的研究。自 1990 年以来，住友电气工业公司一直向美国专利与商标局申请，并已获得了金刚石基场效应晶体管开发的多项关键专利。

由于其非常独特的特性，金刚石被认为是新一代纳米级电子元器件的理想材料[53,66-68]。研究结果表明，经过氢等离子体处理，金刚石表面会形成 p 型导电。这种氢化金刚石的特性使创造首个金刚石基场效应晶体管成为可能。例如，早在 2009 年，50nm 栅宽的金刚石基晶体管就被实现，人类头发丝直径比该尺寸还大 1000 倍，之前日本 NTT 公司创造的世界纪录比该尺寸还要大 2 倍[53,67,68]。

传统材料 GaN 和 GaAs 都各有优点和缺点，但金刚石几乎是万能材料。金刚石晶体管（金刚石 FET）不仅可以广泛应用于医疗太赫兹扫描仪、汽车安全系统等，还可以应用于空间应用设备[53,69]。

而且金刚石的高抗辐射性能使我们将其视为用于空间研究的机载紫外线探测器的很有前途的材料。CVD 生长的金刚石也可以作为高能粒子探测器（阿尔法粒子、伽马射线和中子）的材料，用于探索深空的航天器。

在表 3-15 和图 3-42 所示的参数中，现有的半导体材料还没有一种能够与金刚石竞争[53,69]。在金刚石上制造晶体管的基底材料是用氢气相中的 CVD 方法制造的。为了在金刚石薄膜表面形成晶体管结构，采用了电子束光刻技术。由于金刚石薄膜的尺寸较大，因此在制造某些设备方面具有广阔的应用前景，如安装在轨道和行星际航天器以及在行星、卫星和小行星表面活动的设备上的位置敏感探测器、紫外和 X 射线微带探测器。

3. 13. 3　基于 RFHIC GaN 技术的微波器件

上一节对日本住友公司（Sumitomo）的 GaN 基器件进行了回顾，在本节中，读者将了解这一领域的引领者——韩国 RFHIC 公司的 GaN 基器件。

众所周知，由于工艺发展，实现应用于微波晶体管的 GaN 结构的性能改进变得可行。其中，一种方法是通过等离子体化学蚀刻进行栅极区域开槽（Gate Region Recession）的技术，该项技术通常与电介质狭缝蚀刻工艺相结合[70]。这将使多项参数实现改进，例如由于栅极-沟道距离减小而导致的晶体管跨导增加；由于晶体管栅-源和栅-漏耗尽区缩小而导致的源极和漏极电阻减小；由于栅极-漏极区域中的陷阱影响减小，晶体管导通期间的瞬态过程减少甚至消除，因为它们的表面位置可以移动到安全距离。基于此，工艺工程

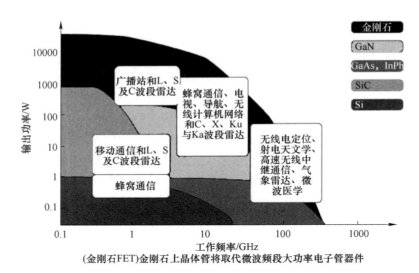

（金刚石FET）金刚石上晶体管将取代微波频段大功率电子管器件

图 3 - 42　微波系统和器件的输出功率和工作频率对半导体材料类型依赖性的广义图

师提出在所有异质结构层生长后直接生长介质钝化层的技术[70]。

此外，近年来的研究一直致力于为 GaN 及其固溶体的晶体管异质结构寻找新的钝化材料。新材料的应用既可以使晶体管脉冲电流及其跨导增加两倍以上，又可以显著降低由于表面态补偿导致的开关时间参数[70,71]。

如前所述，Cree、TriQuint、诺恩罗普·格鲁曼等公司的研发人员实现了晶体管结构的高频特性，这成为开发和实现各种频段功率放大器高效集成电路的基础。相对于基于 GaAs（GaAs）的集成电路，这些产品的质量和尺寸参数可提升 10 倍以上[53,70]。

前文提到的公司已经掌握了频率高达 100GHz 的基于 GaN 异质结构功率放大器的批量生产，且 QuinStar Technology 正在与 HRL 一同开发用于 94GHz 范围雷达的发射-接收模块，输出功率超过 5W[53,70]。

因此，研发人员已经解决了阻碍晶体管和 GaN 基单片 IC 发展到新的商业水平的关键生产技术问题[53,72]。GaN 技术领域新的解决方案由世界领先的微波生产商们提供，特别是 RFHIC 公司。

RFHIC 公司成立于 1999 年，基于创新的元器件制造技术，该公司在电信/有线电视设备市场占据领先地位。为了向客户提供高质量的最佳产品，RFHIC 所拥有的工厂实现了完整的生产工序，包括产品的设计、开发及其组装（即连接到基板的裸片/芯片、键合、封装和密封）。RFHIC 为微波电子产业提供基于 GaN 的各种产品，从有线电视放大器到雷达和太空应用的功率放大器。接下来将介绍该公司产品的主要特点。

首先，值得一提的是 RFHIC 无线通信系统（如图 3 - 43）。这些放大器专为应用于不同数据格式的先进网络而设计，包括 LTE、CDMA、WCDMA 和 WiMAX。可以根据功率和电压工作范围对所涉及产品进行分组。

第一组包括额定功率 5～10W 和工作电压 28V 的放大器。这些放大器分别设计用于在 2～3GHz 的频段内工作，增益为 40dB。第二组包括额定功率为 28W，工作电压在 48～50V 范围内的放大器。这些放大器设计用于在 0.8～3GHz 的频段内工作，增益为

图 3 - 43 RFHIC 公司无线通信系统放大器（外观图）

44.5dB。第三组包括额定功率为 56W，工作电压在 48～50V 范围内的放大器。它们仍设计用于在 0.8～3GHz 的频段内工作，增益为 47.5dB。第四组包括额定功率为 80W，工作电压在48～50V 范围内的放大器。这些放大器被设计在 0.8～3GHz 频段内工作，增益为 55dB。

此外，用于无线空间通信系统的放大器包括具有 1～5W 功率和 28V 工作电压的混合放大器以及根据多尔蒂方案设计的具有 7W 功率和 31V 工作电压的放大器。这些放大器分别设计用于在 0.8～3GHz 的频带中以 27～38dB 的增益工作，以及在 1.5～3GHz 的频带中以 14～16dB 的增益工作。

用于无线通信的 RFHIC 放大器的基本型号和特性如表 3 - 19～表 3 - 21 所示。

表 3 - 19 用于无线通信的 RFHIC 的 GaN 放大器的基本型号和特性

型 号	频率/MHz	增益/dBm	输出功率/dBm	效率（%）	尺寸/mm
5～10W 放大器（28V）					
RTP21005 - 11	2110～2170	45	37	40	
RTP21010 - 11	2110～2170	45	40	40	100×50×20
RTP26010 - N1	2570～2690	40	40	38	
28W 放大器（48～50V）					
RTP08028 - 20	869～894			42	
RTP18028 - 20	1805～1880	44.5	44.5	42	125×90×20
RTP21028 - 20	2110～2170			42	
RTP26028 - 20	2496～2690			40	
56W 放大器（48～50V）					
RTP08056 - 20	869～894				
RTP18056 - 20	1805～1880	47.5	47.5	42	150×90×20
RTP21056 - 20	2110～2170				
RTP26056 - 20	2620～2690				

续表

型　　号	频率/MHz	增益/dBm	输出功率/dBm	效率（％）	尺寸/mm
80W 放大器 （48～50V）					
RTP08080 - 20	869～894				
RTP18080 - 20	1805～1880	55	49	42	170×100×20
RTP21080 - 20	2110～2170				
RTP26080 - 20	2620～2690				

表 3 - 20　用于无线通信的 RFHIC 的 1～5W （28V） GaN 放大器的基本型号和特性

型　　号	频率/MHz	增益/dBm	输出功率/dBm	效率（％）	工作电压/V
HT0808 - 15A	869～894	37	33	26	28
HT1818 - 15A	1805～1880	33	33	25	28
HT1818 - 15M	1805～1880	34	33	27	5/28
HT2121 - 15A	2110～2170	33	33	24.5	28
HT2121 - 15M	2110～2170	32	33	26	5/28
HT2626 - 15A	2610～2690	30	34	25	28
HT2626 - 15M	2610～2690	30	33	25	5/28
HT2627 - 15A	2650～2750	27	33	31	28
HT0808 - 30A	869～894	38	37	28	28
HT0909 - 30A	925～960	36	37	27	28
HT1818 - 30A	1805～1880	38	37	26	28
HT1919 - 30A	1930～1995	38	37	26	28
HT2121 - 30A	2110～2170	36	37	26	28
HT2626 - 30A	2610～2690	32	37	28	28

表 3 - 21　用于无线通信的 RFHIC 的 7W （31V） GaN 基混合多尔蒂放大器的特性

型　　号	频率/MHz	能力（带宽）/MHz	增益/dB
RTH18007 - 10	1805～1880	75	16
RTH20007 - 10	1930～1995	65	16
RTH21007 - 10	2110～2170	60	15
RTH26007 - 20	2620～2690	70	14

　　由于这些放大器是基于 GaN 设计的，因此它们可以在高温和高电压下工作，这对空间应用尤为重要。

　　基于 GaN 的脉冲雷达系统放大器（如图 3 - 44）具有宽的频率范围，几乎覆盖 135MHz～10GHz 的整个频谱频带，并能够适应高功率应用需求。

　　雷达系统放大器通常也被分为几组。第一组包括混合放大器。它们涵盖了从 400～450MHz 到 9.3～9.5GHz 的各种工作频率，增益在 11～33dB 范围内，效率可达40％～70％。

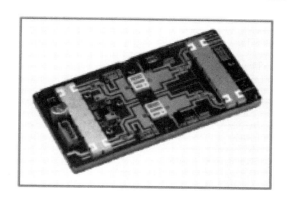

图 3 - 44　用于脉冲雷达系统的 RFHIC 放大器（外观图）

　　第二组包括低噪声放大器。这些放大器的工作频率范围为 1.2～1.4GHz 至 9.3～9.5GHz，增益值范围为 10～18dB。该组放大器的效率可达 18%～30%。

　　托盘放大器应归为第三组。它们覆盖 135～460MHz 至 9.0～10.0GHz 的频率范围，增益取值范围为 8～39dB。该组放大器的效率可达 5%～20%。

　　大功率放大器被单独归为一组。该组放大器的输出功率值可达 200W～2.6kW，工作频率范围从 1.02～1.03GHz 到 9.30～9.50GHz 的整个频段，增益值为 20～63dB，而效率为 20%～45%。

　　用于雷达系统的 RFHIC GaN 基放大器的基本型号和特性如表 3 - 22～表 3 - 26 所示。这类产品包括 GaN 基变压器-整流器。它们的主要特性和型号也在表 3 - 22～表 3 - 26 中给出。

表 3 - 22　用于雷达系统的 RFHIC GaN 基混合放大器的特性

型号	频率/MHz	增益/dB	输出功率/W	效率（%）	工作电压/V
HR2731 - 50A	2700～3100	26	50	50	50
HR2933 - 50A	2700～3500	25	50	50	50
HR2933 - 70A	2900～3300	24	80	50	50
HR5459 - 25B	5400～5900	20	25	40	50
RRC94030 - 10	9300～9500	17	25	40	50
HR9395 - 08A	9300～9500	11	8	40	50
HR9395 - 30A	9300～9500	9	30	40	50
RNP04006 - A1	400～450	33	4	70	24

表 3 - 23　用于雷达系统的 RFHIC GaN 基低噪声放大器的特性

型号	频率/MHz	增益/dB	P1dB/dBm	输入功率/dBm	工作电压/V
CL1302D - L	1200～1400	18	20	30	5
CL3102D - L	2700～3500	11.5	20	30	5
CL5602	5400～5900	15	23	18	5
CL9402	9300～9500	10	22	18	5

表 3 - 24　用于雷达系统的 RFHIC GaN 基托盘放大器的特性

型　　号	频率/MHz	增益/dB	输出功率/W	效率（%）	工作电压/V
RRP03250 - 10	135～460	31	300	20	50
RRP10350 - 10	1030～1090	28	350	10	50
RRP10800 - 10	1030～1090	27	800	10	50
RRP1214500 - 14	1200～1400	14	560	20	50
RRP2731080 - 39	2700～3100	39	100	20	50
RRP2731200 - 08	2700～3100	8	250	20	38
RRP2731330 - 09	2700～3100	9	400	20	50
RRP2731160 - 35	2700～3500	35	180	20	50
RRP2735200 - 30	2700～3500	32	230	20	50
RRP5257550 - 35	5250～5750	35	600	5	50
RRP5657500 - 35	5600～5700	35	550	10	50
RRP9095080 - 08	9000～9500	8	80	10	50
RRP9095150 - 18	9000～9500	18	150	10	50
RRP090100120 - 15	9000～10000	15	120	10	50
RRP3842075 - 30	3860～4140	29	75	10	50

表 3 - 25　用于雷达系统的 RFHIC GaN 基高功率放大器的特性

型　　号	频率/GHz	增益/dB	输出功率/W	效率（%）	工作电压/V
RRP102600 - 10	1026～1034	20	2600	40	25.5
RRP131K0 - 10	1200～1400	53	1000	45	12.5
RRP291K0 - 10	2700～3100	60	1000	35	12.5
RRM291K5 - 10	2700～3100	62	1500	30	12.5
RRP311K0 - 10	2900～3300	60	1000	35	12.5
RRM27312K0 - 62	2700～3100	63	2000	30	12.5
RRM52571K0 - 50	5250～5750	50	1000	25	12.5
RRM9395200 - 56	9300～9500	56	200	20	50

表 3 - 26　用于雷达系统的 RFHIC GaN 基变压器-整流器的特性

型　　号	频率/GHz	输出功率/W	增益/dB	占空比（%）	脉冲宽度/μs
RFCR91 - XTRM - 015SP - 200A	9.0～9.2	15	42	10	100
RFCR93 - XTRM - 015SP - 500A	9.0～9.5	15	42		100
RFMR57 - CTRM - 020SP - 500A	5.4～5.9	20	40		50

续表

型　号	频率/GHz	输出功率/W	增益/dB	占空比（%）	脉冲宽度/μs
RFMR31 - STRM - 200 - 400B	2.9～3.3	200	53		500
RFMR13 - LTRM - 250 - 100B	1.3～1.4	250	54		2000
RFMR13 - LTRM - 250 - 200B	1.2～1.4	250	52		2000

　　RFHIC 的另一种类型产品是用于空间和商业应用的大功率放大器（见图 3 - 45）。这种类型的放大器也是基于 GaN 开发的，因此可以在恶劣的使用条件下选用这种器件，特别是在高温环境条件下。这些放大器覆盖从大约 20～512MHz 到 2.0～6.0GHz 的足够宽的频带。增益值的范围为 17～60dB，工作电压值的范围为 24～33V。该组的基本型号及其特性如表 3 - 27 所示。

　　值得注意的是，RFHIC 公司不仅提供系列货架产品，还提供产品定制服务。这一特点可供航天器用微波组件的开发人员使用。

图 3 - 45　RFHIC 的多用途高功率放大器（外观图）

表 3 - 27　RFHIC 基于 GaN 的雷达系统大功率放大器基本型号及特性

型　号	频率/MHz	P3dB［P1dB］/dBm	增益/dB	工作电压/V	电流/A
RWS02520 - 10	20～512	43	40	28	2.5
RWS02540 - 10	20～512	46	41	28	3.2
RWS05020 - 10	20～1000	43	36	28	2.3
RWP03040 - 10	20～520	46	42	28	3.8
RWP03040 - 50	20～500	46	39	28	4
RWP03160 - 10	20～500	52	43	28	11
RWP05020 - 10	20～1000	43	40	28	2.3
RWP05040 - 10	20～1000	46	38	28	3.5
RWP06040 - 10	450～880	45	40	28	3
RWP06040 - 60	500～1000	46	42	28	4.5
RWP15040 - 10	500～2500	47	38	32	5
RWP15080 - 10	700～2700	50	53	32	10
RWP17050 - 10	700～2700	47	37	32	4.5

续表

型　　号	频率/MHz	P3dB [P1dB] /dBm	增益/dB	工作电压/V	电流/A
RUP15010 - 10	500～2500	40	17	28	1
RUP15020 - 10	500～2500	43	15	28	2
RUP15020 - 11	500～2500	43	50	30	3.5
RUP15030 - 10	500～2500	45	13	28	4
RUP15050 - 10	500～2500	47	13	28	5.5
RUP15050 - 11	500～2500	47	60	30	7
RUP15050 - 12	500～2500	47	60	30	7
RWP15020 - 50	1000～2000	43	29	28	3.6
RNP19040 - 50	1800～1900	47.5	33	28	3.7
RWP25020 - 50	2000～3000	44	25	28	2.8
RNP21040 - 50	2100～2170	47.5	33	28	3.9
RFC042	400～800	—	23	24	0.4
RFC092	800～1000	30	23	24	0.4
RFC1G22 - 24	20～1000	30	22	24	0.4
RFC1G21H4 - 24	20～1000	36	21	24	0.55
RFC1G21H4 - 24 - S	20～1000	36	21	24	0.55
RFW2500H10 - 28	20～2500	36	17	28	0.7
RWM03060 - 10	20～520	49	55	28	7
RWM03125 - 10	20～520	51	55	28	9
RWM03125 - 20	20～520	51	55	28	9
RUM15040 - 10	500～2500	46（Psat）	56	28	5.5
RUM15040 - 20	500～2500	46（Psat）	56	28	5.5
RWP15100 - R0	500～2500	50	42	33	10
RUM43010 - 10	2500～6000	46（Psat）	29	28	2.2
RUM43020 - 10	2000～6000	46（Psat）	35	28	4

3.13.4　基于异质集成技术的微波器件

与历史上仅基于硅工艺开发的数字集成电路不同，微波器件从一开始就基于制造化合物半导体的技术进行开发——首先是 GaAs 技术，然后是基于 GaN、碳化硅（SiC）和其他技术。

在国外，这些技术的发展主要得益于著名的 DARPA 在不同项目中的资助，这些项目在公开媒体上被称为 MIMIC[53]、WBGS - RF，主要用于军用 GaAs 和 GaN 微波器件开发。

从 2014 年开始，在这些计划的框架内，正在积极开发一种新技术，即所谓微波 IC 的异质集成[53]技术，该技术建立在将硅和化合物半导体等不同技术集成在单个半导体芯片的基础上。该计划的部分目标是在近期创建一种集成技术，该技术将允许基于化合物半导体优化每个器件的工作条件，从而通过特定数字调谐，执行所需的特定操作（功能）。当实现预定的目标时，这项技术可能会广泛影响现代微波电子的发展。

如参考文献［53］所述，基于 GaAs 和 GaN 材料的微波 IC 技术源于 MIMIC 和 WBGS - RF 项目的执行，并成为制造全新无线电武器，特别是 AFAR 雷达系统的基础[73-75]。DARPA 计划的战略任务之一是基于异质集成技术，从根本上提高典型微波 IC 和模块的性能，进一步加强现代武器装备和军事硬件的无线电控制系统的效能。

每种类型的化合物半导体在设计微波器件时都有其自身的特点。例如，InP（铟磷）允许晶体管的最大工作频率超过 1THz，GaN 能够提供更高的击穿电压和更高的输出功率。到目前为止，所有化合物半导体在 IC 集成度（每个电路的晶体管数量）方面都不如硅，而最有希望的是集成度超过硅五个数量级（不包括提供较低集成度的 GaN）的 InP。同时，根据摩尔定律，硅 CMOS 技术不断提高 IC 的速度和集成度，同时提供更高的成品率，这是迄今为止化合物半导体无法实现的。此外，硅 IC 允许在一个芯片上集成内置的校正和优化电路，用于同时处理高频和数字信号的参数与单元操作。集成微波电子学进一步发展的前景在于不同类型的化合物半导体和硅半导体的工艺集成（即它们的异质集成）。为了在 DARPA 基础项目框架内开发微波集成电路的异质集成技术，已经开展了一系列专业项目[76-79]，并在执行过程中获得了重要的成果，如下所述。

3.13.4.1　COSMOS 项目

硅上化合物半导体材料（COSMOS）项目于 2007—2013 年开展[76]。尽管模块的多个参数可能同时恶化，通常通过在专用多芯片模块（微组件）中组装几种类型的 IC 来解决化合物半导体芯片和硅的集成问题。这是由连接异质类型芯片和器件的半导体长度（面积）较大引起的不同失配效应所导致的。因此，在 COSMOS 子项目中，一个集成工艺过程被转移到至少一种类型的化合物半导体晶体管层面实施，这些晶体管与升级改造的 CMOS 工艺晶圆上的晶体管一起制造。不同晶体管类型之间的互连长度以及导体与不同晶体管之间的距离不超过几微米（见表3 - 28）。在 COSMOS 子项目中，InP 被用作化合物半导体材料，标准 IC 被用作试验样本器件——差分放大器（DA）、数模转换器（DAC）和模数转换器（ADC）。从参考文献［53］可知，在 COSMOS 项目框架内，研究了三种异质集成技术方案。

表 3 - 28　COSMOS 项目获得的微波 IC 的主要技术参数[53]

技　术　参　数	IC 种类		
	DA	DAC	ADC
异质连接的成品率百分比（%）（在大量并行切换的异质连接独立测试晶片上定义）	＞99	＞99.9	＞99.9
IC 可靠性（%）（定义为 100 次热循环后保持良好的 IC 部分，温度范围从 −55～85℃，且在各极端温度下的停留时间不少于 10min）	＞50	＞95	＞95

续表

技 术 参 数	IC 种类		
	DA	DAC	ADC
CS 和 Si 晶体管之间的最小异质连接长度/μm	<5	<5	<5
CS 和 Si 晶体管的电源线之间的最小距离/μm	<25	<5	<5
在异质集成工艺之前和之后测试的微波晶体管的电导率（%）	>80	>90	>90
在异质集成工艺之前和之后测试的 Si-CMOS 晶体管的电导率（%）	>80	>90	>90
微波 IC 成品率（%）	>25	>50	>50

这实际上是通过三家公司来实现的，每家公司都提出了自己的技术方案。这三家公司包括诺恩罗普·格鲁曼公司、雷神公司和 HRL 实验室。具体方案如下：

1）在多层硅平台上与硅 CMOS 结构共面异质外延生长 InP 异质结双极型晶体管（雷神公司）；

2）微米组装，InP 晶体管的成品微芯片（小芯片）安装在完成加工的硅基底上（由诺恩罗普·格鲁曼公司领导的一组公司）；

3）在加工的硅基底上，仅通过印刷的方法生产外延 InP 异质结构，然后分别制造 InP 晶体管和 IC（HRL 实验室）。

对该项目所有参与者的一项强制性要求是提供一种复杂程度更高的特定制造和装配的集成器件。在第一阶段（2007—2009 年），对所有异质集成方法进行了理论和实验研究，同时制作了第一个参数破纪录的差分放大器 IC。该 IC 包含十个异质互联、五个 InP 异质结双极型晶体管和四个 CMOS 晶体管。第二阶段（2009—2011 年）的主要目标是提高产量成品率。在第二阶段结束时，制造了一个包含 500 多个异质互联的 13 位 DAC，它包括 400 个 InP 异质结双极型晶体管和 3200 个 CMOS 晶体管。在该计划的第三阶段（2011—2013 年），以 ADC 为例，表明所开发的集成过程可用于制造模拟数字 LCI。一个试验性 ADC 电路包含超过 1000 个 InP 异质结双极型晶体管、18000 个 CMOS 晶体管及连接 InP 芯片和主控硅芯片的 1800 多个异质互连。

硅 IC 的亚微米技术与高速 InP 晶体管相结合，使我们能够应用多种校准和自修复方法，这些方法在仅使用单一 InP 技术时是不可能的。与传统的 CMOS 工艺相比，InP 异质结双极型晶体管提供了更高的工作速度和击穿电压，并且具有良好的晶体管匹配性。因此，在项目实施过程中开发的超宽带 130nm CMOS ADC 的有效位数与基于纯硅的 32nm CMOS 工艺的 ADC 相当。此外，该 ADC 的信噪比和失真率在 2.75～8.75GHz 和 14.25～20.25GHz 的频率范围内超过 30dB，与当时硅基产品可实现的最高指标相当。

在执行 COSMOS 项目期间，每个参与者都使用自己的设计和加工解决方案。特别是，雷神公司开发了在改进的标准绝缘体上硅晶片［包括基底 Si（111）基底和 Si（100）图形化层］上集成 GaN HEMT 和 Si-CMOS 晶体管的工艺（如图 3-46）。通过二氧化硅层中使用的窗口，在基底基底的 Si（111）表面上，生长 GaN HEMT 晶体管外延层。基于此解决方案，制成了一个频率范围达到 GHz 的 GaN 放大器电路，其中包括集成硅晶体管补偿控制电路的 GaN HEMT 晶体管（如图 3-47）。该器件输出功率和硅基底上放大器的效率接近碳化硅（SiC）基底上制作的硅基放大器。

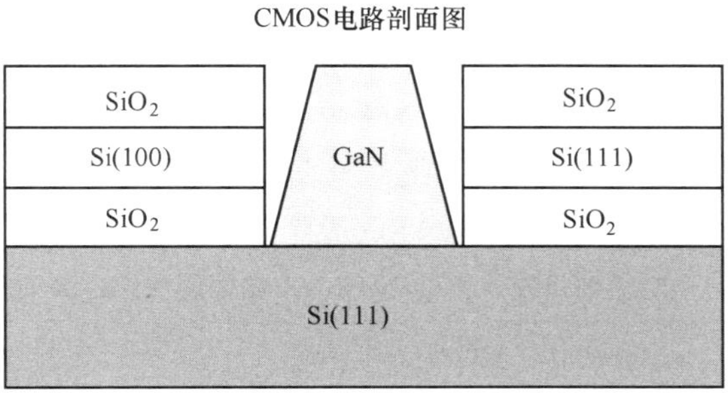

CMOS电路剖面图

SiO$_2$		SiO$_2$
Si(100)	GaN	Si(111)
SiO$_2$		SiO$_2$
Si(111)		

图 3-46　GaN HEMT 和 CMOS IC 单片集成的多层硅基底的设计示意图

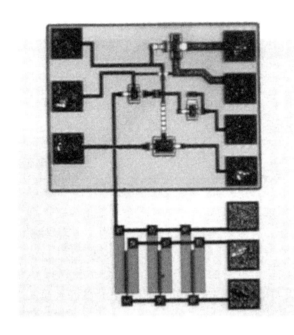

图 3-47　基于 GaN HEMT 的集成 CMOS 功率放大器的布局

　　在 COSMOS 项目中，还使用了多项目开发（多项目晶圆片）方法，即在同一个晶圆上制作几种不同的 IC 设计，这使我们能够充分降低实验样品 IC 所需的掩膜制造成本。特别是该项目的参与者之一，即美国空军研究实验室，设计制作了一个四级低噪声毫米范围放大器，在 75～100GHz 的频带内噪声比不超过 7.2dB，增益比不超过 20dB，而放大器功耗仅为 19mW。

3.13.4.2　NEXT 项目

　　由于在构建化合物半导体集成电路时，GaN 作为用于异质集成的主要材料的能力非常有限[77]，因此在 2009—2012 年间，DARPA 在氧化物电子 Next Generation（NEXT）项目内资助研发了另一项新的 GaN 技术，该项目的目标是以结构和电路设计解决方案为代价，最重要的是以降低晶体管几何尺寸和使用新的外延结构为代价，来提高 GaN HEMT 晶体管，集成电路的速度和集成度。作为项目执行的结果。在样本 IC 上实现了对应于增益比 1 的晶体管截止频率（单位增益截止频率，f_T）和最大振荡频率（f_{max}）。众所周知，简单地减小物理尺寸，会降低晶体管最大允许击穿电压。为了评估这些参数的最佳相关性，设计者使用了约翰逊系数，该系数是晶体管截止频率值和击穿电压的简单乘积。在 NEXT 项目的框架内，他们设法将约翰逊系数提高到 5THz·V（见表 3 - 29）。

表 3 - 29　NEXT 项目在改善 GaN HEMT 晶体管特性方面的主要成果

特　　　性	值
耗尽（D）模式的截止频率/GHz	500
D 模式的最大振荡频率/GHz	550
D 模式的约翰逊系数/（THz·V）	5
增强（E）模式的截止频率/GHz	400
E 模式的最大振荡频率/GHz	450
E 模式的约翰逊系数/（THz·V）	5
晶体管成品率（良率）（%）	95
RMSD 阈值电压/mV	30
RMSD 截止频率/GHz	30
RMSD 最大振荡频率/GHz	5
工作时间/h	＞1000

当然，在研究过程中，为了扩展 GaN 电路的能力，需要对 GaN HEMT 晶体管的工作条件进行某些修改。尽管 GaN HEMT 晶体管通常在耗尽模式（D 模式）下工作，但是为实现对数字信号的处理，有必要使用增强模式（E 模式）晶体管，因为两种晶体管类型的联合使用足以简化微波 IC 的构建并且允许在晶片上通过使用超过 1000 个这样的基本元件的直接连接形成不同的逻辑电路。

因此，在 COSMOS 项目框架内获得的成果证实了实现异质集成 IC 参数值显著增加的可行性，这在仅使用一种类型的化合物半导体（InP）实例中得到了实验证实。

3.13.4.3　DAHI 项目

美国 DARPA 的 COSMOS 计划的一个有效进步[78-80]是多样化可实现异质集成计划（Diverse Accessible Heterogeneous Integration Program，DAHI），其主要工作是将异质方法推广到整个宽频谱微波器件中，包括 GaN、MEMS 器件和温度控制电路。DAHI 项目的最终目标是为军事和商业应用建立微波集成电路的工业化生产。

通过对 DAHI 项目的研究分析，从 COSMOS 计划中调查的所有异质集成方法中，专家们选择了一种从异质、完成加工的微芯片中组装集成单元的方法。实际上，这种方法不需要在基础硅技术或基于化合物半导体的集成器件技术中引入任何显著的改变。所有其他调查方法都涉及在异质集成过程之前或期间技术的显著变化，并且需要大量的财务和时间成本。根据媒体公开的报道，这些技术在多个国家得到了相当有效的应用，特别是在军事和空间应用领域。

特别指出，在 DAHI 项目的一项工作中，在一个硅晶圆上实施了另外两种化合物半导体集成技术（如图 3 - 48）。在制造的毫米范围的振荡器-放大器链的组成中，还设计了

基于 $0.25\mu m$ InP 异质结双极型晶体管的振荡器电路和一个基于 $0.2\mu m$ GaN HEMT 的放大器电路，GaN 放大器的增益比仅为 15dB。

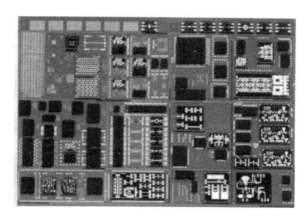

图 3 - 48　具有不同设计 IC 的多项目晶圆局部图

　　在创建异质集成技术过程中取得的成果为大幅改善无线电武器系统的性能奠定了基础，遗憾的是，这一领域的进一步研究成果并未在公开媒体上公布。无论如何，这项技术的进一步发展将取决于 IC 设计各项技术的发展。军事和商业应用对微波系统更新换代的需求增长无疑预示着定制 ASIC 结构的进一步复杂化。由于军用微波集成电路的消耗量相对较低，设计此类微波集成电路的成本可能占系统（设备）设计总成本中的很大一部分，甚至可能是不可接受的。在这种情况下，设计师必须在所需的 IC 参数设计交付周期和此类产品的总成本之间做出艰难的选择。当然，根据经验，由于使用可编程门阵列，可以充分节省成本并减少无线电电子设备的设计周期。然而，设计这种可编程 IC 的实践在微波工程中尚未得到充分发展。为了实际引入异质集成方法，有必要开发一种全新的方法，以提高设计的经济效益。其中一种方法是在使用不同化合物半导体制造的半导体芯片的基础上制造具有智能特性的标准化可重用模块（可重复使用的 IP 设计模块）。以即插即用形式组装在同一标准基板上的此类模块可以变得多功能，并且根据其分配的任务满足不同军事和空间系统的要求（如图 3 - 49）。

　　实现这种方法将需要创建一个能够控制由不同化合物半导体材料制造 IP 块的工艺流程的统一系统。此外，一个不可或缺的条件是包括仿真和验证的设计流程开发，并且可以与已知的商业设计工具交互。当然，为了实现这种异质集成的普遍商业化，有必要建立一种通过标准接口兼容不同公司之间工艺流程的机制，然而实现该目标将非常困难。

3.13.4.4　SMART - LEES 项目

　　众所周知，不仅仅是军方对制造新的基于 $A^m B^v$ 材料和基于硅的 IC 的可能性感兴趣。2012 年初，新加坡和美国政府在 SMART - LEES 项目框架内成立了一个特别小组，负责商业领域的类似任务[81]。该计划的权威及所依托的关键组织机构是麻省理工学院（美国）、新加坡国立大学和南洋理工大学（新加坡）。此外，硅制造的合作伙伴是格罗方德公司（Global Foundries）（新加坡）、Tower Semiconductor - Panasonic（日本）、Aixtron（德国）、IQE（英国）、EVG（奥地利）和 Samco（日本）等知名公司。项目发起者的假

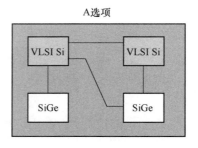

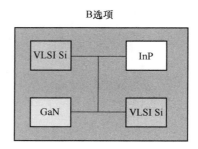

图 3-49　在通用标准化基板上以即插即用形式实现 IP 块的组装选择

设是，由于技术和经济原因，将新型器件引入硅基 IC 制造的基本工艺流程非常困难，因此决定首先使用作为独立工艺的 $A^{III}B^{V}$ 材料上的器件进行 IC 设计，然后将它们引入生产线中使用的 CMOS 工艺中（所谓的模块化处理方法）。以下互动程序已经在这些项目中实施。设计人员从专门的硅晶圆厂获得预制 200mm 晶圆，并根据规范要求在自己的晶圆厂指定 womm 晶圆使用标准 CMOS 设计方法进行硅 IC 设计。此时，晶圆被化合物半导体的外延层覆盖，因此，在基础工程基底上已完成所有所需的介质层和接触焊盘。在此之后，该晶圆被返回到硅加工厂，用于完成芯片内硅单元和 $A^{III}B^{V}$ 器件间的互连。

2012 年，设计团队开始用 GaN、GaAs 和 InP 覆盖硅基底，并从 2014 年开始使用 In-GaAs 和 GaN 进行生产，这是制造 InGaAs HEMT、GaN HEMT 晶体管和 GaN LED 的基础。IQE（英国）、Lumileds（荷兰）和亚德诺（Analog Devices，美国）等公司于 2015 年加入该项目。由于得到了充足的财政支持，该项目于 2016 年提供了第一批测试芯片。该项目的另一个重要目标是为基于 CMOS 和 $A^{III}B^{V}$ 器件的 IC 端到端设计提供设计套件，并将新型 IC 推向商业市场。

目前，异质集成有两种主要技术趋势：一种是硅基底上的基于已有 CS 器件的微米级组装方法（DARPA，美国），另一种则是直接在 Si 基底上制造 CS 器件的方法，然后在标准硅加工厂完成后续工艺步骤。虽然这两种技术都可实现双重用途，但每种技术都有优先应用的领域，即美国的军事和太空应用以及新加坡的商业应用。

欧洲国家也在开展化合物半导体和硅技术的研究。在英国，化合物半导体的发展是确定该国工业和经济领导地位的最重要方向之一[82]。因此，2015 年，在加的夫大学著名的化合半导体研究所和最大的半导体晶圆制造商 IQE 合作的基础上，建立了一个科学和工业集群（Cluster），力图实现科学研究与生产实践相结合[82,83]。此外，计划基于 GaN/Si

150mm 外延晶圆和相同直径 GaAs 和 InP 晶圆上的军用光子器件设计商用微波器件和功率器件。欧洲主要的半导体集群（Cluster）都使用硅技术，这是第一个专门生产化合物半导体的集群。希望该集群的成立能够为高科技产业从东亚竞争对手向欧洲反向转移奠定基础。

参 考 文 献

[1] Watson H A（rd）. Microwave Semiconductor Devices and Their Applications［M］. 1972，USSR，translated from English，Watson，H. A.（ed.），Microwave Semiconductor Devices and their Circuit Applications，New York：McGraw－Hill，1969.

[2] Klampitt L. Powerful Electric Vacuum Microwave Devices［M］. USSR，1974.

[3] Howes M，Morgan D V. Semiconductors in Microwave Circuits［M］. USSR，1979.

[4] http：//vlad－gluh. livejournal/com/420211. html.

[5] http：//blog/i. ua/user/2663242/940249.

[6] http：//armsdata. net/nuclear/116. html.

[7] http：//rnns/ru/14834－udarnaja－sila－poslednee－preduprezhdenie. html.

[8] http：//ss－op. ru/reviews/view/55.

[9] Hurtov V A. Solid－State Electronics［M］. Russia，2005.

[10] Belous A I，Silin A V. Bipolar Microcircuits in Interfaces of Automatic Control Systems［M］. Radio isviaz，1990.

[11] http：//www. twirpx/com/file/400874.

[12] http：//dxdt/ru/2007/11/26/836.

[13] Scarpulla J R. Reliability and Qualification Challenges for RF Devices［R］. Los Angeles：The Aerospace Corporation，2004.

[14] Kayali S，Ponchak G，Shaw R. GaAs MMIC Reliability Assurance Guideline for Space Applications，NASA Lewis Research Center，1996.

[15] http：//www. chipnevs. ru/html. cgi/arhiv _ i99 _ 04/stat－56.

[16] http：//www. kit－e/ru/articies/svch/2005 _ 9 _ 174. php.

[17] http：//www. pvsm/ru/radiosvyaz/20389.

[18] Brookner E. Phased-Array Radars：Past，Astounding Breakthroughs and Future Trends［J］. Microwave Journal，2008，51（1）：30.

[19] Thales M Y. Components and Technologies for T/R Modules［C］. Proceedings of the Third European Microwave Integrated Circuits Conference，Amsterdam，Oct 2008：270.

[20] www. RG. RU. No. 227，C. 14，2008.

[21] Growing Market for Active Electronically Scanned Arrays（AESA）［J］. Microwave Journal，2009，52（7）：47.

[22] Raytheon Demonstrates Gallium Nitride Advantages in Radar Components［J］. Microwave Journal，2008，51（16）：48.

[23] Microwave Journal，2008，51（10）：62.

[24] Mumford R. Microwaves in Europe：Historical Milestones and Industry Update［J］. Microwave Journal，2008，51（10）：88.

[25] Vikulov I，Kichaeva N. GaN Technology：New Stage of Microwave Microchips Development［J］. Electronics，NTB，2007（4）：80－85.

[26] Russel M E. Future of the RF Technology and Radars [C]. Proceedings of the IEEE Radar Conference, 2007: 11.

[27] Schuh P, et al. GaN MMIC Based T/R-Module Front-End for X-band Applications [C]. Proceedings of the Third European Microwave Integrated Circuits Conference, Amsterdam, Oct, 2008: 274 – 277.

[28] Costrini C, et al. A 20 Watt Micro-Strip X-Band AlGaN/GaN HPA MMIC for Advanced Radar Applications [C]. Proceedings of the 38th European Microwave Conference, Amsterdam, Oct, 2008: 1433.

[29] Quay R, et al. Efficient AlGaN/GaN HEMT Power Amplifiers [C]. Proceedings of the Third European Microwave Integrated Circuits Conference, Amsterdam, Oct 2008: 87.

[30] Gonzalez-Garrido M, et al. 2 – 6 GHz GaN MMIC Power Amplifiers for Electronic Warfare Applications [C]. Proceedings of the Third European Microwave Integrated Circuits Conference, Amsterdam, Oct 2008: 83 – 86.

[31] Alleva V, et al. High Power Microstrip GaN-HEMT Switches for Microwave Applications [C]. Proceedings of the Third European Microwave Integrated Circuits Conference, Amsterdam, Oct/2008: 194 – 197.

[32] Jansen J, et al. X-band GaN SPDT MMIC with over 25W Linear Power Handling [C]. Proceedings of the Third European Microwave Integrated Circuits Conference, Amsterdam, Oct 2008: 190 – 193.

[33] Microwave Journal, 2006, 49 (6): 22.

[34] www. raytheon. com.

[35] Compound Semiconductor, July 2005.

[36] www. northropgrumman. com.

[37] Compound Semiconductor, March 2005.

[38] en. wikipedia. org.

[39] Proceedings of the 35th European Microwave Conference, 2005: 809 – 812.

[40] Aerospace Defense, 2005, 2 (21).

[41] Aviation Week and Space Technology, 2005 (8).

[42] Military Microwaves Supplement, June 2006.

[43] Microwave Journal, 2005, 49 (1): 24.

[44] Electronics EEXPRESS, March 2006.

[45] GaAsMantech Digest, 2004 – 2005.

[46] Compound Semiconductor, May 2005.

[47] Proceedings of the 13th GaAs Symposium, 2005: 361 – 363.

[48] Fedorov Y. The Wide-Bandgap (Al, Ga, In) N Heterostructures and Devices for Millimeter Wavelength Band Based on Them [J]. Electronics: Science, Technology, Business, 2011 (2).

[49] Lidow A, Strydom J. WP001 Gallium Nitride (GaN) Technology Overview [D]. EPC, 2012.

[50] Lidow A. AN001 Is It the End of the Road for Silicon in Power Conversion? [R] EPC, 2011.

[51] Lidow A, Reusch D, Strydom J. AN018 GaN Integration for Higher DC – DC Efficiency and Power Density [R]. EPC, 2015.

[52] Mehta N. SNVA723: Design Considerations for LM5113 Advanced GaN FET Driver During High – Frequency Operation [R]. Application Report, Texas Instruments, 2014.

[53] Vikulov I. Heterogene Integration—New Stage of Integrated Microwave Electronics Development [J]. Electronics NTV, 2016 (1): 104 – 112.

[54] Farmikown, et al. The Technology of High-Power Microwave LDMOS Transistors for Radar Trans-

mitters of L-Band and Air Applications [J]. Components and Technologies，2007 (10).

[55] SUMITOMO Research & Development，2012.

[56] "Rad Effects in Emerging GaN FETs," NASA，July 11，2012.

[57] Wireless Device Products 2012 - 2013，Sumitomo Electric Europe，Ltd.

[58] GaN Technology for Radars [C]. CS MANTECH Conference，Boston，MA，April 23 - 26，2012.

[59] Triquint. Wideband Power Amplifier MMICs Utilizing GaN on SiC [C]. IEEE，2010.

[60] Gallium Nitride High Electron Mobility Transistor (GaN-HEMT) Technology for High Gain and Highly Efficient Power Amplifiers [J]. Oki Technical Review，Issue 211，October 20，2007，74 (3).

[61] Gallium Nitride (GaN) Versus Silicon Carbide (SiC) [D]. Microsemi PPG，Apr. 2010.

[62] Curtis D. Development of Class C Multi-Stage Amplifiers for Pulse Radar Applications [J]. Advanced Electronics，2007 (1).

[63] Kopp C. Evolution of AESA Radar Technology [D]. Monash University，August 14，2012.

[64] Heinz-Peter Feldle. Current Status of Airborne Active Phased Array (AESA) [D]. IRS，2009.

[65] Model of Diamond Microwave Transistor [J]. Technology and Design in Radioelectronics，2011 (6).

[66] Kasu M. Diamond Field-Effect Transistors as Microwave Power Amplifiers 2010.

[67] Diamond Semiconductors Operate at Highest Frequency Ever—A Step Closer to Diamond Devices for Communication Satellites，Broadcasting Stations，and Radars [J]. Oct 2003，1 (7).

[68] SELEX _ GaAs-GaN Enabling Technologies for Microwave [J]. Sapienza Universita di Roma. Oct 4 - 5，2012.

[69] Fedorov Y. The Wide-Bandgap (Al，Ga，In) N Heterostructures and Devices for Millimeter Wavelength Band Based on Them [J]. Electronics：Science，Technology，Business，2011 (2)：92 - 107.

[70] Fedorov Y V，Gnatyuk D D，Galiev P P et al.，EHF-Band Power Amplifiers on AlGaN/AlN/GaN/Sapphire Heterostructures [C]. Proceedings of the IX Scientific & Technological Conference on Solid-State Electronics，Complex Functional Modules for Radar Equipment，Zvenigorod，December 1 - 3，2010：44 - 46.

[71] Kishchinsky A A. GaN-Based Solid-State Microwave Amplifiers—The Status and Prospects of Development [C]. Proceedings of the 19th Crimean Conference on Microwave Equipment and Telecommunication Technologies，Sevastopol，Weber，2009.

[72] Vikulov I，Kichaeva N. Technology of GaAs Microwave Monolithic Circuits in Foreign Military Engineering [J]. Electronics：NTV，2007 (2)：56 - 61.

[73] Vikulov I. Monolithic Microwave Integrated Circuits：Process Base of AFAR [J]. Electronics：NTV，2012 (7)：60 - 73.

[74] Vikulov I. Microwave Electronics Today：Trends and Challenges [J]. Electronics：NTV，2015 (3)：64 - 72.

[75] Rosker，Mark J. The DARPA Compound Semiconductors on Silicon (COSMOS) Program [C]. CS MANTECH Conference，2008.

[76] Rosker，Mark J，et al. DARPA's GaN Technology Trust [J]. IEEE Microwave Symposium Technical Digest，2010：1214.

[77] Green D S，et al. The DARPA Diverse Accessible Heterogeneous Integration (DAHI) Program：Status and Future Directions [C]. CS MANTECH Conference，2014.

[78] Green D S，et al. Compound Semiconductor Technology for Modern RF Modules：Status and Future Directions [C]. CS MANTECH Conference，2015.

[79] Green D S, et al. Heterogeneous Integration for Revolutionary Microwave Circuits at DAR PA [J]. Microwave Journal, 2015, 58 (6): 22.

[80] Delivering the Future [EB/OL]. http: //www. compoundsemiconductor. net/article/98066-delivering-the-future. html.

[81] IQE: Semiconductor Cluster Ambition [EB/OL]. http: //www. compoundsemiconductor. net/article/98247-iqe-semiconductor-cluster-ambition. html.

[82] CSC Formally Launched as First Compound Semiconductor Cluster [EB/OL]. http: //www. semiconductor-today. com/news _ items/2015/nov/csc _ 201115. shtml.

第 4 章 运载火箭与航天技术的微电子元器件基础

4.1 现代微处理器的分类

火箭与空间工业通常是科学和工程发展的优先领域，广泛采用了现代微电子技术取得的各种先进成果。应用范围包括用于构建所有机载和地面控制系统的基础电子元器件（Electronic Component Base，ECB）以及之前未曾应用过微电子技术发展成果的航天器设备，例如传感器、陀螺仪、光电探测器（PD）、热成像仪、电视和摄像机、红外可视化仪和夜视仪等。特别是，以前认为不可能的应用之一——基于 MEMS 技术的超小型推进器，现已用于微卫星、纳卫星以及其他小型航天器，这在第 1 章的末尾已经进行了详细说明。

基础电子元器件在火箭与空间技术中的主要应用领域简图见图 4-1。

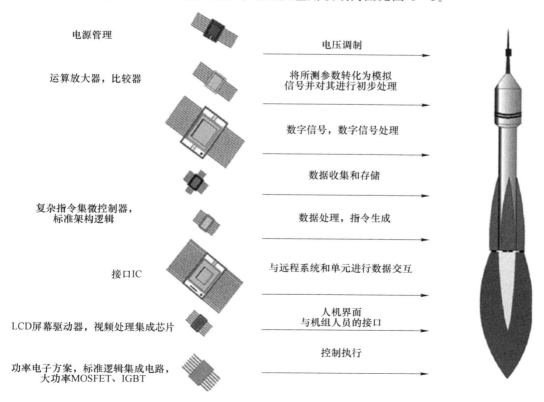

图 4-1 火箭与空间技术中基础电子元器件的主要应用领域

在这里可以看到种类繁多的微电子产品，包括各种存储器、微处理器、逻辑和接口微电路以及电源微电路。其中，决定所设计产品的功能特性、性能和功耗的主要微电子元器件是微处理器（处理器），我们将对其特征和技术特性进行更深入的介绍。

微处理器（MP）是一种软件可编程器件，用于在单个或多个高水平集成度的集成电路上处理数字信息和控制处理过程[1]。微处理器在各种不同应用的数字系统中充当处理器的角色，例如数据处理系统（计算机）、对象和过程管理系统、数据测量系统以及用于工业设备、特殊（军事）设备、消费类设备等的其他类型系统。微处理器决定了现代火箭与空间技术中地面和机载设备硬件的智能程度。

根据不同的标准和参数，有多种对微处理器进行分类的方法。微处理器开发的三个公认的领域见图 4-2。

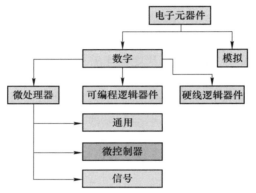

图 4-2　根据应用领域的微处理器分类[1]

应用电子技术分为两类，分别是数字和模拟。由于篇幅限制，本书将只讨论数字微处理器。

通用微处理器用于构建计算机，包括：个人计算机、工作站、计算机复合体以及并行超级计算机的机载控制系统等。它们从技术、系统工程和电子学角度提供尖端解决方案。这类微处理器的一个关键特征是具有设计优良的嵌入式部件，用于高效执行 32 位、64 位以及更长操作数的浮点运算。

微控制器（MC）是微处理器技术中应用最为广泛的产品。它们用于所有嵌入式控制系统，包括家用设备和特殊（军事和航天）装备。与通用微处理器不同，微控制器的关键参数是尺寸、成本和能耗。微控制器（以前也被称为单片机）通过在单个芯片上集成高性能处理器、存储器和一组外设，能够以低成本实现不同目标和处理过程的各种规格的控制系统。将微控制器用于机载控制系统可确保以极低的成本获得极高的效率，以至于实际上没有其他可替代的基础元器件来构建这些优质且廉价的系统。对于许多定制应用，机载控制系统可由单个微控制器组成。

信号处理器用于实时处理从模拟传感器接收的数字化信号，完成过去由模拟电子设备执行的任务。作为信号处理器，应满足特定的要求[2]。它们应具有最佳性能，易与模拟/数字和数字/模拟转换器连接，具有较大的处理字宽和一组较小（最小）的数学运算集，包括乘法累加运算和硬件循环。成本、尺寸和功耗等参数也很重要，但是相比于微控制器，信号处理器可以接受更高成本、更大尺寸以及更高功耗。

　　微处理器也可以按架构进行分类。架构是指一种描述方式，即根据 ISO 15704 标准，描述系统组成和系统组件交互的模型。微处理器架构是指对微处理器部件（组件）的组织和交互的描述，由组件的属性、设计、连接和开发原理所决定。架构包括数据处理过程中微处理器的逻辑（程序）、功能和物理组件的描述。逻辑（程序）组件的描述包括一组命令、寻址模式、支持的分支和跳转类型、访问类型和微处理器寄存器名称等。功能和硬件组件的描述包括组件数量和数据路径宽度、在数据与指令和控制信号交换过程中组件之间的交互方式、时钟信号交换、微处理器组件运行的时序图以及布局（即芯片上组件的物理排列）等。

　　换句话说，架构是指从程序员角度对微处理器的展现。近似来看，微处理器架构是其指令集的函数。架构的选择会影响设备的性能、开发时间和成本。

　　不同公司制造的现代微处理器和微控制器的架构有很多共同点，以保证架构的统一。这对火箭与空间技术来说尤其重要，因为与其他领域相比，它使用了最少的基础电子元器件。表 4－1 展示了目前世界市场上的微处理器种类。同时还展示了由俄罗斯和白俄罗斯

表 4－1　现代微控制器的主要架构

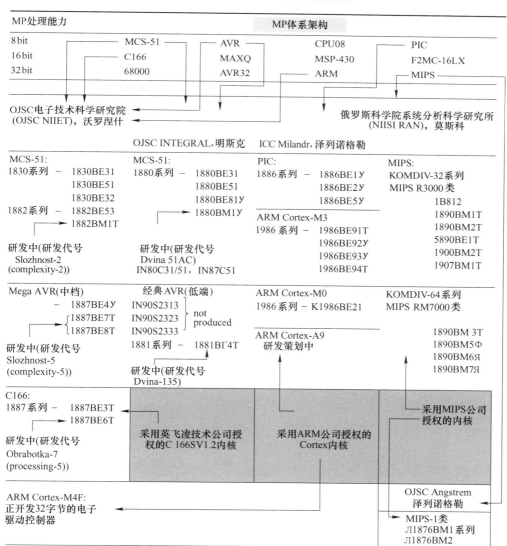

主流公司制造并使用相关架构的微控制器产品。

　　在详细描述国内微处理器和微控制器的特性和特点之前，我们将简要提及一些国外的微处理器，这些微处理器已在很多重要航天任务的箭载/机载微电子设备（REE）中得到应用。

4.2　国外航天器电子控制系统的处理器代表企业和典型产品

4.2.1　国外航天器机载处理器

　　现有航天器使用了数百种不同类型的集成和混合微电路以及各种不同能力和频率（包括超高频）的分立半导体器件。而航天器电子控制系统开发者重点关注的是中央处理器单元的选择，因为控制逻辑、数据存储和处理方案、各种接口等都是基于它来开展设计工作的。

　　1981 年，航天飞机（见图 4 - 3）作为美国第一台智能航天器，同时使用了两种类型的中央处理器，即英特尔 8086 和 RCA 1802。后者作为显示控制器，用于信息显示。两年后，8086 处理器被处理能力更强的 80386、80386S 所取代。新的机载控制系统使用具有 1.2MIPS 处理能力的 APA - 101S 计算机，其中采用了当时抵抗宇宙射线能力最强的铁氧体磁芯存储器。伽利略号木星探测器（1989 年）也使用了 80386 和 RGA 1802 的组合（见图 4 - 4）。

图 4 - 3　航天飞机

图 4 - 4　伽利略号（Galileo）木星探测器

　　1990 年，哈勃太空望远镜（图 4 - 5）的机载控制系统采用了 8 位处理器 DF - 224，共使用了 390 个处理器。由于存在许多故障，微电子设备开发人员不得不将其替换为因特尔 80486，这些处理器成功运行至 2010 年任务结束。

需要说明的是，当时所有的处理器都不是专门为航天应用开发的，但都经过了严格的筛选和各种过程的测试。

1996 年，探路者号（Pathfinder）航天器（如图 4 - 6）使用了 BAE RAD 6000 处理器，它是根据 IBM 和英国航空航天电子公司的合同，专门为航天应用设计的。该处理器作为航天器机载设备的一部分，证明了其运行的高可靠性，后来被广泛用于其他航天器。

图 4 - 5　哈勃（Hubble）太空望远镜　　　　　　图 4 - 6　探路者号航天器

同样在 1996 年发射的旅行者号（Sojourner）航天器（如图 4 - 7）使用了相同的处理器类型，而该系列的另一个航天器使用了新的处理器 FAST（见表 4 - 2）。

自 1998 年以来，国际空间站（见图 4 - 8）的主要电子系统广泛使用升级版的英特尔处理器，即 80386SX - 20W 和协处理器 80C387。从 2004 年航天项目"勇气号"火星探测器（见图 4 - 9）和"机遇号"火星探测器开始，BAE RAD 6000 版本得到广泛应用，其工作频率为 25MHz。

表 4 - 2 同时还展示了其他类型的中央处理器微电路，它们被应用于一些鲜为人知的航天器和航天项目。我们将更详细地研究国外航天器机载控制系统使用的处理器微电路主要技术特点，上述产品由 NASA 和 ESA 合作的主流公司生产。

4.2.2　Aitech 防务系统公司

这家公司最新设计的一款单板机 S950 值得关注。具有 3U CompactPCI 外形尺寸的 S950 具有抗辐射特性和节能操作模式[3]。它针对航天设备进行了优化，正常模式下功耗为 13.5W，低功耗模式下功耗为 10W，睡眠模式下功耗不超过 8W。S950 采用了 PowerPC 750FX 微处理器，该处理器的时钟频率为 733MHz。

图 4 - 7　旅行者号航天器（火星上）

表 4 - 2　国外航天器所用处理器

项目名称	处理器类型	项目名称	处理器类型
卡西尼号土星探测器	1750A	伽利略卫星导航系统	ATAC(bit slice)和 1802
"团星"卫星（ESA）	1750A	SPOT - 4 卫星	F9450
小型化敏感器技术集成卫星（MSTI - 1,2）	1750A	EO - 1/WARP 卫星	Mongoose V
罗塞塔号彗星探测器	1750A	激光测量地球冰变化卫星（IceSat Glas）	Mongoose V
对地环境观测任务-土卫星（EOS Terra）	1750A(2)	MAP	Mongoose V, UTMC 69R000
对地环境观测任务-水卫星（EOS Aqua）	1750A(4)&8051(2)	康普顿伽马射线天文台（CGRO）	NSSC - 1
对地环境观测任务-气卫星（EOS Aqua）	1750A(4)&8051(2)	托佩克斯/波塞冬地面地形测量卫星	NSSC - 1
克莱门汀探测器	1750A,32 bit RISC	高层大气研究卫星（UARS）	NSSC - 1
小型化敏感器技术集成卫星（MSTI - 3）	1750A,R - 3000	极紫外探险者卫星（EUVE）	NSSC - 1,1750A
冥王星快车号探测器	32bit RISC	哈勃望远镜（HST）	NSSC - 1/386, DF - 224→486
太阳异常事件及磁层粒子探险者（SAMPEX）	80386,80387	科里奥利卫星	RAD6000
小型探险者（SMEX）	80386,80387	深空 1 号飞行器	RAD6000
亚毫米波天文星（SWAS）	80386,80387	引力探测器 B	RAD6000
太阳过渡区与日冕探测器（TRACE）	80386,80387	高能太阳光谱成像仪卫星（HESSI）	RAD6000
广角红外探测器（WIRE）	80386,80387	火星勘测者 98（MARS 98）	RAD6000
远紫外光谱探测器（FUSE）	80386,80387,68000	空间红外望远镜（SIRTF）	RAD6000
萨里微卫星	80386EX(2)	空间红外望远镜（SIRTF）	RAD6000
UoSat - 12 卫星	80386EX(3)	小型探险者卫星（SMES - Lite）	RAD6000
极光快速摄影探测卫星（FAST）	8085(2)	伽马暴快速反应探测器（雨燕卫星）	RAD6000
健康 2 号微小卫星	80c186(2),80c188	强力 2 号卫星	TMS320C40(4)
PoSat - 1 卫星	80c186,TMS320C25, TMS320C30		

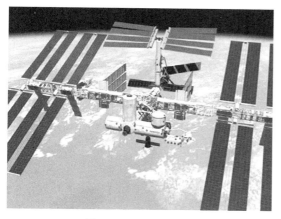

图 4 - 8　国际空间站

图 4 - 9　勇气号（Spirit）火星探测器

该主板包含采用三重表决架构的 128MB 同步动态随机存取存储器（SDRAM）和 1MB 双冗余启动闪存。32KB[①] 的 L1 高速缓存对标签和数据阵列进行奇偶校验，L2 高速缓存对数据阵列进行纠错码（ECC）检查。纠错码和内存控制器在抗辐射现场可编程门阵列（FPGA）上实现。此外，还提供了 64MB 闪存、两个标准串行端口、四个独立的 32 位计数器/定时器和一个硬件看门狗定时器，以供用户使用。计算机上有一个插槽，用于安装 32 位 PCI 夹层卡（PMC）和 32 位 CompactPCI（33.3MHz）接口。由于 S950 具有防止单粒子翻转（SEU）的功能，因此非常适合航天器，可用于执行导航、数据控制和收集任务。

4.2.3　Microsemi 公司

航天应用基础电子元器件的主要国外开发商和供应商之一是 Microsemi 公司，包括 Actel（Microsemi SoC 产品部）、White Electronic Designs（Microsemi Power and Microelectronics 产品部）、Zarlink、ASIC Advantage、Arxan Defense Systems、Endwave、Spectrum Microwave、Maxim Integrated Products 和 Symmetricom 等知名公司。近年来，该公司已成为特殊用途复杂系统机载电子元器件生产和封装供应领域的世界领先者。

目前，该公司的产品包括著名的高可靠可编程逻辑器件（PLD），特别是低功耗（PLD）、随机存取和非易失性存储芯片、PowerPC 系列的 32 位处理器、用于特殊应用的混合微电路以及应用范围广泛的抗辐射小规模集成电子元器件，如开关、控制器、晶体管和二极管以及射频组件等。除此之外，Microsemi 还生产高可靠的串行高级技术附件（SATA）闪存和容量高达 32GB 并支持并行高级技术附件（PATA）接口的 NAND - FLASH（一种基于单元内信息改变原理的闪存）BGA 微电路。特别值得一提的是 Microsemi 公司片上系统分部（Microsemi SoC 产品部），以前是成立于 1985 年的 Actel 公司，长期专注于航空、航天和军事应用的处理器、可编程逻辑器件的开发和生产。除了具有抗辐射能力的高可靠性微电路外，该分部还生产提高了功耗和可靠性特性的可编程阵

①　原著此处为 Kb，似乎应为 KB，后文多处。——译者注

列，包括带有模拟模块的 PLD。根据该公司网站信息[4]，包括 300 多家俄罗斯企业在内，全球有超过 4500 家企业都在使用该分部的产品。今天，Microsemi SoC 产品部的产品被用于航天设备、航空机载设备和核电站控制系统等特殊领域。

与标准 SRAM FPGA 相比，Microsemi SoC 公司宣传其 PLD 产品具有以下优势：

1）高辐射耐受能力；

2）每个逻辑门的三模冗余；

3）可靠性参数已在数百个 NASA 项目中得到验证；

4）启动电源时的操作准备就绪；

5）低功耗；

6）配置的全面保护以防复制；

7）简化和小型化的系统解决方案。

Microsemi 公司元器件被设计用于从微卫星到空间站的各种类型的航天器。目前，数百项空间任务选用了 Microsemi 公司的抗辐照 PLD 产品，用在不同的设备中，包括：

1）星迹跟踪器和陀螺仪；

2）星载计算机；

3）遥测系统；

4）数字滤波器；

5）数字发射机/接收机；

6）内存控制器和存储；

7）终端控制单元；

8）有效载荷科学仪器。

Microsemi 公司 PLD 的高辐射耐受能力和高可靠性允许其作为重要控制单元，应用在具有严重中子辐射和高温的核电站上。另外，具有大量逻辑门（高达 400 万个）的 PLD 支持开发执行大量计算和控制任务的复杂片上系统，可取代上一代的大型设备。

PLD 在 NASA 设计中的积极应用可以通过大量成熟可用的 IP 核来说明，这些 IP 核可为特定任务形成解决方案。例如，现成的 PCI、MKO、以太网、USB 和 SpaceWire 接口的解决方案以及各种处理器内核（ARM、51、186、LEON 等）不仅可以用于各种终端和智能传感器创建单芯片计算和处理控制器，还可以用于各种计算机及其他设备。

Microsemi 公司 PLD 几乎出现在任何现代民用和军用运载火箭以及大多数航天器中。自 1996 年以来，Microsemi 公司 PLD 已用于俄罗斯 GLONASS 卫星系统、Ekspress - AM、Koronas、Luch - 5、Gonets - M、Spektr - UF、Resurs - P、Meteor - M、Elektro - L、GEO - IK - 2、Soyuz 和 Progres spacecraft（联盟号和进步号航天器）以及大量高可靠的地面设备。

4.2.4　BAE Systems 公司

自 20 世纪 80 年代以来，BAE Systems 公司一直致力于研发制造军事和航天应用产品。该公司的工程和制造中心位于弗吉尼亚州，拥有经过认证的抗辐射和亚微米技术。在十年的时间里，该公司开发了多种用于航天应用的微处理器，主要产品见表 4 - 3。目前，在 BAE Systems 公司微处理器基础上，已经为各种航天器研制了 500 多台计算机。

采用 PowerPC 架构的微处理器 RAD750 是 IBM 长期生产的商用微处理器 PowerPC750F 的抗辐射版本，具有最先进的性能。RAD750 在程序兼容性和引脚分配方面都与其商用产品完全兼容。

表 4 - 3　BAE Systems 公司微处理器主要产品

	GVSC1750	RAD6000	RAD750
架构	MIL - STD - 1750A	RS \ 6000 POWER	PowerPC
开发时间(年)	1991	1996	2001
工艺	抗辐射 1.0μm CMOS 工艺	抗辐射 0.5μm CMOS 工艺	抗辐射 0.25μm CMOS 工艺
频率/MHz	20	33	166

为确保在外太空环境条件下的使用性能，BAE Systems 公司对上述初期微处理器进行了修改，但其功能保持不变。主要改动包括：

1) 修改了存储单元电路图和版图；

2) 修改了存储模块、锁相环（PLL）及其他模块中读出放大器、译码器等元件的电路图及版图；

3) 将所有由动态逻辑单元组成的模块更换为功能相似的完全基于静态电子器件的模块；

4) 将所有触发器和寄存器更换为抗故障的同类产品；

5) 广泛引入错误检测和纠正机制。

2007 年，该微处理器使用 0.25μm CMOS 工艺制造，工作频率高达 166 MHz。它具有不低于 200krad 的累积剂量耐受能力，能够保证不发生闩锁效应，并且单粒子翻转线性能量转移（LET）阈值不低于 45 MeV · cm^2/mg。当时，其在地球静止轨道的预测错误率为 1.6×10^{-10}/bit/天。

2008 年，该公司推出了 RAD750 的改进型号，采用抗辐射 0.25μm CMOS 工艺制造。微处理器频率提高到 200MHz，辐射耐受能力提高至可承受高达 1Mrad 的累积剂量，保证不发生闩锁效应，并且对单粒子翻转的耐受能力与之前的 0.25μm 微处理器版本相当。2010 年，该微处理器通过了符合航天装备要求的标准认证。

4.2.5　霍尼韦尔公司

霍尼韦尔（Honeywell）生产各种抗辐射组件，其基础技术是设计规则低至 0.15μm 的 SOI 技术，几乎可以完全消除闩锁效应并降低单粒子翻转概率。在该公司的产品中，有一个相当旧的 16 位微处理器 16750A 和一个采用 PowerPC 架构名为 HXRHPPC 的较新的微处理器。该微处理器在功能特性和引脚分配方面与飞思卡尔（Freescale）公司生产的商用微处理器 PowerPC603e 相同。

为了确保对辐射因素的抵抗能力，霍尼韦尔对最初的项目进行了改进，但其功能保持不变。总的来说，这些改进与 BAE Systems 公司为提高 RAD750 微处理器抵抗能力所做的改进大致相同。

HXRHPPC 微处理器采用 0.35μm SOI 工艺制造，时钟频率高达 80MHz。HXRHPPC 可耐受超过 300krad 的总累积剂量，并保证不会发生闩锁效应。预测错误率在地球静止轨道上为 1.5×10^{-5}/芯片/天[4]。

4.2.6　SPARC 架构的微处理器

1990 年，欧洲空间局（ESA）开始开发面向航天应用的 32 位微处理器，并于 1997 年发布了采用 SPARC V7 架构的 ERC32 微处理器[5]。为了进一步优化该产品，欧洲空间局于 1998 年启动了名为 LEON 的微处理器改进计划，并由瑞典 Gaisler Research 公司承担研发任务。该项目目的是在以下约束条件下满足对各种环境因素的适应性要求：

1）使用商业制造工艺；

2）一个完全综合的项目，舍弃定制单元以确保对各种生产过程和工厂设施的可转移性；

3）按照基于标准片上接口的 SoC 原则构建，以确保快速升级和扩展的可能性；

4）与某个主流应用的处理器架构兼容。

该项目采用了著名的 SPARC V8 架构，确保程序与 ERC32 完全兼容。此外，架构的开放性可以避免可能的法律纠纷。采用 AMBA 总线作为标准的片上接口。

目前，有两家公司正在开发该系列微处理器，艾特梅尔生产基于 LEON2FT 内核的微处理器（其特性将在下一节详细介绍），同样知名的 Aeroflex 公司生产基于 LEON3FT 内核的微处理器。

4.2.7　艾特梅尔的微处理器

艾特梅尔长期以来一直致力于生产基于 LEON2FT 内核的微处理器，最新设计的产品型号为 AT697E。

该微处理器包含与 SPARC V8 兼容的运算器、浮点单元、静态 SRAM 和 SDRAM 控制器、PCI 控制器、串行端口和其他外设。

该处理器的一个特点是，自身没有采用检测和修正单粒子翻转以保护缓存和寄存器文件的通用方法，而是使用带有表决机制的三重冗余锁存器，从而保护控制逻辑免受无规律的单粒子翻转的影响。通过表决逻辑纠正锁存器的潜在故障，确保整个系统的无故障运行。

AT697 后处理器采用 $0.18\mu m$ CMOS 技术生产，时钟频率高达 100MHz。该处理器可耐受超过 60krad 的总累积剂量。在不低于 $70MeV \cdot cm^2/mg$ 的 LET 水平下，确保不发生闩锁效应。地球静止轨道上的预测错误率为 1×10^{-5}/芯片/天。

2009 年，该公司推出了改进型的微处理器 AT697F，其累积剂量耐受能力已提高至 300krad，并纠正了先前版本的错误。

4.2.8　Aeroflex 公司

如今，Aeroflex 公司的微处理器已经成功作为美国、欧洲空间局、日本和其他国家的百余个专用航天器机载控制系统的一部分（如图 4-10）。

Aeroflex Colorado Springs 公司开发和推广基于 LEON3FT 内核的微处理器系列。与 LEON2FT 相比，它具有更深的流水线（七级而不是五级），并支持多处理器。该公司于 2008 年收购该系列的主要开发商瑞典 Gaisler Research 公司，合并后更名为 Aeroflex Gaisler，然后开始推动该领域产品研发与拓展。目前正在生产为 LEON3FT - RTAX 微处理器系列产品，该产品基于 Actel 公司耐辐射的 PLD RTAX2000S。

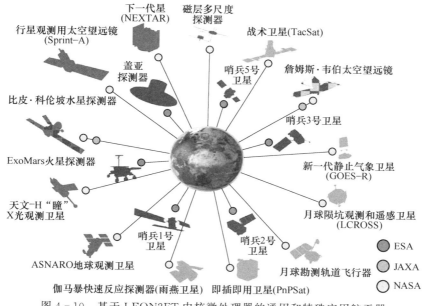

图 4-10　基于 LEON2FT 内核微处理器的通用和特殊应用航天器

　　表 4-4 展示了八个不同外设控制器数量的 LEON3FT-RTAX 微处理器版本的特性。所有 LEON3FT-RTAX 微处理器的改进版本都具有高达 25MHz 的工作频率，高达 300krad 的耐受累积剂量。在 LET 水平不低于 $104 \mathrm{MeV} \cdot \mathrm{cm}^2/\mathrm{mg}$ 下确保无闩锁效应，并且单粒子翻转 LET 阈值不低于 $37 \mathrm{MeV} \cdot \mathrm{cm}^2/\mathrm{mg}$。

表 4-4　LEON3FT-RTAX 微处理器不同版本的功能结构

改进版本号	1	2	3	4	5	6	7	8
整数内核 LEON3FT	+							
乘除运算单元					+			+
功率控制单元	+							
浮点运算单元	+						+	
内嵌存储器/KB	4		4	ESA				
1553 RT 控制器	+			JAXA				
1553 BC/RT/MT 控制器			+	NASA				
SpaceWire 控制器(通道数量)		2		3	2		2	
CAN2.0B 控制器(通道数量)	1							
PCI 控制器						+		
以太网 MAC 控制器								
静态 RAM 控制器	+							
SDRAM 控制器				+				
封装	CQFP352			CQFP624			CQFP352	

　　2009 年 5 月，该公司发布了 UT699 微处理器，与在 PLD 上实现的 LEON3FT-

RTAX 不同，该处理器在定制微电路上实现。该微处理器包含一个与 SPARC V8 兼容的整数内核、一个浮点单元、一个 PCI 控制器、四通道 SpaceWire 接口、静态 RAM 和 SDRAM 控制器、一个以太网 MAC 控制器、一个 CAN 2.0 控制器、多种串行端口及其他外设。

UT699 微处理器的工作频率高达 66MHz，耐受累积剂量不低于 300krad。在不低于 10×10^8 MeV · cm^2/mg 的 LET 水平下，保证不发生闩锁效应。

该系列处理器将在第二卷第 1 章中进行更详细的阐述。

4.3　国产微处理器和微控制器

构建现代军事、航空、航天装备机载控制系统需要具有以高性能处理器为核心的微控制器、功能强大的模数和数模转换单元、扩展的（通常为特制的）外部设备、改进的系统内编程和调试方法，同时要求小尺寸和低功耗。

我们将研究俄罗斯和白俄罗斯的微处理器（MP）和微控制器（MC）的生产情况。首先我们要向读者说明，微电子公司分为设计型企业和制造型企业，具体如下。

1）代工厂（硅晶圆生产制造）：特点是无自己的设计人员，一套有限的基本工艺，主要进行晶圆的大规模快速生产，以及提供现成的设计套件。

2）无晶圆厂芯片设计企业（不包含制造）：特点是不制造自己的晶圆（器件），拥有高素质的员工，使用先进的硬件和软件（CAD），短时间、低成本地完成设计。

3）混合型企业：特点是公司拥有一套有限工艺的晶圆制造厂，并且拥有设计中心，公司内晶圆制造厂和设计中心间的协作方式和前面提到的两类公司相同。我们的股份公司（JSC）整体就属于这种类型。

以下是基于公司官方网站和公开出版物信息获取的国有企业微处理器和微控制器生产制造的情况。

4.3.1　Angstrem 开放型股份有限公司（泽列诺格勒）

该公司为俄罗斯军工企业抗辐照电子元器件的主要供应商之一。由于 Angstrem 是一家混合型企业（设计中心加代工厂），客户的系列产品订单既可以由公司自有的工厂（1.0～0.6 μm）完成，也可以由合作的国外代工厂完成（0.5～0.13 μm）。该公司主要工艺能力如表 4 - 5 所示。

表 4 - 5　Angstrem 芯片制造工艺水平

晶圆类型	100mm 直径 蓝宝石上硅， 碳化硅	150mm 直径 蓝宝石上硅， 绝缘体上硅	200mm 直径 硅，绝缘体上硅
设计规则/μm	1.2	0.6～0.8	0.25～0.35
金属层数	2	2	4
生产量 （晶圆/年）	48000	96000	48000

续表

晶圆类型	100mm 直径 蓝宝石上硅， 碳化硅	150mm 直径 蓝宝石上硅， 绝缘体上硅	200mm 直径 硅，绝缘体上硅
工艺现状	蓝宝石上硅（SOS）	CMOS，EEPROM， CMOS RS，SOS，BiCMOS， 双扩散 MOS， IGBT，MRS	
已开发/设计工艺	碳化硅	MEMS，红外视觉，BCD	CMOS RS，SOI， BCD，FRAM，SHF LD - MOS， 沟槽栅极 DMOS， 沟槽栅极 IGBT

表 4 - 6　Angstrem 生产的微处理器和微控制器

	产品构成	产品特性及应用
基于 Tesej（忒修斯）架构的 8 位微控制器	KP1878BE1 （专利设计）	指令集：52 条指令 时钟频率：32kHz～8MHz 每指令周期：2 周期
16 位 LSI - 11/23 兼容系列	H1836BM3 H1836BM4	16 位微处理器 H1836BMP3 带浮点单元
16 位 LSI/2 兼容微处理器	1806BM2 H1806BM4	16 位 LSI - 11/2 兼容微处理器
32 位 VAX - 11/750 兼容微处理器系列	1839BM1Ф 1839BM2Ф 1839BT2Ф 1839BB1Ф H1839PE1 H1839BЖ2	32 位中央处理单元 浮点运算单元 1839BM1Ф 带 SRAM 控制器 32 位总线和 Q - BUS 总线适配器 Л1839BM1 带 16K * 32 ROM 多数表决元件（三分之二）
基于 MIPS - 1 架构的 32 位 RISC 微处理器 设计规则：1.2μm	Л1876BM1 Л1876BM2 Л1876BГ1 Л1876BГ2	32 位 RISC 微处理器 浮点运算单元 SVGA 图形控制器 VME 总线接口控制器

　　该公司计划于 2018 年开始在原 AMD 设备上制造设计规则为 $0.11\sim0.13\mu m$（9 层铜金属层，每月 14000 片）的晶圆。同时计划在该设备上开始制造 90nm 版图规则的芯片，已与 IBM 达成了集成电路制造技术许可协议。

　　除技术使用许可证外，IBM 还为 Angstrem 提供了芯片代加工制造所需的设计规则，扩大了其在商业和工业领域为俄罗斯和国外客户提供代加工服务的范围。

　　Angstrem 已为设计中心（无晶圆厂）提供了一套用于芯片设计的工艺库（工艺设计套件，PDK），该工艺库使用基于 Cadence Design Systems 公司的 Virtuoso IC 6.1.3 多模仿真平台（MMSIM）的 $0.13\mu m$ 工艺。

　　表 4-6 所示的微控制器都已过时（设计于 20 世纪 80 年代和 90 年代），但 Л1876 系列

值得特别说明，它是 20 世纪 90 年代在官方许可下，基于 MIPS 技术公司的 MIPS - 1 内核架构制造的，并具有完备的生产文档，它由俄罗斯科学院系统分析科学研究所（NIISI RAN）开发，适用于 Angstrem 1.2 μm 工艺。

4.3.2 NIIME 和 Mikron 开放型股份有限公司（泽列诺格勒）

NIIME（分子电子学研究所）和 Mikron 是俄罗斯和独联体国家集成电路的主要制造商。2010 年以前，Mikron 一直使用 0.8μm 设计规则和 ϕ150mm 晶圆（自 1997 年起）以及沿用苏联时代 ϕ100mm 晶圆上大于 1.0～1.5μm 的设计规则。虽然他们生产了众多品种和规格的基础电子元器件，但其中几乎没有微处理器和微控制器（基于肖特基晶体管-晶体管逻辑电路的 STTL 1802 系列 8 位微处理器组除外）。

但在 2010 年，该公司从 ST 微电子公司收购了一条新的生产线，用于在 0.18μm 工艺规则下生产 ϕ200mm 晶圆（CMOS＋EEPROM，4～6 层金属），并掌握了以 90nm（6～9 层金属）版图规则制造集成电路的技术。根据合同，Mikron 从 ST 微电子公司获得的不仅是基于此项技术生产和销售产品的许可证，还有可供本公司开发人员或外包无晶圆厂使用的设计规则。

作为大型细分市场（包括微处理器和微控制器细分市场）的代工厂，Mikron 制造并批量生产基于这些技术的产品。包括针对智能卡设计的商业和工业微控制器，例如针对护照和签证文件等设计的高保护等级电子 ID 中的微控制器（MIK51xx 微控制器产品线）等。此产品线第一款代表性产品是基于 0.18μm 设计规则制造的 8 位 MIK5016XC2 微控制器，具有如下特性：

（1）内存

1）EEPROM 72KB；

2）ROM 从 160KB 到 256KB；

3）RAM 6KB。

（2）接口

1）接触式传输（ISO 7816）高至 200kbps；

2）非接触式传输（ISO 14443）高至 848kps；

3）支持 Mifare 协议传输应用。

（3）加密保护

1）支持分组加密的密码协处理器：DES、3DES、AES；

2）根据 ECDSA、RSA 算法使用余数系统检测和验证 EDS 的密码协处理器。

（4）工程防护措施

1）密码协处理器；

2）防篡改硬件；

3）EEPROM 完整性硬件检查；

4）操作系统软件保护；

5）操作系统级事务支持。

Mikron 具有每年制造约 5000 万个电子 ID 型微控制器的生产能力和工艺能力，这个数字不包括用于公共交通的非接触式卡和其他类型的芯片。

在此设备基础上制造军用级产品所使用的工艺包括：

1）使用 0.25μm 和 0.18μm（2012 年起）设计规则的 SOI 工艺（存储器、微控制器和数模/模数转换器集成电路）；

2）使用 0.25μm（2011 年起）和 0.18μm（2012 年起）设计规则的 BiCMOS SiGe 工艺（适用于高至 10GHz 的超高频和特高频射频应用——GPS 导航系统、俄罗斯卫星导航系统、有源相控阵雷达系统、合成器、卫星通信）。

基于 0.18μmCMOS HCMOS8D 工艺，Mikron（代工厂）已经研制出了 1892BM12T 微处理器微电路"原型"（由 ELVEES 研究和发展中心设计），并能够批量生产带有 SpaceWire 通道和 GigaSpace Wire 千兆通道的 1892BM12T。该公司计划将 1892BM12T 微电路作为一种适用多种机载应用的通用微处理器，包括作为分布式控制和分组数据传输的统计网络中数据处理系统的网络单元，也包括用于航天器机载设备和作为千兆字节固态硬盘驱动器的控制器。

1892BM12T 微电路主要技术特点如下：

1）架构：MIPS32 兼容处理器，带 32/64 位浮点加速器；

2）32/64 位外部存储器端口：SRAM、SDRAM、FLASH、ROM；

3）两个 SpaceWire 端口（ECSS - E - 50 - 12C），温度范围内数据传输速率从 2～300Mbit/s；

4）两个串行端口（基于 GigaSpaceWire、SpaceWire 标准项目），温度范围内带宽至少 1.25Gbit/s，另有 5～125Mbit/s 传输速率选择；

5）两个 UART 端口；

6）嵌入式 RAM：1MB；

7）两个多通道缓冲串行端口（MFBSP）[12S（串行）串行外设接口（SPI）/超级哈佛架构单片机（SHARC）本地端口（LPORT）/通用输入/输出（GPIO），带有直接存储器访问（DMA）]；

8）嵌入式输入倍频器/分频器；

9）间隔定时器、实时定时器、看门狗定时器；

10）联合测试工作组（JTAG）端口，嵌入式程序调试器（OnCD）；

11）工作频率：120MHz（正常条件下）和 100MHz（温度范围内）；

12）温度范围：－60～＋85℃；

13）封装：CQFP - 240，平面金属陶瓷封装，符合 GOST 17467 - 88 标准，含引线框架封装尺寸：75.6mm×75.6mm×3.4mm；成型后封装尺寸：40.3mm×40.2mm；陶瓷顶盖尺寸：34.05mm×34.05mm。

另一个使用上述 0.18μm CMOS HCMOS8D 工艺的 Mikron 微处理器例子是早前在台积电（TSMC）生产的 K5512БП1Ф 微电路（泽列诺格勒 KM211 设计中心开发，莫斯科先进微电子研究院开放型股份公司订购）。K5512БП1Ф 是具有 QUARK 嵌入式微处理器内核的片上系统（SoC）型半定制 VLSIC（带掩膜 ROM），用于设计国有应用设备的 VLSIC（通信设备、雷达定位和识别；发电设备和用电设备的控制系统；空中飞行器和地面设施的操作和运动控制系统）。

K5512БП1Ф 微电路的组成及主要技术特点如下：

1) 32 位 QUARK 处理器内核（见表 4-7），速度高达 150MHz；

2) 使用余数系统的 1024 位协处理器，速度为 50MHz；

3) 四个独立逻辑阵列（ULA）块（300000 门）（通过个性化使用 ULA 实现硬件特殊功能）；

4) 掩膜 ROM 128Kbit× 32；

5) 静态 RAM 64Kbit× 32；

6) SPI、I^2C、GPIO 接口；

7) CPGA325 型金属-陶瓷封装；

8) 引脚数量：226；

9) 电源电压：1.8V/3.3V；

10) 工作温度范围：−40～+125℃；

11) 平均功耗：小于 400mW。

表 4-7　QUARK 内核不同实现方式的性能比较

实现方式	工艺/器件	面积和门数	备注	性能
PLD	Xilinx Virtex 4 Altera Cyclone Ⅳ	2000 片 7150 LEs	无缓存和内存管理单元 （MMU）	60MHz
硅	TSMC CLN90G，90nm	0.2mm² （72000 门） 2.2mm² （780000 门）	带高速缓存和 48KB MMU （32KB+16KB）	>400MHz
	JSC Mikron， HCMOS8D，180nm	单元面积： 0.41mm² （33700 门）； 版图面积： 0.51mm² （40000 门）	无缓存和内存管理单元 （MMU）	150MHz

NIIMA Progress 股份公司对 K5512БП1Ф 的进一步改进主要是使用 0.24μm CMOS SOI 工艺制造的 Almaz-9 型抗辐照 VLSIC：

1) 三模冗余 MIPS 型 32 位处理器内核心，支持直接存储器访问（DMA），具有内存管理单元（MMU）；

2) 使用余数系统的三模冗余协处理器；

3) 掩膜 ROM 64K × 32；

4) 静态 RAM 32K × 32；

5) 锁相环频率达 150MHz；

6) 引脚数：325；

7) 电源电压：3.3V；

8) 平均功耗：小于 500mW。

Mikron 同时与 Milandr 及其他设计公司进行合作。多家不同层级的设计中心也在积极关注 Mikron 的新工艺。以下是开发微处理器和微控制器的公司名单：

1）ELVEES 开放型股份公司研发中心，泽列诺格勒；

2）科学生产企业数字解决方案有限责任公司，莫斯科；

3）Milandr 集成电路技术及产业服务中心中央股份公司，泽列诺格勒；

4）电子技术研究所开放型股份公司（OAO NIIET），沃罗涅日；

5）NIIMA Progress 开放型股份公司，莫斯科；

6）Research Center Module 中央股份公司，莫斯科；

7）KM211 设计中心有限公司，泽列诺格勒；

8）Soyuz 设计中心有限公司，泽列诺格勒；

9）国家电子技术研究大学技术中心（MIET），泽列诺格勒；

10）SiBiS 有限公司，新西伯利亚；

11）Submikron 科学研究所开放型股份公司，泽列诺格勒；

12）NTLab - Systems 私营企业，明斯克。

计划在 NIIME 和 Mikron 的基础上，造一座 300mm 晶圆、65～45nm 设计规则的制造设施，地点在阿拉布舍沃（距离位于泽列诺格勒的 Mikron 主要设施 1.5km）。已为此项目预留土地并支付租金，并且发布了一项政府命令。但资金仍存在问题，此项目预计在 Mikron 掌握 90nm 设计规则的项目能力后大规模实施。

4.3.3　俄罗斯科学院系统分析科学研究所（NIISI RAN）

俄罗斯科学院系统分析科学研究所拥有 20 多年应用计算机的开发经验，已掌握复杂系统构建的完整体系，包括 IC 计算机模块和系统软件、开发。其工作成果应用于微处理器架构开发（如表 4 - 8 所示）、VLSIC（设计中心）和微电子制造（代工厂）。

IC 开发始于 1993—1994 年，当时该研究所从 MIPS 技术公司获得了 R3000 微处理器和 R3010 浮点单元的许可（包括对 MIPS32 核进行可能的进一步架构开发）。该公司将所获许可项目重新设计以适应 Angstrem 的 1.2μm 工艺，所做出的改动包括版图缩小和电路特性变化。目前这些微电路（ЛI1876ВМ1 和 ЛI1876М2，分别基于 R3000 和 R3010）由 Angstrem 制造。

表 4 - 8　NIISI RAN 研制的主要微处理器及其参数

IC 类型	主要参数
1890ВМ1Т Komdiv 32	MIPS - 1 架构单片机，32 位，30～50MHz，3.3V，－60～＋85℃，CMOS 工艺，0.5μm，3 层金属，150 万个晶体管，2003
1890ВМ2Т Komdiv 32	MIPS - 1 架构、可处理 32 位模数的单片机，故障后可自我修复，80～100MHz，3.3V，－60～＋90℃，CMOS 工艺，0.35μm，4 层金属，170 万个晶体管，2005
1890ВМ3Т Komdiv 64 - SMP	MIPS - 64 架构单片机，64 位，80～100MHz，3.3V，－60～＋85℃，CMOS 工艺，0.18μm，2005
1890ВМ5Ф Komdiv 64 - SMP	MIPS 架构 64 位微处理器，280MHz，3.3V，－60～＋85℃，CMOS 工艺，0.18μm，2007
1890ВМ7Я Komdiv 64 - RIO	带 RapidIO 通道 128 位协处理器和 SIMD 架构 64 位微处理器，3.3V，－60～＋85℃，CMOS，0.18μm，2010

续表

IC 类型	主要参数
1890BM6Я Komdiv 64 - RIO	带 RapidIO 接口的 MIPS 架构 64 位微处理器，3.3V，$-60 \sim +85℃$，CMOS，$0.18\mu m$，2011
5890BE1T Komdiv 32 - S	基于高级容错能力 RISC 微处理器的 32 位系统级芯片，33MHz，3.3V，$-60 \sim +85℃$，CMOS SOI，$0.5\mu m$，240 引脚 QFP 封装，2007 - 2009
5890BE1T Komdiv 32 - R	用于构建备份容错计算机的 32 位抗辐射 RISC 微处理器，33MHz，3.3V，$-60 \sim +125℃$，CMOS SOI，$0.5\mu m$，108 引脚 QFP 封装，2010（研发工作，代号 Kvartal - OVS）
1900BM2T Reserv - 32	用于构建备份容错计算机的 32 位系统级芯片，66MHz，3.3V，$-60 \sim +125℃$，CMOS SOI，$0.35\mu m$，108 引脚 QFP 封装，2010—2012
1907BM1T	32 位系统级芯片，SpaceWire 接口，100MHz，3.3V，CMOS SOI，$0.25\mu m$，240 引脚 QFP 封装，2012—2014

NIISI RAN 持续开发 MIPS 架构微处理器（KOMDIV 系列），以改进其 1X1 生产线工艺 [$0.5\mu m$，CMOS SOI，三层金属（2003 年）；$0.35\mu m$，四层金属（2005 年）]，并使用国外生产线和 Mikron 的 $0.18\mu m$ 工艺。该研究所开发了 64 位版本架构，加入协处理器和额外指令，目前已自主研发生产 MIPS 型微处理器，无需许可证书。该研究所从微架构级重新设计了最初的 R3000/R3010 MIPS 项目，同时保持了完全的软件兼容性。由于逻辑电路按照 Verilog RTL 可综合模型设计并带有必要的文档和验证模块，因此可使用多种设备（研究所的 1X1 或国外设备）利用多种生产工艺制造，保证了工艺无关性和用于多个项目的可能性。

就 1X1 生产线而言，它并不是为 VLSIC 的大规模生产设计的，其工艺水平达到 $0.5\mu m$ 和 $0.35\mu m$。2015 年通过补充/更换必要设备使该生产线升级至 $0.25\mu m$ 工艺线。该生产线一天的晶圆产量仅为个位数（即该生产线实际产量极低，专为小批量开发而设计）。该研究所也只制造军工级产品，不接受商业订单。

在 Mikron 引进新工艺之前，这条生产线一直是唯一具有 $0.5 \sim 0.35 \mu m$ 水平的国有生产线。由于产量低，NIISI RAN 和合作伙伴（ELVEES、Milandr、NIIET、Research Center Module）的微处理器制造批次需提前半年规划。现在情况发生了变化，合作伙伴已经转向 Mikron（仍然使用外国设施）。

4.3.4　联邦国家统一企业联盟研发制造中心 Y. Y. Sedakov 测量系统研究所（下诺夫哥罗德）

以 Y. Y. Sedakov 命名的测量系统研究所是一个专门从事电子工程的联盟研究和生产中心，全称为俄罗斯联邦统一企业联盟研发制造中心 Y. Y. Sedakov 测量系统研究所，隶属于 Rosatom 国家原子能公司。该所拥有自己的设计中心和小型 1X2 线，用于生产国家需要的 CMOS、CMOS SOS 和 CMOS SOI 工艺的抗辐射 LSIC 和 VLSIC。最初计划建造设计规则为 $0.35 \mu m$ 的 1X2 生产线，但尚未实现。

微处理器和微控制器类设计项目在国内或国外进行生产。导航通道控制器 1339BП1T 在 NIISI RAN 的 1X1 线生产，1825 系列微处理器在该研究所自有的 1X2 线生产（见表 4-9）。

表 4 - 9　　1825 系列微处理器和 1339ВП1Т 控制器的组成

组成/参数	工艺	设计规则 /μm	电源电压 /V	实现方式	特殊暴露因素耐受性
1825ВР3Н2НИ 16 位算术乘法器	CMOS SOS	3.0	4.5~7.5	未封装，在配有带状引线的柔性载体上	增强
1825ВС3Н2НИ 16 位片式微处理器		3.0			
1825ИР1Н2НИ 多功能寄存器		3.2			
1825ВБ1Н2НИ 可配置同步器		3.6			
1825ВА3Н2НИ 总线收发器	CMOS SOS	3.1	4.5~7.5	未封装，在配有带状引线的柔性载体上	增强
1825ВС3Н2НИ "同"门（match gate）		3.0			
1339ВП1Т 导航信道控制器（数字相关器）	CMOS SOI	0.35	3.3× (1±10%)	4245.240 - 6.01 ТАСФ. 301176.004 TU	增强

4.3.5　Svetlana 半导体中央股份公司（圣彼得堡）

该公司生产低功耗高频双极晶体管、逻辑集成电路、模拟开关和多路复用器集成电路、耐辐射模拟开关和多路复用器集成电路。其业务覆盖研究和生产活动的所有环节，即产品的研究、开发、制造和销售——它是一家混合型公司（设计中心加代工厂）。

目前正在开发以下微处理器和微控制器领域产品：

1）用于构建系统级芯片的复杂功能模块；

2）用于数字网络的微电路装置；

3）数字 I/O 通道适配器 1875BB1T（无同型产品，电流消耗 I_{occ}≤50mA，封装类型 4229.132 - 3）；

4）功能模拟 80C186EC 微电路的控制器；

5）32 位微控制器 1875ВД2Т（功能模拟 80386EXTB25，电流消耗 I_{occ}≤90mA，封装类型 4229.132 - 3）。

目前没有这些产品更详细的信息和技术特性。

该公司的设计流程基于 Cadence 公司先进的 CAD 系统。设计过程包括从 RTL 描述到将信息传输到工厂。该公司目前的微电路开发水平为 NIISI RAN 工厂（非自有工厂）0.35μm 设计规则的 CMOS 工艺。使用 NIISI RAN 开发的 LIB _ NIISI _ 035 库进行设计。目前正在基于最小尺寸为 0.18μm 的单元库进行设计开发。其近期任务之一是拓展业务，以开发包含模拟单元的微电路。

4.3.6　电子技术科学研究院（NIIET 开放型股份公司）（沃罗涅什）

NIIET（设计公司）开发以下各类复杂微电子产品：

1）1830、1882 和 1887 系列 8 位微控制器，具有内嵌非易失性存储器及完备的 MCS-1① 和 AVR RISC 架构外设；

2）1874 和 1887 系列 16 位微控制器，用于 MCS-96（含升级版）和 C166 架构的嵌入式控制、通信和数据处理系统；

3）16 位和 32 位定点和浮点数字信号处理器（DSP），用于各种应用的数字计算机系统和控制系统（仿制德州仪器制造的 TMS320Cxx 系列 IC）；

4）基于 ARM Cortex-M4F 内核的 32 位微控制器；

5）强大的高频（HF）和超高频（SHF）场效应和双极晶体管（超过 50 种器件类型，SiC 和 GaN 的前瞻性产品正在开发中）和基于此的复杂产品（模块），用于各种通信方式传输设备、航空电子设备、导航和雷达系统、仪表着陆系统以及用于遥感的有源相控阵等。

表 4-10～表 4-13 所示为 NIIET 目前开发和生产的微控制器、微处理器和 DSP 的主要参数。由于种种原因，有许多开发的产品尚未生产（未包含在表中）。

NIIET 和 INTEGRAL 正在开发和制造 MCS-51 架构的 8 位微控制器，这些微控制器的特性比较如表 4-13 所示。

表 4-13 表明，就所有参数而言，微控制器市场中没有绝对最好的产品。每种微控制器都可以凭借外设、接口、电气和时间参数的特定优势占据一定的市场。在微控制器基础上开发用于系统调试和编程的调试辅助工具与方法尤为重要。

除 MCS-51 架构的微控制器（1830、1882 系列）外，NIIET 还生产用于数字信号处理的广泛应用的微控制器和电路，包括以下架构：MCS-96、AVR ATMega、C166、ARM Cortex-M4F（1867、1874、1887 系列）。

表 4-10　NIIET 生产的微控制器

产品型号	主要参数
1890BM1T H1830BE31 H1830BE51	MIPS-I 架构单片微处理器，32 位，8 位微控制器，时钟频率 12MHz，RAM 128 × 8，ROM 4K×8（仅 H1830BE51），2 个 16 位定时器，UART，功耗 132mW，电源电压 5V×(1±10%)
1882BE53У	8 位微控制器，时钟频率 24MHz，RAM 256 × 8，ROM 12K×8，EEPROM 数据存储器 2K×8，3 个 16 位计时器，UART 端口，SPI，看门狗定时器（WDT），电源电压 5V×(1±10%)
1887BE4У 0.35μm	8 位 RISC 微控制器，8MHz，闪存 ROM 8K×8，EEPROM1K×8，RAM 512 × 8，UART，SPI，ADC 8 通道（8/10 位），WDT，模拟比较器，校准的 RC 振荡器，电源电压 5V×(1±10%)
JI1874BE36 1874BE6	16 位微控制器，时钟频率 20MHz，RAM 232 × 8，ROM 8K×8，2 个 16 位计时器，ADC，PWM 脉宽调制器，功耗 300mW，电源电压 5V×(1±10%)
1874BE06T 1874BE76T	16 位，20MHz，RAM 488×8，OTP ROM 16K × 8（仅 1874BE76T），ADC，3 个 PWM 模块，PTS，HSIO，UART，WDT

---

①　此处疑为 MCS-51。——译者注

产品型号	主要参数
1874BE16T 1874BE86T	16 位电机控制型微控制器，时钟频率 16MHz，RAM 488× 8，OTP ROM 16K×8（仅 1874BE86T），2 个 16 位计时器，ADC，PWM，EPA，PTS，三相波形发生器（WFG）
1874BE66T	16 位微控制器，8～16MHz，OTP ROM 16K×8，ADC（14 通道，8/10 位，PTS，EPA，高至 64 位输入/输出行），三相波形发生器（WFG），可编程频率发生器，提供电机控制功能
1887BE3T	16 位 RISC 微控制器，40MHz，闪存 ROM 256 KB，RAM 15 KB，ADC（16 通道，8/10 位），两个 CAPCOM 模块，PWM，USART（2），SPI（2），I^2C，双 CAN，看门狗计时器，OCDS，JTAG 接口；基于英飞凌 C166SV1.2 内核许可设计

表 4 - 11　NIIET 耐辐射型微控制器产品

产品型号	主要参数
1830BE32У CMOS SOI $0.5\mu m$	8 位微控制器，无 ROM，12MHz，RAM 256×8，3×16 位计时器，UART，7 个中断源，5 通道可编程计数器，指令周期 1000ns，$U_{CC} = 5V×(1± 5\%)$
1830BE32AУ CMOS SOI $0.5\mu m$	8 位微控制器，无 ROM，16MHz，RAM 256×8，3×16 位计时器，UART，7 个中断源，5 通道可编程计数器，指令周期 750ns，$U_{CC} = 3.3V×(1± 0.3\%)$
1874BE05T CMOS SOI $0.5\mu m$	16 位微控制器，无 ROM 和 ADC，20MHz，RAM 488× 8，UART，看门狗计时器，HSIO，3 通道 PWM 脉宽调制，PTS

表 4 - 12　NIIET DSP 产品

产品型号	主要参数
Л1867ВМ2 1867ВМ2T	16 位定点数字信号处理器，40MHz，10MIPS，RAM 544×16，ROM 4K×16，32 个 I/O 端口，计时器，串行端口。类似产品：TMS320C25
1867ВЦ2АT	16 位定点数字信号处理器，57MHz，28.5MIPS，RAM 9K×16，ROM 2K×16，TDM 串行端口，计时器，JTAG 接口。类似产品：TMS320C50
1867ВЦ5T	16 位，20MHz，20MIPS，程序闪存 ROM 16K×16，RAM 544×16，双 10 位 16 通道 ADC，12 通道 PWM，SPI 和 SCI 端口，DMA 控制器，看门狗计时器，JTAG 接口。提供电机控制功能
1867ВЦ6Ф 1867ВЦ6АФ	浮点 32 位，40MHz，40 MFLOPS，ROM 4K×32，RAM 2K×32，RAM 高速缓存 64×32，2 个串行端口，2 个 32 位计时器，DMA，多处理器接口，$U_{cc} = 5V×(1 ± 10\%)$（ВЦ6Ф），$U_{cc} = 5V×(1±5\%)$（ВЦ6АФ）。类似产品：TMS320C30
1867ВЦ4T	16 位定点 DSP，速度 40 MIPS，时钟频率 40MHz，RAM 10K×16，程序 ROM 2K×16，HPI，BSP 和 TDM 通信端口，JTAG 接口，电源电压 5V ×（1 ± 10\%）。类似产品：TMS320C542

表 4 - 13　NIIET 目前开发中的产品

产品型号 研发代号	主要参数
NIIET - MC01 （ARM Cortex - M4F）	基于 ARM Cortex - M4F 内核带外设的 32 位微控制器，代工厂为台积电（中国台湾），工艺是 CE018G（CMOS，$0.18\mu m$，嵌入式闪存），已制造原型，共同研究方是科学生产企业数字解决方案（莫斯科）

续表

产品型号 研发代号	主要参数
1882BM1T （Slozhnost - 2）	基于 MCS - 51 架构的低功耗多接口 8 位协处理器，具有实现数据编码/解码算法的嵌入式硬件，研发工作于 2013 年 11 月交付
1887BE7T， 1887BE8T （Slozhnost - 5）	8 位 AVR RISC 微控制器系列，速度为 16MIPS，提高了程序和数据存储容量
Obrabotka - 3	开发并自主生产 TMS320VC54 型耐辐射定点数字信号处理器
1874BE7T （Obrabotka - 4）	开发并自主生产带 GOST R 52070 - 2003、接口 ADC 和 PWM 的 1874BE05T 型特殊加固微控制器。研发工作于 2013 年 11 月交付
1867BM7T （Obrabotka - 5）	开发并自主生产 1867BM2（TMS320C25）型耐辐射定点数字信号处理器。研发工作于 2013 年 11 月交付
Obrabotka - 6	开发并自主生产 32 位浮点耐辐射数字信号处理器
1887BE6T （Obrabotka - 7）	开发并自主生产基于 C166 处理器内核、带增强抗特殊暴露效应的 16 位高性能 RISC 微控制器

4.3.7 Milandr 集成电路技术及产业服务中心（泽列诺格勒）

Milandr 集成电路技术及产业服务中心（设计公司，没有自己的半导体生产线）的优势领域之一是开发微控制器大规模集成电路（LSIC）用于数字信号处理器（DSP）和 LSIC。短时间内设计了多种不同位数容量的微控制器（设计工作始于 2003 年，如表 4 - 14）。

由于技术特性（包括简要特性）内容繁杂，本文不再提供（可在 Milandr 官方网站和产品目录中找到）。

表 4 - 14　Milandr 设计的微控制器和 DSP 产品

位数容量	系列	IC 产品型号	备注
8 位微控制器	1886	1886BE1У，1886BE2У， 1886BE3У，1886BE4У， 1886BE5У，1886BE6У， 1886BE6У1，1886BE7У	研发工作于 2006—2011 年交付，已安排供应
16 位 DSP	1967	1967ВЦ1T 类似产品：TMS320C546A	研发工作于 2011 年 11 月 30 日交付
32 位微控制器	1986	1986BE9x（ARM Cortex - M3 内核）， 1986BEx air，1986BE2x（ARM Cortex - M0 内核）	研发工作于 2010—2013 年交付，已安排供应
双核微控制器 （RISC＋DSP）	1901	1901ВЦ1T	研发工作于 2011 年 8 月 19 日交付，已安排供应
64 位 DSP	1967	1967ВЦ2T，1967ВЦ3Ф	处于开发阶段，交付期限 2016 年

所设计产品在外国代工厂制造，包括：X - FAB 半导体工厂（德国）、台积电（中国

台湾）、CSMC（中国）、H-NEC（中国）以及国内工厂 Mikron。

使用 PIC 内核的 1886 系列第一款电路（1886BE1 带掩膜 ROM，类似产品为 PIC17C756-331/L；1886BE2 带 EEPROM 闪存，类似产品为 PIC17C756A）是根据微芯片数据手册用 VHDL 对 LSIC 操作进行描述，然后通过寄存器传输级（RTL）建模并创建新的版图（Milandr 决定不再复制原有版图）而开发的。但是，当用 VHDL 或 Verilog 描述设计时，原则上不可能重现功能的副本（但这对客户来说很重要，尤其是在进口替代策略方面）。1886BE1у（2у）的规格书中必须包含与 PIC17C756A 不同之处的详细说明。1886 系列微控制器与 PIC 兼容（尽管并不完全），并具有带有不同外设的 PIC-17 内核。

满足以下条件下可完全再现类似产品的功能：

1）通过复制版图并将其与工艺绑定完全复制参考设计，通常无须了解开发人员制定的解决方案情况（用于什么和为什么）；

2）获得可复制微控制器内核许可证。

Milandr 选择了第二种路线进行后续开发，即 2008 年从英国 ARM 公司获得了 ARM Cortex-M3 处理器内核许可证，当时带 ARM2 处理器内核心的 32 位微控制器风靡全球（正如当年的 MCS-51 8 位微控制器）。许多著名公司都生产了这款微控制器，如艾特梅尔、三星、英特尔、摩托罗拉、Cirrus Logic、Oki 等。

ARM 公司向集成电路设计者和制造商提供内核许可，包括：

1）采用 VHDL 或 Verilog 语言可综合子集的行为描述（这种内核称为可综合内核）；

2）处理器内核电路图；

3）宏单元版图（内核版图的详细描述，作为集成电路实现的一部分）。

采用 RTL 级描述的初始内核描述保证了应用中完全的灵活性，尤其是内核版图。不严格限定于某一特定工艺，也就不严格限定于某一特定制造厂。通过给处理器内核提供必要的外围设备并使用特定的代表性制造商，可以形成微控制器的各种改变。为了制造自有的微处理器型号，Milandr 采用先进的微电子工艺，以确保制造的最小尺寸为 $0.25\mu m$、$0.18\mu m$ 及 $0.13\mu m$，并且不限定于某一特定工厂。

2010 年，Milandr 公司获得了 ARM Cortex-M0 内核授权，这是 Cortex-M3 内核的轻量级版本。目前，1986BE2x 系列微控制器基于此内核开发，其设计用于电阻式和电容式传感器的数据采集和处理系统，并带有嵌入式 24 位 Delta-Sigma ADC。另外，关于购买另一个更强大的、用于高级微控制器（用于航空航天）的 ARM Cortex-A9 内核已进行了谈判，Milandr 和 ARM 之间的密切合作允许其基于特殊条款获得新的许可证。

4.3.8 ELVEES 研发中心（泽列诺格勒）

ELVEES 源自 NPO ELAS，后者是苏联电子工业部著名的科研生产联合体以及唯一的系统级企业。NPO ELAS 不仅开发设备和系统，还开发相应的组件库。其产品（主要是航天电子系统）基于尖端的微电子技术，直到 20 世纪 80 年代末期，ELAS（工厂组件）的微电子制造水平仍与 Angstrem 和 Mikron 相当。苏联第一个 CMOS 微处理器就是 1974 年在 NPO ELAS 制造的。如今，ELVEES 是俄罗斯领先的 VLSIC 设计中心之一。

ELVEES 研发中心目标是在 VLSIC 项目框架内基于公司自有多核设计平台，从概念上提出新型进口替代产品和出口高质量系统级/芯片（SOC）。其集成电路数据库支持创建用于电信和空间应用的先进微电子设备系统，可具有全新属性以及 10～15 年生命周期。

多核系列处理器微电路是基于 IP 核（IP 代表知识产权）多核平台的单片可编程多处理器 SoC，该系列处理器结合了微控制器和 DSP 两种器件的最佳特性，可以借助小尺寸器件同时解决两个任务，分别是数据控制（包括信号和图像）和高精度处理（说明处理器的特点是多核的）。

一个微电路只能包含一个作为中央处理单元的 MIPS32 架构 RISC CPU 内核和一个或多个基于哈佛架构的带浮点/定点的数字信号处理协处理器-加速器 ELcore - xxx（Elcore 即 Elvees's core）内核。CPU 内核是集成电路配置的控制核心，负责管理主程序。CPU 内核可以访问 DSP 内核的资源，DSP 内核是 CPU 内核的从属。CPU 微电路支持 Linux 2.6.19 或硬实时操作系统 QNX 6.3（Neutrino）。

此微电路由 ELVEES 和 Angstrem 的专家共同设计［Angstrem 负责版图设计和锁相环（PLL）模块设计］，多核系列微电路的信息见表 4 - 15。

表 4 - 15　ELVEES 开发的多核系列集成电路

集成电路	1892BM3T （MC - 12）	1892BM2Я （MC - 24）	1892BM5Я （MC - 0226）	1892BM10Я （NVCom - 02T）	1892BM7Я （MC - 0428）
设计年份	2004	2006	2006	2012	2012
设计规则/μm	0.25	0.25	0.25	0.13	0.13
芯片尺寸/ （mm × mm）	10 × 10	10 × 10	12.3 × 12.6	8.8 × 9.5	11.7 × 11.9
集成晶体管数量 （百万个）	≈18	≈18	≈26	≈50.2	≈81
封装	PQFP240	HSBGA292	HSBGA416	HSBGA400	HSBGA765
多处理器 MIMD 架构	2 个处理器： RISCore32 ＋ Elcore - 14	2 个处理器： RISCore32 ＋ Elcore - 14	3 个处理器： RISCore 32＋2 个 Elcore - 26	3 个处理器： RISCore32 （带 FPU）＋2 个 Elcore - 30	5 个处理器： RISCore32 （带 FPU）＋ 4 个 Elcore - 28
工作频率/MHz	80	80	100	250	210
峰值性能 （32 位 MFLOP 数）	240	480	1200	4000	6720

该微电路按照型号配置 2～8MB 的内部存储器，具有 SHARC 兼容链路，提供 I^2C、I^2S、USB、以太网、PCI、UART 和 JTAG 串行端口以及 SpaceWire 和串行 RapidIO 类型的超链接。其中，SHARC 是程序和硬件兼容的 ADI 公司 32 位 DPS 架构。

为了适应国外最好的电子制造工厂，ELVEES 对宏库和内核库进行了开发，这促成了 ELVEES 在国外制造第一个 IC 试验原型（ELVEES 与中国台湾的台积电工厂合作），然后在俄罗斯的 Mikron 生产，而项目所有权仍属于国外制造商。

除了开发和掌握该系列的微电路外，还有其他几款 IC 正在开发中：

（1）1892BM12T（MCT - 03P）

具有 SpaceWire 通道和 GigaSpaceWire 千兆字节通道的耐辐射微处理器电路，采用

Micron 0.18μm CMOS HCMOS8D 工艺制造，其参数和特性已通过测试。

（2）1892ВМ14Я（MCom-02）

多核信号处理器微电路（SoC）：

1）采用台积电工厂 CMOS 40LP 工艺制造；

2）芯片尺寸：8.0mm×8.0mm；

3）内核电源电压 1.0～1.2V，可定制外设电源电压 1.8V/2.5V/3.3V；

4）最大工作频率：正常情况下 1200（CPU）/800（DSP）/500（VELCore）MHz；

5）基于标准处理器及协同处理器内核的多核异构 MIMD 架构（最多 8 个处理器和加速器核）：

a）中央处理器单元：双 cortex-A9（CPU 0-1），带有 FPU 加速器和 NEON SIMD 加速器（ARM）；

b）基于新一代（8～64 位）DSP 内核集群，带有集成电路和外部存储器的受控资源，与带浮点（单/双）精度及定点的 DEL-Core 系列兼容；

c）软硬件图形加速器嵌入式内核（MSLI-300，ARM）；

d）多通道 GLONASS/GPS 相关器内核；

6）完善的通用端口和串行接口系统；

7）784L HFCBGA 封装，尺寸 19mm×19mm，引脚间距 0.65mm。

（3）1892ВМ15Ф（MC-30SF6）

耐辐射信号处理器集成电路，带有 6 个用于 SpaceFiber/GigaSpaceWire 的统一串口：

1）采用 Mikron 0.18μm CMOS HCMOS8D 工艺制造；

2）设计技术：基于 ELVEES 设计的耐辐射库 MK180RT 和多核平台 IP 库；

3）CPU：带 32/64 位浮点单元（FPU）的 MIPS32 兼容处理器；

4）两个带有硬件和软件辅助的 DSP 内核（120MHz），以加速浮点格式的傅里叶变换和滤波器处理（160MHz）；

5）具有 64 GFLOPs 运算性能的硬件 FFT 加速器；

6）64 位外部存储器端口：SRAM、SDRAM、FLASH、ROM；

7）两个 32 位 DDR 存储器端口，200MHz；

8）两个 16550A 型 UART 端口；

9）128KB 容量嵌入式 RAM；

10）嵌入式输入倍频器；

11）温度范围：−60～+85℃；

12）预期抗辐射参数：累积剂量和重离子暴露值可达 200krad；最高温度为 65℃时，线性能量转移（LET）阈值达 60meV·cm^2/mg；

13）封装：CPGA-720 金属陶瓷封装。

多核不仅仅涉及微电路，还涉及用于 IC 的现代模块化的软件（SW）系统工具（MultiCoreStudio，MCStudio）。该工具基于软硬件辅助平台，用于程序设计、调试和验证，如 C 编译器、汇编器编程方法、针对内核和 IC 平台的程序模拟器、JTAG 调试器、针对所设计 SOC 内核的 FPGA 原型调试模块等。

4.3.9　RC Module 中央股份公司（莫斯科）

RC Module 主要活跃于三个领域：

1）设计半定制化的数字和模-数集成电路（无晶圆微电子设计服务）；

2）开发和制造用于重要应用的嵌入式和机载计算机（航天器、机载设备和航空电子设备的控制器）；

3）开发和制造用于图像识别和雷达信号处理的硬件和软件系统。

就上述第一领域而言，RC Module 因其 DSP/RISC 架构高性能处理器内核 NeuroMatrix（1879BMxx 系列）和 SoC 类型的超大规模集成电路而闻名，后者包括多通道、高精度和高性能的 ADC 和 DAC，集成规模高达 1500 万门。其产品由国外工厂基于世界领先的半导体技术进行制造（三星和富士通微电子欧洲公司），为 RC Modmle 提供中等批量的处理器生产能力。

表 4-16 所示的 Neuro-Matrix 系列和 1979BMxx 系列 DSP 是矢量流水线 DSP 的代表，其处理大数据流的性能较好，同时硬件成本和功耗较低。由于对矩阵和矢量运算的硬件支持以及在处理较低宽度数据时可以提高性能，上述处理器在视频处理、模式识别、信号处理、无线电定位、电信、导航等领域具有广泛的应用。使用构建多处理器系统的嵌入式方法，可以将其作为基本模块用于构建并行计算系统。

RC Module 开发了 К1879ХК1Я、К1879ХБ1Я、和 1879ВЯ1Я 等微电路，以进入大众市场领域，如卫星导航、数字电视设备、接收和解码数字信号的多媒体设备等（如表 4-17 所示）。

在和富士通微电子欧洲公司（FME）紧密合作的同时，RC Module 使用自有的比特分割技术来设计半定制 VLSIC。现代的复杂项目管理方法和富士通微电子欧洲公司的先进技术为开发 1879 系列高性能超大规模集成电路提供了条件。芯片版图由 RC Module 和 FME 的工程师共同设计，FME 为最终验证提供最终网表文件和时序模型。只有在 RC Module 完成验证后，才会批准在 FME 工厂开始制造该 VLSIC。RC Module 还提供售后支持服务，以帮助客户在其系统层面集成 VLSIC。

表 4-16　RC Module 生产的 NeuroMatrix 系列处理器

产品类型、设计年份、制造商	主要参数
1879BM1 （NM6403） NMC 内核 1998 CMOS 0.5μm Samsung（三星）	高性能专用微处理器，结合了两种现代架构的特性：超长指令字（VLIW）和单指令多数据（SIMD） 时钟频率：40MHz，电源电压：3.0～3.6V 功耗：1.3W 芯片尺寸：9mm×9mm；集成度：100000 门 包含 5 级流水线的 32 位 RISC CPU 内核和 64 位矢量 DSP 协处理器 封装类型：BGA256
1879BM2 （NM6404） NMC2 内核 2006 CMOS 0.25μm Fujitsu（富士通）	1879BM1 的改进型（第二代 DSP），在指令集上与 1879BM1 完全兼容，两种改进型具有结构布置和程序模块相同的独立单元 时钟频率：80MHz，处理器电源供电电压：2.3～2.7V，外设：3.0～3.6V；功耗：≤2W 包含容量为 2MB 的嵌入式 RAM（与 1879BM1 不同） 芯片尺寸：9mm×9mm；封装类型：BGA576 加入了一个 JTAG 端口，为硬件测试和应用软件的调试提供了很大的便利

续表

产品类型、设计年份、制造商	主要参数
1879BM3 2007 CMOS 0.25μm 富士通	带嵌入式模数（ADC）和数模（DAC）转换器的高性能可编程控制器，不带 NeuroMatrix DSP 内核。有 1879BM1 和 1879BM2 处理器接口选项，指令为 128 位。封装类型：BGA576。电源电压：3.3V 和 2.5V；功耗：4.2W 包含四个 8 位 DAC（300MHz 采样频率），两个 6 位 ADC（600MHz 采样频率），数字接口时钟频率 150MHz。集成度：2230000 个等效门 设计用于对宽带模拟信号的预处理，形成数据流供数字信号处理器（DSP）再处理，以及再处理后的信号恢复
1879BM4 （NM6405） NMC2 内核 2009 CMOS 0.25μm 富士通	1879BM1 和 1879BM2 的进一步发展（第三代 DSP） 使用和 1879BM2 相同的工艺制造（相同的电气和环境参数），但由于采用了更深的流水线，时钟频率高达 150MHz。1879BM4 处理器与其上各代程序兼容并具有其架构特性，具有先进架构的处理器内核，一系列差异使得在相同时钟频率下其性能有所提升。实际上，1879BM4 与 1879BM1、1879BM2 在结构布置和程序模型方面几乎相同 添加了两个存储器到存储器类型的可编程 DMA 通道和两个 CP0/CP1 类型的通信端口，这使得每个端口的比特率增加到 75～150Mbit/s（不同于 1892BM2 的 20Mbit/s） 封装：BGA576
1879BM5Я （NM6406） NMC3 内核 2012 CMOS 90nm 富士通	NeuroMatrix 系列处理器的进一步发展（第四代）。具有与 1879BM4 相同的处理器内核，但运行频率高达 300MHz。此外，内部存储器容量增加了一倍（4MB，1879BM2 和 1879BM4 为 2MB） 电源电压：1.2V（内部）和 3.3V（输入输出缓冲器），功耗：不超过 1.2W 封装：PBGA416 集成电路工作温度范围：−55～+85℃

表 4-17　用于卫星导航和数字电视的 RC Module 处理器

产品类型、设计年份、制造商	主要参数
K1879ХК1Я 2011 CMOS 90nm 富士通	SoC 级数字统一程序接收器 接收模拟信号，将其转换为数字代码并对程序进行数字处理 作为数字接收器输入信道基础的 VLSIC 设计 由 Design Bureau Navis 订购并与 Design Bureau Navis 共同制造 包含两个 NMC3 内核，负责处理从信号预处理块接收到的数据，该块与 ADC（12 位，85MHz）相连，中央处理单元为 ARM1176 嵌入式 RAM：16MB。系统时钟信号频率为 81.92MHz 内部数字电路供电电压：(1.2±0.1)V 外部缓冲器供电电压：(3.3±0.3)V、(2.5±0.2)V 模拟单元供电电压：1.2V 和 3.3V 功耗（取决于操作模式）：0.5～2.0W 芯片面积：72mm²。封装：BGA484 工作温度范围：−40～+70℃

续表

产品类型、设计年份、制造商	主要参数
К1879ХБ1Я 2012 CMOS 90nm Fujitsu	SoC 级数字电视信号解码器 用于标清、高清数字机顶盒的 VLSIC，用于采用了尖端音视频压缩技术的设计 卫星、地面广播、有线广播、IP 电视等电视信号的接收和解码 包含以下内核：NMC3（工作频率 324MHz），用于解码音频信号； ARM1176JZF－S（工作频率 324MHz）和专用设备。嵌入式 RAM 8MB 系统总线频率：162MHz。功耗：≤2W 电源电压（微电路内核）：1.2V 电源电压（DDR2 接口）：1.8V 电源电压（外设）：3.3V。封装：PBGA544 芯片尺寸 8mm×8mm。工作温度范围－40～＋85℃
1879ВЯ1Я CMOS 90nm Fujitsu	SoC 级数字统一程序接收器，构成和参数方面与 К1879ХК1Я 相同，尚无关于 1879ВЯ1Я 和 К1879ХК1Я 间差异的信息

4.3.10　MCST 中央股份公司（莫斯科）

莫斯科 SPARC 技术中心中央股份公司（简称 MCST）成立于 1992 年，前身是国家电子工程的领导者——列别杰夫精密机械与计算机工程学院（IPMCE）。公司名称中的缩写 SPARC 是因为当时该公司考虑将美国著名公司 Sun Microsystems 吸纳为普通合伙人。Sun Microsystems 在全球市场上推广具有可扩展处理器架构（SPARC）的计算辅助工具，并为以其品牌运营的合作公司带来了可观的收益。

目前，MCST 是俄罗斯 Elbrus 系列高性能通用微处理器（Elbrus 代表显式基本资源利用调度）的领先设计者，其工作主要集中在两个设计领域：

1）SPARC 兼容微处理器；

2）具有独特 VLIW－EPIC 架构的微处理器（VLIW 代表超长指令字，EPIC 代表显式并行指令计算）。

该公司主要业务集中在以下现代计算机技术领域：

1）微处理器架构的研发；

2）深亚微米规则的微处理器设计；

3）微处理器组、存储系统和控制器的设计，包括工厂制造文档的开发；

4）计算机（容错多处理器计算机系统）设计，基于各种类别（服务器、工作站、个人计算机）和硬件版本（固定、可重新部署、嵌入式、笔记本电脑）的专有微处理器；

5）计算机模块和逻辑器件的设计。

近年来，MCST 的专家使用 MCST－R 和 Elbrus 架构平台研制了独特的通用高性能微处理器（见表 4－18），并以此为基础开发了计算机系统（Elbrus－90 micro、Elbrus－3M1、AD S－300 和 S－400）。

表 4 - 18　MCST 第一代微处理器的技术特性

微处理器名称	MCST - R100*	1891BM1 (MCST - R150)	1891BM2 (MCST - R500)	1891BM3 (MCST - R500S)	1891BM4Я (Elbrus E3M)
工艺	$0.5\mu m$	$0.35\mu m$	$0.13\mu m$	$0.13\mu m$	$0.13\mu m$
芯片尺寸 /(mm×mm)	13×13	10×10	5×5	9×9	12.6×15
金属层数	无数据	4	8	8	8
集成度 /百万个晶体管	≈2.1	≈2.8	≈4.9	≈45	≈75.8
内核数	1	1	1	2	1
频率/MHz	80	150	500	500	300
性能 MIPS/MFLOP	62/22	140/63	520/200	1100/400	23100/4800
电源电压/V	5	3.3	1.0/2.5	1.0/2.5/3.3	1.05/3.3
功耗/W	3	5	1	5	6
封装	304 - pin PQFP	480 - pin BGA	376 - pin BGA	900 - pin FCBGA	900 - pin FCBGA
生产年份	1998	2001	2004	2007	2008
制造商	法国 艾特梅尔 ES2	以色列 Tower Semi	中国台湾 台积电	中国台湾 台积电	中国台湾 台积电

　*注：MCST - R100 获得国家批准但并未投入量产，后采用 $0.35\mu m$ 工艺对其重新设计，形成了 MCST - R150 （即 MCST - R100 是 MCST - R150 的原型）。

　　MCST - R500 和 MCST - R500S 微处理器实现了 32 位版本的 SPARC （V8） 架构，MCST - R1000 实现了 64 位版本的 SPARC V9。Elbrus 架构微控制器有 32 位/64 位架构运行版本。

　　2006 年以来，布鲁克电子控制机器研究所 （JSC INEUM） 积极参与 MCST 的项目工作，MCST 和 ELVEES 在高性能多处理器可编程集成电路和系统的科研和开发领域达成了战略伙伴关系 （合作促成了 1891BM7Я 的开发）。

　　MCST 正在积极开发基于 65nm 工艺、1GHz 频率的同构四核微处理器 Elbrus 2S （1891BM5Я，即 Elbrus S 的进一步发展）。随着设计水平的进一步提升，MCST 计划实现基于 45nm、32nm 和 22nm 工艺以及面向未来更先进工艺的微处理器 （如表 4 - 19 所示），同时计划优化逻辑和物理设计，达到 4GHz 时钟频率。

表 4 - 19　MCST 第二代微处理器技术特性

微处理器名称	1891BM5Я (Elbrus S)	1891BM6Я (MCST - R1000)	1891BM7Я (Elbrus 2C+)
工艺	90nm	90nm	90nm
芯片面积/mm²	142	128	259
金属层数	9	10	9
集成度/百万晶体管数	≈218	≈180	≈368

续表

微处理器名称	1891ВМ5Я (Elbrus S)	1891ВМ6Я (MCST - R1000)	1891ВМ7Я (Elbrus 2C+)
内核数	1	4（Sparc）	6（2 CPU ＋ 4 DSP）*
频率/MHz	500	1000	500
性能（GFLOP）	64 位：4.0 32 位：8.0	64 位：2.0 32 位：4.0	64 位：8.0 32 位：16.0
电源电压/V	1.1/1.8/2.5	1.1/1.8/2.5	1.1/1.8/2.5
功耗/W	13W：标准 20W：最大	20W	≈25W
封装	1156 - pin HFC BGA	1156 - pin HFC BGA	1296 - pin HFC BGA
生产年份	2010	2011	2012

＊注：1891ВМ7Я 有两个 VLIW 架构 CPU 核（Elbrus - 2000 的升级，MCST 的产品）和来自 ELVEES 的四个数字信号处理器（DSP）核。

4.3.11　NIIMA Progress 开放型股份公司（莫斯科）

NIIMA Progress 微电子研究所是俄罗斯具有领先水平的专用微电子元器件设计中心（无晶圆厂）。它是一个设计片上系统（SoC）类型超大规模集成电路的跨行业中心，同时也是 GLONASS/GPS 导航接收器的设计者和制造者。NIIMA Progress 是俄罗斯国有企业 Rostec 的微电子指导机构。

作为片上系统设计的跨行业中心，NIIMA Progress 促成了设备设计系统中心、芯片开发中心和 VLSI 制造商（国内和国外）的合作。按照这种方式，NIIMA Progress 组织合作开发了带有嵌入式微处理器内核（KM211 设计中心开发，Mikron 制造）的半定制 VLSIC К551БП1Ф 和耐辐射 VLSIC Almaz - 9。目前，该研究所正与 ELVEES 合作开发数字电视芯片组。

NIIMA Progress 与 Mikron、NIIET 和 Angstrem 合作开发了基于 PLD 和门阵列（ULA）的独立 IP 块、SoC 和 IP 块原型。VLSIC SoC 的制造需使用根据标准规则开发、验证和认证的现成 IP 块。设计可重复使用（多次使用）的 IP 块比设计单次使用的 IP 块成本要高 2～3 倍，然而利用可重复使用的 IP 块开展 VLSIC SoC 设计只有从头开始设计成本的 $\frac{1}{100}$～$\frac{1}{10}$。NIIMA Progress 在开发标准元件库、存储器以及适应计算机辅助设计（CAD）方面提供支撑，以帮助开发数字、模拟和混合信号集成电路。

尽管不直接开发专有微处理器或微控制器 LSIC，但 NIIMA Progress 通过与其他开发商和制造商合作与交流的方式参与相关产品研发。

4.3.1～4.3.11 小节回顾了俄罗斯主要的微处理器和微控制器开发商（无晶圆厂）和制造商（代工厂）。除此之外，俄罗斯还拥有一个由设计中心（超过 30 个）组成的宽广网络从事专业设计。在这里我们不讨论微电子设计中心在国家电子工业中发挥的作用，而是简要介绍与微处理器和微控制器相关的主要设计中心。

4.3.12　KM211 设计中心有限公司（泽列诺格勒）

该设计中心隶属于 KM Core 国际集团，主要业务是利用其专有内核开发集成电路数字部分（IP 块）。微处理器内核和专有 IP 块、微处理总解决方案的强大的软件支持，以及低管理成本，使得该中心与俄罗斯国内外其他同类公司相比具有相当大的优势。KM211 主要开发了以下三个处理器领域：

1) RISC 内核 KVARK，32 位，Linux；

2) 微控制器平台 KROLIK（8 - 16 - 32 位）；

3) 多媒体平台 HYDRA（32 位 DSP 优化内核）。

32 位处理器核心 KVARK 应用于微电路 Л5512БП1Ф，并由 Mikron 基于 0.18 CMOS 制程工艺 HCMOS8D 制造。Л5512БП1Ф 的特性如 4.2 节中表 4 - 3 所示。

以 8 位 KMX8 和 32 位 KMX32 内核为代表的 KROLIK 系列微处理器架构，主要用于有高可靠性要求的低功耗（最小尺寸内核）、低性能和受保护的微电路。KROLIK 微处理器系列面向 C 编译代码的高效执行，对集成电路容错性和数据安全性的要求也较高。其内核是按照在电源不稳定、时钟信号偏移以及其他影响因素下能够稳定运行的要求进行设计的。KROLIK 系列的架构和指令集很好地适应 C 语言特性，从而在保证高代码密度的同时，内核尺寸和功耗仍然很小。

表 4 - 20 所示为该内核最大配置地址空间与寄存器文件的综合信息。

KROLIK 微处理器的主要应用领域如下：

1) 通用微控制器；

2) 嵌入式控制；

3) 智能卡；

4) 银行卡；

5) SIM 卡；

6) 身份证、护照和签证文件；

7) 超低功耗微电路。

表 4 - 20　KROLIK 系列内核 KMX 版本的特性

		KMX8	KMX32	单位
通用特性	Dhrystone 运行效率		2.1	DMIPS/MHz
	Coremark 运行效率		2.1	Coremark/MHz
	操作数位数	8	32	位
	代码长度（从 C 源代码生成，占 ARM Thumb - 2 百分比）		97	%
90nm，面积优化	面积（利用率 70%）	0.026	0.09	mm²
	门数	10	33	千门
	动态功耗	12	28	μW/MHz
	静态漏电流	1.25	2.8	μA

续表

		KMX8	KMX32	单位
90nm， 性能优化	时钟频率不低于	100	100	MHz
	面积（利用率 70%）	0.035	0.12	mm²
	门数	13	36	千个
	动态功耗		40	μW/MHz
	静态漏电流		5	μA
180nm， 面积优化	面积（利用率 70%）	0.178	0.53	mm²
	动态功耗		192	μW/MHz
	静态漏电流		15	μA
180nm， 性能优化	时钟频率不低于	50	50	MHz
	面积（利用率 70%）	0.266	0.94	mm²
	动态功耗		296	μW/MHz
	静态漏电流		33	μA
Altera Cyclone EP4CE115	FPGA Altera 逻辑元件数	3000	3500	LE

注：此表中所使用工艺有 TSMC 90nm LP、JSC MIKRON 180nm CMOSF8（用于 KMX8）和 MIKRON HCMOS8D（用于 KMX32）。

　　HYDRA 平台是一种用于视频和音频处理的专有架构，其多处理器平台包括：

　　1）作为主处理器的 KM211 _ KVARC MPU 或其他供应商的 CPU 以及操作系统；

　　2）HYDRA 引擎，主要有以下代表：

　　a）用于高效实时数据解析或压缩的比特流（bit - stream）处理器（BS _ CPU）；

　　b）DSP 处理器，包括置于高性能 HYDRA 总线上的 FPU 和定点、4xSuperscalar、4xSIMD、4xVector（DC _ CPU）。

　　KM211 所设计的 IP 块如表 4 - 21 所示。

表 4 - 21　KM211 自有 IP 块技术特性

IP 块简要技术特性	所处阶段
数学协处理器和加速器	
16×16 乘法器，累加器	流片中
采用最多 32 位的任意生成多项式的 32 位循环冗余校验（CRC）	完成
采用生成多项式 $x^{16}+x^{12}+x^5+1$ 的 16 位循环冗余校验（CRC）	流片中
智能卡及 RFID	
ISO14443 A 型接口	流片中
ISO7816 I/O 块	流片中
ISO14443 A/B 型接口	设计中
控制器	
以太网控制器，MAC 子层	流片中
1 - Wire 控制器	完成

续表

IP 块简要技术特性	所处阶段
AC97 主机控制器	流片中
SATA2 控制器	完成
TFT LCD 控制器	流片中
智能 DMA 控制器	流片中
电阻式触摸屏控制器	流片中
USB 设备 2.0 低速/全速控制器	设计中
USB 主机 2.0 低速/全速控制器	设计中
OFNI 兼容 flash 控制器（异步模式）	设计中
外设模块	
看门狗计时器	流片中
定时器计时器	流片中
实时时钟	流片中
JTAG 控制器	流片中
PWM 控制器	流片中

4.3.13　科学生产企业数字化解决方案（SPE）公司（莫斯科）

该企业由莫斯科国立鲍曼技术大学毕业生在该校基础上创立，是一个开发数字 VLSIC 并在国内外硅晶圆厂实现制造的设计中心。该企业每年开发 3～4 个 VLSIC，包括片上系统（SoC）。

SPE 实现的项目之一是开发基于 ARM Cortex - M4F 内核的 32 位 VLSI 微控制器，用于感应电机和电力驱动控制，该微控制器由 NIIET 订购（如表 4 - 12 所示）。该微控制器包含大量模拟和数字外设，由台积电工厂（中国台湾）制造，采用的是 CE018G 工艺（CMOS 0.18μm，嵌入式闪存），并使用了 NIIET 和 SPE 以及国外公司的 IP 块。通过此项目，SPE 与以下的模拟和数字 IP 块制造商建立了合作关系，包括 ARM、TSMC、S3 Group、Avnet ASIC Israel 和 Arasan。

SPE 完成了俄罗斯国内第一款多单元（multicellular）处理器 Multiclet P1 MCP0411100101 的版图设计，该处理器由 Multiclet 订购。版图设计的初始数据是客户提供的 Verilog 网表，版图设计根据 SilTerra 代工厂（马来西亚）的 CL180G（CMOS 0.18μm）工艺进行开发。

使用现成 IP 块设计 VLSIC 可以有效减小集成电路，并降低设计阶段出现故障的风险。SPE 同时使用了自有设计的 IP 块和外国供应商提供的 IP 块。

4.3.14　Multiclet 开放型股份有限公司（叶卡捷琳堡）

Multiclet 是一家俄罗斯设计公司，主要开发高性能、容错型处理器内核和多单元架构的低功耗处理器以及基于上述处理器的器件。自 2011 年以来，该公司一直是斯科尔科沃基金会太空组成员。

多单元架构是计算机科学中一个正在发展的技术领域，它为并行计算问题提供了新的解决方案。Multiclet 基于所谓的后冯-诺依曼架构，使指令在多个计算设备（单元）上同时执行，这一架构的主要问题是如何在单元之间分配指令。

目前有两种型号的四单元处理器内核：

1）MCp0411100101：以实现最大性能为导向；

2）MCc0402100000：以低功耗为导向。

第一款内核（MCp0411100101）已由晶圆厂 SilTerra（马来西亚）采用 CL180G（CMOS $0.18\mu m$）工艺制造，并在 Voronezh 半导体封装工厂（VZPP-S）采用 240 引脚金属陶瓷 CQFP-240（4245.240-6）进行封装。

该多单元处理器 IC 的主要技术特点如下：

1）内核：MCp0411100101，俄罗斯制造；

2）内核数：1（四个单元）；

3）制造工艺：$0.18\mu m$，CMOS；

4）位宽：32/64bit；

5）性能：2.4Gflop；

6）内存容量：128KB（4×4K×64）；

7）程序内存：128KB（4×4K×64）；

8）电源电压：1.8V（内核）及 3.3V（外设）；

9）功耗：1.08W（最大）；

10）浮点运算：有；

11）封装：金属-陶瓷 CQFP-240（4245.240-6）；

12）温度范围：$-60\sim+90℃$（$\pm5℃$）；

13）交付年份：2014。

MCp0411100101 的主要用户是导航设备研发与制造公司，如 Granit Concern、NII KP（空间设备工程科学研究所）、RPCRPA Mars、Avionica 的 PBMC 以及 Dalpribor。同时该产品可通用于工业级应用。

Multiclet 的短期国标和长期目标包括：

1）在版图规则为 45nm 的 FPGA 上制造 16 单元处理器，性能达到 18Gflop，用于超低功耗音视频信号处理；

2）开发采用 22nm 工艺的 64 单元内核，其性能将达到 384Gflop，可用于构建台式超级计算机；

3）扩展处理器规格，以适应大批量任务和使用多单元内核进行 SoC 开发。

4.3.15　Kalyaev 多处理器计算系统科学研究所（NII MVS YuFU）（塔甘罗格）

塔甘罗格的南方联邦大学下属国立无线电技术学院的 Kalyaev 多处理器计算系统科学研究所（NII MVS YuFU）约成立于 40 年前，是塔甘罗格无线电工程学院设立的苏联高等教育和职业教育部计算机辅助设计和开发领域的基础研究所。该研究所致力于多个领域的基础和应用研究，其标志性领域为具有可编程可重构架构的高性能多处理器计算机开发。

值得注意的是，20 世纪 80 年代该所与 NII MVS 合作开发了用于快速傅里叶变换的微处理器 1815ВФ3（研发工作，代号 Devis‐3），作为 1815 系列（由 INTEGRAL 设计和制造）微处理器组的一部分。1989 年，该所开发了面向问题的计算套件（PVK‐460）Trassa，并根据中央设计局 Almaz 的订单完成了多个项目。Trassa 是一个具有大规模并行和可编程架构的并行计算机系统，PVK‐460 Trassa 包含 512 个 1815ВФ3 微处理器，具有可编程结构及硬件实现的宏操作。

1991 年，该所根据 NPO Antej 的订单开发并制造了两套具有大规模并行和可编程架构的面向问题计算套件（PVK‐1600）Module‐8。PVK‐1600 Module‐8 包含 2048 个带有可编程结构的并行微处理器 1815ВФ3、1486 个微开关 1029КП2 以及 1024 个寄存器微电路 1517ИР1 和 1517ИР2。该套件由 NII MVS 开发，并由苏联电子工业部所属企业批量生产（如前文所述，1815ВФ3 由 Integral 制造）。

同时也有些令人失望的结果，与 NII MVS 共同开发的单芯片浮点单元（研发工作，代号 Devis‐2）未投入量产。

现代基本器件（频率高达数百兆赫的高性能 PLD）可以实现具有可编程架构和计算的结构化过程组织的并行通用高性能计算机系统。专用集成电路（ASIC）设计的使用对 NII MVS 越来越重要。

4.3.16　科学工业综合技术中心和 PROTON‐MIET 工厂

科学工业综合技术中心是大学研究中心的典型例子，其拥有一条工艺线，可以开展微纳电子学、系统设备和电子设备的研究与开发。

该中心的技术水平可采用以下工艺生产晶圆：CMOS LSIC（1.2μm）工艺、双极 LSIC（1.5μm）、用于批量生产和研发工作的压阻式微传感器（3μm）以及用于研究的 CMOS、BIP、BiCMOS（1.0μm）。生产能力可达到每月 2000 片 100mm 直径晶圆。

目前，MIET 的技术能力还无法生产微处理器和微控制器类型的集成电路。

以下介绍几家在白俄罗斯从事该领域工作的私营企业。

4.3.17　NT Lab‐systems 私营公司（明斯克）

NT Lab‐systems 成立于 1989 年，隶属于 NT Lab 集团公司，入驻高科技园区（HTP）。该公司主要从事微电子设计工作，包括用于集成电路、电子模块和系统的嵌入式软件、微电子单元 IP 块软件模型，以及用于 VLSIC 设计的 CAD 软件（如微处理器和微控制器的存储器编译器、编译器和调试器等）。

该公司通过一系列事实证明其具有非常高的研究与技术潜力，这些事实包括参与基于 GPS/GLONASS/Galileo/Beiduo 的俄罗斯导航系统组件开发项目、参与俄罗斯和白俄罗斯共同策划的 Trajektoriya 项目（俄罗斯 RS 微电路），同时该公司还是 DVB‐T/H/SH 标准数字电视接收器、俄罗斯生物识别护照、社会保障和医疗卡等微电路的开发者。俄罗斯多家公司（包括 Angstrem 和 Mikron）都与该公司积极开展合作，以进入高科技产品市场。

NT Lab 与世界各地的许多大型晶圆厂合作，采用 0.35μm、0.18μm、0.13μm 和 0.09μm 的工艺设计产品。

4.3.18　DELS 科技中心（明斯克）

1992 年，DELS 科技中心在明斯克高等工程防空导弹学院（MVIZRU PVO）基础上成立，从事微电子和无线电电子领域工作。该中心的主要开发领域是设计功能相对简单并能够满足用户要求的 VLSIC，用于国防工业企业和机构订购的专用无线电电子设备。所设计产品主要是各种类型的信号调节器（具有可编程参数的计时器、具有脉冲噪声数字滤波的八通道缓冲门、三态输出的八通道缓冲门、三态总线驱动器）以及其他相关电路。设计产品主要由 Integral（明斯克）制造。

集成电路是基于硬件描述语言（HDL）按照端到端原理设计的。这种方法可以形成由数字元件的可综合 HDL 描述（IP 块）构成的层次化库，这些数字元件可以作为库宏单元，用于包括 SoC 在内的新的微电路设计。

4.4　微处理器和微控制器开发与调试工具

根据定义，微处理器是为数字数据处理而设计的软件可编程器件。

早期微处理器和微控制器的第一批程序是用汇编语言编写的机器代码。汇编语言的缺点是编写程序比较困难，并且需要较长时间来学习掌握这类语言的编程技巧。一个内核的指令集可能与另一个内核的指令集大不同。例如，MCS-51 系列的指令集与 AVR 指令集尽管执行类似的功能，但是两者存在巨大差异。

如今，源代码主要用高级语言编写，如 Pascal、C/C++等。特殊的编译程序将高级语言的描述转换为特定微处理器（MP）或微控制器（MC）的机器代码。硬件开发人员必须提供快速设计定制控制系统的方法，以支持微处理器和微控制器的应用。因此，需要先进的开发和调试工具，主要是编程系统。

主要调试工具包括：

1）在线仿真器；

2）软件模拟器；

3）开发板；

4）调试监控器；

5）ROM 仿真器。

此列表并不包含全部现有的调试工具。除所示工具外，还有其他软件与硬件相结合的工具，以弥补主要工具单独应用的缺点。

所列工具都包含若干交互（软件或硬件）功能模块。它们在开发和调试期间提供一定的服务。有些模块专用于特定类型的开发工具，其他模块则可用于微处理器和微控制器的所有程序开发系统。

任何开发系统至少包含以下功能模块：

1）调试器；

2）微控制器仿真单元；

3）仿真内存；

4）断点子系统。

更高级的系统还可能包括：

1）断点处理器；

2）跟踪程序；

3）分析器（分析程序代码的效率）；

4）实时计时器；

5）可动态（即在程序实时运行期间）读取和修改仿真处理器资源的硬件和软件；

6）可在多处理器系统仿真过程中进行同步控制的硬件和软件；

7）集成开发环境。

在线仿真器是一套软硬件相结合的工具，可替代实际电路中的被仿真（建模）处理器。在线仿真器通过带有特殊仿真器的连接器电缆连接到要调试的系统，该仿真器连接器可代替微控制器插入系统。如果无法将微控制器从系统中取出，那么仅当微控制器具有调试模式，使得其所有引脚都处于无响应（高阻）状态的情况下，才能使用仿真器。这种情况下，需要特殊的适配器来连接微控制器和仿真器的引脚。

模拟器是模拟微控制器及其存储器运行的软件。通常，模拟器包含调试器、处理器内核模型及其内存。更高级的模拟器还包含嵌入式外设模型，如计时器、端口、ADC 和中断系统等。

开发板通常是包含微控制器及其标准外围设备的印制电路板。它还具有与外部计算机耦合的逻辑电路以及可以安装自定义应用电路的区域。有时设有现成的互连装置，用于安装企业推荐的附加设备，例如 ROM、RAM、LCD 显示器、键盘、ADC 等。

ROM 仿真器是一种软硬件相结合的工具，允许用 RAM 替换调试板上的 ROM，其中所用程序可以通过标准通信链路从计算机下载。这有助于用户避免多次 ROM 重新编程。在复杂性和成本方面，该设备与开发板相当，但其通用性具有很大的优势。ROM 仿真器适用于任何类型的微控制器。

微处理器和微控制器 IC 的所有主要设计公司（无晶圆厂公司）和制造商（代工厂）不仅提供微处理器和微控制器微电路，还提供用于调试的硬件和软件。现在，市场不仅需要一组微电路，还需要一套完整的解决方案，其中包括对应用程序和工具的建议（至少是参考板）。

这并不意味着半导体公司要自己处理这些问题。有许多大大小小的公司专门从事微处理器和微控制器工具的开发、制造和供应。例如，俄罗斯最著名的公司之一 Phyton。为了与这样的公司合作，客户公司应该有专门部门及高水平员工，如程序员、系统工程师、设计师和机械工程师（他们不应与真正的电路设计师和 IC 版图设计人员相混淆）。

如果所使用的微处理器或微控制器实现了对国外某个产品全部参数的功能模拟，并且采用的是具有完善的软件和大量的应用程序的常用架构，则不需要专有调试工具。在这种情况下，客户会被建议购买现有工具，包括外国工具。客户通常不需要进行查询，因为他们熟悉相关工具，如开发环境 Keil uVision、在线仿真器 PICE - 52、硬件和软件包 CodeMaster - 52。

如果所使用的微处理器或微控制器与其模拟的产品哪怕只是稍有不同，则意味着不具有现成的硬件和软件，需要由使用公司开发或从其他公司订购相关工具。在特定情况下（针对每个特定客户）的微控制器运行模式由微电路开发人员规定，并根据这些规格对微控制器操作指令进行扩展和改进。然而，在没有模块和最终器件开发经验的情况下，微处理器和微控制器微电路的开发人员无法为此类复杂产品提供系统级操作建议的完整文档。

在 20 世纪 80 年代的苏联时代，电子工业部下属制造微处理器和微控制器的各个企业都有一个咨询维护中心（KTT），该中心旨在促进微处理器和微控制器在国民经济中的大规模应用。Head KTT 是在 Tsyklon 中央科学研究所创建的，该研究所是电子工业部专门从事电子工程产品应用的研究所。

现今，各家公司都以自己的方式解决这些问题。

CJSC ICC Milandr 设有专门的电子模块开发部门，负责技术支持，并聘请高水平的专家开发各种应用的电子单元、设备和模块。该部门的业务领域包括：

1）为 Milandr 生产的微电路提供技术支持；

2）开发和调试利用此类微电路的项目所需的软件和硬件；

3）为硬件开发人员提供建议和参考文档；

4）协助解决微电路运行过程中出现的问题；

5）举行咨询和研讨会；

6）开发产品演示原型；

7）协助项目（包括联合项目）实施以及与购买产品的公司开展合作。

如今，客户选择微控制器时很大程度上不取决于控制器本身或其特性，而是取决于调试板、开发环境及合适的软件。因此，为了赢得市场，微处理器开发者通常会为客户提供调试硬件和软件（通常是免费的），还会与大学合作，包括将 Cortex - M 架构的微控制器实验室课程纳入大学课程（并为大学提供调试系统），以便学生将来毕业成为专业人员后可以更好地管理他们的专业任务。

4.5　现代微控制器发展趋势

4.5.1　客户向 32 位微控制器的转变

目前使用的大多数微控制器都是基于 8 位处理器架构的，也有 16 位微控制器，但其市场份额与 8 位微控制器相比仍然很小。近年来，嵌入式系统开发人员正在积极转向 32 位微控制器架构，主要原因是嵌入式系统的功能因市场需求而变得越来越复杂，8 位和 16 位微控制器难以提供必要的性能。虽然 8 位和 16 位微控制器能够满足目前的项目要求，但它们在未来升级和代码重用的可能性也很小。用户转向 32 位微控制器而不是 16 位微控制器，是因为两者成本差异不大，而 32 位微控制器的外设、开发工具和芯片供应商的选择范围更广。另一个原因是，转向 32 位微控制器不仅可以确保性能提高十倍以上，还可以降低功耗和程序规模、加速软件开发，并为多用途应用提供可能性。

MCS - 51 是 8 位架构（PIC、ARV[①]、MCS - 51）中应用最广泛的一种架构。这种架构因为供应商较多、易于使用且有多款软件开发工具而广受欢迎。

然而，MCS - 51 架构已经达到了使用极限。不仅由于逐字节处理方式导致处理多位数据（16 位和 32 位）时速度变慢，而且存在诸多使该架构的使用变得复杂化的物理限制。例如，程序大小限制为 64KB。虽然可以通过存储器分页或片外存储来增加程序存储器（1880ВЕ1У，Dvina 51AC 只能使用外部存储器），但是存储器分页有很多缺点：

---

　① 　此处似应为 AVR。——译者注

1) 与程序代码大小和指令执行时间有关的非生产性费用增加;

2) 由于存储器组没有被充分利用, 造成存储器被浪费;

3) 需要特殊的插件代码供其他程序访问数据, 这会占用相当有限的堆栈存储器;

4) 没有标准化的存储器组切换, 可能会导致编译器和调试器出现问题, 并使向其他产品的转换变得复杂;

5) 在外部执行存储器分页的情况下, 可用输入/输出端口的数量会减少, 系统成本会增加; 同时由于在印制板上增加了额外连接, 其可靠性会降低。

MCS-51 架构设计用于 16 位地址、16 位程序计数器和 16 位数据指针的操作, 指令集设计支持 64KB 地址空间。如果需要超过 64KB 的存储器, 则需要硬件和指令开销来生成额外的地址位。

另一个重要的限制是内部存储器空间。堆栈只能位于内部存储器中, 限制为 256KB。前 32 位用于工作区寄存器 (从 R0 到 R7 的 4 个寄存器组), 一些内部存储器可用于变量数据 (例如当使用位寻址的布尔数据类型的存储器时, 它可以位于 RAM 中)。因此, 堆栈存储器的最大容量是有限的。特殊功能寄存器 (SFR) 和数据指针的数量也是有限的。微控制器含有数据指针 (DPTR), 但没有用于数据指针的标准化的编程模型, 这使得不同 MCS-51 芯片之间的应用程序代码移植变得更为复杂。

此外, MCS-51 处理器主要使用累加器 (ACC) 和数据指针 (DPTR) 进行数据移动和处理。因此, 需要将数据移入/移出 ACC 和 DPTR 的指令, 这会增加代码大小和指令周期。

同时, 存储器接口也限制了 8 位和 16 位处理器的性能。例如, MCS-51 处理器很多指令的长度为多个字节, 由于程序存储器接口是 8 位的, 指令获取就需要多个读取周期。

就微控制器全球市场而言, 其特点如下:

1) 历史上 8 位微控制器的市场销量最高, 但自 2010 年以来, 32 位微控制器占据了市场主导地位。2010 年, 4 位/8 位和 32 位微控制器的销售额之间的差额为 2.35 亿美元, 但此后差距大幅扩大。2013 年, 32 位微控制器的份额达到 69 亿美元, 比 4 位/8 位微控制器市场高出 57%。

2) 就供应量而言, 16 位微控制器成为 2011 年销量最大的细分市场, 首次超过 8 位微控制器。16 位微控制器销量在 2011 年增长 23% 之后, 2012 年再次增长 11%, 部分原因是汽车领域应用的带动。

3) 2013 年 16 位微控制器出货量增长 9%, 达到 79 亿个。4 位/8 位微控制器出货量增长 6%, 达到 67 亿个。32 位微控制器出货量增长 20%, 达到 45 亿个。

4.5.2　MIPS32 和 Cortex-M 许可架构

微控制器市场的特点是可能存在各种各样的应用, 因此, 需要数十种架构。瑞萨电子 (SuperH)、NEC (V850x) 和飞思卡尔 (68000) 曾是 32 位微控制器市场上的主流架构。目前的主流架构是 MIPS32 (由 MIPS 技术公司开发) 和 Cortex-M (由 ARM 公司开发), 后者占据了 75% 的市场份额。MIPS 和 ARM 出售其架构的许可证, 现在市场上有来自不同制造商的各种版本。大约有 30 多家制造商提供 200 多种微控制器。

AMD、博通 (Broadcom)、英飞凌、瑞星 (Realtek)、夏普、索尼、东芝和微芯科技公司（Microchip）等公司都使用 MIPS 架构。艾特梅尔、Cirrus Logic、富士通、英特尔、飞思卡尔（摩托罗拉）、国家半导体、NXP（飞利浦）、ST 微电子和德州仪器使用的是 ARM 公司的 Cortex - M 架构。俄罗斯的一些公司也使用上述两个架构。

处理器内核的统一架构即使不能使客户降低在开发工具、标准库、驱动程序以及软件方面的开销，至少也可以减缓这些方面费用的增加。根据不同的估计，涉及微处理器和微控制器的系统软件开发费用约占所有支出的 60%~80%。

在 32 位微控制器细分市场中，开发人员很少使用汇编程序，而是使用高级语言。如果需要更换制造商（由于供应中断、缺少必要的库、新功能需求、价格上涨等），核心程序代码不需要更改。因此，如果外围设备的程序代码独立于内核代码编写，则可以确保从一个制造商快速更换到另一个制造商。

MIPS32 和 Cortex - M 架构已经成为事实上的世界标准。对于一家公司来说，获得主流架构微处理器和微控制器的生产许可比采用新架构和新指令集的微处理器和微控制器（它在市场上几乎没有机会）或通过复制其版图而生产一个副本（复杂的设计规则、金属层、现代微电路的多核架构和诀窍无法完全重现）更有利可图。就新研软件而言，现代编程语言翻译产生数百万行代码，这需要大量高水平的技术人员参与工作。

这里简要比较一下 MIPS 和 ARM Cortex - M 架构，而不涉及太多技术细节。MIPS 和 ARM Cortex - M 内核都有 32 位宽的数据总线，是精简指令集计算机（RISC）。但这就是唯一的相似之处。MIPS 面向高性能应用，而 Cortex - M 面向注重控制的入门级手机。

4.5.3 航天应用领域微电路设计和组织生产的特点

航天微电子领域为火箭和航天器微电子设备提供了高可靠基础电子元器件（ECB），如微电路、分立半导体器件、传感器、陀螺仪、SoC 和系统级封装件（SiP）。

与商业或工业（或两用）的 ECB 不同，航天领域使用的 ECB 具有一系列概念特征[5-14]，应更彻底地加以研究，具体如下。

1）严格的可靠性要求（无故障运行、长寿命、高工作能力等）。特别是，对于 ECB 中的有源器件和无源元件，故障概率应分别控制在 $10^{-9} \sim 10^{-10}$ 和 $10^{-11} \sim 10^{-12}$。

2）需求水平特别低，因此生产水平也低，可被视为小批量甚至单件（唯一的、一次性的）而不是批量生产。小批量生产及其产生的效应是航天电子产品的典型特征。一个特定的空间项目通常需要不超过 10~30 个微电路或分立半导体器件。一个大型国家空间项目在设计航天器的整个生命周期内（从 5 年到最多 15 年），空间微电子器件最大使用数量通常不超过 10000~50000 件。

3）由于航天应用微电子设备要执行各种任务，导致 ECB 的规格异常广泛和多变。根据公开资料（NASA 和包括欧洲空间元器件信息交流系统在内的其他国家空间机构的期刊、报告），一个完整的航天项目微电路规格有 1000 种（用于航天飞机等特定的简单空间项目）到 10000 种（用于月球或火星考察的 Skylab 和 Messenger 等大型空间科学项目）。

4）对各种类型的辐射具有高度耐受性，包括影响载人和无人航天器的外太空辐射以及有时违反国际公约放置在航天器推进系统中的便携式核反应堆的残余辐射。根据官方数据，此类产品应具有至少 50krad 的辐射耐受性，特殊的 SV（军事通信卫星、导航和侦察卫星等）即使在发生核爆炸的情况下也应在规定的时间内（从 20 分钟到 20 小时）保持运行。理论上对手（或恐怖分子）可以利用核爆炸使航天器失效，正如许多北约成员国家的军事理论所规定的那样。应该强调的是，航天微电子产品不仅需要耐受地面环境也要面对的典型辐照，还需要耐受其他特定的、外来的破坏性的因素，这些因素存在于外太空，在地球上几乎不存在。

5）宽范围的运行和存储（睡眠模式）温度。空间应用的 ECB 通常需要在从低（−70～−60℃）到高（从＋125～＋150℃）的温度下运行。此外，某些 SC 和特殊应用的微电子产品需要在外太空真空中工作。

6）保证长期（至少 15 年）在空间暴露因素条件下的无故障运行，包括电离和电磁效应、环境温度下降、极端周期性或一次性加速、冲击、失重和水汽影响、空间霉菌以及许多其他极端因素，这些因素在功能相当的军用 ECB 中并不典型。

从航天应用 ECB 的主要特点中可以得出结论，航天微电子开发的特点不仅与民用（工业）微电子开发的路线图有很大的不同，而且有比军用微电子产品更严格的要求。

消费和工业微电子领域中大规模集成芯片存在设计规则不断变小的趋势，主要是为了从半导体晶圆中获得更多的产出。目前，一个半导体晶圆的成本达到 500～2000 美元。这与所谓的摩尔定律有关，根据该定律，微电路芯片尺寸减小一半，可确保从相同直径的晶圆中获得至少 4 倍的芯片产量。

4.6　使用无晶圆厂（Fabless）模式设计航天微电子产品的特点

在本节中，我们将描述这种真正现代化且快速发展的微电子商业模式的组织和实施原则以及该模式下的技术、方法、经济等方面的内容。从本质上深刻理解这些内容，不仅仅是微电子企业中从事航天微电子器件设计和（或）制造的管理人员与技术专家的需要，也是那些已经开始或开始使用这种商业模式与国内外微电子设计中心进行合作的微电子器件用户的需要。

4.6.1　无晶圆厂商业模式产生和发展的前提

由于半导体制造成本爆炸性的增长，无晶圆厂模式作为微电子行业应用中的一个产品制造领域开始积极发展。如今，即便不是最先进的半导体工厂，也需要 20 亿～40 亿美元才能够建成。这还不包括每月 200 万～400 万美元的使用维护费用。为了保证建设项目的最低盈利能力，投资者每年的利润必须达到 2 亿～4 亿美元，这个条件实现的前提是销售额要达到 20 亿美元左右。因此，问题出现了，即要制造什么、要卖给谁、要卖到哪里才能获得这 20 亿美元？

从 1983 年到 2011 年，基于晶圆直径和最小设计规则要求，标准半导体制造厂建设成本变化情况见图 4－11[1]。

如图 4－11 所示，1983 年仅需 2 亿美元就可安排生产 1.2μm 设计规则的微电路和 100mm 的晶圆。从 2001 年微电子业务开始步入艰难时期，即建设具有 200mm 晶圆和 0.25μm 的设计规则的工厂至少需要投资 30 亿美元。

这就是为什么许多过去完成微电路设计与制造全过程的公司（通常被称为集成器件制

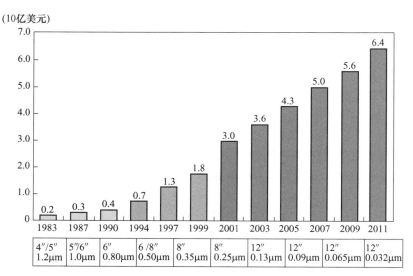

图 4 - 11　普通半导体制造厂建设成本变化情况

造商）由于新工艺获取与工厂建设成本剧增，而在 2008—2010 年停止升级其制造工艺，转而开始积极使用硅代工厂（TMCS、UMC 等公司）的原因。与此同时，出现了一些无晶圆厂公司。这些公司只设计微电路，然后在专门的晶圆厂下单制造。

　　世界范围内微电子业务分工仍在进一步发展。除了硅代工厂和无晶圆设计中心之外，新的封装和测试代工厂也出现了。这种微电子制造过程的功能细分，可以大大减少具有竞争力的微电子产品投入市场所需的时间。

4.6.2　无晶圆厂业务的结构和特点

　　无晶圆厂业务结构可以分为两个领域[15]（如图 4 - 12），即以终端微电子产品生产为核心的面向器件的领域，以及面向基本库和 IP 块创建的虚拟组件领域。这两个领域在无晶圆厂业务中是相互关联的，但为了理解无晶圆厂业务组织特征，应当分别对这两个领域进行调查分析。

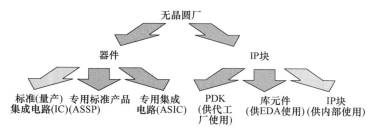

图 4 - 12　无晶圆厂业务领域

　　Timur Paltashev 和 Mikhail Alekseev 撰写的文章《半导体虚拟组件产业的发展》[Komponenty I tekhnologii（Components & Technologies），No. 5，2012，p. 172]，针对无晶圆厂中虚拟组件业务领域的典型公司，对其主要特征进行了充分恰当的论述。因此，本节内容将更加关注面向器件的领域。

根据微电子产品的类型，面向器件的无晶圆厂模式可以分为三个独立的子领域：

1）定制产品（ASIC）的无晶圆厂设计；

2）专用标准产品（ASSP）的无晶圆厂设计；

3）标准产品的无晶圆厂设计。

不管怎样，产品的最终（市场）价格是选择无晶圆厂具体模式的决定性因素。在参考文献［15］中，我们提供了一些简单的公式来评估三种主要商业模式类型的产品价格极限值（P）。

对于代工厂（foundry）

$$P_{FB} = W_F(x) + \frac{D + \Delta_D}{Q} \tag{4-1}$$

对于集成器件制造商（IDM）

$$P_{IDM} = W_F(x) + \frac{D(x)}{Q} \tag{4-2}$$

对于无晶圆厂（fabless）

$$P_{FL} = W_F + \Delta_F + \frac{D(x)}{Q} + L(Q) \tag{4-3}$$

式中，W_F 是产品制造的成本；D 是产品设计的成本；Δ_F 是外包工厂（代工厂）的利润；Δ_D 是外包设计中心的利润；Q 是销售量；L 是物流成本；(x) 是可控性（控制费用的能力）。

通过对这些简化方程式的分析可以得出以下结论，在其他所有条件相同的情况下，由于代工厂的制造费用等于或超过平均市场价格，无晶圆厂模式下的标准（量产）产品几乎不可能获利。无晶圆厂业务唯一明显的商机在于定制/专用设计（如果没有同样产品）。最终客户（消费者）意识到并接受了这样一个事实，即价格不仅包含产品的制造成本，还包括因产品唯一性而向开发人员支付的额外费用（包含在设计成本 D 中）。

我们将回顾此类业务的主要前提和组成部分，并简要介绍其特点。

4.6.3　无晶圆厂项目客户选择的特点

无晶圆厂业务的一个关键方面是找到客户（消费者）并与他们紧密合作。经验表明，在业务发展的第一阶段，无晶圆厂设计中心需要与客户进行长期（数年）的合作。这个时间对于要设计中心融入客户的科学与产品政策（掌握端到端的设计）、客户熟悉技术解决方法和方案以及客户和设计中心建立一定水平的信任和理解都是需要的。当涉及航天应用领域的产品时，由于产品的特殊需求，这一点变得尤为重要。一个共同认识是，通常需要开展一系列艰苦的初步研发工作（通常由无晶圆厂设计中心承担费用）来产生真正突破性的技术解决方案，虽然这些工作并不能保证商业上的成功。

图 4-13 显示了在专用集成电路（ASIC）和专用标准产品（ASSP）情况下，设计中心和客户之间交互的一般模式。

主要的区别是，ASSP 通常有多个客户，因此无晶圆厂公司通常会自己启动生产。而对 ASIC 来说，客户通过技术上适合的方式识别并指定需求，以此来启动项目。

在任何情况下，下订单的公司都对减少费用或在客户关注的特性方面取得相对于对手的竞争优势感兴趣。

考虑到研发工作的回报周期，客户应该是一家实力雄厚的公司，因为大约 5%～10%

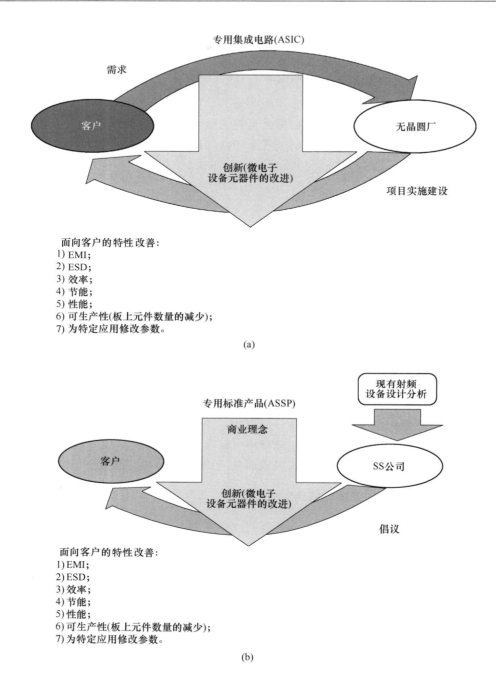

图 4-13　设计中心和客户之间的交互模式

的年销售额是为客户准备的。但是客户是无晶圆厂项目成功的必要条件（强制性）而非充分条件。

　　这里将根据 INTEGRAL 公司的经验和国际惯例分析无晶圆厂业务组织的技术方面。

4.6.4　实施标准无晶圆厂项目、软件和设计库的技术前提和条件

为了采用无晶圆厂模式，公司必须拥有符合微电路制造商（代工厂）要求（规定）并且支持 PDK 库的许可软件。这些软件由 Mentor、Cadence、Synopsys 和一些其他公司提供。许可获取与支持所需费用估计为 50 万～150 万美元（取决于软件的内容和功能）。就设计库而言，有两种获取途径：一部分 PDK 不涉及工艺诀窍，可免费获取；另一部分 PDK 针对特殊工艺，特别是用于制造军用和航天类产品的工艺，则根据未来代工订单量进行销售。只是免费 PDK 是面向标准（大批量）产品的，不适合无晶圆厂业务。第二类 PDK 被代工厂公司视为 IP。从经验来看，他们几乎不愿意和其他半导体企业的设计中心分享此类 PDK（通常也需要付费）。

4.6.5　制造工艺的选择

在项目实施的第一阶段，确保合同制造商可以使用其标准工艺来实现所进行的设计是很有必要的。然而，这样的设计不会带来太多的利润，因为在这种标准工艺上可以完成的是数字或者慢速的模-数微电路的生产。应当考虑到，如果一个设计有价值，就会立刻被竞争对手仿制。

若选择复杂的例如制造射频电路的制造工艺（RFCMOS 或 RFBiCMOS），竞争会比较小，但是要做好因制造商的标准单元和元件不够准确，而在第一次试生产时无法确保产品质量的准备。因此，可能需要对每个新设计进行几次额外的迭代，这是非常昂贵的。

4.6.6　自身分析基础的需要

经验表明，不能完全依赖制造商的模型。应当使用自己的分析和测量技术针对所选择的制造工艺进行优化设计。特别是，结构和工艺相关参数（包括射频参数）提取方面的专家应该能够使用现代化的软件和硬件工具，如安捷伦的 IC‑CAP。在任何情况下，分析部门的专家都需要接受额外的培训。

应当考虑所谓的制造商因素优化。例如，当一个设计成功完成时，生成射频和模-数电路（以及复杂的数字电路）的 GDS Ⅱ 文件并发送到硅工厂（代工厂），制造商通常会回复一个不符合设计规则的修正清单。这种修正需要花费一段时间，但不需要额外的费用，因为通常是由最初参与该项目的布局布线专家进行修正。为避免因未能满足计划规定的时间限制而受到制造商处罚，建议在晶圆制造启动的计划日期之前的较早时间将 GDS Ⅱ 文件发送给晶圆厂。

4.6.7　原型制造

为了在一个代工厂订单中完成原型制造，通常使用多项目晶圆（MPW）方法，这种方法可以在使用相同制造工艺的代工厂客户之间分摊生产成本。

少量的原型产品可以使你对电路设计和方案的恰当性进行确认，但是这种数量的芯片不足以按照被批准的质量标准进行全部必要的测试（以确保设计适合批量生产）。一次多项目晶圆的花费大约在 2 万～5 万美元之间（90nm 或 130nm 工艺）。如果原型产品无法运行，就需要几个月的时间以等到足够的客户再次进行多项目晶圆。此外，还应考虑到潜

在的光掩膜问题。

如果微电路功能正常，客户已经对其进行了测试并提供了报告（这在实际中很少见），则需要订购一组光掩膜（金属掩膜图案）。一个微电路的光掩膜花费从 5.5 万美元（0.25μm 工艺）和 30 万美元（0.13μm 工艺）到 100 万美元（65nm 工艺）不等。如果设计需要改进（通常情况下会这样），必须再次支付光掩膜费用。典型的资金方案如下所示：客户向无晶圆厂付款，后者与代工厂结算。需要注意的是，信任在其中起了重要的作用，因为钱是预先支付的。如果没有预付款，无晶圆厂公司就必须自己结算（在最好的情况下，费用由客户前几个阶段的付款支付）。

下订单时，设计中心和代工厂之间的关系非常重要。如果一个大订单覆盖了工厂 30% 的产能，客户将获得 VIP 身份和最优惠的价格［式（4-3）中的 Δ_F 将为最小值］。反之亦然。如果你每月订购 200 个晶圆，那么你就不是工厂优质的客户。因此，你的微电路将以虚高的价格利用剩余产能生产。一旦某个 VIP 客户想要每月在代工厂额外订购 500～1000 片晶圆，小订单就会被推迟，而小订单客户将不得不忍受这种调整。倘若设计简单且与工艺过程无关，则可以寻找替代的工厂（尽管这可能会导致无法满足时间限制）。但是，这种情况在复杂的模-数高频电路器件中并不适用，因为其设计包含特定制造商的 PDK，对特定制造工艺进行了优化。

应特别注意所设计产品的测试。假设产品的晶圆已经生产出来，现在需要进行测试。通常制造晶圆的公司不负责测试，所以需要在本公司或测试代工厂开展测试。在这两种情况下，开发人员都需要编写测试程序。如果是在测试代工厂进行测试，还需要有熟悉代工厂测试设备的高素质专家（每个工厂的测试设备都不一样）。然后需要切割晶圆，并将芯片进行封装。根据引脚数量的不同，这部分的成本从 0.20～5 美元不等。在大多数情况下，封装代工厂也可以进行测试。但是功能复杂的射频和数-模电路的测试是一个复杂的过程，仅由于测试人员的失误就可能导致可使用电路的数量减少 30%（例如测试人员未正确设置测试探针）。外包测试人员通常不了解问题的本质，因为他们不像开发人员那样熟悉产品。为了避免这种情况，高效的无晶圆厂公司通常会指派一组专家与测试人员紧密合作（至少掌握一门外语是这类专家的基本要求）。

4.6.8　无晶圆厂项目的财务模式

当一个可行的设计被开发出来后，无晶圆厂公司希望按照每月至少 200 个晶圆的数量进行批量生产。根据芯片的面积，每个晶圆包含 1000～20000 个芯片（面积越大，封装成本越高）。在芯片还没有开始销售时，无晶圆厂公司就需要支付光掩膜、晶圆制造、封装、芯片测试和物流的费用。此外，还应根据员工的任职资格发放丰厚的薪水。对于无晶圆厂公司来说，理想情况是由客户承担这些费用。但是只有成功实施过一系列项目，并且公司声誉、技术竞争力和财务稳定性得到客户认可，才有可能获得如此高额的资金。最重要的是，客户在不损害自己主要业务的前提下才会负担无晶圆厂项目的资金。这种情况只有当客户是营业收入很高的大公司（或者是国家订单承包商）时才有可能发生。实际上，所有的资金缺口都是由无晶圆厂公司弥补的。这样的财务模式回答了为什么许多公司尽管拥有高质量的开发人员以及先进的软件、硬件和分析设备等，但不从事现代无晶圆厂业务的问题。

即使在项目成功实施后，也可能会出现其他问题。例如，在首批产品量产两年后，产品畅销，但有 5%～10% 的微电路因为进货控制而被舍弃［这样的情况并不少见，如最近 AMD 和格罗方德（Global Foundarie）众所周知且尚未解决的关于 32nm 和 28nm 设计规则的加速处理单元案例或 Ramtron 和英特尔的案例[16]］。

无晶圆厂公司里的失效分析专家通过在拥有电子显微镜、化学和等离子刻蚀设备的先进逆向工程实验室的努力工作，发现了代工厂在制造工艺过程中导致故障的原因，则有必要告知工厂，其制造工艺中存在问题，并会对公司自身利润和客户认可产生负面影响。你作为大生产厂中机器上的一个小齿轮，你的信息会得到代工厂的同情。但是不幸的是，公司会被告知，微电路出错是由于自身开发人员或者封装人员的错误造成的，因为其他使用该制造工艺的客户并没有提出任何问题。令人遗憾的是，这不是抽象的假设，而是经验之谈。代工厂既没有意愿也没有可能去处理小客户关于技术方面的合理评论。

4.6.9 无晶圆厂模式工作组织的一般建议

根据前面提到的事实，可以得出以下一般性的结论。

1）无晶圆厂业务是设计领域中比较复杂的业务。

2）无晶圆厂业务主要市场定位是设计和专用集成电路（ASIC）和专用标准产品（ASSP），这两种产品价格中包含对独特性的支付。

3）客户是无晶圆厂业务的主要参与者。他们对于无晶圆厂项目的启动至关重要。最终，是由客户支付产品设计（独特性）和制造的费用。

4）只有所设计产品符合客户需求（在技术、财务或其他方面具有优势）的情况下才有可能取得成功，也就是说应在设计的第一阶段就与客户协商技术特性。

5）与远在国外的硅代工厂开展合作，在 CAD（许可和支持）方面有严格限制。这里有明显的关联性：代工厂提供的制造工艺越标准，无晶圆厂公司的设计就越不独特，利润也就越少。另一方面，硅代工厂的特定制造工艺通常要使用未经充分验证的初始 PDK，这又可能导致额外的费用。

6）多项目晶圆（MPW）方法允许削减原型制造的支出，但是缺点是依赖于代工厂的 MPW 投产时间表，并且 MPW 投产数量较少。

7）与代工厂的合作可能会相当困难，但如果能够增加订单数量和订单比例，合作就会变得更有效率。外包给测试代工厂会减少一部分测试支出，但也会带有一定的风险。

8）设计中心需要拥有大量流动资金来实施无晶圆厂项目，无论是自己的还是筹集的（客户或银行贷款）。

4.7 国内航天器设计选用国外基础电子元器件的特殊考虑

4.7.1 使用国外制造基础电子元器件必要性的基本前提

苏联解体后，在国内微电子设备中使用国外制造的电子元器件已成为一种不断上升的趋势[17-23]。国外制造的电子元器件在元器件使用总量中的占比稳步上升。在运载火箭和航天技术等重要战略领域，同样体现了上述趋势。这些行业对电子元器件的质量要求更高。

在苏联时期，由于国家的大力支持，电子工业的发展尽管落后于其他一些国家，但提供的国内基础电子元器件能够满足电子工业的大部分需求，包括军工行业需求（如图4-14）。

上面级和助推器10%～20%
Fregat, Briz-M, Briz-KM(D, DM),
Vesuvij, KVRB

新的航天装备和系统
50%～80%转发器，控制和
测量系统设备，机载转换器

运载火箭0%
全部使用国产ECB

图4-14　运载火箭和航天技术中进口基础电子元器件占比变化

因此，运载火箭和航天器的所有电子元器件均使用国产基础电子元器件。俄罗斯的Fregat、Briz-M、Briz-KM（D，DM）、Vesuvij、KVRB等的上面级和助推器已经使用了10%～20%的进口基础电子元器件。2000—2005年，用于新的航天装备和系统（除了运载火箭）的进口基础电子元器件比例上升到50%～80%。在撰写本文时，俄罗斯还没有应用于转发器、机载转换器、控制和测量系统设备、导航装置等所需的基础电子元器件设计规范。

应当指出，这种趋势将在可预见的发展时期内继续保持。其原因如下。首先，用于未来火箭与航天技术、武器装备和军事装备的基础电子元器件的产品范围超过数万种类型。如果国防部MIC和俄罗斯航天局等相关部门组织并实施该清单的协调和最小化工作，可以在短期内减少到5000～7000的数量。但由于一些客观原因，即便是这个数量，本国电子工业也无法在短时间内生产出来。

其次，随着互联网的发展，电子元器件和系统设计人员可以访问用于各种用途，包括航天应用大量基础电子元器件数据库。数据库中电子元器件的代表性和质量等级可以使设计人员轻松选择正确的微电路类型，并且基础电子元器件应用指南中关于电路设计特点的具体案例可以帮助设计人员进行电子设备设计。

国内同类基础电子元器件数据库在表述质量和技术文档范围方面明显逊色，有时还存在不准确和错误。这些阻碍了开发人员解决主要任务，即快速准确地设计符合要求的电子设备（单元、系统）。

因此，现在或不久的将来，除了一些涉及国家军事和技术安全的特别敏感的领域外，在一般民用电子产品以及航天和核工业领域电子产品的设计和制造中，完全消除进口基础电子元器件的使用是不可能的。

无论如何，有必要建立一个现代化的国内基础设施，以满足这些敏感领域对于先进基础电子元器件的最低需求——这既适用于微电子工艺（该领域已经做了很多工作），也适用于设计技术。为此，本书介绍了最新工艺、电路设计方法和亚微米电子元器件测试方法等方面的材料，这些材料可被国内专家用来解决这一问题。这对于运载火箭和航天事业的可持续发展至关重要。

在微电子设备研制过程中，可以识别出与国外基础电子元器件相关的若干关键环节，这些环节显著影响电子元器件的质量和效能[18]，包括：电子元器件的选择、采购和认证测试过程的组织，以及作为特定电子设备组成部分的具体实现等。这些有关基础电子元器件选用的详细描述见文献 [23]，其中的关键点将在后面予以讨论。

4.7.2　关于国外制造基础电子元器件选用阶段的考虑

无论是一个整体设备还是设备中包含的基础电子元器件，设计人员对基础电子元器件的选择都是从起草系统工程和电路设计工作说明书时就已开始，直到客户决定是否在此类微电子设备中使用所选范围内的国外制造的基础电子元器件时结束。决定的同时还应批准一个外部的影响因素模型，并且针对该模型进行国外制造电子元器件的合格认证测试。国外制造的电子元器件的成功选择由以下因素决定[18]：

1）承包商对电子元器件质量（性能）的正确要求，这些要求对客户来说是必要的，同时也是符合电子设备研发工作说明书中规定的战术与技术指标要求以及正确建立外部的影响因素模型所必需的，电子元器件将在外部的影响因素下运行。

2）承包商对于所需电子元器件全球市场特征的透彻了解。

3）承包商处理国外元器件信息的能力。这里要强调的是，信息应是从可信渠道获得的最新且可靠的（非广告）信息。

需要注意的是，由于缺乏对电子元器件等级的明确定义，往往会导致在对国外制造基础电子元器件进行质量初步判定时出现重大错误。在判定国外制造基础电子元器件等级时出现的最常见错误是以使用条件概念替代某些派生参数，例如工作温度范围。因此，国外基础电子元器件制造商给出的工作温度范围常常被用于指定电子元器件的特定等级（即元器件整体质量，而不考虑产品设计和制造所应遵循的外部影响因素模型的其他指标）。

等级被理解为普遍认可的应用条件类型，特定类型的基础电子元器件针对该条件进行设计和制造（包括制造过程中的控制和测试）。

国外制造元器件的等级如下：

1）航天产品（用于航天应用的产品）应符合负责评估产品质量等级和制造商等级的政府机构所发布的规范和标准。到目前为止，这类国际公认的政府机构只有四个。其中三个隶属于不同的航天机构，另一个隶属于美国国防部。可以从这些机构的文件中了解到制造商的（制造工艺、基础电子元器件质量）资格等级。

2）军用产品（用于军事用途的产品）应符合负责评估产品质量等级和制造商等级的政府机构所发布的规范和标准。到目前为止，军用级别仅由一个政府机构进行合格认定，该机构隶属于美国国防部。

3）工业产品应符合某一行业的国际专业协会所发布的标准。产品质量通过这些专业协会颁发给制造商的合格证书予以保证。

4）商业产品应符合制造商基于基础电子元器件市场推广政策所发布的规范。在这种情况下，这些产品质量的唯一保证是公司自己的质量管理体系。

电子元器件的选择是一项多目标优化任务。影响选择的因素以及该因素在决策中的权重在很大程度上取决于所开发项目的具体条件。即使如此，仍然可以确定若干组普适性因素[15,18]，这些因素通常会伴随着电子元器件的选择[15,18]。具体包括特定基础电子元器件细分市场的参数，以及所设计电子设备批量生产的可能性、研发工作所需的技术和经济参数等。下面将仔细考虑这些影响因素。

（1）符合功能要求元器件的细分市场参数

这里应考虑两组因素，即所设计电子设备的功能和被推荐基础电子元器件制造商的信息。

1）产品功能包括以下部分：

a）与所属电子元器件功能有关的规范；

b）此类基础电子元器件设计和制造所针对的外部影响因素模型；

c）当前对于该产品可使用的应用限制。

正如市场营销人员所说，根据产品设计遵循的产品规范和外部影响因素模型选择获得公众认可（国家认证中心、行业协会等）的电子元器件才是可取之道。

2）制造商信息应包括以下数据：

a）生产中执行的质量体系；

b）采用的技术，包括目前正在使用的技术和计划在中期内使用的技术；

c）在元器件选择和交付阶段提供的文件；

d）供应商的保证。

就制造商的质量管理和技术实施而言，为了确保制造出预期的产品，最好是选择那些获得公众认可的制造商。对于电子元器件的有效使用来说，制造商提供的所有附加文件都是重要的，包括所需产品生产过程中进行和记录的检验与测试报告。

3）产品价格（这对于计算项目总成本是很有必要的，尤其是对于电子设备原型）。

（2）批量生产前景

这里的一个重要参数是所选择元器件的生产周期，该周期由制造商予以声明。此外，需要关注制造商关于元器件可能更换或升级的特别建议。

对于设计人员来说，政府发布的有关元器件销售的任何限制性信息也同样重要。

（3）研发工作技术和经济指标（由电子设备设计人员准备）

对该组参数贡献最大的是以下因素[18]：

1）作为研发工作（整个项目）的一部分，为了优化国外制造基础电子元器件清单而进行的工作安排；

2）确保在后续研发阶段对选定的国外制造基础电子元器件价格/质量变化（灵活性）的可能性。

在选择电子元器件时，项目执行者处理国外制造基础电子元器件原始资料信息的实践能力是非常重要的。需要重点了解的是，与国外制造基础电子元器件相关的信息来源共有四组：

1）制造商、技术和产品国家（或国际）认证中心；

2）电子元器件生产（使用）行业专业协会；

　　3）基础电子元器件制造商；

　　4）各类电子元器件分销商专业协会。

　　在这一阶段，当为项目选择电子元器件时，前三组是信息量最大的（来自分销商协会的信息更多地用于后续使用国外电子元器件的工作阶段）。每一组都可以提供有关某个特定元器件或特定制造商的附加信息，这些信息可以在交付和担保谈判等后续环节使用。

4.7.3　国外制造基础电子元器件认证测试的特殊方面

　　就重要性而言，客户最优先考虑的是国家（或国际）认证中心提供的电子元器件合格信息，尤其是对于以军事和航天应用为主的高端基础电子元器件。目前，在基础电子元器件的质量评估过程中，以下权威机构发挥着最重要的作用：

　　1）美国哥伦布国防供应中心（Defense Supply Center Columbus，DSCC）；

　　2）美国国家航空航天局戈达德空间飞行中心（Goddard Space Flight Center，GSFC）；

　　3）欧洲空间电子元器件协会（European Space Component Coordination，ESCC）；

　　4）日本宇宙航空研究开发机构（Japan Aerospace Exploration Agency，JAXA）。

　　哥伦布国防供应中心隶属国防后勤局（Defense Logistics Agency，DLA），成立于1996 年，目前职能是维护技术条例数据库以及处理军用产品质量问题。现在该中心支持以下级别的标准、法规和规范的制定、协调和修订[18-23]：

　　1）用于军事和航天应用的物料（item）手册；

　　2）联邦/军用标准；

　　3）所有类型的联邦/军用/详细/性能规范；

　　4）标准微电路图和供应商物料（item）图。

　　基础电子元器件的质量评估问题作为以下国际项目的一部分进行处理：

　　1）通过发布合格制造商名录（Qualified manufactures list，QML）对制造技术进行质量评估。该工作是针对所有类型（集成和混合）的半导体器件（FSC - 5961）和微电路（FSC - 5962）的制造商（制造技术）进行的。

　　2）通过发布合格元器件清单（Qualified parts list，QPL）对所生产产品进行评估。DSCC 仅在电气和电子设备组件供应组内维护 17 个供应类别的 QPL，包括电阻（FSC - 5905）、电容（FSC - 5910）、继电器、螺线管（FSC - 5945）、线圈、变压器（FSC - 5950）等。数据库包含 200 多个合格产品清单。

　　3）通过发布合格的分销商供应商清单（Qualified Suppliers list of distributors，QSLD），对分销商提供的服务进行质量评估。这项工作主要是针对分销商，即半导体器件（FSC - 5961）和微电路（FSC - 5962）的二级供应商。需要注意的是，DSCC 对于其他类别产品的分销商也给予了一定的关注，这体现在发布的合格元器件清单中。

　　电子元器件和封装项目的领导机构是戈达德空间飞行中心（GSFC），该机构是美国国家航空航天局的一部分。

　　GSFC 负责维护一个电子元器件标准、法规和规范的数据库，并处理航天应用领域电子元器件的质量问题。该中心与 ESCC、加拿大航天局、JAXA、美国国防部及其他电子元器件设计的监督机构协调开展工作。现在，GSFC 支持以下级别的标准、法规和规范的制定、协调和修订：

1）用于航天应用的物料（item）手册；

2）NASA 标准；

3）用于航天应用的特定类型的产品规范。

该中心还发布了一份 QPL 目录。该目录仅包含按照该中心规范进行制造的产品。

此外，该中心支持 NASA 网站建设中优选的元器件清单部分。

ESCC 作为欧洲空间局的一部分开展工作，以确保航天研究所涉及的组织和公司在电子元器件领域的有效协调，这些组织包括英国、德国、意大利、爱尔兰和法国的国家航天机构。ESCC 活动遵守欧洲空间局标准化机构——欧洲空间活动标准组织（ESOSA）制定的相关标准化文件要求。

ESCC 同样维护一个电子元器件标准、法规和规范的数据库，并处理航天应用领域的电子元器件的质量问题。ESCC 支持以下级别的标准、法规和规范的制定、协调和修订：

1）用于航天应用的物料（item）手册；

2）ESCC 标准；

3）用于航天应用的特定类型的产品规范（ESCC 规范）。

ESCC 还发布了以下文件：

1）ESCC REP001：已发布的 ESCC 文件和规范清单（该清单第九版，2011 年 12 月发布，当前有效）。

2）ESCC REP002：已终止的 ESCC 文件和规范清单（该清单第七版，2011 年 12 月发布，当前有效）。

3）ESCC REP005：ESCC 合格元器件清单（QPL）。该清单当前有效版本发布于 2011 年 12 月 15 日。根据此版规定，航天应用领域的合格元器件将被分为 11 个类别进行制造。

4）ESCC REP006：ESCC 合格制造商清单。

5）EPPL：电子元器件优选清单。

JAXA 支持以下级别的标准、法规和规范的制定、协调和修订：

1）航天应用领域特定类型电子元器件的合格测试规范；

2）航天应用领域特定类型电子元器件的应用数据手册。

该机构还维护以下电子元器件的质量评价数据库：

1）合格制造商数据库，用于对制造技术进行质量评价；

2）合格元器件数据库，用于对交付产品进行质量评价；

3）航天应用领域特定类型电子元器件的合格测试规范清单。

从 JAXA 发布的文件中，可以清楚地看到这些文件与美国戈达德空间飞行中心和哥伦布国防供应中心批准的规范性和技术性文件的一致性。

前面提到的所有政府性组织（DSCC、GSFC、ESCC 和 JAXA）几乎采用同样的方法和组织方式协调确保电子元器件的品质。这些方法方式也适用于基础电子元器件质量控制管理。只有欧洲空间局在基础电子元器件质量等级认定以及在 QML 和 QPL 认证公司中设置 ESCC 常驻检查员方面存在差异。

第二组关于工业级电子元器件相关信息的可信来源是电子元器件生产（使用）行业的

专业协会。最重要并且最常被提及的是下面三个组织。

国际电工委员会（IEC）是电气、电子及相关技术领域标准化的非营利组织，它的一些标准是与国际标准化组织（ISO）联合制定。IEC 致力于标准的制定和传播，并维护一个标准数据库。该数据库涵盖电子元器件测试标准（IEC 60068 系列标准）以及所有类别电子元器件的通用和分组规范（元器件的详细规范由制造商制定，并要求符合 IEC 标准）。

联合电子设备工程委员会（JEDEC）是电子工业联盟的工程标准化委员会。电子工业联盟是一个代表电子行业分支的工业协会。JEDEC 成立于 1958 年，旨在制定半导体器件标准。JEDEC 以其协调制定计算机存储器标准而闻名，在工业生产中享有良好声誉并具有重要影响。世界领先的电子元器件制造商和开发商都参与了 JEDEC 活动。其最出名的是集成电路应力测试驱动鉴定标准（JESD47）和测试方法标准（JESD22 系列）。

汽车电子委员会（AEC）是汽车工业电子元器件标准的制定者。其最出名的是微电路标准（AEC – Q100）、半导体器件标准（AEC – Q101）和无源元件标准（AEC – Q200）。包括制造商在内的大量可信渠道提供了更加广泛全面的信息。

4.7.4　关于如何进行国外制造基础电子元器件单列清单分析的考虑

元器件选择期间所有考虑事项及其研究深度都会在允许使用的元器件类型清单中得到反映。在俄罗斯，RNII 电子标准试验中心作为上级组织定期对国外制造基础电子元器件类型清单进行快速分析。为进行分析，他们采用允许使用并接受认证测试的元器件类型清单。国外制造基础电子元器件清单分析的主要内容如下[20]：

1）单个客户提供的国外基础电子元器件清单中存在重复的元器件类型；

2）所选电子元器件的生产周期；

3）所选电子元器件的质量等级；

4）改进所选制造商产品中元器件质量的可能性；

5）通过更换部分所选制造商，以实现电子元器件标准化的可能性。

图 4 - 15 显示了清单中供货的五种电子元器件类型的重复率分析结果，可以看出，元器件类型重复率从 6％到 26％不等。基础电子元器件清单中重复种类的存在表明基础电子元器件客户的订单并没有被主要承包商有效处理。应注意的是，重复的基础电子元器件种类将增加交付产品的不一致性（降低可靠性）并增加认证测试的工作量。

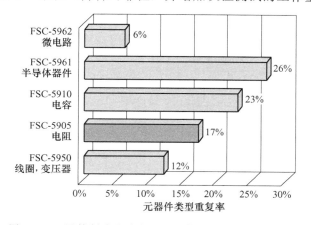

图 4 - 15　国外制造基础电子元器件按类型重复率的排列

所选电子元器件的生产周期是通过制造商网站信息确定的。在对基础电子元器件制造商信息进行分析时，应当注意以下几个方面：

（1）所选的基础电子元器件目前可获得并已制造。在分析过程中，其结果可以被简化为四种结果之一，以使客户能在将来做出决策：

1）此种基础电子元器件目前已制造；

2）已制造的基础电子元器件与所选产品是同系列，但做了不同的修改；

3）此种基础电子元器件已停产，制造商的网站上没有关于此基础电子元器件的信息；

4）在制造商的网站上没有关于此基础电子元器件的信息。制造商网站上缺少此类产品信息的最可能原因如下：

a）该产品是定制的（一次性的），并非系列生产；

b）该产品早已停产，公司也不再支持其在线信息；

c）该产品是假冒的。

（2）关于预选的基础电子元器件的使用，存在一些制造商给出的限制和建议。制造商的限制主要是两种类型的警示：

1）不建议将此种基础电子元器件用于新设计——通常这意味着这些元器件将很快停产。

2）此种基础电子元器件的最终销售正在进行中——在这种情况下，对于要停产的产品，通常会指出接受制造订单的结束日期和计划发货日期。

制造商的建议包括某些特定元器件在关键应用中的使用限制（如使用条件涉及暴露因素、生命安全等）。制造商还会对已经停产的或在新设计中存在使用限制的基础电子元器件提出替换的建议。

微电路和半导体器件制造商信息的分析结果如图 4 - 16 所示。可以看到，仍在生产的元器件比例占 60%～73%，具体比例取决于元器件的类别。大部分停产、不推荐用于新设计或制造商网站上未提供信息的电子元器件类型是将来出现采购问题和因假冒商品造成财务问题（损失）的根源。

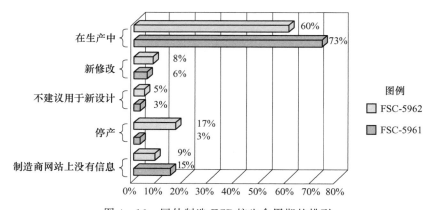

图 4 - 16　国外制造 ECB 按生命周期的排列

以微电路（FSC - 5962）和半导体器件（FSC - 5961）为例，所选元器件的质量分析结果如图 4 - 17 所示。可以看出，这里最具代表性的是商业产品——超过 80%。在已开展的工

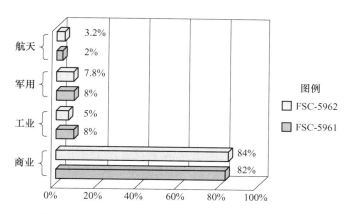

图 4 - 17　国外制造基础电子元器件按元件等级的排列

作基础上，可以预测这一组将来可能会发生的各种问题，包括对元器件正确的规范和技术文档的获取、涉及产品生命周期的问题（特别是系列产品生产）以及假冒产品问题等。

　　工业级别电子元器件的比例非常小，只占按照符合专业协会标准的技术文档进行生产的器件的 5%～8%。军用级别和航天级别的元器件共计占比 10%～11%，其中耐辐射元器件的比例不超过元器件总数的 0.5%。

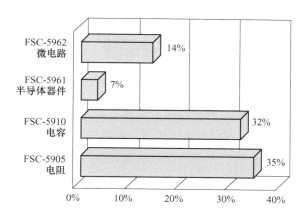

图 4 - 18　对选定制造商进行器件质量改进的可能性

　　图 4 - 18 显示了对于同一制造商将元器件质量从商业级和工业级提升到军用级的可能性分析。从图中可以看出，有源元件的改进可能性只有 7%～14%[①]，无源元件的改进可能性也只有 32%～35%。质量改进可能性如此低的主要原因如下：

　　1）制造商的选择，该制造商没有参加国家（或国际）认证中心的技术或产品认证项目；

　　2）产品系列的选择，该产品系列没有更高质量等级版本。

　　以某项目清单中的 FSC - 5905 电阻为例，评估通过更改制造商来提升电子元器件标准化的可能性。作为清单优化活动的一部分，电阻清单是根据同一家制造商生产的产品生成

---

　　①　此处原文为 8%～9%，图中为 7%～14%，按图中修改。——译者注

的。因此，五家制造商〔天二科技股份有限公司（EVER OHMS Technology Co.），厚声电子工业有限公司（Uniroyal Electronics Industry Co.），维谢科技公司（Vishay Intertechnology），国巨股份有限公司（YAGEO Corporation），飞元科技股份有限公司（Phycomp）〕的产品被压缩到只由单个制造商维谢科技公司按照 QPL 要求生产。

由此得到的主要结果如下：

1）由于没有从不同厂家订购相同尺寸和额定值的电阻，因此电阻的类型总数减少了 27%（这种类型数量的减少也带来了同一类型电阻批量的增加）。

2）根据质量对同一类型组别的电阻进行分类，并在不损失产品质量的情况下进行选择。以公差和电阻温度系数作为质量指标，在进行分组时，这些值按分类组中的最大值来进行选择。

3）将全系列电阻质量等级提升到军用级别和航天级别的能力。因此，同一制造商清单中的所有类型的电阻都可以使用更高质量等级的产品来替换。

因此，我们可以得出以下结论：

1）选择阶段是决定国外制造电子元器件质量水平的关键阶段。该阶段的工作效率取决于设计师个人和主要设计团队专家对该问题的研究情况；

2）对部分允许使用的国外制造基础电子元器件类型清单的分析结果显示如下：

a）战略性重要设施的设备所选用的国外制造基础电子元器件中，包含着不可接受的过大比例的商用级别元器件；

b）清单中包含制造商限制在新设计和关键应用中使用的电子元器件。

4.8　航天器电源系统国产元器件的特点

军事和航天装备的发展水平在很大程度上取决于所配备电源系统的效能。一般的现代电力工程，特别是电源系统（PSS）是由不同工业部门、陆军和海军的企业和机构提供的复杂且相互关联的电力供应系统。电源系统包括各种各样产生、转换、传输、分配和开关电能的设备。

在过去的 15 年中，二次电源（电源系统主要组成部分）的全球市场持续保持较高增长率（每年 12%～15%）。仅 2010 年美国 AC/DC、DC/DC 和 DC/AC 转换器的市场规模就超过了 150 亿美元，其中 DC/DC 转换器达到 50 亿美元。

随着二次电源市场增长，竞争变得更加激烈，这也促进了二次电源产品的改进。这种改进只有通过采用先进的电源系统设计方法、高效的技术解决方案、新型的电子元器件、改良的制造工艺以及生产自动化才有可能实现。

目前，世界上航天系统、武器和军事装备的发展特点是功率负载显著增加。因此，武器和军事装备供电问题已成为战争手段发展的新概念方法中最重要的因素之一。

现代二次电源的主要特点是：

1）各类电子设备功能任务的一致性（电能转换、输出电压稳定、设备过载保护、干扰抑制、输入输出电路的电隔离等）；

2）在创建系列产品时，广泛使用标准设计以及统一的元器件基础；

3）二次电源的模块化设计以及标准化的封装和安装尺寸，使得操作时更容易评估其互换性。

在苏联工业体系中，二次电源主要由使用企业自行设计，以满足自己产品的供电需求。通常，这些设计没有标准化，价格昂贵，并且仅适用于军用电子相关的特殊应用。当时，与外国领先国家相比，苏联工业没有专门的军用二次电源制造厂。

直到 21 世纪初，航天器和武器装备的主要电源系统仍基于传统准则进行设计，这些准则与 20 世纪 80 年代性能标准相对应。当外国制造商在电子产品方面取得巨大进步的时候，苏联自制电源系统的外观和性能在 15～20 年间几乎保持不变。

与此同时，苏联制造的专用电源设备的许多性能特性低于西方最好的同类设备（例如，特定的二次电源功率输出低 2～3 倍以及开关装置使用次数低于 10 倍）。

当时可用的国产二次电源技术水平远低于外国同类产品，在供电质量、可靠性、设计、输出电参数、功耗和效率等方面均达不到俄罗斯航天局和国防部等客户的要求。然而，广泛用于武器、控制、制导、导航、雷达等系统的先进的具有计算能力的电子设备对二次电源质量和可靠性非常敏感，需要高度稳定和不间断的电源。

因此，主要武器和军事装备和航天系统的设计者获得了使用进口元器件的特别授权。

目前，在国产武器和特殊装备的重量和体积中，电源系统占比达到 30%～40%。从多个方面看，这解释了为什么航天和军事装备高达 50% 的故障和失效是由于电子设备的二次电源造成的。因此，二次电源重量和尺寸的减小以及可靠性的提升，对于军事装备的发展，尤其是航天装备的发展至关重要。

为了提高产品质量、设计可靠的高性能电源系统，主要措施之一是开展电源系统的产品统型和模块化设计。其主要原则早在 20 世纪 80 年代就由苏联国防部（MoD）、电子工业部（MEI）、无线电工业部（MRI）和其他工业部门的专家团队给出了界定。今天，这些原则对于专用二次电源标准化模块的制造仍然至关重要。

值得注意的是，国内二次电源在这方面与国外存在较大差距，国内在 20 世纪 90 年代后期才真正开始这方面工作。而国外在 20 世纪 70 年代就引入了电子设备（REE）模块化设计原则，这也导致电源实际上成了一种新的元器件类型。

美国军事航空专家在 1997 年发表的一份报告中描述了这种差距的典型例子。该报告提到了对 1976 年维克托·贝连科（Victor Belenko）中尉驾驶飞往日本的 MiG - 25P Foxbat 喷气式截击机的技术层面的看法。一方面，专家们对发动机和机体的高水平集成感到惊讶；但另一方面，他们将 MiG - 25P 和 F - 4 Phantom Ⅱ 电子设备之间的差异描述为像留声机和晶体管收音机之间的区别。

为了消除国内航天和专用电源系统的这一劣势，在国家基础电子元器件长期发展规划和专项发展计划中需要立即解决的关键问题如下：

1）设计、生产并向航天和国防领域稳定供应各种半导体器件和集成电路，以支持先进的二次电源设计，能够满足地面环境和深空连续和脉冲辐射环境下的使用。

2）研究实际应用条件下，航天和军用电子设备中电源系统所使用的全部基础电子元器件的可靠性。

3）用于 AC/DC 二次电源的工作电压为 600～1200V 的高压半导体晶体管、用于 DC/DC 二次电源的工作电压为 60～200V 的高速半导体晶体管、高频整流器的快速二极管和晶体管、电源系统高能关键元器件的操作控制器、精度为 ±1% 的 2.5V 参考电压源，上述元器件是确保现代二次电源稳定运行所必须使用的关键组件。

为此，特别需要设计并批量生产功能强大的新型紧凑型集成电路，用于低压差线性稳压器和宽范围输出电压稳压器；大功率 N‑MOSFET、P‑MOSFET 和双极晶体管（IGBT）；电源管理脉冲宽度调制（PWM）控制器 IC；高速肖特基二极管。

以上问题的成功解决可以使设计的二次电源电路损耗降低数倍，并提高可靠性和转换器频率，进而减小二次电源重量和尺寸，获得成本和性能优势。

二次电源制造所需元器件的主要消费者除了分销商和引领与追随企业外，还包括 JSC MMP-Irbis、Aleksander Electrik、Kontinent 等俄罗斯二次电源制造商。即使在 20 世纪 90 年代工业崩溃时期，这些公司还是率先意识到统一的二次电源模块市场的优势和机会，当时大多数公司正在解散自己的二次电源和电源部门。统一二次电源的另一个制造商是 JSC SPE ElTom，它在 20 世纪 90 年代后期选择以二次电源模块设计和制造作为公司进一步发展的基础。与其他公司不同，ElTom 只专注于专用设备的二次电源。经过很长一段时间之后，ElTom 的发展路径才被其他一些俄罗斯公司认可和采用，如 JSC GC Electroninvest、JSC SKTB RT、JSC Aleksander Electric 和 JSC MMP Irbis。

值得一提的是，ElTom 是第一家使用明斯克晶体管工厂生产的元器件来设计二次电源，并成功通过国防部国家基础元器件认证的俄罗斯公司。ElTom 确保了二次电源满足国防部标准规定的质量，并成为军用二次电源设计与制造的引领者。

因此，SPE ElTom 与晶体管工厂的成功合作，改变了当时俄罗斯国防部的观点。当时国防部认为制造先进的专用二次电源绝不可能使用国产元器件，而只能使用外国制造的半导体元器件。

4.9 机载电子设备对空间电离辐射的耐受力

在过去两三年中，运载火箭和空间设备的质量与可靠性保证受到了高度重视。具体体现包括高级官员以及联邦相关机构和部门决策者出席的一系列会议以及工业领域关于这一主题发表的一些出版物[24,25]。

如前所述，外太空使用的基础电子元器件的主要特征如下[9]：

1）功能范围广（根据 ESCIES 的说法，约 1500 种电子元器件）；

2）生产量极少（在整个产品生命周期中需要 10～15 个到 100000 个元器件不等）；

3）高可靠性要求（无故障运行、耐用性、可存储性）：尽管 ECB 产量很小，但是要求有源器件的 $\lambda=10^{-9}\sim10^{-10}$、无源器件的 $\lambda=10^{-11}\sim10^{-12}$；

4）抗空间电离辐射（根据 escies. org，不低于 50krad）和其他特定的空间扰动因素（DSF）；

5）工作温度范围宽（−60～125℃）；

6）确保长期无故障运行（15 年及更长时间）。

即使是这一简短特征列表也表明，航天微电子的发展方式与 ITRS 定义的一般工业电子路线图[26]不同。它处理的是极低的产量需求。

测试成本取决于一系列标准规定和客户附加要求。根据现有标准，大多数基础电子元器件辐射耐受性测试方法对应于一次核爆炸的影响。但外太空环境完全不同，不仅有外太空重带电粒子及高能质子辐射，还有来自地球天然辐射带并长时间作用于航天器的低强度电子和质子辐射。

　　目前对空间扰动因素所引起影响的国际分类已经被采用，这个分类非常完整，不只包括辐射因素的影响。

　　图 4-19 显示了各种扰动因素对运载火箭和航天设备影响的相关统计数据。但其中仍然缺乏对考虑了不稳定空间因素条件下基本功能特性的航天质量基础电子元器件的规定。

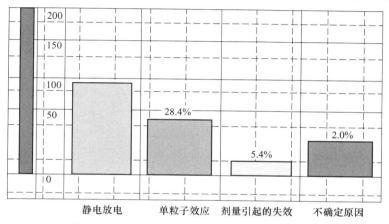

图 4-19　异常因素导致运行异常的分布情况①

　　其他国家非常重视规范性文件的编写和更新。特别是，美国国防部有一套完备的标准和规范体系，描述了航天基础电子元器件的相关要求以及设计和制造的方法。该体系的基本情况如图 4-20 所示。

美国国防部空间电子主要标准：
MIL-STD-883. 微电路试验方法
MIL-STD-750. 半导体器件试验方法
MIGSTD-15478. 空间飞行器和运载火箭用电子零件、材料和工艺
DoD-E-8983. 电子设备航空航天扩展空间环境通用规范
Mil-PRF-19500.半导体器件通用规范
Mil-PRF-38534.混合微电路通用规范
Mil-PRF-38535.集成电路(微电路)制造通用规范
QML-38535. 合格制造厂商名录
MIL-STD-1523. 航空航天应用中老化敏感弹性材料的老化控制
MIL-STD-1580. 电子、电气、机电元件的破坏性物理分析
MIL-STD-1540. 运载火箭与空间飞行器/航天器的测试要求
MIL-HDBK-217. 电子设备的可靠性预计
MIL-HDBK-263. 电气和电子零件及装配保护用静电放电控制手册
MIL-HDBK-343. 独特航天器的设计、建造和测试要求

图 4-20　美国国防部标准和规范

　　其中大多数可从美国国防部相关机构及其承包商的官方网站（如 snebulos. mit. edu/projects/reference、assist. daps. dla. mil/quicksearch、www. dscccols. com 等）上免费获取。欧空局（ESA）也通过 ESCIES（www. ESCIES. org）编制了相关的规范性文件。

———————————

　　①　图中标注数字与柱状图高度不一致。——译者注

NASA 内部也有一个特别计划（nepp. NASA. gov）。显然，ISO 9001：2008 认证对航天质量等级基础电子元器件的设计者和制造商来说是强制性的。

图 4 - 21 以 Aeroflex Colorado Springs（www. Aeroflex. com）为例显示了航天质量等级基础电子元器件开发商和制造商的认证方案。正如我们所看到的，在产品生命周期的所有阶段都需进行测试和认证程序。还要注意的是，通常航天应用的基础电子元器件生命周期非常长。对于相对系列化的服务设备（控制和测量系统、电源管理系统、遥测等）的组件，其装置生产周期可能超过 20 年。考虑到设计需要较长时间（主要取决于设备的全面性测试、地面测试和飞行测试），关键元器件也应该长时间处于投产状态。这与微电子的现状相反：微控制器和可编程逻辑器件每 2～3 年更新一次，甚至更频繁。航天设备生命周期要求与基础电子元器件实际的更新换代之间存在矛盾。

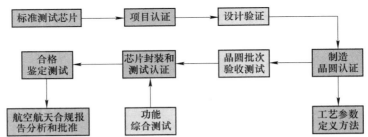

图 4 - 21　航天应用基础电子元器件设计和生产认证图
（以 Aeroflex Colorado Springs 为例）

目前在运载火箭和航天设备中呈现积极使用工业级基础电子元器件的趋势，但仍存在一些阻碍因素。工业级基础电子元器件制造商保证的可存储性、可靠性和辐射耐受性存在不足，而对此类基础电子元器件的认证和进一步测试成本非常高，几乎与专用基础电子元器件的设计和制造成本相当。

由于工业级基础电子元器件的生命周期极其有限，不管是重新整理设计和技术文件并进行额外测试，还是生产类似产品，都需要付出非常昂贵的代价。因此，对于航天基础电子元器件设计者的关键问题是使小批量生产的成本可以被接受，同时要无条件地提供范围广泛、生命周期长、可靠性高、抗扰动因素和容错性强的电子元器件（见图 4 - 22）。下面将考虑在当前情况下解决这些问题的方法。

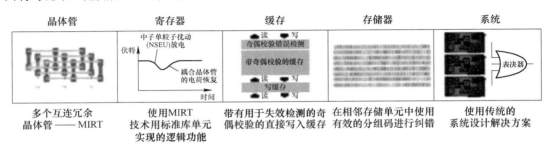

图 4 - 22　确保数字系统元件容错的方法

目前，抗空间扰动因素专用基础电子元器件可靠性提升的方法可分为四大类（如图 4 -23）。工艺方法包括使用超大规模集成电路（VLSIC）特殊制造工艺以及特殊材料，如蓝宝石上硅（SOS）、绝缘体上硅（SOI）、特定掺杂工艺等。所有这些方法都非常昂贵，因此仅由少数制造商使用。这种方法的主要引领者是美国霍尼韦尔以及派根半导体（Peregrine Semiconductors）等公司。增加耐受性的设计方法包括使用特殊封装以及局部保护等。

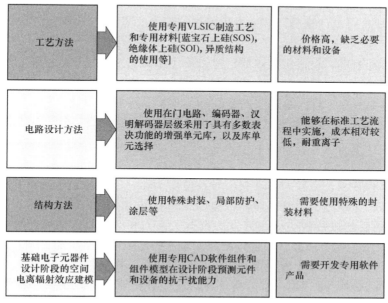

图 4 - 23　抗空间扰动因素的专用 ECB 设计方法

抗辐射包括抗重带电粒子（HCP）辐射加固电路设计方法，包含在门电路、编码器、汉明解码器层级使用具有多数表决功能的增强单元库、库单元选择以及许多其他技术（如图 4 - 23）。

抗辐射加固电路设计方法主要分为两组，分别是控制纠错方法和冗余方法。第一组方法采用冗余编码，例如奇偶校验码、汉明码以及多数表决等。这需要冗余设备和主要设备一起完成错误检测，并在可能的情况下纠正错误。第二组方法基于可操作性的测试，并以冗余单元自动替换缺陷单元。

抗辐射加固电路设计方法的主要优点是可以在使用标准化大规模生产技术的工厂中实施。这种方法在国际上被称为抗辐射加固电路设计[8]。通过这种设计方法，法国 MNS 公司在体硅上实现了约 100krad 的保证容限/耐受力。Aeroflex 也采用了相同的设计方法，通过领先制造商的常规工艺进行生产。

就俄罗斯而言，这种方法既可以利用外国工厂的现有生产能力，也可以利用 Micron 和 Angstrem 公司正在形成的生产能力。与使用特殊工艺技术相比，抗辐射加固电路设计方法增加的防护效果相当，但成本要低得多（5～7 倍）。

需要指出的是，俄罗斯航天系统公司和 NPP Digital Solutions 公司在研发可靠的 IP 核和 VLSIC 过程中，对抗辐射加固电路设计方法进行了测试[18]。俄罗斯航天系统公司设计了使用里德-所罗门保护编码（RS 码）的存储器控制器 IP 核。RS 码具有最佳代码长度（即对于给定的循环冗余校验码长度，该编码可以纠正最大可能的错误数）。RS 码在用于存储器时非常方便。由于闪存以页面模式访问，因此建议对整个页面进行编码。在这种情况下，校验和（Checksum）将位于末尾。

另一种增强单粒子效应抵抗力并控制 VLSIC 性能的方法是自定时（Self - Timing）设计原则[27]。通过 NPP Digital Solutions 公司开展的工作，最终获得了自定时 CPU IP 核和外围单元的电路设计及版图实现。在使用自定时方法时，每一个组合模块在完成预定工作后必须生成准备就绪信号，该信号用于先前模块的同步，从而确保事件的逻辑顺序。

自定时具有以下优点：

1）最大可能速度，仅由工艺参数、使用条件和处理的信息类型决定；

2）最广泛的工作温度和电源电压范围；

3）最佳功率效率，源于取消了产生功耗的时钟信号传输电路，并且未接收输入数据的电路部分会自动切换到节电模式；

4）不需要在电路中为具有严格相移要求的高速时钟信号分配安排额外的资源，因为各个模块都是本地同步；

5）外部条件和工艺参数的波动只会导致速度变化，不会导致失效（只要元器件开关能力保持完好），这就是自定时电路非常稳定的原因。

基于对现有工艺进行微小修改的方法占据了工艺和结构方法之间的中间位置（如图 4 -23），这些方法结合了结构和工艺解决方案。这些方法也包括增加 LSI 主芯片抵抗力。

众所周知[28]，CMOS 电路最受硅-介质层界面表面效应的影响。当暴露于电离辐射下，产生电子空穴对，带正电的空穴由于其低迁移率被捕获在电介质陷阱中。随着质子辐射累积量的增加，工作 MOS 晶体管和寄生 MOS 晶体管的正介电电荷和阈值电压漂移也在增加。在更大程度上，这适用于由正电势控制的 N 沟道晶体管。这种方式下，在使用传统的体硅工艺时，主要任务是获得具有低阈值电压漂移和高击穿电压的晶体管。为此，采用了工艺方法来提高栅氧化层质量。随着栅氧化层厚度的减小，累积剂量的影响也减小［这充分解释了超大规模集成电路（VLSI）在具有 $0.18\sim0.25\mu m$ 设计规则的体硅上的高性能］。而阈值电压漂移减小的同时，击穿电压也在下降。例如，在大约 900℃ 下进行栅氧化层退火作为标准工艺流程的一部分，可确保更均匀的 SiO_2 结构。但是，随着退火温度的升高，阈值电压漂移会增加。

另外，击穿电压值取决于保护环和漏极区域之间的距离以及保护环中的载流子浓度（其影响寄生晶体管的阈值电压电平）。通过在标准工艺流程内改变这些参数，可以获得必要的抵抗能力。

应特别注意在 VLSIC 设计阶段对空间扰动因素（DSF）的影响进行建模。一般而言[29]，现有的标准设计工具不提供评估 IP 块和 VLSIC 的潜在 DSF 抗干扰能力的特殊程序。

这个问题仍然需要解决。显然，应该开发国内的设计工具和相关模型。VLSIC 设计工业中心已在这方面采取了一些措施，包含国内 AVOCAD 软件的开发人员（V. N. Perminov 的团队）。这款 AVOCAD 软件[30,31]允许嵌入微电子用半导体器件的定制模型，包括考虑了空间电离辐射影响的元器件模型。VLSIC 设计工业中心已经将该系统集成到复杂设备元器件的统一设计流程中。结果表明，可以建立起一套将 DSF 条件下的行为纳入考虑的 VLSIC 设计流程。随着特殊电路设计技术的使用，这种方法可以显著减少开发电路设计解决方案时的迭代次数和开发成本。

接下来考虑这方面的生产能力和可能的组织措施。航天应用方面 ECB 开发商和制造商始终面临的主要挑战是如何将"冰"和"火"结合起来（即确保小规模生产和广泛的产品范围）。广泛的产品范围需要使用大量的工艺，这些工艺需使用昂贵的设备和原材料并且需要持续维护等。

鉴于大多数航天应用产品的生产量极低，有必要提供确保解决方案标准化的方法。首先，有必要区分航天器有效载荷和支持系统，并清楚地了解所需元器件的估计数量。航天器支持系统包括遥测、供电、指挥设备和测量设备。鉴于大多数航天器都是在标准平台上建立的，可以肯定地说，支持系统设备都在一定程度上实现了标准化，并且无论航天器的任务如何，都执行相同的功能。因此，遥测不依赖于航天器是否执行遥感、通信或导航功能。此外，航天器平台寿命长，因此它们的支持系统和元器件也应该具有较长的生命周期。这种系统的生产数量是数百或数千个器件。在数据处理速度、性能等方面，对支持系统的要求并不太严格。因此，实现支持系统的元器件不需要深亚微米工艺。

每个航天器的有效载荷设备通常是唯一的。对于星际航天器的设备来说，这一点尤其明显，量产是不可能的，每种元器件类型的需求几乎不会超过几十个。我们可以将一些卫星通信和导航系统如 GLONASS、GONETS 等视为批量生产，它们由足够多的设备组成。但与支持系统不同，有效载荷系统对速度和性能方面的要求通常非常严格。

从俄罗斯生产能力的技术可行性角度来看待这个问题。其目前情况是众所周知的，并且经常出现在媒体报道上。在设计和生产方面，JSC Mikron、JSC Angstrem、GC NPK 技术中心 MIET 和 Integral Holding（Minsk）目前可用的工艺有 $0.09\mu m$、$0.18\mu m$、$0.35\mu m$ 和 $0.8\mu m$。此外，工业和贸易部以及俄罗斯航天局的企业还有几条生产线。

关于 Angstrem，2016 年推出了 Angstrem - T 生产线，工艺能力为 $0.13\mu m$。因此（如图 4 - 24），在短期内（直至 2015 年），航天器支持系统中国产基础电子元器件的使用可能大幅增加。至于有效载荷，由于缺乏能够确保所需特性（速度、逻辑能力、存储器大小等）的宇航级基础电子元器件，所以仍在使用相当一部分的外国基础电子元器件，经常为工业级。设备设计师在下订单和列出 ECB 设计时，必须考虑到这种情况。

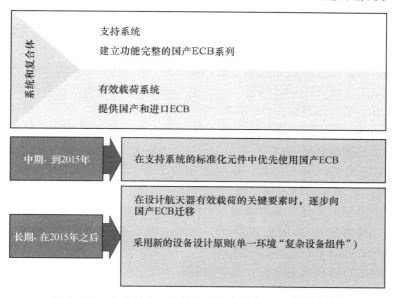

图 4 - 24 利用国内工艺基础生产宇航级 ECB 的前景[3]

虽然俄罗斯第一批亚微米生产正在兴起，但有必要认识到在短期和中期内一些技术不会出现。分析俄罗斯联邦电子元器件基础和无线电电子学发展目标计划（如 www.fasi.gov.ru）的文本，就能认识到我们不应期望在未来 5～10 年内出现耐辐射的大容量存储器、闪存、反熔丝 PLD 工艺等。

这意味着，在设计设备时，应保持国内和进口基础电子元器件的合理平衡，并且在制定元器件清单时，应考虑微电子工业发展的当前能力和前景。

鉴于此，在规划高可靠性应用的基础电子元器件设计和生产时，可以建立一个合作方案，根据该方案，俄罗斯生产商将进行设计、最终封装和测试操作，芯片将在俄罗斯工厂或国外制造（如图 4-25）。俄罗斯航天系统公司的 VLSIC 设计工业中心在这个方面采取了一些措施，该中心是专门为满足俄罗斯航天局对专用 VLSIC 的需求而建立的。

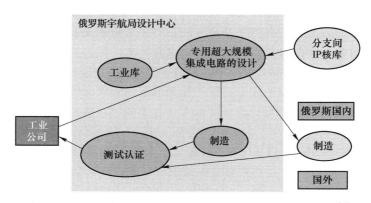

图 4-25　在设计和制造航天专用 ECB 方面可能进行的合作[9]

4.10　用于航天器电子系统的功率半导体器件

4.10.1　功率器件工作的基本原理

除了数字和模拟集成监测与控制系统（IMC）外，航天器（SC）电子系统也广泛使用功率半导体器件[32]。接下来分析一下 SC 机载系统的控制单元，即所谓的电子控制单元。电子控制单元把从传感器接收到的输入信号转换成电信号。然后，通过信号处理器件对该信号进行处理，以得到所需的控制信号。最后，信号处理单元将控制信号发送到被控装置或执行单元以获得必要的结果。

电子控制单元进行计算和测量，需要使用传感器、微控制器和功率半导体器件。图 4-26 给出了电子控制单元的常规框图。

如果把电子控制单元划分成功能块，就可以区分出电源、数据交换接口、带有外围设备的微控制器（存储器等）、后处理器件（例如 ADC：模拟/数字转换器）和执行单元。功率半导体器件主要用于执行单元和电源。

电子设备正逐渐取代机电设备，如继电器。由于它们必须作为更复杂系统的一部分发挥作用，对某些组件（短路和过载保护）的可靠性要求变得更加严格。诊断功能必须便于

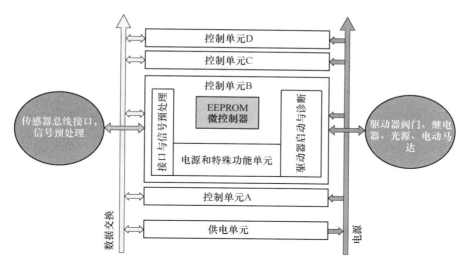

图 4 - 26　电子控制单元框图

在发生失效时进行故障检测并提高可维护性。这就是电子控制单元内的控制器和稳压器经常连接到电源和数据交换网络的原因。功率半导体器件可能具有非常简单的结构，也可能在某些极端情况下充当非常复杂的控制器。从这个角度来看，功率半导体器件这个术语在很大程度上取决于所考虑器件的类型。因为，根据应用的不同，转换功率可能会有十倍到千倍的变化。

但是，无论如何，这种器件的功能之一是驱动执行单元，如电动机、灯、热电阻和其他电磁驱动装置。另一个功能通常是为控制设备提供电源。在这种情况下，除必需功能外，最重要的参数是效率（效率因子）。随着器件功能集成度的提高，其功耗不断降低。如果从小型化的角度考虑，可以发现现代微处理器发射的能量密度（W/m^3）近来已经达到与核反应堆堆芯发射的能量密度相似的值。这对功率电子器件提出了一些新的挑战。在文献［32］中分析了国内功率半导体的类型、范围以及主要的设计和工艺解决方案。

作为国外功率半导体微电子制造商的设计和工艺解决方案示例，图 4 - 27 显示了世界上最大的半导体制造商之一——英飞凌的工艺范围。

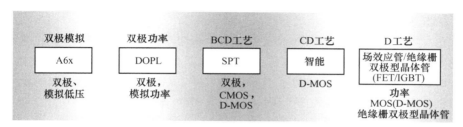

图 4 - 27　汽车电子用半导体晶圆制造工艺

该公司有以下几个部门：汽车电源、工业电源、微控制器和先进传感器，每个部门都各自处理自己的细分市场。

与国内制造商不同，该公司的客户（如汽车微电路）会收到一个评估套件。它包括一个面向标准应用的成品印制电路、测试报告和参考指南，运行该器件可能需要的完整软件包以及负责解决技术问题的技术人员的联系方式。为了将功率半导体器件按组分类，考虑将其特性视为其集成水平（复杂度）的函数[32]。

如果在 MOSFET 或 IGBT 上加一个过温保护电路，那么最简单的情况是得到一个TEMPFET（过热保护 MOSFET）。具有附加智能控制的功率半导体器件通常称为智能场效应晶体管（SmartFET）。然后可以标出 PROFET（受保护的 FET）或高边开关（位于电源正极和负载之间，另一个负载端子接地）以及 HITFET（高集成度 FET）或低边开关。

如果将一些 SmartFET 组合起来，并添加一些额外的功能，就可以得到一个功率集成电路（PIC）。这组电路包括多通道开关、半桥和全桥微电路（半桥微电路由位于电源正负轨道之间的两个串联开关组成）、电源微电路和线路驱动器微电路。

更高的集成度促进了功率系统微电路的产生，它们的制造和成本根据具体应用情况而定（如汽车电子领域控制安全气囊或防抱死制动系统）。最高的集成度通过使用嵌入式功率器件获得，它们实际上是在一个芯片上（或在一个封装中的几个芯片上）实现的半导体系统。

4.10.2　功率器件关键工艺

功率电子器件使用了大量的工艺，包括基本双极、MOS、互补 MOS（CMOS）和功率双扩散 MOS（DMOS）以及它们的组合[32]。图 4-28 显示了这些工艺如何与产品类别相关联。

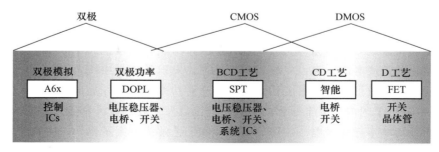

图 4-28　工艺和相关产品类别概况

（1）CMOS 工艺

CMOS 工艺只使用 P 沟道和 N 沟道晶体管、电阻和电容。晶体管是在 P 型或 N 型阱中制作的，具有多晶硅栅极。多晶硅层可以作为电阻器使用。多晶硅层和掺杂衬底用作电容器极板，氧化物层用作介质。为了实现逻辑功能，CMOS 工艺进行了优化。事实上，使用这种工艺可以制造低电源电压（5V、3V、1.8V）器件，从而能够使用小尺寸、高集成度的元器件。模拟功能也可以在 CMOS 晶体管上实现。英飞凌公司有一整套的逻辑电路制造工艺（C5、C6、…、C11），其中一些用于制造 EEPROM 或闪存微电路。

（2）双极工艺

双极工艺使用 n-p-n 和 p-n-p 双极晶体管作为有源器件。纯双极结构不需要多晶硅栅，这样的工艺涉及较少的流程，因此经济上非常划算。集成水平取决于按击穿电压划分的工艺等级。电压等级则取决于所集成的晶体管的大小。DOPL 是一种由英飞凌公司开发的双极工艺。

（3）DMOS 工艺

DMOS 晶体管是为大电流开关而改进的晶体管，设计用于在高电压下工作。这种晶体管有一个较长的沟道，以确保高击穿电压。它由多个单元并联组成，可以获得大电流（打开状态时低电阻）和高能量密度。DMOS 结构具有比逻辑结构更厚的栅极氧化层，可以提供更高的器件可靠性。英飞凌公司提供针对特定器件（例如 PFET 和 SFET）优化的各种 DMOS 工艺。

如果这些基本工艺以合乎逻辑的顺序组合在一起，那么我们将获得以下有趣的选择，它们的特性适用于特定应用场景。

（4）BiCMOS 工艺

BiCMOS 结合了双极和 CMOS 工艺。这样的工艺组合可以实现各种模拟功能（如高精度参考电压源）。英飞凌公司提供了各种优化的 BiCMOS 工艺，例如用于高频器件的 BiCMOS 工艺。

（5）CD 工艺

CD 工艺是 CMOS 和 DMOS 工艺的组合。这允许将逻辑功能、高功率和强电流结合实现在一个微电路上。英飞凌公司提供的 CD 工艺的一个例子就是智能工艺。

（6）BCD 工艺

BCD 是一种结合了双极、CMOS 和 DMOS 的工艺。它可用于制造各种电压等级的器件。CMOS 提供高密度的逻辑元件。它使诸如微控制器的集成成为可能。双极和 CMOS 工艺用于制作精确参考电压电路。DMOS 晶体管允许切换高电流和高电压（可达 20A 和 80V）。

在某些情况下，为了在低电压逻辑电路中实现高度集成，需要使用多个栅极氧化层（亚微米逻辑）。它也可能制作多个电阻多晶硅层。先进的 BCD 工艺使用了超过 25 次光刻（掩膜）。这使它比 CMOS 等简单工艺更加昂贵。

4.10.3　功率 MOSFET

在大多数情况下，英飞凌公司的功率 MOSFET（金属氧化物半导体场效应晶体管）被用作开关。只有在极少数情况下，它们的模拟工作模式才起作用。可以区分出晶体管的以下状态：

1）晶体管关断。在施加的最大电压下，流过晶体管的电流必须尽可能低。与晶体管的这种工作模式相关的参数是击穿电压和漏电流。

2）晶体管开启。在这种状态中，在最大电流下晶体管电阻（导通电阻）应该尽可能小。与晶体管的这种工作模式相关的参数有漏极、源极导通电阻和最大电流。

3）开关晶体管的开或关。开关时间应尽可能短，电荷变化应尽可能小。表征晶体管这种工作模式的参数是开关时间、传输特性斜率和栅极电荷。

现代工艺能够制造最高工作温度超过 +200℃ 的器件。高工作温度允许将硅芯片表面制造得更小，并降低了冷却成本。影响可靠性的其他参数是抗电磁干扰（EMI）和静电放电（ESD）。

2013 年，英飞凌公司专门为航天工业研发了 OPTIMOS 工艺，该工艺可以为几乎所有应用提供最佳设置的器件制造。

图 4-29 显示了开关晶体管在关键参数电阻 R_{on} 方面的改进情况。

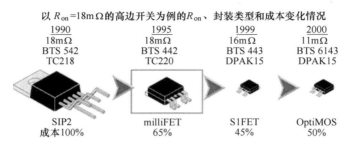

以 R_{on}=18mΩ 的高边开关为例的 R_{on}、封装类型和成本变化情况

1990	1995	1999	2000
18mΩ	18mΩ	16mΩ	11mΩ
BTS 542	BTS 442	BTS 443	BTS 6143
TC218	TC220	DPAK15	DPAK15
SIP2	milliFET	S1FET	OptiMOS
成本100%	65%	45%	50%

图 4-29 半导体开关的发展情况——以 18mΩ 高边开关为例

（从上到下分别为：推出年份、电阻、芯片型号、封装、芯片工艺、成本）

图 4-29 给出了导通电阻为 18mΩ 或更低的最新四代开关，也显示了制造工艺和成本降低情况。其性价比显著提高，更便宜和更小型的非军用微电路可以用于更高功率的开关。器件的适当封装也可以以更低的成本制造，因为功率损失会更小。

4.10.4 智能 MOS 晶体管（SmartFET）

如果采用功率 MOS 工艺制造的器件再加上一些额外的 P 型和 N 型阱，则可以在一个器件中组合更多功能。MOSFET 正在变得越来越智能。例如，它可以集成保护功能和器件状态控制功能。图 4-30 中显示了可以从这种改进中获得的一些器件。

正如我们所看到的，双极结构并没有在图中显示出来。因此采用的是 CD 工艺（CMOS 和 DMOS）。这些工艺制造的器件主要参数由电子开关规范规定。

在 CD 工艺过程中，特别感兴趣的是可以集成的额外器件的数量。这个参数被称为版图规则，它决定了器件的大小和分布密度。它通常取决于栅极电介质厚度和额外的制造阶段。在任何情况下，使用较小的版图规则的工艺更难以实现，因此也更昂贵。

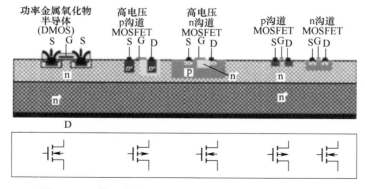

图 4-30 英飞凌公司 SmartFET 半导体器件制造工艺

与功率 MOSFET 的情况一样，电流垂直流过晶体管。因此，所有器件都有一个共同的衬底，作为功率结构的漏极。其导通电阻比带有绝缘漏极的结构要小。导通电阻还可以

通过将晶圆厚度研磨到几十微米来进一步减小。通过这样做，有可能制造出一些漏极被连接在一起的功率结构。在此类共漏极结构中，散热板必须与外部接地散热器隔离，因为漏极电势往往与系统地电势不一致。图 4-31 显示了这种结构中的电流流向。

图 4-32 显示了这种结构在 REE（电子设备）中的应用。在应用方面，CD 工艺可以用来制作高边和低边开关。术语"高边开关"和"低边开关"源自其电路图（如图 4-32），其中显示了开关和负载连接拓扑结构。一般情况下，电源的负电位连接到系统地，例如在机载电源中即是如此。

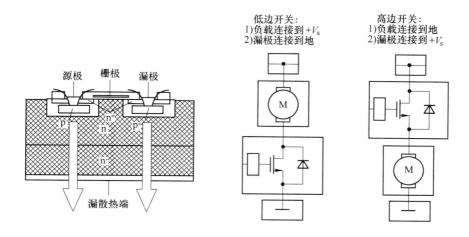

图 4-31 共漏结构中的电流流向   图 4-32 高边和低边开关接线图

如果负载连接到系统地，则可以少使用一根连线，因为电流将通过器件封装返回到电源。如果负载接地，开关必须接在负载和电源正极之间。在图 4-32 所示的图中，它将位于顶部。另一方面，低边开关始终与系统地连接。图 4-33 为英飞凌公司生产的典型高边开关和低边开关。

随着电子控制可逆驱动器越来越多地使用，除了制造分立电子开关外，英飞凌公司还制造桥式电路。图 4-34 为桥式（H-桥式）电路。该电路可用于连接负载（通常是直流电机）与任一极性的电源。

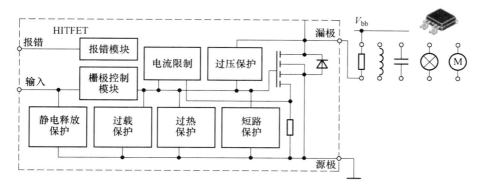

图 4-33 英飞凌公司 BTS3150 低边开关（上图）和 BTS5140 高边开关（下图）框图

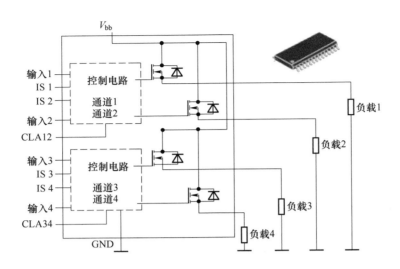

图 4-33 英飞凌公司 BTS3150 低边开关（上图）和 BTS5140 高边开关（下图）框图（续）

最新一代的智能五代工业级微电路具有极低的导通电阻和明显更小的版图规则（见图 4-35）。这使得制造具有复杂逻辑的大功率电子开关成为可能。现在，已经可以生产具有全状态诊断功能的智能开关。

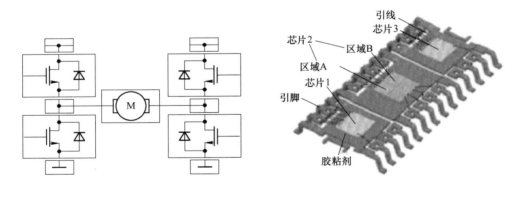

图 4-34 可逆电驱动桥式电路

图 4-35 Trilith IC 系列双扩散 MOS 标准微电路

在不久的将来，为了以硅代替继电器，将制作具有严格诊断要求的器件。此类应用中，唯一的选择就是使用智能开关。图 4-36 中给出了一个实际示例。为了更清楚地说明尺寸缩小的效果，这张图按比例显示了具有相同功能的微电路。上面是上一代微电路，下面是使用最新智能五代工艺制造的对应微电路。

当然，在 CD 工艺的情况下，必须验证使用单片 IC 的适当性。英飞凌公司在提出片上芯片（CoC，chip-on-chip）和逐片芯片（CbC，chip-by-chip）基本概念时已经考虑到了这一问题。在这些情况下，一个标准的 MOS 晶体管被用作主片。当两个芯片采用特殊工艺进行片上或逐片安装时，只有少数附加的智能微电路需要复杂（昂贵）的工艺。

因此，根据需要的电流或导通电阻，大电流开关究竟由 CoC 还是 CbC 工艺制造，取决于具体的制造成本。

如今，导通电阻值为 $20 \sim 50\text{m}\Omega$ 时，CoC 方法的生产成本更低。在较低的电流下，可以将多个开关放在一个封装中。电流范围控制需要使用由智能功率 IC 工艺制造的自由开关晶体管。

4.10.5　智能功率 IC

CD 工艺的特点是版图规则相对较低，因此不能用于制造模拟器件。智能功率工艺（SPT）填补了这一空白。通过这种工艺，可以开发具有强大输出级的集成电路，即 PIC。根据该工艺解决方案，IC 器件的集合器可以比图 4 - 37 所示的最小器件集合大得多。

使用这种工艺，能够获得可自由连接的功率晶体管。电流流向如图 4 - 38 所示。首先，电流垂直向下流向隐藏的集成晶体管层。隐藏层将电流传导至较高的漏极连接。由于垂直的 n^+ 区域可以在芯片表面快速建立隔离的电源与漏极连接，因此流向表面的垂直电流的电阻很低，然而，这是以更高的导通电阻为代价的。

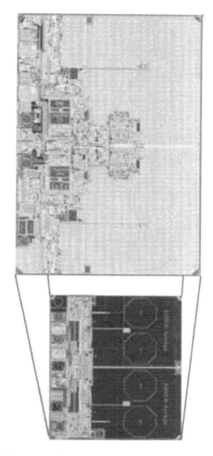

图 4 - 36　智能五代 IC 芯片尺寸的缩小

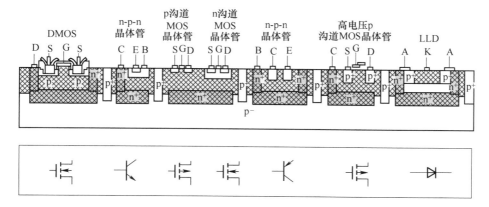

图 4 - 37　使用 SPT 工艺制造的器件集合

因此，SPT 器件适用于中低水平的电流。为了将晶体管漏极与电路的其余部分隔离，使用了 P 型衬底，它在与地连接的同时将漏极和衬底之间的 P - N 结保持在关闭状态。可以看到，只有当 P 衬底在电路中始终具有最低电位时，漏极区和衬底之间的 P-N 结才会关闭。

　　出于冷却的目的，器件中芯片的背面可能有一个接地连接。在这种情况下，不需要额外的绝缘屏蔽层。图 4-39 中显示了多种附加选项。

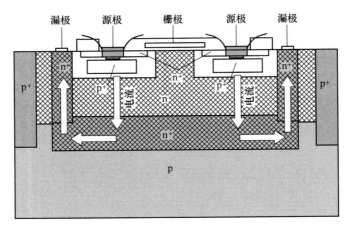

图 4-38　使用 SPT 工艺制造的功率器件的电流和衬底隔离

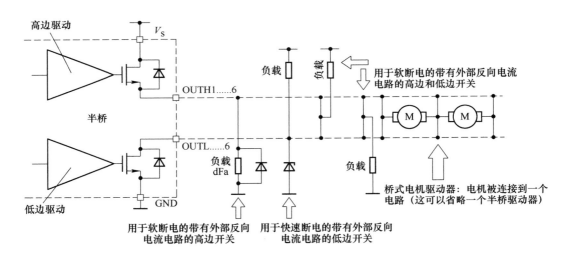

图 4-39　开关、半桥和全桥电路的附加器件配置

　　除了高边开关和低边开关外，该工艺还可用于实现由两个串行连接的高速 MOS 晶体管组成的半桥电路，并且几乎有可能制造任何所需的模拟和数字电路组合。典型的例子是具有多个精确模拟电路和数字控制接口（SPI）的 TLE6263 CAN 收发器微电路以及具有许多附加功能的 TLE6288 多通道低边开关。

　　英飞凌公司生产 SPT 器件已有 20 年历史。目前，他们使用第五代 SPT5 工艺。图 4-40 显示了最重要的参数——Ron 和版图规则——是如何随着时间的推移而改进的。可以看到功率 MOS（上）和双极器件（下）的生产工艺是如何与 CMOS 工艺相结合，从而产生 SPT 工艺的。

SPT 工艺的主要优势见图 4 - 41。该图展示了具有类似功能的第三、第四和第五代 SPT 集成电路。通过图示意可以看到相同尺寸下新一代集成电路具有更强的功能。

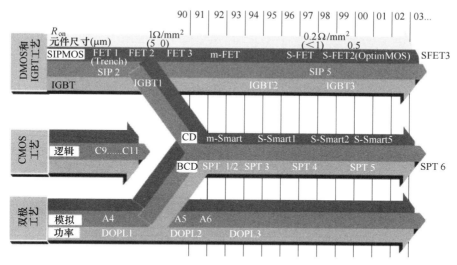

图 4 - 40　智能功率半导体工艺的进展

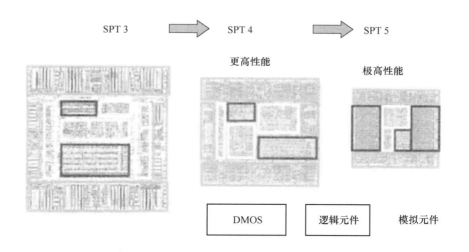

图 4 - 41　集成度高的优势

随着电子电路越来越复杂，对现代工艺制造的芯片表面的功能分布提出了一定的要求。在标准的 SPT 微电路中，30％的芯片表面是功率器件，40％左右是模拟电路，剩下的 30％是数字电路。如果每一部分的复杂性增加，芯片的规模将增长 3 倍。其中增长最大的份额将来自数字部分——增加 6 倍。为了弥补这一增长，下一代工艺的版图规则将不得不通过快速飞跃而变得更小。相应的，芯片表面分布将变为 46％用于功率器件、34％用于模拟电路、20％用于数字电路。从而，在智能电源 IC 系统中，将有进一步集成为更合乎逻辑的系统功能的潜力。

4.10.6 功率系统智能集成电路

智能电源的集成度日益提高引起了电源系统智能集成电路的出现。为了确定电子控制单元的最佳集成度，需要考虑其功能模块的参数。图 4-42 为典型电子控制单元的功能模块。这里分为逻辑（数字）、模拟和功率模块。

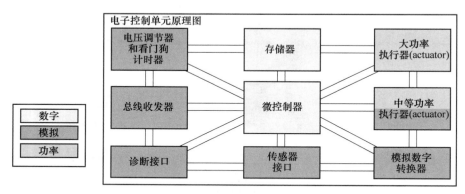

图 4-42　电子控制单元功能模块

电流、电压和温度的要求决定了可以实现哪些附加功能、采用什么工艺以及使用什么类型的封装。特别是，图 4-43 显示了控制器和周围的高压功率半导体器件之间的接口是非常复杂和有趣的。在这种情况下，为了找到技术和经济上的最佳方案，需要非常密切的合作（例如 REE 制造商及其供应商和电子产品制造商之间的合作）。

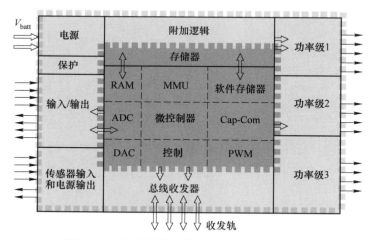

图 4-43　将电子控制单元分解为智能功能块

未来工艺要满足的要求取决于正在改进的特性，在某些情况下，也显著依赖于更高的效率。这意味着，一方面，需要更高计算能力的控制器。另一方面，要求改进（更低导通电阻）的功率半导体开关。图 4-44 显示了功率器件和微控制器的一些参数（温度、电磁兼容性、电流和电压）的变化趋势。很明显，需求正朝着不同的方向发展。对这种典型情况的分析回顾如图 4-45 所示。基于开关和电流特性的组合，可能形成在某些情况下同样具有前景的各种工艺选择。

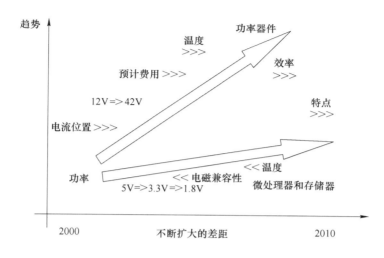

图 4 - 44　对功率和逻辑器件的不同要求

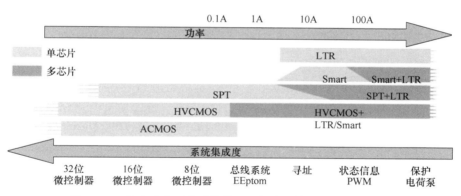

图 4 - 45　按电流和逻辑功能数量比较半导体器件的制造工艺

　　如果考虑到整个系统故障的可能性，将综合诊断功能集成到复杂系统中的需求就变得可以理解了。英飞凌公司汽车电子元器件专家在与顾客交谈时，经常提出这样的观点：启动复杂的现代汽车的发动机比飞往月球所需的计算能力更多。

　　另一个重要因素是智能网络的建立和相关控制功能的去中心化。这是机械化（即将电子设备完全集成到一个机械系统中）背后的另一个驱动力。一个例子是电子肌肉，它产生机械力，可以用作诸如航天器上的机械手臂等场景。这可以是螺线管或电动机，比如控制器可以集成到电动机中，从而使电动机成为智能执行器，如图 4 - 46 所示。在这种情况下，单一方向上控制指令的传输和诊断数据的反向传输将通过串行单线接口进行。在这种情况下唯一额外需要的东西是两根电源线（正和负）。

　　下一步可能是通过电源线来传输控制指令，正如已经在工业电子产品中使用的那样。不考虑模拟功能，未来的技术之一将是电源开关与高压 CMOS 器件的结合。特别是，这种方法将应用于低复杂度的系统（例如在前面提到的机电系统）。然而，在短期内中高计算能力仍将是 CMOS 器件的特有优势。

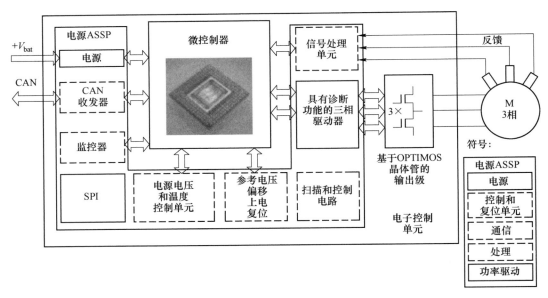

图 4-46　无刷直流电驱动（电子肌肉）控制系统

参 考 文 献

[1] Belous A I，Emelyanov V A，Turtsevich A S. Fundamentals of Circuit Design of Microelectronic Devices [M]. Technosfera，2012.

[2] Belous A I，Zhurba V V，Poddubny O V. Digital Signal Processing LSIC Micro - processor Kit [M]. Radio and Communications，1992.

[3] www. ixbt. com/news/hard/index. shtml？10/03/68.

[4] www. actel. ru/catalog/SoC％20Catalog％202013. pdf.

[5] Bumagin A，Gulin Y，Zavodskov S，et al. Special - Purpose VLSIC for Space Applications：Design and Manufacture Issues [J]. Electronics，NTB，2010（1）：50 - 56.

[6] Koons H C，et al. The Impact of the Space Environment on Space Systems [R]. Technical Report，AD - A376872；TR99（1670）- 1；SMC - TR - 00 - 10，El Segundo Technical Operations.

[7] Kobzar D. Procedural Issues in the Use of Military Electronics：The Regulatory Framework and the Truth of Life [J]. Modern Automation Technology，2007（3）：86 - 97.

[8] Lacol R，CMOS Scaling，Design Principles and Hardening - by - Design Methodologies [C]. 2003 IEEE NSREC，Radiation Effects in Advanced Commercial Technologies，California，2003，p. Ⅱ - 1 - Ⅱ - 142.

[9] Steshenko V B. Design and Manufacture of Special - Purpose ECB for Space Applications：Current State and Development Prospects，Part 1 [J]. Components and Technologies，2010（11）.

[10] Osipenko P. Single Failures：A Challenge for ModernMicroprocessors [J]. Electronic Components，2009（7）.

[11] Telets B，Tsybin S，Bystritskiy A，et al. FPGAs for Space Applications. Architectural and Circuitry Features [J]. Electronics，NTB，2005（6）.

[12] www. russianelectronics. ru/developerr/review/2189/doc43922. phtml.

[13] www. electronics. ru/files/article - 8 - 329. pdf.

[14] cj. kubargo. ru/2012/02/pdf/39. pdf.

[15] Belous A, Solodukha V. Fabless Business Model in Microelectronics Company: Myths and Reality [J]. Components and Technologies, 2012 (8): 14 - 18.

[16] "AMD Refuses Cooperation with Global Foundries," http: //servernews. ru/news/595521.

[17] Khartov V. The Space Problems of Electronics: Shake Before Use [J]. Electronics, NTB, No. 7, 2007.

[18] Danilin N, Belosludtsev S. Issues of Modern Foreign - Made Industrial Electronic Components Application in the Manufacture of Rocket - and - Space Equipment [J]. Modern Electronics, 2007 (7).

[19] Berzichevsky K V, V P Kulik, Nikitin D V. Highly Reliable Electronic Components for Space Applications [J]. Petersburg Electronics, 2010 (2): 43 - 50.

[20] Zakharov A S, Malinin V G, Sapieha A V. Foreign - Made Microcircuits in Strategic REE [J]. Petersburg Electronics, 2012 (3): 37 - 44.

[21] "Spacecraft Consists of 75% Imported Components," http: //vpk. name/news/Roscmos.

[22] Lysko R, Glagolev S, Makarov V, et al. Russia in the WTO: What Will Happen to the Electronics Industry [J]. Electronics, NTB, 2012 (8): 30 - 32.

[23] Golovachev V. And Then the Rocket Engineers Were Given 32 Tons of Gold [EB/OL]. http: //vpk. name/news.

[24] Basayev A, Grishin V. Space Instrument Engineering: The Main Thing Is Right Concept [J]. Electronics, NTB, 2009 (8).

[25] Khartov V. The Space Problems of Electronics: Shake Before Use [J]. Electronics, NTB, 2007 (7).

第5章 PDK结构及在亚微米产品设计开发中的具体用途

5.1 PDK 开发流程及标准 PDK 结构

目前，标准 PDK 开发包括以下几个主要关键阶段（如图 5−1）[1,2]：

1）工艺选择；

2）获取基本工艺数据；

3）纳入 PDK 的基本元素标识；

4）审查工艺过程中的特征和特性，以便更准确地识别所选工艺；

5）以所选工艺、器件、电路、系统设计工具的软件所确定的格式获取信息并将其合并到 PDK 中；

6）集成 PDK 当前版本的基本组件；

7）PDK 验证和调试。

当然，如果根据这些标准的统一规则创建 PDK，那么只按照图 5−1 所示步骤获得的信息是远远不够的。图 5−2 是考虑到公认的规则和标准后，略微扩展的 PDK 开发过程流程图。值得注意的是，虚线标记的流程图区域是在处理的 PDK 中可以标准化的阶段。

因此，区域 A 包含了用于描述要集成到 PDK 中的各个元素的过程和标准规则。开发人员使用对内容、值和标准化翻译机制的标准描述，即可创建其他同样的 PDK 组件。

区域 B 包含了 PDK 组件在质量保证方面的标准化描述所需的定义。

如果需要确保 PDK 组件完全符合客户要求的选定阶段，则区域 A 和 B 中的阶段必须都要执行。

另一种基于设计阶段的 PDK 创建过程方法如图 5−3 所示。

也可以在多维空间中定义标准化的 PDK 组件。在每个维度内，可以使用离散类别来描述 PDK 组件。

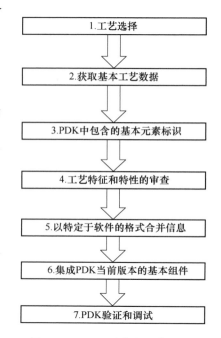

图 5−1　PDK 开发流程简化图

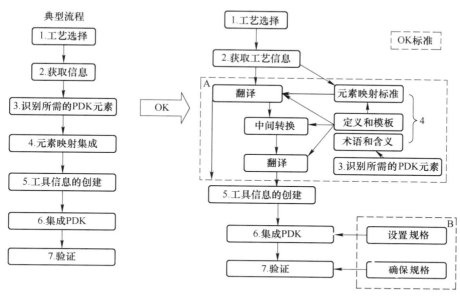

图 5-2　基于公认规则和标准的 PDK 开发过程流程图

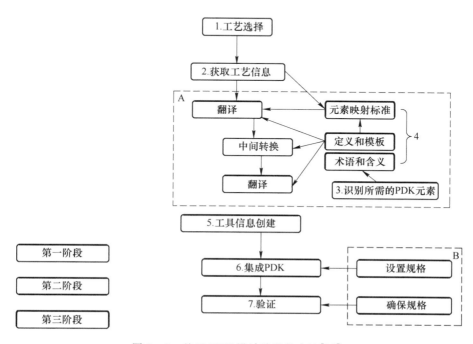

图 5-3　基于 PDK 设计阶段的方法[1,2]

5.2　描述 PDK 组件的术语和定义

接下来，我们通过一种方便的表格形式来展示用于描述 PDK 组件以及 PDK 开发过程的标准术语[2,3]。表 5 - 1 包含通用术语；表 5 - 2 包含用于描述器件的术语；表 5 - 3 包含与建模过程直接相关的术语；表 5 - 4 仅包含描述 EDA 工具的术语。

应该注意的是，这些表格中只包含 PDK 开发人员使用最广泛的基本术语。

5.3　PDK 标准化

许多集成电路设计公司都面临着工艺设计工具包（PDK）开发库创建方法的统一和标准化问题，以及在与不同技术/工艺的集成电路制造商进行交流时如何协调使用这些方法的问题。

表 5 - 1　通用术语

术语	定义
定制电路设计	以分立元件为基础，对一个电路进行的电气特性设计、物理实现、建模和物理验证
器件	可包含在所开发电路中并针对特定工艺实现的主要元件，例如晶体管、电阻和电容
结构	由一系列工艺步骤（扩散、注入、金属化等）形成的单元，用于制作器件。该结构也可被视为单个器件
支持的器件清单	对选定工艺所支持的、其特性已被描述的一套器件

表 5 - 2　用于描述器件的术语

术语	定义
意向器件 （Intentional Device）	用于制备电子电路的器件，这些器件可以显示在计算机屏幕上
提取器件 （Extracted Device）	不显示在 PC 屏幕上，但在建模过程中包含在电路（网表）中的器件。这些器件通常包含在分析所设计器件的物理实现结果时的电路中
主要器件元件	执行主要功能或扮演重要角色的器件元件
寄生器件元件	基于主要部件所设计器件的物理实现数据分析产生的器件元件
基础器件 [Principal Device（s）]	一个或两个器件，结构是建立在其上的，并且其结构和特性是优化工艺参数的基础，如数字 CMOS 电路中的 N - MOS 和 P - MOS 晶体管。应注意到，主要器件的性能受到规格的特定扩展要求的影响
一级器件 [Primary device（s）]	包括在该工艺所支持的器件清单中的元件，是在基础器件的基础上附加一定的结构形成的，通常需要一个或多个特定的控制良好的工艺步骤。例如，在多晶硅栅基础上通过特定的注入和掩盖硅化物区形成多晶硅电阻
二级器件 （Secondary device）	来自所支持的器件清单中的器件，是在生产基础器件或一级器件结构的过程中形成的。这些器件经常被称为自由或有意寄生（例如，使用互连金属形成电感或电容器）。二级器件对规格书中描述的参数离散有更好的容忍度

术语	定　义
器件分类	器件的基本预定功能，比如 MOS 晶体管、双极晶体管、电阻、电容等
器件类型（垂直）	垂直结构的独特组合，使得器件成为特定的类型和分类（例如，poly1 电阻，poly2 电阻）
器件形式（横向、水平）	为了控制特定类型器件的参数，可以通过改变器件的水平尺寸和形状，比如，改变双极晶体管发射极、基极和集电极层的水平（横向）位置，以获得最优的电流-电压特性
器件尺寸	器件样式的一个特殊情况是当其功能特性被认为是可缩放时，比如改变 MOS 晶体管的栅宽

表 5 - 3　与建模过程直接相关的术语

术语	定　义
模型	建模过程中使用的器件功能参数和工作特性的表现（作为功能的描述），模型的建立基于行为特性和相应的参数
模型一般行为	模型中描述了所选器件类型基本功能的部分。可以基于简化模型、行为模型和/或子电路的方程实现
模型工艺参数	模型中描述基于性能和工艺特定参数之间关系的器件功能的部分
实例参数	与器件实例相关的特性，它通过网表传递给仿真软件和模型，直接描述器件的参数，如 MOS 管沟道的长度和宽度
设计规则检查（DRC）	检查版图设计是否符合设计规则
版图（网表）与原理图一致性（LVS）	验证所设计的版图与原理图的一致性
版图（网表）寄生提取（LPE）	提取网表，以及寄生电阻和电容，检查其是否符合 SOW（工作说明）的要求
RCX（RC 提取）	基于对所设计 IC 的版图分析，提取（寻找）新节点和寄生元件

表 5 - 4　描述 EDA 工具的术语

术语	定　义
基元	在用于绘制电路图的 EDA 软件系统中，构造电路的最小元件
实例	根据电路设计被放置在所选位的器件
特性	与特定基元或实例相关的信息，用于控制其特性
实例特性（直接、间接）	用户（直接或间接）管理的与器件实例相关的参数，由集成电路设计人员设置。间接特性可通过直接特性计算或推导出来

在如今的集成电路设计中，特别是针对特殊用途和空间应用，在计算机模拟过程中对所使用的工艺考虑和深入分析的需求也是非常重要的。

随着独立于设计者的从事客户订购的微电子产品批量生产的公司（集成电路代工厂）的出现以及联合使用不同公司的设计工具和 IP 块（知识产权）的需要，设计库已经成为制造商和集成电路设计团队之间的主要纽带。

但到目前为止，需求和标准的统一几乎没有影响到 PDK 的开发领域。PDK 开发需要标准化的内容诸如命名方法、使用的模型、接口（连接/集成规则）、质量参数（Q 因子）以及向最终用户提供 PDK 的方法等。这个问题的解决有助于消除混淆，同时也有助于改善在现代电子工业中经常发生的为适应现有 PDK 而浪费时间和成本的现象。制造商将在为开发人员提供尽可能适应当前使用软件包的设计库时能够最大限度地减少时间开销。这将降低成本且提高那些专业从事此领域的公司提供的库、组件和 IP 块的质量。对于开发电子设计自动化（EDA）软件包的公司来说，这将大大简化创建描述组件工具的过程以及组件集成的方法，从而消除了创建库的低级调整工具的需要。

由于 IC 设计过程的简化（统一）以及快速透明地过渡到新工艺的可能性，IP 块的重复使用使得 IC 设计工程师将获得主要的有利条件[4]。

由于集成电路的设计过程对不同软件包的数据表示格式具有自下而上的依赖性，长期以来设计效率低下问题一直存在。由于软件开发人员潜意识地将其专有产品和存储格式作为开发的标准，因此设计数据一直依赖于所使用的工具，这一特点在国内设计中心尤为突出，完全没有考虑到独立开发商的意愿和顾虑。

IC 设计技术的发展使得无晶圆厂的公司（设计中心）在购买 EDA 软件包时，必须购买并安装可用工艺特定元件（分立的器件或电路）的专用数据套件。一段时间后，这些数据被称为工艺设计套件，以区别于用于描述工艺的工具。最初这些库被所谓的集成器件制造商（IDM）使用，以便于集成电路综合设计。

近年来，由于电子行业公司（不包括英特尔）被明确划分为代工厂和设计中心（详细情况见第 4.6 节），PDK 几乎是独立开发和调试的。EDA 和 IP 块开发人员也是同样的情况。这些库的特点是具有多种名称和缩写（TDK、PDK 及其他），但传统的名称是工艺设计套件（PDK）。然而，由于缺乏统一标准，PDK 在内容描述的组成和方法上会略有不同。

接下来我们将考虑标准 PDK 整体结构的既定描述、创建过程以及采用 130nm 以下设计规则将集成电路设计的内容和结构统一的建议。之所以选择这个工艺水平的设计规则，是因为采用 90nm、60nm 和 45nm 设计规则的集成电路由于抗辐射尤其是单粒子效应（SEE）水平较低，通常没有在太空中应用，而 180nm 工艺并不总是能够解决在一个芯片内容纳整个功能复杂的任务。

显而易见，PDK 标准化具有较大优势，一旦被各大公司采用，一套对内容的标准化要求和 PDK 接口的描述规则将降低开发成本，并在新产品的基本功能、性能以及最重要的可预测性及市场成功方向增加其机会。IC 制造商可以为开发人员提供更灵活的修改机会以及提供在描述最新工艺技术的内容方面更丰富的 PDK。PDK 供应商将不得不降低价格并简化许可条件。

面对参与 IC 设计的公司则将通过提高 PDK 标准化水平获得三大优势。

首先，工艺描述的全面性、一致性和逻辑性有助于避免在硅中制备产品时发生错误。标准化意味着对设计过程的更全面了解以及更严格的设计版本控制和管理。

其次，负责支持和使用 IC 计算机辅助设计（CAD）的工程师在将现有软件与新 PDK 要求进行匹配时，遇到的问题会更少，灵活性也会变高。最重要的是，在设计过程中实施先进工艺解决方案所需的时间将大大减少。

第三，工程部门负责人能够在规划新产品的工作时做出更经济高效的决策，因为他们可以更好地了解所实施解决方案的优缺点，从而更好地避免因使用新工艺而产生的意外。

X - FAB、TSMC、OJSC Integral、OJSC Micron 等代工厂和英特尔等半导体集成器件制造商（IDM）也将从更高的 PDK 标准化中受益。

这种方法还具有其他明显的优点。首先，基于使用标准术语和数据表示的技术合作的透明度有助于促进双方开发团队之间的合作，并减少新设计的实施和从设计师转到制造商所需的时间。

其次，标准的表述和工艺描述的使用显著降低了供应商公司和开发人员在创建和维护各种专业的工艺、器件、电路、系统设计软件或电子设计自动化（EDA）工具方面的成本。这是通过使用标准化数据结构、参数设置及其估计的默认值来简化表示过程而实现的——采用单一的数据表示基线水平有利于访问所需的数据，最终对开发商和客户双方都是有利的。

再次，该方法具有更简单的版本控制程序，因为从过程的初始版本到其修改版本，CAD 系统的各个模块都进行了标准化和文档化，这将对产品设计解决方案的生命周期产生积极影响。

最后，主要集成电路制造商和开发商将获得的第四个优势是可以直接交流与基于先进工艺流程的新产品实施相关的机遇和挑战。当检测到一些故障和不准确时，这可以降低制造商开发人员支持和工艺完成的成本。

对于 PDK 开发人员而言，PDK 要求的标准化将最大限度地减少各制造工艺和制造商在组件描述方面的差异，并且由于可以快速了解工艺的特点和差异，所以能够缩短创建PDK 的时间。PDK 的通用要求也显著简化了从一个 PDK 迁移到另一个 PDK 过程中开发和测试 PDK 组件的过程。

另一方面，标准化的 PDK 要求为 IC 设计软件开发人员提供了至少三个优势。首先，标准化将加速新软件产品的接受及分发过程，同时降低软件适应新工艺的成本，此外还为混合与模拟 IC 设计工具的重大变革和创新提供了绝佳机会。

其次，在工艺变更时对设计工具进行深入和全面测试的需求将会减少，即使有关此类工具的信息并不充足。

最后，EDA 开发人员能够在所提供的 PDK 完整性和设计工具的内容方面增加所提供解决方案的数量，最终增加软件用户的数量，并为客户自有工具（COT）的开发人员创造条件。

因此，我们可以确定以下几个需要尽快解决的任务，以实施标准化方法，供所有市场参与者使用，以创建新的或修订现有 PDK。

1）简化 PDK 的创建、生成、测试过程；

2）对 PDK 支持、维护的贡献；

3）包含多个来源的模块和单元；

4）在从一种设计规则过渡到另一种设计规则的过程中，迁移经过验证的设计和库，包括基本单元版图；

5）简化设计过程中所使用软件被功能相似软件替换的过程；

6）在设计过程中加入具有新功能的新软件工具；

7）开发人员在选择过程中，比较不同工艺的优势、劣势和机会。

5.4　数字/模拟混合电路设计流程

PDK 标准化的目的是实现 IC 开发人员使用的 CAD 软件包与 PDK 中包含的数据之间的最大兼容性，使来自不同供应商的软件模块实现标准化。

图 5-4 所示的定制数模混合电路设计流程，描述了包含在 PDK 中的基本组件（灰色区域）。重要的是，PDK 不是一种独立的软件，只能与特定的 CAD 软件一起使用。建议的设计流程解释了基本 PDK 组件与其应用程序交互的过程。

设计过程通常从开发人员对所创建的集成电路的功能和特征的总体思路开始。此时还没有与所使用的 PDK 相关的正式项目描述。然后，集成电路设计者创建电路原理图，相应的元件互连列表（网表）和版图，并从中提取带寄生参数的网表。此外，设计者还要开发一个行为模型（手动或使用专门的模型生成软件模块）。工具或验证工具套件用于验证网表、版图和行为模型（在适当的情况下）是否符合参考条款以及正确实现，其中行为模型描述了整个产品的目标特征[1]。

应该注意的是，在实际应用中，相同的建模软件经常用于验证网表和确定微电路特性或参数（特性描述）。特性描述的目的是创建一个有效的模型和数据，在某个抽象层次上描述电路的所有时间特性和电特性。此外，在某些情况下，可以将特性描述结果翻译（转换）为后续设计阶段使用的数据格式。

通常，电路建模软件工具的基本输入数据是半导体器件的物理数学和工艺模型，其内容是微电子领域中各种 CAD 系统标准化和统一的主要课题。

在图 5-4 所示的流程图中，已经使用工业标准描述了一些数据，例如现代 EDA 软件包（SPICE）中的电路建模和电子器件描述语言，以及一种用于数字电路的功能和逻辑设计的高级语言（例如 Verilog）。但是，仅选择相同的数据格式并不能保证多个设计包的兼容性和 PDK 通用性，这带来了一个大问题。

图 5-5 显示了更完整的信息，描述了晶体管级定制数模混合 IC 的设计流程。特别是对图 5-4 中的阴影部分进行了更详细的介绍。

在这个详细说明上（如图 5-5），不符合所选标准的功能变得更加明显，对此需要设计师给出充分的响应。

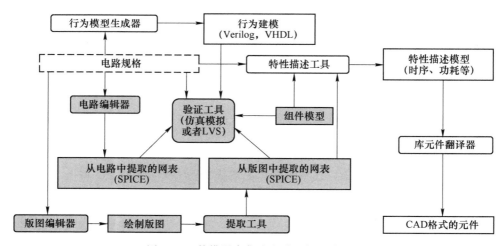

图 5-4 数模混合集成电路一般设计流程

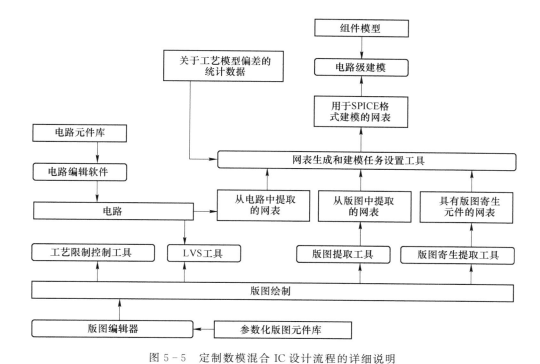

图 5-5　定制数模混合 IC 设计流程的详细说明

5.5　数模混合集成电路设计的一般信息模型

图 5-6（以开发人员可以理解的语言）解释了作为标准设计流程的一部分[2,6]的器件描述和支持的器件列表的一般方法。

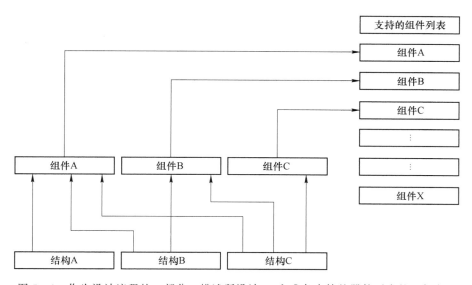

图 5-6　作为设计流程的一部分，描述所设计 IC 和准备支持的器件列表的一般方法

图 5-7 显示了描述所设计 IC 的一般方法。

图 5-8 显示了作为设计过程的一部分，电路、版图、网表以及真实和寄生元件之间的已知关系。

图 5-9 显示了描述所设计器件的特定实例及其 IC 版图设计所需的相应特征和基元（基元 A 和 B，属性 A～D）的一般方法的思想。

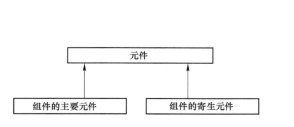

图 5-7　器件描述的一般方法

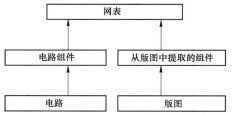

图 5-8　电路、版图、网表和 IC 组件列表
之间关系的简化图

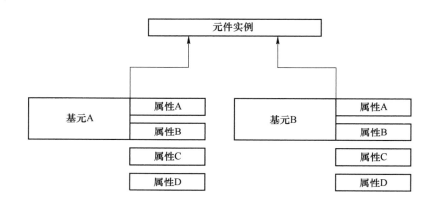

图 5-9　版图设计流程中器件实例及其相应特征与基元的描述

图 5-10 显示了抽象或创建通用半导体器件模型的一般方法。

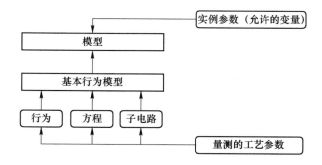

图 5-10　抽象或创建通用半导体器件模型的一般方法

5.6　确定 PDK 基本组件和标准要素列表

工艺设计套件是以适当的软件格式表示特定的集成电路制造工艺。表 5 - 5 中列出的要素是所有现代 PDK 的基础。开发人员需要能够访问 PDK 的所有要素，即从一个特定工艺的参数描述直到选定的 IC 设计软件包的框架内 PDK 实现过程。

表 5 - 6 列出了特定工艺的 PDK 要素，其参数需要标准化。

表 5 - 5　构成 PDK 的基础要素和来源

要素	描　　述	代工厂	软件	文档
工艺文档				
器件说明书	所支持器件的列表以及说明书	+		
版图规则	代码标准，版图设计规则，器件设计特性，示例项目（版图）	+		+
设计指南	描述 IC 设计中考虑了 PDK 中工艺实现特点的最优过程的指南	+		+
器件库符号	包含一系列器件库中元件特性的图形（原理图）视图		+	+
参数化单元，p - cell	正确的版图设计项目和自动 p - cell 生成的例子	+		+
布局计算	对依赖参数的间接计算（回调 callback）	+		+
工艺文件	版图层的类型和顺序定义以及版图描述的规则	+		
SPICE 模型	为模拟 PDK 中所包含的器件特性，所需要的模型、子电路、行为模式	+	+	+
DRC 规则集	验证所设计的版图是否符合规范中规则集的要求			
LVS 规则集	验证所设计电路的版图与电路模拟结果的正确性和一致性			
LPE 规则集	提取网表以及电容和电阻，以验证其是否符合 SOW 要求			
RCX 规则集	根据所设计 IC 的版图结果提取（搜索）新节点和寄生元件			

5.7　基于亚微米设计规则用于设计定制化集成电路的数字库的发展特点

任何专用集成电路（ASIC）的单元都可以被分为三组。第一组包括 IP 块。这些元件是预先设计好的，且常以集成块的形式出现。在大多数情况下是从外部 IP 供应商处直接购买的。例如，这些元件可以是模拟的（PLL，DAC），如接口（USB、I^2C）、处理器（ARM、PowerPC）和存储器编译器（RAM、ROM）。

第二组由标准单元组成，它们仍旧是构成片上系统的基本组件。它们用于同一个 IC 上多个 IP 之间的耦合逻辑以及创建集成的终端系统。

最后一组元件是输入/输出单元，它们构成了 IC 与其所在外壳之间的接口。

在不久前，对库的选择实际上是基于所需的电路性能、面积和成本的工艺选择（例如 $0.35\mu m$ 或 $0.25\mu m$）。

在所选择的工艺中，过去往往可能只有一个逻辑单元库和两个 I/O 单元库。I/O 单元的选择是由开发人员基于 I/O 需求和电路解决方案之间的权衡进行的，主要还是考虑到逻辑单元的限制，因为小尺寸的基本元件意味着同样面积可以放置更多的 I/O 单元，而大尺寸的基本元件意味着放置较少的 I/O 单元（如图 5-11）。

表 5-6　基础 PDK 的标准组件

标准	描　述
器件/工艺类型列表	一组覆盖标准区域的预设，用于确定组件的类别（晶体管、电阻、电容等）和类型（MOS 晶体管、多晶硅电阻），可在 PDK 标准中表示。例如，针对数字设计的 PDK 中没有必要包含 LDMOS 晶体管
符号/原理图表示和允许的语言	用于器件的图形化的原理图符号，通常是一个符号（字母），用以指明特定类别和类型器件的器件、接触位置、接触点的相对位置，以及简化的图形化表示及其允许的变化
器件实例的属性和名称	这些是与项目里包含的器件实例相关的属性和参数以及电路设计和版图特性。例如，MOS 器件中的 L 和 W 参数。该标准的范围也可能会扩展到包含与电路图（版图）中器件参数值相关的一些额外的必要计算
版图预览（工艺文件/图层的名称、编号及其功能）	这里必须包含一套统一的用于对作为器件一部分的图层和结构进行编码的方法，且该方法必须由多家制造商（代工厂）同意
标准器件的表达和 LVS 验证方法	见以上内容
（包括子电路的）建模与实现过程中用到的数据类型的表达	器件网表的最完整表达取决于所选的建模软件。可包含内部（可选）的器件参数、包括寄生元件和以器件实例或以一组子电路的形式表示的电路
设计规则结构开发的组织和方法	尽可能多的代工厂参与创建标准和统一的参数集以及对器件模型、版图设计规则等描述的要求的过程
自动布局线约束方法（节点和边界）	开发器件位置约束的标准化区域，用于器件的物理表达，针对所有 EDA 工具进行标准化
基本单元版图（针对参数化单元和参数集的模板）	器件的基本类型和类别的通用参数化单元（p-cell）和参数集版图的标准化
PDK 目录和文件命名约定	设置列表和文件命名规则以及用于 PDK 数据存储的基本和附加目录列表
PDK 质量控制方法	建议用于确定被测 PDK 对其开发标准要求的符合程度（质量）的命名和测试方法

历史上，标准单元仅通过数量非常有限的工艺、电压和温度进行体现。仅有少量可用于时序模型的选项，例如最坏情况模型——（SS 低速、低电压、高温）、最好情况模型——（FF 高速、高电压、低温）以及典型模型——TT。用最坏情况的时序参数验证建立时间（Setup Time），用最好情况的时序参数验证保持时间（Hold Time）。

图 5-12 展示了五种最常使用的典型边界条件，即 TT（NMOS——典型，PMOS——典型）、SS（NMOS——慢，PMOS——慢）、FF（NMOS——快，PMOS——快）、FS（NMOS——快，PMOS——慢）以及 SF（NMOS——慢，PMOS——快）。表 5-7 列出了

边界条件参数的最小集。

在过渡到 90nm 或更小尺寸工艺节点并使用先进的电源电压控制方法时，已经开发出了可供任何设计者使用的额外库，使设计者能够依据性能、动态功耗、漏电流、占用面积和成本等标准做出正确的选择。除此之外，也出现了针对特定工艺参数（如栅极绝缘层厚度 T_{ox}、阈值电压 V_t 等）定制的库。

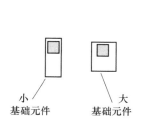

图 5-11　基于内核尺寸的 I/O 单元选择原则

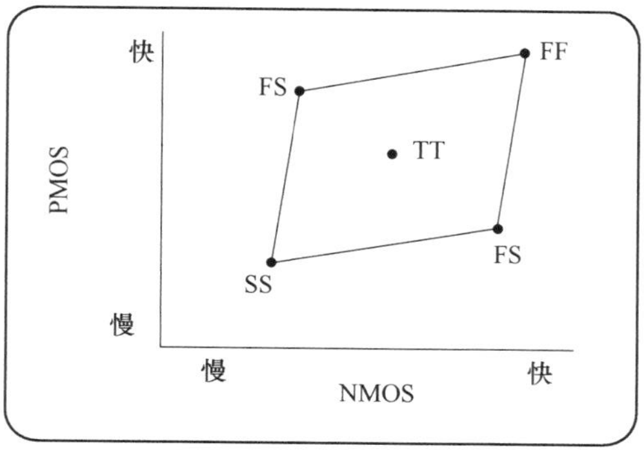

图 5-12　传统工艺中标准库的边界条件

在图 5-13 中，展示了各种商用微电子设备在性能-功耗坐标条件定位图。从图中可以看出，设备的使用范围决定了工艺的选择。对于航天器的电子设备，也可以绘制一张类似的图。许多库已经可以用于要求低功耗的电池供电的产品。在谱系的另一端，我们可以看到许多性能优化的库，例如图形加速器，这类设备往往功耗很大。在谱系的中间有一些库代表了性能和功耗之间的权衡。每一个套件中都包含了不同电压值的单元库，这使得可以在一个项目中对一些 IC 元件针对功耗进行优化，对另一些元件针对速度进行优化。但是不允许同时使用通用元件和低功耗元件，因为这两种元件的工艺参数和元件层级是不同的。

表 5-7　边界条件参数的最小集

工艺条件	TT	SS	FF
电源电压/V	3.3	3.0	3.6
温度/℃	25	125	—40

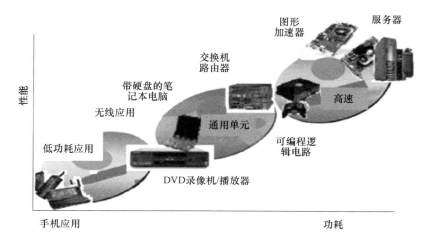

图 5-13　各种商用微电子设备在性能-功耗坐标条件定位图

表 5-8 显示了在同一个库中总是存在性能和漏电流之间的折中。例如，最高饱和电流值（决定 IC 的速度）通常出现在高速单元库中的 LVt 单元。最低漏电流能够通过选择 HVt 低功耗库中的一个单元获得。这些库以某些方式重叠，即通用库中的 SVt 单元速度与低功耗库中的 LVt 单元对应。除此之外，从漏电流数据中，我们也可以看到通用库和高速库的单元之间存在一定的重叠。

表 5-8　对于 nMOS 晶体管的一些单元库选择标准[①]

单元类型		U/M	低功耗库	通用库	高速库
V_{DD}		V	12/0.84	1.0	1.2
V_t	HVt	V	0.6	0.45	0.4
	SVt	V	0.5	0.35	0.35
	LVt	m	0.4	0.30	0.35
I_{dsat}	HVt	$\mu A/\mu m$	400	500	850
	SVt	$\mu A/\mu m$	500	650	950
	LVt	$\mu A/\mu m$	600	750	1000
I_{off}	HVt	$\mu A/\mu m$	0.1	1	10
	SVt	$\mu A/\mu m$	0.2	10	40
	LVt	$\mu A/\mu m$	0.4	80	90

①HVt——高阈值电压；SVt——标称阈值电压；LVt——低阈值电压。

值得注意的是低功耗单元库以更低的电压为特征，为的是进一步降低功耗[1]。

表 5-9 展示了著名的台积电公司（TSMC）的部分 90nm 单元库，国内无晶圆厂公司经常使用这套库向代工厂下订单（见 4.6 节）。

表 5-9 中有一些要点值得注意：

1）通用库也是以 1.2V 电压为特征，以提供提升性能的机会；

2）另一个具有超高 V_t 值的库被添加到低功耗单元库中，以进一步减小漏电流。

我们简要回顾一下在转向 90nm 工艺时，开发人员所需要的边界条件数量的变化。

通常，为现代库所描述的附加边界条件的出现不仅是因为研发项目中的各种电压，还因为考虑了在较低电压下工作的元件。

因此，查看 UMC 公司 90nm 设计规则下的产品目录片段（如表 5-10 所示），可以看到在同一个库中有各种可用的选项，它添加了一些低漏电的元件。

由于对于电源电压要求和阈值都较低的工艺，很难确定在什么温度下可以获得最慢或最快的元件，因此在库中增加了两个具有超低温度的工艺角（边界条件的变体）。

因此，作为微电路设计的一个结果，出现了越来越多的单元库，并且获得了越来越多的诸如此类的基本元件，开发人员经常称之为工艺角（来自英文"core"）。

表 5-9　TSMC 90nm 单元库示例

工艺	库名	电源电压/V
CLN90GT	TCBN90GTHP	1.2
	TCBN90GTHPHVT	

续表

工艺	库名	电源电压/V
CLN90G	TCBN90GTHPLVT	
	TCBN90GHP	1.0
	TCBN90GHPHVT	
	TCBN90GHPLVT	
	TCBN90GHPOD	1.2
	TCBN90GHPODHVT	
	TCBN90GHPODLVT	
CLN90LP	TCBN90LPHP	
	TCBN90LPHPHVT	
	TCBN90LPHPLVT	
	TCBN90LPHPUHYT	

表 5-10　90nm UMC 库的边界条件最小集

库名	工艺（nMOS-pMOS）	温度/℃	电源电压/V	备注
TTNT1p20v	典型-典型	25	1.2	标准工艺角
SSHT1p08v	慢-慢（SS）	125	1.08	慢速工艺角
FFLT1p32v	快-快（FF）	-40	1.32	快速工艺角
FFHT1p32v	快-快（FF）	125	1.32	高漏电工艺角
SSLT1p32v	慢-慢（SS）	-40	1.32	低温工艺角
SSLT1p08v	慢-慢（SS）	-40	1.08	
低电压工作条件：同一个库用于低电压				
TTNT0p80v	典型-典型	25	0.80	标准工艺角
SSHT0p70v	慢-慢（SS）	125	0.70	慢速工艺角
FFLT0p90v	快-快（FF）	-40	0.90	快速工艺角
FFHT0p90v	快-快（FF）	125	0.90	高漏电工艺角
SSLT0p90v	慢-慢（SS）	-40	0.90	低温工艺角
SSLT0p70v	慢-慢（SS）	-40	0.90	

　　得益于最新技术，设计人员意识到越来越多的单元可以使用，这使得设计工具能够选择具有在功耗和性能方面合理的最相关的驱动信号的单元。

　　近年来广泛使用的工艺（例如 65nm、45nm 设计规则的工艺）不仅能够提供基本逻辑单元和内嵌存储器，还能提供射频模块以及非易失性存储单元等。

　　对于现代集成电路（IC）基本数字库的组成，应包括下列元件：

　　1）经典逻辑门——与门、或门、触发器、不同驱动能力的驱动器等；

　　2）特殊的低功耗逻辑元件：

　　a）时钟控制器；

　　b）多阈值单元；

　　c）电平转换器；

　　d）隔离器；

　　e）电平转换器和隔离器的组合；

　　f）保持寄存器；

　　g）Keys；

　　h）电源控制器等。

　　应该注意的是现代库中包含的经典逻辑门（与门、或门、触发器）对任何所设计产品的功能实现来说都是必要的。

　　除此之外，还有许多元件对于支持低功耗电路的设计来说是必要的。

　　1）时钟控制器被用于降低时钟电路的动态功耗；

　　2）在多个阈值电压（multi-V_t）下运行的单元被用于在提高性能和减少漏电之间寻求折中；

　　3）电平转换器被用于多电源电压项目中。

　　用于独立电源域安全关断的其他单元也是必要的。

　　列表中的最后是带有设计和工艺变化的单元（ECO 单元）——有时会添加到项目中的没有硬编码功能的单元。通常，如果在生产的试验样品中检测到功能错误，这可以降低成本。

　　数字电路版图从布线结构开始，布线网格由金属层间接触规则决定。电源线的宽度和元件的高度由电源线的性能要求确定（如图 5-14、表 5-11 所示）。

　　单元的高度用通道（数量）度量，通道的形成表示了第一层金属（M1）的数量。一个八通道高的单元可容纳八条 M1 水平布线。单元库是基于一定数量通道的高度开发的，这直接影响了项目中需要考虑的时序和布线。

　　具有高通道的库可以支持更复杂的布线和具有更强驱动能力的晶体管，常用于为高性能配置的电路。

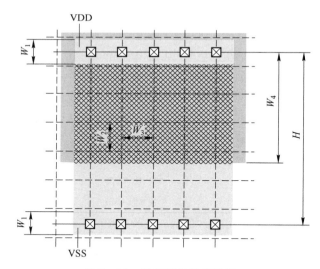

图 5-14　经典逻辑单元版图

然而这也将带来更高的漏电流。具有 11 条或 12 条通道的库被视为高通道库。低通道的库可以更有效地利用空间，通常使用具有较弱驱动能力的晶体管，不太适合高速设计。标准通道高度的库设计时在空间利用率和速度之间进行了合理的权衡。大多数的设计都使用这些库。一个标准通道高度的库一般包含 9～10 条通道。而一个复杂单元的高度可能是标准库单元高度的 2～3 倍。

表 5 - 11　典型单元参数

参数	符号
单元高度（通道数量）	H
电源轨宽度	W_1
垂直网格	W_2
水平网格	W_3
N - tab 高度	W_4

　　时钟控制（如图 5 - 15 所示）广泛用于降低时钟电路的动态功耗。综合工具可以自动地使用集成时钟门控（ICG）代替反馈多路复用电路。通常使用的单元是多阈值电压单元，这就使我们可以在性能提高和漏电减少之间进行选择。然而，应当记住的是，多阈值电压单元的使用会导致制造过程中增加额外的掩膜版，也就是说，阈值电压数量的增加（即多阈值电压单元的使用）会导致芯片最终成本增加，这一点不容忽视。在实际应用中，很少使用两个以上的阈值电压值，这是因为随着不同阈值电压数量的增加，由于性能和漏电而获得的优势会减小[7]。

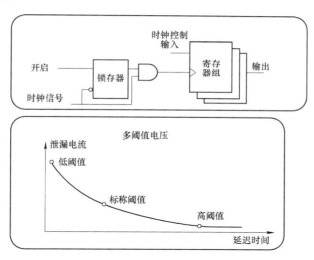

图 5 - 15　集成电路时钟控制器的典型使用

　　图 5 - 16 说明了具有不同电源电压（多 VDD）的半导体集成电路区域的使用，这种方法改变了器件所有部分都使用单一固定电源轨的传统做法。其主要特点是将内部芯片逻辑划分为几个具有相同电压/电源的区域，每个区域都有自己的供电电源。例如，CPU 对速度的要求可能要达到半导体工艺所允许的最高水平，在这种情况下，就需要一个相对较高的电源电压。另一方面，USB 单元可以在一个固定且相当低的频率下运行，这取决于所使用的协议，而不是工艺。在这种情况下，使用供电电压较低的电源轨就足以满足 USB 单元的性能

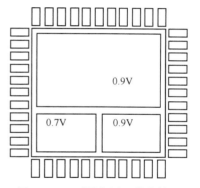

图 5 - 16　不同电压区域的使用

要求，而较低的供电电压意味着电路的动态功耗和静态功耗都较低。

5.8　亚微米 IC 库基本单元设计的结构和电路相关特性

即使是用两种不同电压综合完成最简单的电路对开发人员也存在一定困难，其原因如下[1]。

1）因为不同的模块电源轨的电压值不同，所以各模块之间传输信号的电压转换器在进行综合时，通常需要一个内置转换电路（即将信号从使用不同电压的一个模块传输到另一个模块）时的缓冲器。

2）静态时序分析（STA）。当只有一个电源时，可能在一个功能点上进行这种分析。这一点是库的特征所在，标准设计工具在正常模式下执行分析。如果一些模块使用不同的电压，而使用的库又不能用精确的电压值来表征，那么 STA 就会变得复杂得多。

3）芯片总体版图与电源网格布线的设计。由于离散化电源网格变得更加复杂，使用多个电压域的方法需要更详细的芯片总体版图设计（图 5 - 16）。

5.8.1　电平转换器

在不同电压域之间传递信号时，需要使用电平转换器。将信号从 1V 电源域传输到 5V 电源域特别困难，因为 1V 电压域的电压差值可能无法达到 5V 电压域器件的阈值电压。然而，在现代集成电路中，内部电压几乎都在 1V 左右。当信号从 0.9V 电压域传输到 1.2V 电压域时就需要使用电平转换器，其主要原因是提供给 1.2V 器件栅极信号的电压为 0.9V，而 0.9V 电压可以将电路中的 n 沟道和 p 沟道晶体管同时打开，产生不必要的瞬态开路电流。

解决这个问题的最佳方案是将允许的电压范围（以及上升和下降时间）传输到每个电压域。一般通过在不同电压域之间放置特殊的电平转换器来完成。这种方法减少了电压摆动和电压域时序限制的问题，使每个单独域的内部时钟保持不变。

乍看起来，从输出缓冲器到较低电压轨的简单切换不会引起任何问题，在这种情况下，没有与短路或击穿以及与最大的 CMOS 逻辑高低摆动电平相比较短的上升时间等相关的问题。但是，某些特殊用途的降压模块对于安全的时序收敛是很重要的。

HL 电平转换器[1,3]可以很简单。它的基本结构是两个串联的反相器。HL 电平转换器仅引入了一个缓冲器的延迟，因此对时序的影响微不足道。

在这里，关键问题是如何将信号从低电压域单元传递到高电压域单元。已知几种设计方法，采用低电压信号的缓冲和反向形式来控制在高电压下工作的交叉反馈晶体管结构。

最简单的 HL 电平转换器如图 5 - 17 所示。它只需要一个 VDDH 电压。

LH 电平转换器如图 5 - 18 所示，它需要两个电压，最常见的是由一个两级系统构建的基本单元。

低功耗设计所需的额外库单元：

1）隔离单元；

2）电源电路；

3）保持触发器；

4）常开缓冲器；

5）特殊的焊盘单元。

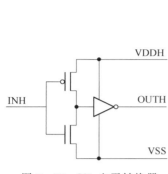

图 5 - 17　HL 电平转换器

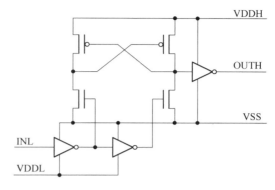

图 5 - 18　LH 电平转换器

5.8.2　门控电源

为了减少芯片上的整体漏电，需要对未使用模块实施断电机制。这种方法被称为电源门控。其目的是确保两种电源模式，即上电和断电。其任务是在适当的时间以适当的方式在两种模式之间切换，最大限度地降低功耗，同时将对性能的影响减小到最低限度。

这种电源门控单元设计的难点在于电源门控模块输出端的电压下降可能非常缓慢。这种缓慢下降过程可能导致输出端的电压大部分时间都不稳定，从而在常开模块中产生很大的瞬态开路电流。为防止产生此类瞬态开始电流，在电源门控模块的输出和常开模块中电路的输入之间放置了特殊的隔离器。这些隔离器的设计必须确保当其中一个输入上的电压超过阈值时，通过控制输入断电来消除瞬态开路电流。电源门控控制器可以提供隔离信号。

对一些电源门控模块，非常需要在断电时保存模块的内部状态并在上电时恢复该状态。这种方法可以在上电过程中节省大量时间和功耗。实现这种保存的一种方法是使用保持寄存器替代普通触发器。保持寄存器通常有一个辅助寄存器或影子寄存器，它比主寄存器慢，但漏电流要低得多。影子寄存器始终工作，并在电源门控期间保存主寄存器的值。必须使用特殊信号通知保持寄存器何时将主寄存器的当前值保存在影子寄存器中以及何时将保存值返回到主寄存器。该过程由门控电源控制器进行控制。

开/关模块中的常开缓冲器用于从活动块通过非活动块到另一个活动块的信号路由。为了将 n 阱和 p 阱与全局的电源和地连接，需要使用特殊的填充单元。

5.8.3　亚微米集成电路中的隔离单元（隔离器）

这些元件用于隔离有相同电压的开关电源。门控电源区域的每个接口都需要进行管理。我们需要确保对该区域断电不会导致通电模块的任意输入端产生瞬态开路电流。同时也要确保断电模块的浮空输出不会导致上电模块中出现错误。

电源门控模块的输出是主要关注点，因为它们可能会导致其他模块出现电气或功能问题。电源门控模块的输入通常不是问题——通电模块可以将其驱动到有效的逻辑值，而不会在断电模块中产生电气或功能问题。

控制断电模块输出的基本方法是使用隔离单元将输出钳位到一个特定的有效值。有三种基本类型的隔离单元，一种是将信号钳位为"0"，另一种是将信号钳位为"1"，还有一种是将信号钳位为最新的值。在大多数情况下，将输出钳位到非活动状态就足够了。使用高电平有效逻辑时，最常见的方法是将值钳位为"0"，与门可以实现此功能。对于低电平有效逻辑，或门功能将输出钳位在逻辑"1"。钳位库单元的设计目的是只要控制输入处于适当的（隔离）状态，就可以避免因信号输入浮空而产生瞬态开路电流和漏电通路。此外，其综合模型通常具有额外的属性，以确保这些单元不会被优化掉、错误地缓冲或被作为逻辑优化的一部分。

图 5 - 19 显示了 AND 型隔离低钳位的示例。当低电平隔离控制信号 ISOLN 处于逻辑"1"状态时，被传输的信号到达输出端。否则（ISOLN 信号处于逻辑"0"状态），输出被钳位为低电平。

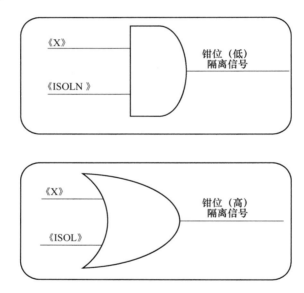

图 5 - 19　使用隔离单元来控制断电模块的输出

图 5 - 19 也显示了 OR 型隔离高钳位的示例。当高电平有效逻辑隔离控制信号 ISOL 为高电平时，输出钳位为高电平；当 ISOL 为低电平时，被传输的信号传递到输出。这些钳位门增加了隔离信号的延迟。对于某些关键路径，这种增加的延迟是不可接受的（例如在高速缓存接口上）。

电源控制库单元（休眠晶体管）用作开关来为处于待机模式的电路部分供电。休眠晶体管是具有高 V_{th}（阈值电压）的 P 或 N 沟道晶体管，它将恒定电源与电路电源相连，后者通常称为虚拟电源。P 沟道休眠晶体管用于提供 V_{DD}，称为头（header）开关；N 沟道休眠晶体管控制 VSS 接地轨，称为脚（footer）开关[7,8]（图 5 - 20）。

图 5 - 21 显示了脚开关版图的示例（高度为标准元件的高度或其两倍）。

5.8.4　常开缓冲器

　　某些情况下，需要缓冲在断电区域内的信号。出于这些目的，使用了常开的缓冲器。在这些常开单元中，可切换的 VDD 和/或 VSS 轨可能具有可变值[8]。

　　此类单元中常开 VDD/VSS 轨可能会被作为额外输入。在数字电路布线期间，这些输入会被连接到不可开关的电源/地。

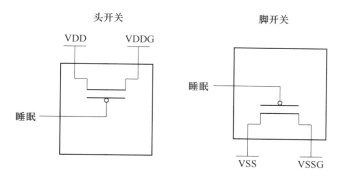

图 5 - 20　头开关和脚开关

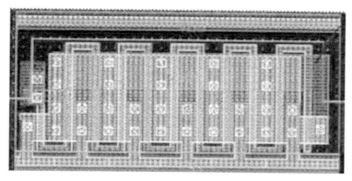

图 5 - 21　脚开关的版图实现

断电模块中信号的缓冲被用于：

1）在活动模块之间传递，并需要在掉电模块中进行缓冲的信号；

2）电源门控信号。

常开缓冲器的 VDD 和 VSS 输入通常具有以下差异：

1）不直接与电源轨相连；

2）在布线期间，被连接到不可开关的电源/地。

图 5 - 22 显示了常规的反相器（缓冲器）和常开缓冲器的版图。可以看到，常开反相器没有连接到 VDD _ local/VSS _ local。

　　与标准填充单元相比，特殊填充单元中的 N 阱与 P 阱引脚不连接到 VDD/VSS 电源轨。阱的电压决定了这些单元何时处于正向偏置或反向偏置模式。该偏置电压通常被当作信号输入或特殊的电源网格。

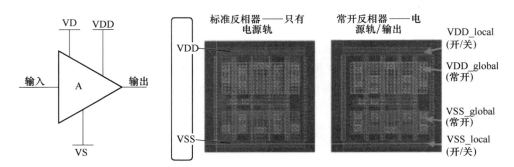

图 5-22　常开缓存器的实现

特殊填充单元在电源门控中发挥着重要作用（图 5-23）。如果使用头开关单元，则 VNW 输入连接到 VDD 全局轨；如果使用脚开关，则 VPW 输入连接到 VSS 全局轨。当该区域断电时，该电路能够保持阱通电。当在电源门控系统中使用头开关作为休眠晶体管时，VNW 输入连接到恒定电源以避免 N 阱浮空。相反，如果使用脚开关单元，则 VPW 输入连接到常通的地，以避免 P 阱浮空。众所周知，阱浮空会给芯片设计人员带来很多问题，例如寄生晶体管、漏电流或闩锁等。

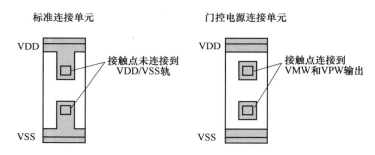

图 5-23　特殊填充单元的实现

所谓的工程变更指令（ECO）单元通常用作 PDK 库的一部分，其主要特点是它们在设计过程中添加的不具备功能性的单元（填充单元），并且仅在芯片制造后出现问题时才会使用。

ECO 单元的连接需要新的金属掩膜版和通孔，只有在这种情况下，这些单元才会具有所需的功能。

ECO 单元（或此类单元的集合）可以通过 AND、NAND、NOR、XOR、触发器、多路复用器、反相器等实现更复杂的功能。它们的使用原理与备用单元的使用原理相同。

作者从他们的经验中知道，ECO 单元可以执行一些与特定智能活动相关的其他功能。当想向客户提供带有后门的芯片时，它们有时会被用来执行木马功能。但这是另一项研究的主题，与本书的目的无关。

为了能够仅通过改变金属层就能以较低的成本完成设计，可在芯片中加入一些虚设单元。当芯片制造后发现存在功能问题时，可以通过改变金属层将这些虚设单元转换为功能单元。但是，这种虚设单元的性能会比正常单元低。

此外，在首次生产前的版图设计过程中，有时会添加一些其他的虚设单元，这些单元称为备用单元。它们是在布线阶段添加的，因此设计人员可以在后续阶段对设计进行更改。使用备用单元能够更准确地保存之前的布局布线，可以显著减少设计的发布时间。

相同的单元库类别包括 I/O 库。大多数低功耗 I/O 单元可能包含在标准 I/O 库中（如图 5 - 24）。与特殊 I/O 单元相比，标准 I/O 单元是那些对管壳、连接或信号形式没有特定要求的单元。标准 I/O 单元可以划分为三个主要的类别，即数字、模拟和电源。这些 I/O 单元可以具有多个版本（如图 5 - 24）。

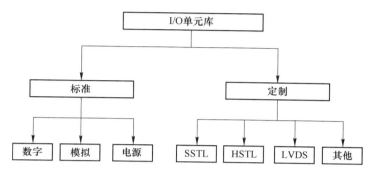

图 5 - 24　I/O 库分类

这些 I/O 单元的主要特性是：

1) 具有驱动大负载的能力：与 IC 内部几个 fF 的负载相反，引脚区域必须能够驱动几个 pF；

2) 所设计的接口可以在不同电压下工作，因为板上和芯片内使用了各种电源电压；

3) 低开关噪声，因为管壳和电路板线路电感的存在，在一定电流下，电压可能会与标称值存在较大偏差；

4) 防止静电放电，因为执行组装的人员或机器可能分别会累积高达 2kV 和 500V 的电荷。除非确保足够的 ESD 保护，否则这些静电将导致 IC 损坏。

5.9　标准 PDK 数据文件

一个标准的单元库包含很多文件。比如 TSMC 90nm 低功耗单元库，其包含 5 万多个文件，主要有：

1) 物理数据（LEF），用于芯片布局布线；

2) 有关时序、功耗和功能信息的 LIB 文件，用于前端综合和后端版图设计工具；

3) 寄存器传输级（RTL）的单元描述，用于 verilog/VHDL 建模。

下面以库交换格式（LEF）库文件为例进行说明。

LEF 作为一个黑盒子，几乎包含了一个典型单元的所有信息，例如版图层、层间接触、间距、节点类型和单元宏。LEF 文件实际上是库的 ASCII 形式的表示。

几乎所有关于某个库的信息都可以在一个 LEF 文件中找到。但是，这种文件会很大且难以使用。相反，其信息可以分为两个文件，即工艺 LEF 文件和库 LEF 文件。

工艺 LEF 文件包含设计相关的 LEF 技术的所有信息，例如布局布线规则以及版图层工艺数据。LEF 文件的内容包括单元的几何信息、输出的几何信息、间隙、天线效应数据等。

此类文件的一部分如下所示：

```
CLASS BLOCK；
FOREIGN single _ port _ bbb；
ORIGIN 0 0；
SIZE 774 BY 547；
SYMMET MACRO single _ port _ bbb
RYXYR90；
PLNOUT
DLRECTLON INPUT；
USE SIGNAL；
PORT
LAYER M3；
RECT 420.180 625.650 420.960 625.810；
END
ANTENNAPARTIALMETALAREA 1.929 LAYER M1；
ANTENNAGATEAREA 0.377 LAYER M1；
END OUT
OBS
LAYER M1；
RECT 0.000 0.000 774.000 547.000；
END
END single _ port _ bbb
```

第二类文件，即 LIB 文件，用于前端综合和后端版图设计工具。下面我们更详细地分析一个带有 .lib 扩展名的库文件。

此文件格式用于建模、综合和测试。它是在描述库参数的过程中生成的，包含单元所有时序参数和功耗数据。此外，该文件包含单元的逻辑功能信息、传输延迟、上升时间和下降时间、建立时间、保持时间、撤销时间和恢复时间以及最小脉冲时间、漏电功耗、开关功耗、单元大小、输出方向、端口电容值等。

.lib 文件列表的一个示例如下：

```
library (Digital _ Std _ Lib) {
technology (cmos)；
delay _ model : table _ lookup；
capacitive _ load _ unit (1, pf)；
lu _ table _ template (cap _ tr _ table) {
variable _ 1 ：input _ net _ transition；
variable _ 2：total _ output _ net _ capacitance；
```

```
index _ 1 (《0.12，0.24》);
index _ 2 (《0.01，0.04》);}
cell (inv) {
area：3;
cell _ leakage _ power：0.0013;
pin (OUT) {
direction：output;
function：《! IN》;
timing () {
related _ pin：《IN》;
timing _ type：《combinational》;
timing _ sense ：《positive unate》;
cell _ rise (cap _ tr _ table) { values (《l.0020，1.1280,” \
《1.0570，1.1660》);}
rise _ transition (cap _ tr _ table) { values (《0.2069，0.3315,” \
《0.1682，0.3062》);}
cell _ fall (cap _ tr _ table) {values (《 1.0720，1.2060,” \
《1.3230，1.4420》);}
fall _ transition (cap _ tr _ table) { values (《0.2187，0.3333,” \
《0.1870，0.3117》);} } }
```

对于集成电路设计人员来说很不愿意看到的是，由于需要特征化的库的边界条件越来越多，当前的趋势是希望制作越来越多的库。此外，由于阈值电压 V_t 越来越多，可用的库的数量也增加了，结果导致这些库存储了越来越多的文件。

库的另一个重要方面是，所设计微电路的时序、噪声和功耗数据应尽可能准确，这对于亚微米工艺来说尤其重要，因为仅具有包含非线性延迟模型和功耗模型的类似 .lib 格式是不够的。因此我们需要更精确的模型，这可以通过诸如使用复合电流源（CCS）模型而不是非线性延时模型（NLDM）的方式实现。由于市场上有很多软件开发商，我们建议集成电路设计师只使用两种模型，分别为 Cadence 的有效电流源模型（ECSM）和 Synopsys 的复合电流源模型。

5.10　PDK 标准电流源模型

随着金属宽度的减小，上层金属的电阻变得更大，导致互连电阻明显高于单元电阻。对于 90nm 及以下工艺，单元电容在信号的线性和非线性区域之间变化很大。此外，输入电容已成为被传输信号边缘陡峭度的一种函数。由于这个问题，开发人员之前广泛使用的NLDM（非线性）方法并不适合对输入端口电容进行建模。而 CCS 模型具有更加准确的时序，所以使用 CCS 模型可以改进输出驱动器和接收器的建模（如图 5 – 25）。

需要注意的是，目前有两种相似的电流源模型格式，即 ECSM 和 CCS。它们具有以下特点[8]：

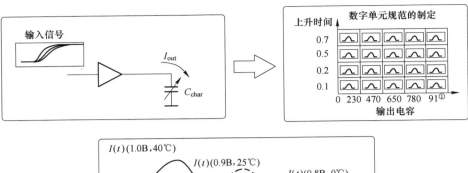

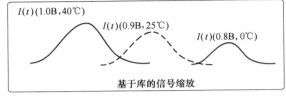

图 5-25 CCS 模型

1）给出了输出的完整描述，而不是以前使用的上升/延迟速率；

2）给出了显示端口电容的更先进的接收器模型；

3）它们由 CAD 供应商提供，作为现有库模型的扩展。

第一组（CCS 模型）可以按以下方式构建。通过改变各种参数（上升时间、输出电容等）来制定数字单元的规范时测量输出电流和波形（如图 5-26），所得数据都会自动存储在库中。然后，在了解特定单元的工作模式（负载、上升速率、工艺、电源电压、温度等）之后，CCS 模型根据不同条件下相邻信号特征化所得的缩放比确定必要的信号。对于 IC 设计者来说，重要的是 CCS 模型是可缩放的，这意味着随着边界条件的增加，计算精度也会增加，并且给定的边界条件数量会大大减少。

图 5-26 给出了基于标称电压和 ±20% 偏差的变量以及高低工作温度的 PDK 库示例。

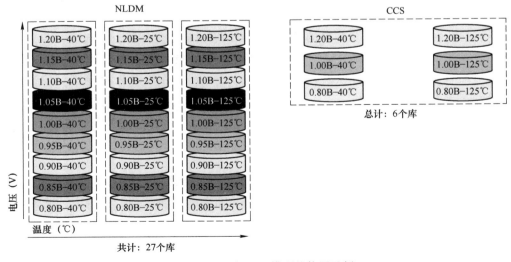

图 5-26 一个 CCS 模型的使用示例

---

① 应为 910。——译者注

CCS 的缩放使我们能够使用较少的库分析特定电压和温度范围下的电路设计。与没有缩放的非线性延迟模型（NLDM）分析需要 27 个库相比，在 −40℃、25℃ 和 125℃ 的温度下以 5mV 增量分析 1.20～0.80V 范围内的解决方案只需要 6 个库。事实上，需要 6 种电压-温度（VT）的组合才能完整表示一个拥有多个电源电压的库。

当然，考虑到制造商所使用工艺的散布时，这些边界条件将增加到至少 18 个。对于这种情况，可以使用针对不同工艺变量的统计模型，将条件减少到 6 个。

5.11　采用标准 IC 设计工具在 90nm、65nm、45nm 设计规则下设计微电路的方法和示例

5.11.1　新思科技公司的教学（教育）设计工具包：可能性、应用与前景

在这里，可以找到新思科技公司（Synopsys）提供的免费教育设计工具包（EDK）的说明，该工具包支持 90nm 规则的设计流程，包括所有必要的组件，如设计规则、模型、工艺文件、验证和联合提取、脚本、符号库和参数化单元（p 单元）。EDK 还包括数字标准单元库（DSCL），它支持所有现代低功耗器件的设计方法；I/O 标准单元库（IOSCL）；具有不同容量和数据宽度的一组存储器（SOM）和锁相环（PLL）。EDK 组件涵盖任何类型的教育和研究项目。虽然 EDK 包含特定半导体代工厂的信息，但它能以高精度和高效率实现 90nm 工艺下的设计项目。

从期刊可以知道，在纳米技术时代下的 IC 设计领域，大学倾向于进行最先进、最高质量的研究。除了主要软件开发商的 EDA 工具外，还需要用于各种 IC 制造工艺的 EDK。然而，创建这样的 EDK 会面临许多困难，包括非常耗时的开发过程以及高复杂性的项目结果检查。然而，这些问题中最重要的是 IC 制造商施加的知识产权（IP）限制，这些限制不允许大学将他们的技术复制到 EDK 中。这就是为什么新思科技公司需要创建一个开放式 EDK 来实际落实其营销政策的原因。一方面，该 EDK 不包含制造商的机密信息，另一方面，其特性与 IC 代工厂提供的实际设计套件非常接近。

5.11.2　新思科技公司对 EDK 的简要概述

新思科技公司研发了一个开放式 EDK，它不受任何知识产权限制，旨在用于研究和教育。该 EDK 重点关注为培养各大学、教育机构和研究中心内微电子领域高素质专家而设计的计划。EDK 还旨在帮助学生更好地掌握现代先进设计方法和新思科技公司的现代 IC 设计工具。新思科技公司的设计工具包甚至允许学生使用 90nm 工艺和新思科技的设计工具开发各种 IC。该设计工具包还允许使用现有的低功耗设备的设计方法，这对于太空应用尤其重要。

新思科技公司 EDK 包括以下部分：工艺工具包（TK）、数字标准单元库（DSCL）、I/O 标准单元库（IOSCL）、存储器集（SOM）和锁相环（PLL）。

某些抽象的 90nm 工艺被用于开发 EDK。此处所述的 EDK 不包含任何半导体代工厂的实际机密信息。尽管如此，它的特性与真实的 90nm 工艺非常接近。利用抽象的 90nm 工艺使新思科技公司创建了这个开放式的 EDK，其为研究 90nm 设计规则下的微电子器

件的真实特性提供了良好机会。

接下来我们简要描述一下 EDK 的各个部分。

EDK 基于 TK，后者是一组实现项目物理表征（例如版图）所必需的工艺文件。标准工艺设计工具包包含：

（1）设计规则

这些 EDK 组成部分是通过使用 MOSIS 公司的可缩放 CMOS 工艺设计规则而创建的。与新开发的 90nm 工艺规则相比，它们提供了更优的项目可移植性，因为与实际代工厂规则相比，90nm 规则下的尺寸可以大 5%～20%。图 5-27 给出了芯片设计所使用的基本规则的例子。

（2）微电路拓扑的规则

TK 的这一部分包含对可用基本元件及其拓扑设计规则的描述。该工具包包含提供给任何公司的标准 90nm 工艺的所有组件，设置为 1.2V/2.5V。图 5-28 给出了形成这些半导体结构的例子。

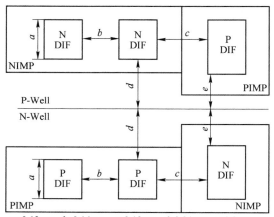

a=0.12μm, b=0.14μm, c=0.18μm, d=0.24μm, e=0.2μm

图 5-27 EDK 中的设计规则示例

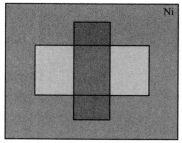

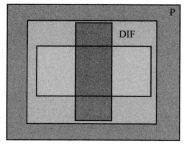

(a)1.2V薄氧化层标准NMOS　　　　(b)2.5V厚氧化层标准NMOS

图 5-28 单元版图示例

（3）GDSII 图层的拓扑图

TK 的这一部分包含 90nm 工艺中使用的 GDSII 格式的图层名称及其编号。某些图层

（如虚设层、标记层和文字层）被添加到 MOSIS 的版图图层映射文件（Layer Map）中。为了形成一个通用工艺，可以选择任意数量的图层。表 5 - 12 给出了图层映射的示例。

表 5 - 12　微芯片版图图层映射（Layout Layers Map）的起始部分示例

层编号	数据类型	是否参与流片	绘制层或合成层	工艺映射文件（TechMap）中的图层名称	DRC 检查时的图层名称	LVS 验证时的图层名称	图层使用说明
1	0	是	绘制	NWELL	NWELLi	NWELLi	N 阱
2	0	是	绘制	DNW	DNWi	DNWi	深 N 阱

（4）工艺说明

TK 的这一部分包含电介质层和金属层厚度的近似值。

（5）通用 Spice 模型库

这些模型基于所谓的可预测工艺模型[1]。

Spice 模型库包含以下晶体管和二极管：

1）晶体管。

a）电源电压为 2.5V 的器件，具有厚氧化层的 MOS 晶体管；

b）电源电压为 1.2V 的器件，具有薄氧化层和常规阈值电压（高和低）的 MOS 晶体管。对于这些器件，确定了五种边界条件（工艺角）模型，即 TT——两种器件均为典型、FF——两种器件均为快速、SS——两种器件均为慢速、SF——慢速 N - MOS/快速 P -MOS、FS——快速 N - MOS/慢速 P - MOS。

2）二极管（无硅化物的 P＋多晶硅电阻）。

为了评估 Spice 模型的准确性，模型的参数被放大到 $0.25\mu m$ 工艺，以便将它们与已知 $0.25\mu m$ 工艺的特性进行比较（如图 5 - 29）。首先得到器件的直流传输特性，并选择公共集的平均值曲线作为电源电压为 2.5V 的器件的典型限值，它与实际半导体工艺接近。

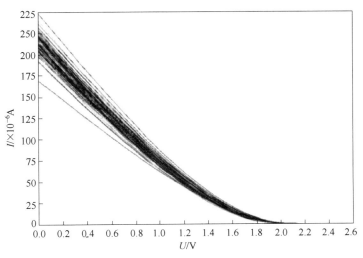

图 5 - 29　$0.25\mu m$ 工艺的一系列传输特性（电压-电流）

　　FF、SS、SF 和 FS 模型及其边界条件是通过在 ±5% 范围内改变阈值电压（V_{th0}）和氧化层厚度（t_{ox}）得到的。图 5-30 给出了基于薄氧化层 n-MOS 晶体管模型的 TT、FF 和 SS 边界条件的传输特性。

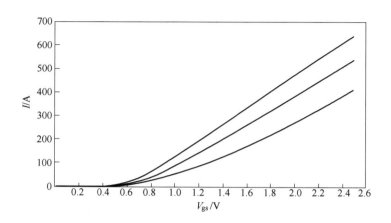

图 5-30　0.25μm 薄氧化层 n-MOS 晶体管在 TT、FF 和 SS 边界条件下的传输特性

　　1）Milky way 工艺文件。此文件包含新思科技公司设计工具使用的规则。

　　2）通用符号库和参数化单元（PCell）。通用符号和 PCell 包含于 MOS 晶体管、电阻器、二极管和双极晶体管库中。参数化单元使用 TCL 脚本语言构建，以在新思科技公司 cosmos 原理图编辑器环境中工作。

　　3）DRC 和 LVS 规则。新思科技公司 Hercules 软件需要这些设计规则来执行设计规则检查和原理图与版图一致性的比较。

　　4）提取文件。这些文件在新思科技公司 Star RCXT 软件中用于提取寄生参数，包括 ITF、TLU+、转换文件和批处理文件等。

　　5）支持脚本。为了配合设计过程，需要处理许多其他场景。例如，针对特定工艺的 SPICE 网表的转换脚本和用于 PCell 的安装脚本。

5.11.3　新思科技公司数字标准单元库

　　在使用新思科技公司 CAD 软件按照 90nm 设计规则设计不同的集成电路时，数字标准单元库（DSCL）是必要的。DSCL 是在 1P9M 1.2V/2.5V 设计规则的基础上创建的，专注于优化 IC 设计的主要特性。

　　DSCL 总共包含 251 个单元，包括具有不同载流能力的典型组合逻辑单元。

　　DSCL 库还包含任何类型低功耗设计需要的所有单元[5]。这些单元允许设计内部具有不同电源电压的 IC，以最大限度地减少动态功耗和泄漏电流（时钟信号控制模块、同相延迟线——0.5～2.0ns；传输晶体管；双向开关、隔离单元、LH 和 HL 移位器；保持触发器、断电和接地单元；常开型同相缓冲器等）。作为库的补充，DSCL 库还包含混合单元，并采用了复合电流源（CCS）技术，这是一种用于表征单元的仿真技术，以满足现代产品设计方法对低功耗的要求。CCS 技术可以测试并分析由纳米工艺制造的器件的时序、噪声和功耗。

为了完全满足低功耗产品设计方法的要求，DSCL 库针对 16 种工艺、电压、温度条件进行了表征，如表 5 - 13 所示。

正如 DSCL 开发人员所说，它的功能已在许多其他建模环境中进行了测试。结果表明，DSCL 满足所有必要的要求。

对数字单元物理结构的选择要确保数字设计中的最大单元密度，并满足低功耗产品设计的要求。这就是有单倍高（如图 5 - 31）和双倍高（如图 5 - 32）结构的原因，其参数如表 5 - 14 所示。

表 5 - 13　器件工作的边界条件

模块名称	工艺（NMOS/针对 16 种工艺/电压/温度条件）	温度[①]	电压[①]
FFHT1p32v	典型–典型	25	1.2
TTHT1p20v	典型–典型	125	1.2
TTNT1p20v	典型–典型	−40	1.2
FFLT1p32v	慢–慢	25	1.08
SSHT0p07v	慢–慢	125	1.08
TTLT1p20v	慢–慢	−40	1.08
SSLT0p07v	快–快	25	1.32
FFNT1p32v	快–快	125	1.32
SSNT0p07v	快–快	−40	1.32
SSLT1p08v	典型–典型	25	0.8
SSNT1p08v	典型–典型	125	0.8
SSHT1p08v	典型–典型	−40	0.8
TTHT0p08v	慢–慢	25	0.7
TTNT0p08v	慢–慢	125	0.7
TTLT0p08v	慢–慢	125	0.7
FFHT0p90v	慢–慢	125	0.7
FFNT0p90v	快–快	125	0.9
FFLT0p90v	快–快	−40	0.9

①原文没有明确单位。——译者注

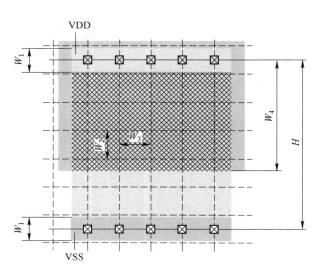

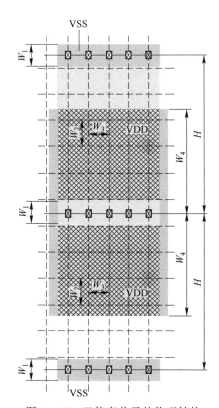

图 5 - 31　单倍高单元的物理结构　　　　图 5 - 32　双倍高单元的物理结构

表 5 - 14　物理结构的尺寸

参　数	符　号	值
单元高度	H	$2.88\mu m$
轨宽	W_1	$0.16\mu m$
网格间距（纵向）	W_2	$0.32\mu m$
网格间距（横向）	W_3	$0.32\mu m$
N 阱高度	W_4	$1.68\mu m$

5.11.4　I/O 标准单元库

I/O 标准单元库（IOSCL）利用新思科技公司的设计工具，用于开发基于 90nm 工艺的各种集成电路。该库基于 90nm 1P9M 1.2V/2.5V 的设计规则开发，为新思科技公司-亚美尼亚公司中新思科技公司-亚美尼亚教学分部（SAED）的教育中心提供开发支持。

IOSCL 提供全套标准功能，包含 36 个单元（CMOS 同相输入缓冲器；CMOS 同相双向单元；2/4/8/12/16 三态输出驱动器、同相带 ESD 静电放电保护的双向无电阻模拟单元；基本电源单元；输入-输出电源单元；输入-输出地 pad；二极管串扰；IOVSS 转 VSS；去耦电容器 VDD 和 VSS、IOVDD 和 IOVSS；虚设单元、填充单元和）。CCS 建模技术已用于 IOSCL 的表征。此外，所有单元的尺寸均为 $65\mu m \times 300\mu m$ 或更小。

5.11.5　PDK 存储器模块标准套件

新思科技公司采用 SAED 90nm 1P9M 1.2V/2.5V 工艺开发了这套存储器（SOM）。它包含大量静态 RAM（SRAM），其字数（字深度——m）和每个字的位数（数据宽度——n）较小。SOM 中包含的所有 SRAM 都是同步双端口 SRAM，每个端口都有写使能、输出使能和芯片使能。此外，SOM 包括 16 个具有相同架构但 $n \times m$ 大小比（宽度×深度）不同的 SRAM 块，其中 $n = 4$、8、16、32，$m = 16$、32、64、118①。

在这些同步双端口 $n \times m$ - SRAM 中，同一个存储单元有两个端口（主端口和次端口）。从这两个端口可以独立地进行读取或写入操作。

5.11.6　锁相环

锁相环（PLL）实际上是一个时钟倍增器，它可以从较慢的时钟产生稳定的高速时钟。它采用 90nm SAED 1P9M 1.2V/2.5V 工艺设计。PLL 有三种工作模式，分别是常规模式、外部反馈模式和旁路模式。外部反馈模式下的反相输入时钟与输入时钟信号相位对齐。这些对齐的时钟可以消除器件之间时序上的时钟延迟和相移。在旁路模式下，参考时钟信号直接转到输出端上。

5.11.7　EDK 应用范围及前景

目前，新思科技公司 EDK 用于教育和研究目的。全球几乎所有开设芯片设计课程的机构和大学都使用了 EDK，包括雪城大学（纽约）、加州大学分校（圣克鲁斯）、普渡大学（印第安纳州）、俄勒冈州立大学（科瓦利斯）、加州州立大学、北岭（洛杉矶）、硅谷技术学院（圣何塞）、加州大学（圣地亚哥）、旧金山州立大学（旧金山）、田纳西大学（诺克斯维尔）、凯特格里森工程学院（纽约）、罗彻斯特理工学院（纽约）、印度坎普尔理工学院（印度坎普尔）、亚美尼亚国立理工大学（亚美尼亚埃里温）、埃里温国立大学（亚美尼亚埃里温）、亚美尼亚-俄罗斯国立斯拉夫大学（亚美尼亚埃里温）和莫斯科电子技术研究所（俄罗斯莫斯科）。

EDK 还用于许多著名的学习中心，包括新思科技公司的客户教育服务、新思科技公司的企业应用工程团队以及 Sun 微系统。

EDK 推动微电子领域教育的例子很多。新思科技公司在微电子设计教育领域的合作计划已纳入所有大学[6]，他们都使用新思科技公司开发的新学习系统[7]。在实验室工作、课程和毕业设计以及硕士和博士论文中都能使用该系统[8]。

为了与业界保持同步，针对 65nm 和 45nm 工艺规则设计了 EDK 的新版本。这些版本使用相同的方法开发，其功能与 90nm EDK 大致相同。目前，特别是对已经在先前项目（例如 OpenSPARC 项目）中使用的存储单元，采用了新的单元包 SOM。

5.12　IMEC 提供的教育设计工具包内容

为了在合作计划（EURO - PRACTICE 及其他）的框架内教学，比利时埃因德霍温

---

①　此处原文为 118，似应为 128。——译者注

的大学微电子中心（IMEC）和微电子培训中心（MTC）可提供以下 PDK：

1）130nm CMOS 混合信号射频通用电路；

2）130nm CMOS 逻辑通用电路；

3）90nm CMOS 混合信号低功耗射频电路；

4）90nm CMOS 混合信号通用射频电路；

5）90nm CMOS 低功耗逻辑电路；

6）90nm CMOS 逻辑通用电路。

表 5 - 15 给出了用于低功耗 IC 设计的 TSMC 90nm 数字库的基本特征。EURO - PRACTICE 提供的此类库（90nm CMOS 低功耗逻辑电路 PDK）可用于教育和研究。

建议在学习 Cadence 软件辅助的数字 IC 设计流程时使用这些库、这些学术科目（包括微电子 CAD 使用基础、IC 版图设计和 IC 原理图设计基础）。

表 5 - 15 带有 IMEC 设计工具包的库

库	单元类型	名称	描述内容
TCBN90 LPHDBWP	标准单元	90nm 低功耗 1.2V/2.5V 标准单元库，高密度，特征电压为 1V，发布版本为 200f	90nm 逻辑 1.2V/2.5V 低功耗工艺（1P9M，内核电压 1.2V）库，低阈值电压（V_t），7 - 通道。x 间距为 0.28μm，共 645 个单元（包括 620 个基本单元、9 个电平转换单元和 1 个 tap 单元），预估门密度为 560 千门/mm^2，支持多 VDD 设计，低压范围为 1.0V×(1±10%)
TCBN90 LPHDBWPHVT	标准单元	90nm 低功耗 1.2V/2.5V 标准单元库，高密度，高 V_t，特征电压为 1V，发布版本为 200f	90nm 逻辑 1.2V/2.5V 低功耗工艺（1P9M，内核电压 1.2V）库，高 V_t，7 - 通道。x 间距为 0.28μm，共 645 个单元（包括 620 个基本单元、9 个电平位移器单元和 1 个 tap 单元），预估密度为 560 千门/mm^2，支持多 VDD 设计，低压范围为 1.0V×(1±10%)
TCBN90L PHDBWPLVT	标准单元	90nm 低功耗 1.2V/2.5V 标准单元库，高密度，低 V_t，特征电压为 1V，发布版本为 200f	90nm 逻辑 1.2V/2.5V 低功耗工艺（1P9M，内核电压 1.2V）库，低 V_t，7 - 通道。x 间距为 0.28μm，共 645 个单元（包括 620 个基本单元、9 个电平位移器单元和 1 个 tap 单元），预估密度为 560 千门/mm^2，支持多 VDD 设计，低压范围为 1.0V×(1±10%)
TCBN90LPHP	标准单元	90nm 低功耗 1.2V/2.5V 标准单元库，高性能，发布版本为 150j	90nm 逻辑 1.2V/2.5V 低功耗工艺（1P9M，内核电压 1.2V）库，x 间距为 0.28μm，常规 V_t，共 867 个单元（包括填充单元），9 - 通道，预估门密度为 436 千门/mm^2，支持多 VDD 设计（包括电平转换单元和隔离单元）
TCBN90 LPHPCG	标准单元	粗粒度的 90nm 低功耗 1.2V 标准单元库，高性能，发布版本为 150e	粗粒度的 MTCMOS 库，标准 V_t，共 20 个单元（包括特殊单元）：电源开关头单元；前置同步触发单元；常开单元
TCBN90 LPHPHVT	标准单元	90nm 低功耗 1.2V/2.5V 标准单元库，高性能，高 V_t，发布版本为 150d	90nm 低功耗工艺（1P9M，1.2V/2.5V）库，x 间距为 0.28μm，高 V_t，共 867 个单元（包括填充单元），9 - 通道，预估门密度为 436 千门/mm^2，支持多 VDD 设计（包括电平转换单元和隔离单元）

库	单元类型	名称	描述内容
TCBN90 LPHPHVTCG	标准单元	粗粒度的 90nm 低功耗 1.2V 标准单元库，高性能，高 V_t，发布版本为 150d	90nm 低功耗工艺（1P9M，内核电压 1.2V），粗粒度的 MTCMOS 库，高 V_t，共 20 个单元（包括特殊单元）：电源开关头单元；前置同步触发单元；常开单元
TCBN90L PHPHVTWB	标准单元	90nm 低功耗 1.2V/2.5V 标准单元库，高性能，带偏置电压的高 V_t，发布版本为 150d	90nm 低功耗工艺（1P9M，1.2V/2.5V）库，x 间距为 $0.28\mu m$，高 V_t，总共 845 个单元（基本单元 805 个，ECO 单元 32 个，7 个填充单元，1 个 tap 单元），9 - 通道，偏置电压为 0.6V，预估门密度为 451 千门/mm^2
TCBN90 LPHPLVT	标准单元	90nm 低功耗 1.2V/2.5V 标准单元库，高性能，低 V_t，发布版本为 150d	90nm 低功耗工艺（1P9M，1.2V/2.5V）库，x 间距为 $0.28\mu m$，低 V_t，共 867 个单元（包括填充单元），9 - 千门，预估门密度为 436 千门/mm^2，支持多 VDD 设计（包括电平转换单元和隔离单元）
TCBN90 LPHPLVTCG	标准单元	粗粒度的 90nm 低功耗 1.2V 标准单元库，高性能，低 V_t，发布版本为 150d	90nm 低功耗工艺（1P9M，内核电压 1.2V），粗粒度的 MTCMOS 库，低 V_t，共 20 个单元（包括特殊单元）：电源开关单元；前置同步触发单元；常开单元
TCBN90 LPHPLVTWB	标准单元	90nm 低功耗 1.2V/2.5V 标准单元库，高性能，带偏置电压的低 V_t，发布版本为 150c	90nm 低功耗工艺（1P9M，1.2V/2.5V）库，x 间距为 $0.28\mu m$，低 V_t，总共 845 个单元（基本单元 805 个，ECO 单元 32 个，7 个填充单元，1 个 tap 单元），9 - 通道，偏置电压为 0.6V，预估门密度为 451 千门/mm^2
TCBN90 LPHPUD	标准单元	90nm 低功耗 1.2V/2.5V 标准单元库，高性能，标准 V_t，发布版本为 200a	90nm 低功耗工艺（1P9M，1.2V/2.5V）库，x 间距为 $0.28\mu m$，标准 V_t，总共 837 个单元（+7 个填充单元），9 - 通道，预估门密度为 436 千门/mm^2，1.0V×[1.0V×(1±10%)]
TCBN90 LPHPUDHVT	标准单元	90nm 低功耗 1.2V/2.5V 标准单元库，高性能，高 V_t，发布版本为 200a	90nm 低功耗工艺（1P9M，1.2V/2.5V）库，x 间距为 $0.28\mu m$，高 V_t，总共 837 个单元（+7 个填充单元），9 - 通道，预估门密度为 436 千门/mm^2，1.0V [1.0V×(1±10%)]
TCBN90 LPHPUDLVT	标准单元	90nm 低功耗 1.2V/2.5V 标准单元库，高性能，低 V_t，发布版本为 200b	TSMC 90nm 低功耗工艺（1P9M，1.2V/2.5V）库，x 间距为 $0.28\mu m$，标准 V_t，总共 837 个单元（+7 个填充单元），9 - 通道，预估门密度为 436 千门/mm^2，1.0V [1.0V×(1±10%)]
TCBN90 LPHPULVT	标准单元	90nm 低功耗 1.2V/2.5V 标准单元库，高性能，超低 V_t，发布版本为 200a	90nm 低功耗工艺（1P9M，1.2V/2.5V）库，x 间距为 $0.28\mu m$，超低 V_t，共 867 个单元（包括填充单元），9 - 通道，预估门密度为 436 千门/mm^2，支持多 VDD 设计（包括电平转换单元和隔离单元）
TCBN90 LPHPWB	标准单元	90nm 低功耗 1.2V/2.5V 标准单元库，高性能，带偏置电压，发布版本为 150c	90nm 低功耗工艺（1P9M，1.2V/2.5V）库，x 间距为 $0.28\mu m$，常规 V_t，总共 845 个单元（基本单元 805 个，ECO 单元 32 个，7 个填充单元+1 个 tap 单元），9 - 通道，偏置电压为 0.6V，预估门密度为 451 千门/mm^2
tpan90lpnv2	模拟标准 I/O	90nm 低功耗 1.2V/2.5V 标准 I/O 库，模拟 I/O，发布版本为 200b	N90LP，1.2V/2.5V，通用模拟标准 I/O

续表

库	单元类型	名称	描述内容
tpan90lpnv3	模拟标准 I/O	兼容线性排布通用标准 I/O 的 90nm 低功耗 1.2V/3.3V 通用模拟 I/O，发布版本为 210a	1.2V/3.3V，通用模拟 I/O，与线性排布通用标准 I/O 兼容
tpdn90lpnv2	数字标准 I/O	1.2V/2.5V，常规线性排布通用标准 I/O 库，发布版本为 200c	1.2V/2.5V 常规线性排布通用标准 I/O
tpdn90lpnv3	数字标准 I/O	1.2V/3.3V，常规线性排布通用标准 I/O 库，发布版本为 200b	1.2V/3.3V 常规线性排布通用标准 I/O
tpbn90gv	标准 I/O	标准 I/O 键合 pad 库，版本 140a	标准 I/O 键合 pad 库，版本 140a

参 考 文 献

[1] Belous A I，Emelyanov V A，Turtsevich A S. Fundamentals of Circuit Design of Microelectronic Devices [M]. Technosfera，2012.

[2] OK Technical Committee Design Objectives Document [D]. Wolfgang Roethig，Ed. ，October 2003.

[3] Belous A I，Turtsevich A S，Efimenko S A. Fundamentals of Design and Application of Microelectronic Devices for Power Electronics [D]. Gomel F. Skaryna State University，2013.

[4] Belous A I，V A Solodukha. Fabless Business Model in a Foundry：Myths and Reality [J]. Components and Technologies，2012（8）：14 - 18.

[5] Keating M，et al. Low Power Methodology Manual for System on Chip Design [M]. Synopsys，Inc. &v ARM Limited，New York：Springer，2007.

[6] CCS Timing Technical White Paper Version 2. 0，12/20/06.

[7] CCS Power Technical White Paper Version 3. 0，24/08/06.

[8] CCS Noise Technical White Paper Version 1. 2，12/01/06.

关 于 作 者

阿纳托利·贝卢斯（Anatoly Belous）是白俄罗斯共和国国家科学院院士、技术科学博士、教授、白俄罗斯共和国国家奖获得者、白俄罗斯共和国功勋发明家。

他 1973 年毕业于明斯克无线电技术大学电子工程专业，是 70 多个航天火箭工业微电子器件开发项目的首席设计工程师，包括能源、安加拉和质子运载火箭，撒旦（SS-18）弹道导弹，量子系列航天器，轨道和平号空间站，暴风雪号航天飞机和国际轨道站的 Kanopus 系列地球远程扫描卫星。

他被授予苏联劳动英雄金质奖章，同时发表了 300 多篇科学论文，拥有 150 多项专利，编撰了 18 部专著和 5 部教程。他是四种科学期刊的编委，也是白俄罗斯共和国微波电子学、光子学、微电子学和纳米电子学国家专家委员会主席，还是两届国际微电子年会计划起草委员会的副主席。

多年来，他在俄罗斯、白俄罗斯、中国、印度、保加利亚、越南、波兰和乌克兰的技术大学开设了空间电子学专题讲座。他在俄罗斯航天局的会议、研讨会和工作会议上定期发表有关空间电子学的报告。

他是这本书的主编。

维塔利·萨拉杜哈（Vitali Saladukha）是苏联境内最大的半导体制造商 Integral 控股公司（明斯克）的总经理，该公司拥有设计中心、半导体工厂和装配线。1980 年，他毕业于白俄罗斯国立大学（明斯克），获得放射物理学和电子学学士学位。目前，他拥有博士学位，是白俄罗斯共和国国家奖获得者。

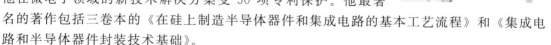

他专攻微电子技术的设计开发和工业应用领域，发表了 100 多篇科学论文，出版了 7 本书，编写了两本教程。他是许多涉及空间应用微电子开发的重大科学项目的科学研究经理。他在微电子领域的新技术解决方案受 50 项专利保护。他最著名的著作包括三卷本的《在硅上制造半导体器件和集成电路的基本工艺流程》和《集成电路和半导体器件封装技术基础》。

西亚尔·史维道（Siarhei Shvedau）是 Integral 控股公司（明斯克）设计中心的主管。1980 年毕业于明斯克无线电技术大学半导体物理专业，是白俄罗斯共和国国家奖的获得者。

他专门从事核工业和航天工业抗辐射元件封装的设计和生产实施，是 30 多个项目的首席设计工程师，发表了 100 多篇科学论文，在抗辐射集成电路制造领域拥有 20 多项专利。